国家实验室资源协同供给模式研究

聂继凯　著

中国社会科学出版社

图书在版编目（CIP）数据

国家实验室资源协同供给模式研究/聂继凯著．—北京：中国社会科学出版社，2024.1

ISBN 978-7-5227-3085-1

Ⅰ.①国…　Ⅱ.①聂…　Ⅲ.①实验室—资源配置—研究　Ⅳ.①N33

中国国家版本馆 CIP 数据核字(2024)第 037573 号

出 版 人　赵剑英
责任编辑　刘晓红
责任校对　周晓东
责任印制　戴　宽

出　　版　中国社会科学出版社
社　　址　北京鼓楼西大街甲 158 号
邮　　编　100720
网　　址　http://www.csspw.cn
发 行 部　010-84083685
门 市 部　010-84029450
经　　销　新华书店及其他书店

印　　刷　北京君升印刷有限公司
装　　订　廊坊市广阳区广增装订厂
版　　次　2024 年 1 月第 1 版
印　　次　2024 年 1 月第 1 次印刷

开　　本　710×1000　1/16
印　　张　21.75
字　　数　338 千字
定　　价　119.00 元

前　言

本书由国家社会科学基金资助出版，是国家社会科学基金青年项目“国家实验室资源协同供给模式研究”（项目编号：17CGL001）的重要研究成果，同时本书出版也得到了“扬州市社科联重大课题资助出版项目”的资助。本书与已出版的《国家重点实验室创新资源捕获过程研究》一书共同构成国家级实验室资源“供—需”对接的完整研究体系。

作为国家战略科技力量的“领头雁”，国家实验室是各国以国家意志应对提升科技创新速率、突破重难点科技“瓶颈”、抢占科技创新制高点、培养高端科技人才的重要科技创新组织载体，也是各国科技创新系统中不可或缺的构成部分。当前国家实验室在所需资源供给侧面临供给能力受限明显、流动性与定向性供给矛盾突出、多元主体供给离散化严重的严峻挑战，如何有效供给国家实验室所需资源，进而为国家实验室创新能力提升提供更为稳健的资源条件就成为实践中急需破解的难题。尽管已有研究涉及国家实验室的计划与领导、组织、控制等方面，也已达成资源是国家实验室建设与顺利发展的基础和前提条件等诸多共识，但尚无系统剖析如何整合多元主体以发挥其合力供给国家实验室所需资源这一紧迫问题的研究成果，回应此问题即为本书的主要研究动机和目标。

本书基于资源基础理论、协同创新理论和创新网路理论的理论启发，综合运用案例研究、问卷调查、数理统计等多种研究方法，系统探讨了国家实验室资源协同供给模式的基本构成及其影响因素问题，获得了一系列重要研究结论和发现，主要包括：厘清了国家实验室的基本内涵，是指为了满足以国家战略需求为统领目标的系列国家级发展目标，在政府主导，企业、高校、科研院所等组织协同参与下，依托国家或国际重大科技工程、任务、项目等，综合运用计划与市场手段，从事有严格条件限定的基础科学与应用研究、重大（关键或共性）技术创新、社会公益性研究等科技创新活动的一种科技组织；国家实验室资源协同供给模式由协同环境、协同主体、协同规则、协同行动和协同程序五大模块构成；协同环境内含由环境层次、环境领域和环境联动三者叠加且融合了静态结构、动态演化和整体性功能的“LFL 环境矩阵”；协同主体形成了具备多样性、协同性和国际化特征的网络结构，且具有时空叠加、扩张趋势；协同供给行动主要由役使行动和应使行动构成，“易变—稳定—方向”是其主要特征；正式规则和非正式规则构成了协同规则的主要内容，历史演变中逐步累积了契约、博弈和开放三种内生理念，协同供给规则的形成是一个渐进和累积的过程，是协同供给“实践共识”的制度化过程；搜寻、筛选、粘连、供给、评估和调整六个环节构成了协同程序，且发现协同程序完善过程是对不同历史阶段不同问题的持续回应，并往往伴随着制度化进程；资源产出、模式完备性和人员境况三个核心因素影响着国家实验室资源协同供给模式的有效运行，若将高度概括的“模式完备性”因素降维，其内部还包括主体属性、主体关系、协同行动、协同机制、协同环境、政策系统、人员境况和协同程序七个子影响因素，并提炼出了五种影响因素间的典型关系等。

基于上述及其他重要研究结论和发现，获得了准确认知、定位国家实验室，完善和精细化协同供给模式，系统把控“LFL 环境矩阵”，建构与完善协同供给主体生态网络，发挥役使与应使行动双螺旋驱动效力，激发正式规则与非正式规则叠加规范与引导功效，建立健全协同供给过程等重要政策启示；明确了系列后续研究重点，包括更为多样化的多案例比较研究、各构成模块间及影响因素间交互机理实证研究、国家实验室资源网络形成与演化路径研究、国家战略科技力量引领角色下的国家实验室资源富集路径研究等。

研究过程充满挑战，也充满惊喜。2017 年 8 月《国家科技创新基地优化整合方案》公布，11 月科技部发布《科技部关于批准组建北京分子科学等 6 个国家研究中心的通知》，将我国原先 7 所中的 6 所筹建国家实验室转制为国家研究中心，顿时国家社科预设研究失去国内大部分调研对象，项目推进面临重大挑战。在此背景下，将主调研对象转向国际著名国家实验室成为不二之选。随即将解决方案锁定在扬州大学每年开展的出国访学支持计划，有幸于2019年9月由扬州大学出国项目支持顺利开启在美一年的访学交流生活。其间，加快开展一手资料、数据收集工作，累计获得92篇（部）国内难以获得的珍贵文献，80余份国内难以或无法获得的美国国家实验室和大科学工程珍贵原始资料和数据，形成近3万字科研日志，依托这些资料和数据，科研项目迅速推进。2020年年初，新冠疫情在美蔓延，庆幸的是，资料收集工作接近尾声，对项目推进已无实质影响，趁此机会开始撰写本书。2020年9月回国，其间，根据项目推进情况及实际所需，申请项目延期并获批，为完成预设研究目标预留了充足时间。此曲折研究经历已然成为我不可多得的科研体验，实为宝贵！

研究获得了来自劳伦斯伯克利国家实验室、橡树岭国家实验室、费米国家加速器实验室、桑迪亚国家实验室、青岛海洋科学与技术试点国家实验室、阿贡国家实验室、洛斯阿拉莫斯国家实验室、爱达荷国家实验室等国家实验室科学家及管理人员的大力支持。尤为感动的是，问卷回收过程中，有的科学家为了规避邮件清退风险，采取了将问卷打印出来填写后再拍成图片用私人邮箱发送给我的烦琐方式，收到此邮件时内心五味杂陈，感激之情难以言表，极大地激发了高效利用这些资料和数据的动力，也成为本书第三章案例铺陈能够细致入微，第五章数据统计能够游刃有余的关键缘由。更值得一提的是，本书第三章提供的案例资料不仅充分满足了本书研究所需，也为本领域内其他研究提供了重要资料支撑，如果确能起到此种事半功倍之效能，实为对上述国家实验室科学家和管理人员无私付出的最好回报。在此，对这些国家实验室的科学家和管理工作人员表示由衷感谢！

本书的最终成形也离不开专家、学者以及亲朋好友的大力支持。能够顺利出国访学，得益于刘伟忠教授、张宇教授、刘宇伟教授、徐平教授、叶银娇教授以及扬州大学人事处、国际处老师的积极协调，整个撰写框架的优化和相关技术支持离不开恩师华中科技大学公共管理学院危怀安教授及其课题组、刘启君教授及其课题组的鼎力支持，疫情期间在孟益宏书记、秦兴方院长、许飞主任、李伯圣主任积极协调下为本书撰写提供了良好办公条件，赵凯博、禹良琴、石雨、王文、袁明宝、李贺文轩、陈凯、李艺博、王雷敏、胡成、邵娜、刘子洋、马广鹏、丁盟、李书民、杨扬、陈冲、张志勇、周文启、罗斌、董续良、李婉贤、赵娟、刘芳、丁敏、杨冬等人在项目推进及本书撰写过程中提供了各种无私帮助，还有中国社会科学出版社刘晓红编辑在本书出版过程中的细心指导，在此表示衷心感谢！家人永远是不计得失的支持者，父亲聂全录、母亲张洪芹、妻子陈盈、岳父陈旭、岳母王桂莲、妻妹陈鸿锦等把生活事务料理得井井有条，让我毫无后顾之忧地从事科研活动。2021年出生的女儿聂沐辰，无形中赋予了我更多的生活期待！亲人的付出是无法回报的，也是难以言谢的，只能将这份感恩之心融入自己向好的生活中，孜孜以求，不负所望！

本书在国家社会科学基金青年项目支持下完成，为刚刚开启独立科学研究的我提供了莫大帮助——总有磕磕绊绊，但好在从未放弃成长。这份宝贵的科研历练为我日后科研新征程行稳致远奠定了坚实基础，提供了难得自信。我将矢志不渝地以“家国情怀”为引，开启新一段科研之旅！

聂继凯

2022 年 9 月 30 日

扬州大学扬子津校区笃学楼

目　录

第一章

绪　论

第一节　组织化科技创新中诞生的国家实验室

以蒸汽机发明为主要标志的第一次工业革命将人类社会由人力时代带入蒸汽时代，以电能及内燃机应用为标志的第二次工业革命将人类社会由蒸汽时代带入电气时代，随后以电子计算机、生物工程、原子能和空间技术等发明、应用和融合为标志的第三次工业革命又将人类社会由电气时代带入“智能化与信息化”新时代①，其中科技创新成为三次工业革命发生、发展及演替的核心力量②，更成为各国解决各类社会发展问题和提升综合国力的战略引擎。

一　驱动中国发展的科技创新方案

以科技创新支撑创新型国家建设成为新时代背景下中国面向未来发展的又一重大战略抉择，并据此搭建了完善的支撑体系，如表1-1所示，“构筑国家发展优势”模块包含的内容已涉及国家发展的方方面面。

表1-1　中国创新型国家建设中“构筑国家发展优势”模块的内部构成

模块名称	一级支撑体系	二级支撑体系
构筑国家发展优势	国家科技重大项目	➢ 已部署国家科技重大专项13项 ➢ 新部署“科技创新2030”重大项目6项与重大工程9项

① 贾根良：《第三次工业革命与工业智能化》，《中国社会科学》2016年第6期。

② 成素梅：《科技革命是科学社会主义理论的重要基础》，《毛泽东邓小平理论研究》2014年第10期。

续表

模块名称	一级支撑体系	二级支撑体系
构筑国家发展优势	现代产业技术体系	➢ 高效安全生态现代农业技术 14 项 ➢ 新一代信息技术 10 项 ➢ 智能绿色服务制造技术 9 项 ➢ 新材料技术 6 项 ➢ 清洁高效能源技术 5 项 ➢ 现代交通技术与装备 5 项 ➢ 先进高效生物技术 6 项 ➢ 支撑商业模式创新的现代服务技术 ➢ 发展引领产业变革的颠覆性技术
	民生改善和可持续发展支撑技术体系	➢ 发展生态环保技术 9 项 ➢ 资源高效循环利用技术 5 项 ➢ 人口健康技术 10 项 ➢ 新型城镇化技术 3 项 ➢ 公共安全与社会治理技术 3 项
	国家安全和战略利益保障技术体系	➢ 海洋资源开发、利用和保护技术 5 项 ➢ 空天探测、开发和利用技术 5 项 ➢ 深地、极地关键核心技术 5 项 ➢ 维护国家安全和支撑反恐关键技术

资料来源：笔者根据《“十三五”国家科技创新规划》整理所得。

二　美国创新战略

2015 年 10 月，美国修订并颁布了最新一版《美国创新战略》（*A Strategy for American Innovation*），为美国未来发展提供政策指南，其总体框架如图 1-1 和表 1-2 所示，突出反映了科技创新在推动美国未来发展中的核心地位。

表 1-2　　美国创新战略具体支撑体系中关涉科技创新的内容

主要模块	具体措施
投资创新基石	确保基础研发投入世界领先；确保科学、技术、工程与数学教育（STEM）高质量发展；建设世界一流科技创新基础设施；率先建设下一代数字基础设施
助燃私营部门创新引擎	巩固研发与实验税收抵免成效；大力支持创新性企业家；建构适宜的创新外围环境；为创新者获取联邦数据提供更多授权；从实验室到市场——联邦政府为研发成果市场化提供更多资助；支持区域创新生态快速发展；帮助创新性美国企业参与海外竞争

续表

主要模块	具体措施
赋能万众创新	借助“激励奖”等举措盘活美国民众创造力；通过“众包”等方式、方法进一步挖掘创新者才能
创造高质量工作与延续经济增长	重塑美国在先进制造领域的全球领先地位；投资未来新兴产业
促进国家重点领域的突破	精准医学；新纳米技术；医疗保健；先进仪器设备等工具类研发技术；智慧城市；清洁能源；教育技术；航空航天；计算科学；贫困治理
创建服务于人民的创新型政府	借助数字化服务为美国公民提供更好的政府服务；推动社会创新

资料来源：笔者根据美国政府颁布的《美国创新战略》整理所得。

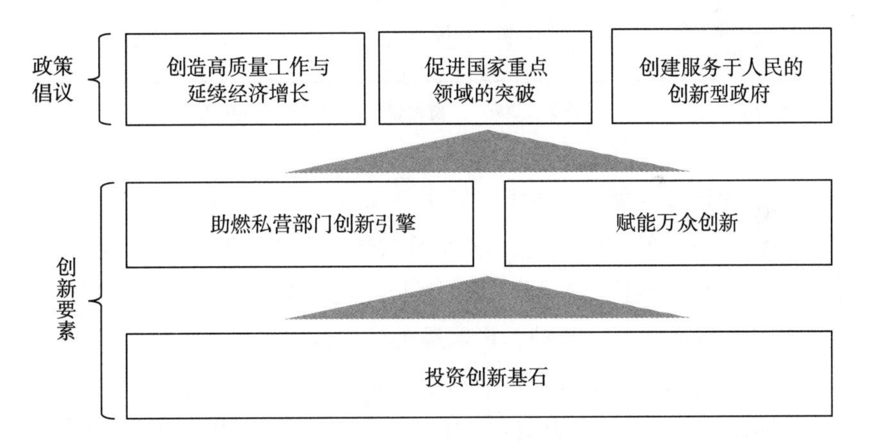

图 1-1　美国创新战略总体框架及其具体模块

资料来源：笔者根据美国政府颁布的《美国创新战略》整理所得。

综上所述，科技创新已成为助推一国高水平发展的重要引擎，世界各国也正以前所未有的专注度和支撑力推动此引擎高效运转，由此组织化科技创新已成为实践中实现此目标的一项重要可行方略，体现于两个方面：一是从大时间尺度看，组织化科技创新已成为历史趋势，直接表征为三次工业革命中科技创新组织化程度逐步提升，情况如表 1-3 所示。二是从小时间尺度或具体科技创新活动看，分散、孤立的科技创新模式已明显不适应大科学时代的科技创新实践，前述中美案例均已说明有组织、有计划开展组织化科技创新已然成为现实必需。

表 1-3　　　　三次工业革命的标志及其科技创新产出方式

工业革命	标志	科技创新产出方式	创新主体
第一次	珍妮纺纱机、蒸汽机	工人哈格里夫斯基于实践经验发明珍妮纺纱机；分离式冷凝器由瓦特最早提出并独自发明。偏重技术创新，科学研究对其影响较小。	个人
第二次	电能、内燃机	工程师格拉姆发明用于工业化的电力发动机；工程师勒努瓦、尼古拉斯·奥托等对内燃机独自发明及改良；企业介入；科学研究对技术创新产生明显影响（标志性发明均有科学研究作其先导）。	个人、企业及其合作
第三次	计算机（数字技术）、生物工程、原子能（物理技术）等及其融合	以政府、大学、科研机构、企业等组织化方式直接参与科学研究和技术创新，个人依附组织开展合作型科技创新；科学研究与技术创新的界限与连接日趋模糊、强化。	政府、大学、企业、科研机构、个人等及其合作

资料来源：笔者根据弗里曼等（2007）、贾根良（2013）等研究成果整理所得。

组织化科技创新中，国家实验室（National Laboratory）作为一种重要科技创新组织形式已成为当前各国以国家意志应对提升科技创新速率、突破重难点科技“瓶颈”、抢占科技创新制高点、培养高端科技人才等挑战的重要工具。目前，影响最大且最具代表性的当属美国国家实验室，其他国家类似实验室还包括俄罗斯的国家科学中心（State Scientific Centers）、德国的亥姆霍兹研究中心（Helmholtz Research Centers）、英国的国家物理实验室（National Physical Laboratory）等。我国也于20世纪80年代开始筹建国家实验室，历经40余年的实践探索后至2021年留存青岛海洋科学与技术试点国家实验室1所。

第二节　中美国家实验室的历史沿革与贡献①

美国是世界上较早开展国家实验室建设的国家，延续至今业已形成较为完善、成熟的国家实验室体系，建设成效举世瞩目，能够完整、系

① 聂继凯、石雨：《中美国家实验室的发展历程比较与启示》，《实验室研究与探索》2021年第5期。

统、典型地反映当前世界国家实验室建设的最高水平和历史沿革。与此同时，作为后起之秀的中国正着力建设国家实验室且成效初显，能较好地代表后发国家在国家实验室建设之路上的创新性探索。梳理中美两国国家实验室历史沿革及其贡献，既可以进一步清晰化国家实验室发展历史，也可以通过比对中美国家实验室发展异同，从中获得一系列重要启发，为后续国家实验室建设提供经验借鉴。

一 美国国家实验室的历史沿革与贡献

（一）美国国家实验室的历史沿革

美国官方报告或学术研究中使用国家实验室一词时一般指能源部所属的17所国家实验室，最大范围可推展至美国联邦资助研发中心（Federally Funded Research and Development Centers，FFRDCs）——国家实验室属于FFRDCs，且大部分从FFRDCs演化而来，从某种程度上讲FFRDCs是美国国家实验室的预备队，其他资助主体是联邦政府但未达到能源部国家实验室或不是FFRDCs成员的实验室则一般称为联邦实验室（Federal Laboratory）。出于周全性和严谨性考虑，以下将以FFRDCs为依托历时分析美国国家实验室的发展历程①。

FFRDCs的早期历史可追溯至20世纪30年代左右②，尽管此时实验室多从事单纯学术研究且不具备“国家”属性，但这些“前身”或“雏形”实已表明国家实验室已然处于萌芽阶段。美国国家实验室萌芽于20世纪30年代离不开此时的特定历史条件：一是第二次工业革命为建设国家实验室奠定了物质基础，例如无线电传输大功率真空管振荡器的工业化生产为回旋加速器研制提供了必备条件。二是美国经济开始由自由资本主义向托拉斯资本主义过渡，形成的大型或超大型企业资金储

① 此处使用FFRDCs作为梳理美国国家实验室历史沿革对象的原因在于，美国国家实验室自第二次世界大战开创至1982年正式分类期间，实验室名称不断变动，且有的实验室于发展中消亡或隐匿，致使难以获得精准国家实验室原始资料，但为尽可能完整展现美国国家实验室的发展历程，此处借鉴了美国国会（U.S. Congress）、美国技术评估办公室（Office of Technology Assessment）和美国国会研究部（Congressional Research Service）梳理FFRDCs时采用的方法（统计FFRDCs各成员也存在原始资料难以获取的问题），即将FCRDs、FFRDCs和联邦研发中心（Federal Research Centers）一并统计，以粗略把握FFRECs的总体发展趋势。此举不失为缺乏原始资料前提下的一种可取替代性方案。

② 一般以内斯特·奥兰多·劳伦斯（Ernest Orlando Lawrence）于1931年在加利福尼亚大学创建的辐射实验室（现在的劳伦斯伯克利国家实验室）为代表性开启事件。

备丰裕，为自建或通过捐赠方式建设国家实验室奠定了经济基础，例如由洛克菲勒家族成立的洛克菲勒基金会于 1940 年为辐射实验室提供了约 140 万美元资金捐赠。三是政治上由“自由放任主义的杰弗逊传统”向“强有力的政府管理的汉密尔顿传统”转变[①]，政府职能随之在科技领域迅速扩张，为政府助力国家实验室发展埋下了伏笔。四是现代教育体系为国家实验室建设储备、培养了大批人才，例如至 1931 年美国拥有 1136 所 4 年制大学，100789 名教学与科研专职人员，1921—1939 年累计培养了 7089 名博士毕业生[②]。

第二次世界大战成为美国国家实验室由萌芽阶段迈入形成阶段的重要推力。“曼哈顿计划”产生了 6 所国家实验室：辐射实验室升级为劳伦斯伯克利国家实验室（尽管当时名称未改，但已具备国家实验室的实质意义），冶金实验室（Metallurgical Lab）升级为阿贡国家实验室（1946 年），克林顿实验室（Clinton Laboratories）或代号“X-10”部门升级为橡树岭国家实验室（1943 年），代号为“Y”的试验场升级为洛斯阿拉莫斯国家实验室（1943 年），“Z 部门”升级为桑迪亚国家实验室（1948 年），“埃姆斯工程”（Ames Project）产生了埃姆斯实验室（1947 年）[③]。此外，此时期国家实验室军事化特性明显：一是国家实验室所需资源及日常运行采用军事化投入和管理方式。二是“曼哈顿计划”结束后随着军事目标剥离，多数国家实验室出现规模萎缩甚至关停局面[④]。

1945—1969 年，美国国家实验室进入快速扩容期。鉴于第二次世界大战及“冷战”期间国家实验室在满足国家科技创新和安全需求方面的突出表现，美国政府开始大力扶持国家实验室发展：一是政府借助财政杠杆助力单个国家实验室规模持续扩容，例如在当时美国原子能委员会支持下劳伦斯伯克利国家实验室研制并建造了重离子加速器 HILAC、

---

① 杨静萍、孟川：《第二次工业革命的完成对美国政治传统的影响》，《黑龙江教育学院学报》2006 年第 1 期。

② Thomas Snyder，120 *Years of American Education：A Statistical Portrait*，1993. 1，https：//nces. ed. gov/pubsearch/pubsinfo. asp？pubid=93442，2020. 3. 9.

③ Bruce C. Dale and Timothy D. Moy，*The Rise of Federally Funded Research and Development Centers*，SAND2000-2212，September，2000.

④ 例如，劳伦斯利弗莫尔国家实验室工作人员从战时 1200 人锐减至战后不足 500 人。

72 英寸探测器、粒子加速器 Bevatron、88 英寸扇区聚焦回旋加速器等世界一流大型科研设备。二是政府积极增加 FFRDCs 数量——由 1951 年的 23 个增加到 1969 年的历史最高值 74 个①。目前美国能源部下辖中的 14 所国家实验室在此期间初创或正式成立，如表 1-4 所示。同时，为规避政府过度介入引起科学家流失、管理僵化等问题，这些实验室与国防部等其他部门成立的类似实验室或研究机构采用 GOCO 或 GOGO 合约性运营模式，并由这些实验室或研究机构联合成立联邦合约研究中心（Federal Contract Research Centers，FCRCs）②，1967 年科学技术联邦委员会将其更名为"联邦资助研究与发展中心"（Federally Funded Research and Development Centers），并公布了建立联邦资助研发中心的基本条件："主要活动包括以下一项或多项：基础研究、应用研究、开发或研发管理；组织不可从事日常质量控制和测试，日常服务性活动，生产、制图、调查以及信息传播等工作；在原有组织内组建一个专门组织或者一个独立注册组织；根据政府直接要求或在政府广泛授权下进行实际研发或研发管理，但无论哪种情况都应接受政府直接监督；通常从联邦政府的一个机构获得主要财政支持（70%或更多）；已经或预期与资助机构建立长期关系（五年或更长时间），并由实验室及其代理机构承担具体义务来证明；合同中大部分或全部设施由政府拥有或提供资金；平均年度预算（运营和固定设备）至少为 50 万美元"③。可见，快速发展、勇于探索和尝试构成了此时期美国国家实验室发展的显著特征。

表 1-4　　美国能源部国家实验室的创建情况

实验室名称	成立时间[a]	初创缘由
埃姆斯国家实验室	1942/1947	曼哈顿计划
阿贡国家实验室	1942/1946	曼哈顿计划

① Bruce C. Dale and Timothy D. Moy，*The Rise of Federally Funded Research and Development Centers*，SAND2000-2212，September，2000.

② Marcy E. Gallo，*Federally Funded Research and Development Centers（FFRDCs）：Background and Issues for Congress*，2017. 11，https：//sgp. fas. org/crs/misc/R44629. pdf，2019. 10. 3.

③ National Science Foundation，*Master Government List of Federally Funded R&D Centers*，2019. 5，https：//www. nsf. gov/statistics/ffrdclist/#archive，2019. 10. 3.

续表

实验室名称	成立时间[a]	初创缘由
布鲁克海文国家实验室	1947	第二次世界大战战后原子能和平利用
费米国家加速器实验室	1967/1974	高能物理研究
爱达荷国家实验室	1949/2005	开发民用和国防核反应堆技术及核废弃燃料的处理
劳伦斯伯克利国家实验室	1931/1958	回旋加速器研发与建设
劳伦斯利弗莫尔国家实验室	1952	研发核武器应对“冷战”国家安全
洛斯阿拉莫斯国家实验室	1943/1952	曼哈顿计划
国家可再生能源实验室	1977/1991	可再生能源开发技术
橡树岭国家实验室	1943/1948	曼哈顿计划
西北太平洋国家实验室	1965/1995	接管曼哈顿计划遗留设施及废弃物处理和环境修复
普林斯顿等离子体物理实验室	1951/1961	马特洪计划[b]
桑迪亚国家实验室	1945/1948	曼哈顿计划
萨凡纳河国家实验室	1951/2005	生产制造核武器基本材料
SLAC 国家加速器实验室	1962/2008	M 计划[c]
托马斯杰斐逊国家加速器装置	1984/1996	核物理实验
国家能源技术实验室	1999	开发创新煤矿安全设备与技术，为煤矿工作人员提供高级培训

注：a. 前面的时间为初创时间，后面的时间为目前名称开始使用时间；b. Project Matterhorn，“冷战”时美国发起的一个控制热核反应的研究计划；c. Project M，得到艾森豪威尔总统支持的一个两英里长的直线加速器研发项目。

资料来源：笔者根据美国能源部网站（https://www.energy.gov/）及各国家实验室网站资料整理所得。

1970—1979 年是美国国家实验室的深度调整期。上阶段美国国家实验室短时期内的粗放式快速增长引发了一系列问题，在议会、产业、学界、军队、政府等主体间产生了激烈争论，主要包括国家实验室定位不清，对政府政策影响过大，议会对其控制过小，运营效率过低，与其他科研组织之间存在不公平、不正当竞争，科研活动范围过宽等①。在

① Jill M. Hruby, et al., “The Evolution of Federally Funded Research & Development Centers”, *Public Interest Report*, Vol. 64, No. 4, Spring 2011, pp. 24-31.

此背景下，历经慎重思考和权衡后美国政府开始实施大规模国家实验室撤、并、转改革，国家实验室数量锐减，例如 FFRDCs 总数从 1969 年的 74 个锐减至 1979 年的 35 个[①]。同时，第一次“能源危机”爆发，破解能源短缺上升为国家战略需求，美国政府随之做出反应，包括调动已有 FFRDCs 从事能源研发，建立国家可再生能源实验室（1977 年）等研发机构。

1980—1989 年是美国国家实验室规范期。基于近 50 余年的实践探索，美国政府开始着手国家实验室制度化建设，试图从制度上科学规范国家实验室所应具备的条件、特征及运营规则，制度化成果集中体现为颁布《合同竞争法（1984）》（*Competition in Contracting Act of* 1984）以及联邦采购政策办公室（Office of Federal Procurement Policy）于 1984 年全面、系统修订 1967 年实施的 FFRDCs 运行准则——前者定义了 FFRDCs 的基本概念，并概述了在没有竞争性投标情况下建立 FFRDCs 的程序；后者廓清了 FFRDCs 的基本特征及其成立、评估、终止、科研范围、管理方式等内容[②]。其间，FFRDC 维持在 37 个左右。

1990 年至今是美国国家实验室的优化提升期。自 20 世纪 80 年代对国家实验室实施制度化规范后至目前，美国于实践中不断调试已有规范，以充分激发国家实验室最大效能。例如，1990 年《联邦采购规范》（*Federal Acquisition Regulations*）再次更新了 FFRDCs 已有运行准则，2004 年《能源与水开发拨款法》（*Energy and Water Development Appropriations Act*）的第 301 条至第 307 条确立了国家实验室依托单位的选择与竞争机制。其间，FFRDCs 数量维持在 40 个左右，截至 2021 年，FFRDCs 共计 43 个，能源部下辖其中的 17 个。

（二）美国国家实验室的贡献

80 余年的历史发展中[③]，美国国家实验室获得的一系列重大科学研究发现和技术发明为人类科技进步做出了重要贡献，更为美国占据世界

---

① Office of Technology Assessment, *A History of the Department of Defense Federally Funded Research and Development Centers*, 1995. 6, https://www.princeton.edu/~ota/disk1/1995/9501/9501.PDF, 2019. 10. 3.

② Bruce C. Dale and Timothy D. Moy, *The Rise of Federally Funded Research and Development Centers*, SAND2000-2012, September, 2000.

③ 以 20 世纪 40 年代国家实验室具备实质意义上的“国家”属性开始计算。

科技创新制高点提供了重要支持。例如，科学研究领域，利用超快 X 射线捕获首个分子影像，发现锝等 22 个新元素，探明基因指令在细胞蛋白制造中的传输机理，最早成形“夸克汤”，发现“伽玛暴”，解码 DNA 等。技术创新领域，发明细胞分选仪，开发用于疫苗净化的区带离心机（zonal centrifuge），首创核安全模型，提供了 10 万多个蛋白质结构，成形三位天空地图，为 Vela 卫星制造及发射提供各种先进技术支持，研发、建造并拥有 500 个世界超级计算机中的 32 个等。

直接或间接为美国经济发展提供科技支撑。例如，西北太平洋国家实验室 2018 年度经济产出 14.6 亿美元，国内商品和服务交易 3.31 亿美元，总纳税金额 4.65 亿美元，技术发明 208 个，1965—2018 年源于西北太平洋国家实验室的公司 193 个①，国内外专利 2700 个；洛斯阿拉莫斯国家实验室为当地创造 24169 个工作岗位，2016—2018 年以年均 31 亿美元的体量贡献于当地经济，每年国内商品和服务交易额达到 7.5 亿美元②；国家可再生能源实验室 2014 年为国家供给 8.7 亿美元经济产出，为当地提供 4121 个工作岗位，获得 195 项有效许可协议，新技术成功商业化 166 项③。

服务国家重大科技创新需求。如表 1-4 所示，埃姆斯国家实验室、阿贡国家实验室、劳伦斯伯克利国家实验室、橡树岭国家实验室、洛斯阿拉莫斯国家实验室、桑迪亚国家实验室直接参与“曼哈顿计划”，普林斯顿等离子体物理实验室和 SLAC 国家加速器实验室分别参与“马特洪计划”和“M 计划”。此外，一些国家实验室还在美国宇宙航天工程中扮演重要角色，例如国防部下辖的喷气推进实验室先后参与了美国制导弹道导弹研发、卫星研发与发射、登月计划及其软着陆、渡船着陆器着陆火星、太空红外线望远镜研发、宇宙飞船进入星际空间、发现极亮脉冲星（Ultraluminous Pulsar）等一系列航空航天及探索计划。

为美国培养了一大批世界一流科学家，同时还掌管着美国绝大部分

---

① Niemeyer J. Michelle, *Economic Impact of Pacific Northwest National Laboratory on the State of Washington in Fiscal Year 2018*, 2019.8, https://www.pnnl.gov/sites/default/files/media/file/EIR%20PN NL%20 FY2018%20Final%208-13-19.pdf, 2020.10.7.

② 根据洛斯阿拉莫斯国家实验室网站（https://www.lanl.gov/）公布的资料整理所得。

③ 根据国家可再生能源实验室网站（https://www.nrel.gov/）公布的资料整理所得。

一流大型科研仪器、设备和设施。至2021年，美国国家实验室共计36人获得诺贝尔奖，涵盖诺贝尔奖所有自然科学奖项。此外，还有众多诺贝尔奖获得者得益于与美国国家实验室的既有紧密合作关系。至2021年，美国国家实验室拥有并对全球开放的世界一流大型科研仪器、设备、设施，包括APS、ALS、NSLS、SSRL、LCLS五个光子源设备，SNS、HFIR、Lujan三个高通量中子源设备，EMCMR、NCEM、SHaRE三个电子束微表征中心，CNMS、MF、CINT、CFN、CNM五个纳米科学中心，NERSC、OLCF、ALCF三个高性能计算设备，Tevatron、CEBAF、RHIC、ATLAS、HRIBF五个高能物理和核物理设施，EMSL、JGI、ARM三个多生物和环境设施，DIII-D、Alcator C-Mod、NSTX三个核裂变研究设施；一系列不对外开放的科研仪器、设备和设施，例如U1a、PF-4、CMR、Superblock设施等①。

二 中国国家实验室的历史沿革与贡献

（一）中国国家实验室的历史沿革

中国国家实验室始建于20世纪80年代。1978年邓小平提出“科学技术是生产力”的观点；1988年，做出“科学技术是第一生产力”的基本判断②；1982年召开全国科学技术奖励大会，提出经济建设必须依靠科学技术，科学技术工作必须面向经济建设的指导方针；1985年“六五”计划中明确提出“进一步使我国经济的成长建立在科技进步的基础上”，“继续加强应用研究和基础研究”和“进一步普遍树立起重视科技进步的战略观点，使各个方面都有一种加快科学技术发展的紧迫感”的要求③。这些政策从中央战略层面强化了科学技术在国家建设与社会发展中的重要地位。由于当时各领域均需国家投入，加之当时建设重心定位于经济建设，基础科学研究领域内形成了用较少投入换取较大且直观研发成果的发展思路，在此背景下我国国家实验室步入第一个实

---

① Dimitri Kusnezov, *The Department of Energy's National Laboratory Complex*, 2014. 7. 18, https://www.energy.gov/sites/prod/files/2014/08/f18/July%2018%20Kusnezov%20FINAL.pdf, 2019. 10. 3.

② 邓小平：《邓小平文选》（第三卷），人民出版社1993年版，第274页。

③ 中华人民共和国全国人民代表大会：《关于第六个五年计划的报告——一九八二年十一月三十日在第五届全国人民代表大会第五次会议上》，2008年3月11日，http://www.gov.cn/test/2008-03/11/conten t_916744.htm，2020年3月4日。

践阶段——试探期。

20 世纪八九十年代的试探期。在综合考量经济建设、科技创新、长短期效益、投入—产出效率等因素的基础上选择了依托兴建大型科研仪器设备带动国家实验室建设的基本策略——八九十年代先后依托国家重大科技工程或计划成立了国家同步辐射实验室、北京正负电子对撞机国家实验室、北京串列加速器核物理国家实验室、兰州重离子加速器国家实验室，如表 1-5 所示。虽然使用了“国家实验室”称谓，但当时政府尚未对其形成明确、清晰和统一的认知，总体上处于“干中学”试探阶段，后续实践也验证了这一点：中华人民共和国科学技术部公布的关涉国家实验室的相关文件中没有提及这 4 所实验室；《“十三五”国家科技创新基地与条件保障能力建设专项规划》中明确指出，“2000 年启动试点国家实验室建设”，即没有将 4 所实验室纳入考虑范围；4 所实验室负责人没有出席 2006 年和 2008 年的国家实验室建设经验交流会①；中国政府更倾向于将 4 所国家实验室归属国家重大科技基础设施建设领域②，直接体现是中华人民共和国国家和发展改革委员会将兰州重离子加速器国家实验室的核心设备重离子加速器定位为由其“支持建设的国家重大科技基础设施”③。总之，此时期国家实验室建设尚处于试探期，并不具备“国家实验室”实质意义，从根本上决定了当时中国政府对如何建设国家实验室以及建成一个什么样的国家实验室尚无缜密思路，所以当时国家实验室建设多趋于偶发行为，并未获得国家意志的持续关注和支撑，尽管如此 4 所实验室毕竟迈出了中国国家实验室建设的第一步，也为后续国家实验室建设提供了直接或间接前期实践经验。

---

① 参阅科技部《国家实验室工作研讨会在北京召开》和《试点国家实验室交流会在京召开》两份报道。

② 2014 年颁布实施的《国家重大科技基础设施管理办法》中明确规定“国家重大科技基础设施，是指为提升探索未知世界、发现自然规律、实现科技变革的能力，由国家统筹布局，依托高水平创新主体建设，面向社会开放共享的大型复杂科学研究装置或系统，是长期为高水平研究活动提供服务、具有较大国际影响力的国家公共设施”。这一规定与 4 所国家实验室的属性契合度极高。

③ 根据中华人民共和国改革与发展委员会官方网站（http://www.ndrc.gov.cn/fzgggz/gjscys/gjkxzx/）公布的资料整理所得。

表 1-5 中国 20 世纪八九十年代成立的“国家实验室”

名称	成立时间[a]	初创缘由
国家同步辐射实验室	1983/1991	国家科技发展规划
北京正负电子对撞机国家实验室	1981/1988	“八七工程”
北京串列加速器核物理国家实验室	1981/1988	改善我国核物理研究基础
兰州重离子加速器国家实验室	1988/1991	改善离子物理研究基础

注：a. 两个时间中前者为政府批复计划或动工时间，后者为国家验收通过时间。

资料来源：笔者根据各实验室网站及尚智丛（2014）、赵志祥（1998）、李秀波等（2019）研究成果整理所得。

2000—2015 年，中国国家实验室建设进入筹建期。2000 年，沈阳材料科学国家（联合）实验室成立，成为我国第一个先行试水的筹建国家实验室，之后根据第十个五年计划（2001—2005 年）中“促进大学与科研机构联合，形成一批具有国际影响的科研机构”的战略要求①，2003 年科技部官方批复筹建北京凝聚态物理国家实验室（筹）、合肥微尺度物质科学国家实验室（筹）、清华信息科学与技术国家实验室（筹）、北京分子科学国家实验室（筹）、武汉光电国家实验室（筹）5 所国家实验室②。6 所国家实验室的筹建客观上首次倒逼中国深入、系统思考什么是国家实验室和如何建设国家实验室这两个基本而又事关成败的问题，认知成果体现于《国家实验室总体要求》批复通知中③。2006 年，政府颁布《国家中长期科学和技术发展规划纲要（2006—2020）》（以下简称《纲要》），《纲要》明确提出了“根据国家重大战略需求，在新兴前沿交叉领域和具有我国特色和优势的领域，主要依托国家科研院所和研究型大学，建设若干队伍强、水平高、学科

① 中华人民共和国全国人民代表大会：《中华人民共和国国民经济和社会发展第十个五年计划纲要》，2001 年 3 月 15 日，https：//www. ndrc. gov. cn/fggz/fzzlgh/gjfzgh/200709/P02019102959569197431. pdf，2020 年 3 月 12 日。

② “第十个五年计划”（2001—2005 年）为 5 个筹建国家实验室发展提供了具体方略，例如通过多单位合并方式组建国家实验室。

③ 中国政府首次系统阐述“国家实验室”概念。

综合交叉的国家实验室和其他科学研究实验基地”的战略布局[①]，国家实验室首次出现在中央政策文本中，自此国家实验室建设步入顶层设计视野，开始获得国家意志的持续关注和支持。同年，科技部根据《纲要》召开了在10个关键领域启动10所国家实验室建设的通气会，但之后筹建批复处于停滞状态[②]。随后“十二五”规划（2011—2015年）正式提出“在重点学科和战略高技术领域新建若干国家科学中心、国家（重点）实验室，构建国家科技基础条件平台”的要求[③]，其中“国家（重点）实验室”实指两类国家级科研基地，即国家实验室和国家重点实验室，至此国家实验室进入中国五年规划文本，进一步夯实了国家实验室在国家战略布局中的重要地位。同时，2011年科技部发布的《关于进一步加强基础研究的若干意见》也明确提出了“围绕重大科学工程和重大战略科技任务，建设若干国家实验室”要求[④]，提出了建设国家实验室的可行路径。其间，中央政府延续了“十一五”规划时期的有益工作方式，即继续在实践中总结、梳理6个筹建国家实验室和青岛海洋科学与技术试点国家实验室的建设、运行经验，并开展了更为密集和更为高层次的国内外经验交流和实地考察、调研，以期全面、系统、深刻、科学、迅速地认知国家实验室，为后续启动、建设与运行

---

① 中华人民共和国国务院：《国家中长期科学和技术发展规划纲要（2006—2020年）》，2006年2月7日，http://www.gov.cn/gongbao/content/2006/content_240246.htm，2020年3月12日。

② 此时期国家实验室建设“既快又慢”的矛盾现象可能源于以下两方面原因：一是出于政策执行需要，科技部在《纲要》颁布后立即启动国家实验室；二是中国高层还需一定时间通过“干中学”廓清国家实验室系列认知，这反映在国家实验室出现于中长期规划《纲要》文本中，而没有出现在“十一五”计划文本中（2006年2月9日《国家中长期科学和技术发展规划纲要（2006—2020）》颁布，2006年3月14日十届全国人大四次会议表决通过《中华人民共和国国民经济和社会发展第十一个五年规划纲要》，官方新华社3月16日播发，《纲要》要早于“十一五”规划公布，这内含有为中国政府通过“干中学”厘清国家实验室系列认知预留时间的政策考量），还体现在相关负责人积极召开国家实验室建设交流会，实地调研筹建国家实验室实际建设运行情况，以及与美国相关国家实验室开展经验交流等方面。

③ 中华人民共和国全国人民代表大会：《中华人民共和国国民经济和社会发展第十二个五年计划纲要》，2011年3月16日，http://www.gov.cn/2011lh/content_1825838.htm，2020年4月12日。

④ 中华人民共和国科学技术部等：《关于印发进一步加强基础研究若干意见的通知》，2011年9月19日，http://www.most.gov.cn/fggw/zfwj/zfwj2011/201109/t20110920_89720.htm，2020年3月16日。

国家实验室奠定基础，终在2013年青岛海洋科学与技术试点国家实验室获得科技部正式批复、立项，并在2015年正式试点运行。

2016年至今，中国国家实验室建设进入重新布局期。青岛海洋科学与技术试点国家实验室正式运行的同时，科技部明确提出了在新兴、前沿且势力雄厚的科技领域不失时机地启动新国家实验室建设的要求[①]。同时，科技部着手转化既有筹建国家实验室，为今后新国家实验室建设减负前行。2017年，科技部会同财政部、国家发改委制定《国家科技创新基地优化整合方案》，规定"在现有试点国家实验室和已形成优势学科群基础上，组建（地名加学科名）国家研究中心，纳入国家重点实验室序列管理"[②]。同年11月，《科技部关于批准组建北京分子科学等6个国家研究中心的通知》颁布，先前筹建的6所国家实验室全部转制为"国家研究中心"，如表1-6所示。历经40余年的实践探索，中国政府有了更为成熟的国家实验室建设思路与方案：一是累积了一系列关涉国家实验室建设思想、方法的重要政策方案，内容日益清晰、具体，为顶层统一认知奠定了扎实基础，也为国家实验室步入科学建设轨道提供了条件。二是通过撤转旧有筹建国家实验室，着力塑造当下试点国家实验室，面向未来筹划新建国家实验室形成了"推陈出新""继往开来"的国家实验室建设新格局。当前中国正在以更为审慎、成熟的思路重新布局新一轮国家实验室建设，正如《中华人民共和国国民经济和社会发展第十四个五年规划和2035年远景目标纲要》中所言，"加快构建以国家实验室为引领的战略科技力量"，并在"量子信息、光子与微纳电子、网络通信、人工智能、生物医药、现代能源系统等重大创新领域组建一批国家实验室"[③]。

---

① 例如，量子信息科学可能产生下一个国家实验室，参阅《中共科学技术部党组关于坚持以习近平新时代中国特色社会主义思想为指导推进科技创新重大任务落实深化机构改革加快建设创新型国家的意见》。

② 中华人民共和国科学技术部等：《科技部 财政部 国家发展改革委关于印发〈国家科技创新基地优化整合方案〉的通知》，2017年8月18日，http：//www.gov.cn/xinwen/2017-08/24/content5220163.htm，2020年3月16日。

③ 中华人民共和国全国人民代表大会：《中华人民共和国国民经济和社会发展第十四个五年规划和2035年远景目标纲要》，2021年3月13日，http：//www.gov.cn/xinwen/2021-03/13/content_5592681.htm，2022年3月26日。

表 1-6　　　　国家实验室（筹）转型为国家研究中心

原有名称	现有名称	组建单位
北京凝聚态物理国家实验室（筹）	北京凝聚态物理国家研究中心	中国科学院物理研究所
合肥微尺度物质科学国家实验室（筹）	合肥微尺度物质科学国家研究中心	中国科学技术大学
清华信息科学与技术国家实验室（筹）	北京信息科学与技术国家研究中心	清华大学
北京分子科学国家实验室（筹）	北京分子科学国家研究中心	北京大学 中国科学院化学研究所
武汉光电国家实验室（筹）	武汉光电国家研究中心	华中科技大学
沈阳材料科学国家（联合）实验室	沈阳材料科学国家研究中心	中国科学院金属研究所

资料来源：笔者根据中华人民共和国科技部发布的《科技部关于批准组建北京分子科学等6个国家研究中心的通知》整理所得。

（二）中国国家实验室的贡献

中国国家实验室40余年的发展历程尽管曲折，但取得了一系列重要科技成就，为推动我国科技水平跃升做出了突出贡献。例如，科学研究领域，基于北京正负电子对撞机运行数据发现一种新共振结构，利用同步辐射装置测定菠菜主要捕光复合物（LHC-Ⅱ）2.72埃分辨率晶体结构、揭秘SARS病毒主蛋白酶结构、寻找SARS病毒克星、在分子水平上揭示砒霜治疗白血病机理[①]；青岛海洋科学与技术试点国家实验室完成了鞍带石斑鱼（龙胆石斑）全基因组测序和基因组图谱绘制，基于数值模式结果估算全球风生近惯性能量值等[②]；武汉光电国家实验室（筹）解码了动物捕食与进食神经机制，探究了增材制造中激光与物质交互作用时的熔池特征和飞溅演变规律，绘制出放大的脑神经连接图等[③]。

---

① 根据北京正负电子对撞机国家实验室网站（http：//bepclab. ihep. cas. cn/kycg/gnwl/）公布的数据整理所得。

② 根据青岛海洋科学与技术试点国家实验室网站（http：//www. qnlm. ac/index）公布的数据整理所得。

③ 根据武汉光电国家研究中心网站（http：//www. wnlo. cn/index. php）公布的数据整理所得。

技术创新领域，沈阳材料科学国家（联合）实验室“发展了一种连续合成、沉积和转移单壁碳纳米管薄膜的技术方法”，开发出了金属材料表面纳米化、高质量 GaN 单晶薄膜生长等一系列新技术①；合肥微尺度物质科学国家实验室（筹）自成立至 2017 年，累计专利申请量 392 项，如图 1-2 所示②。

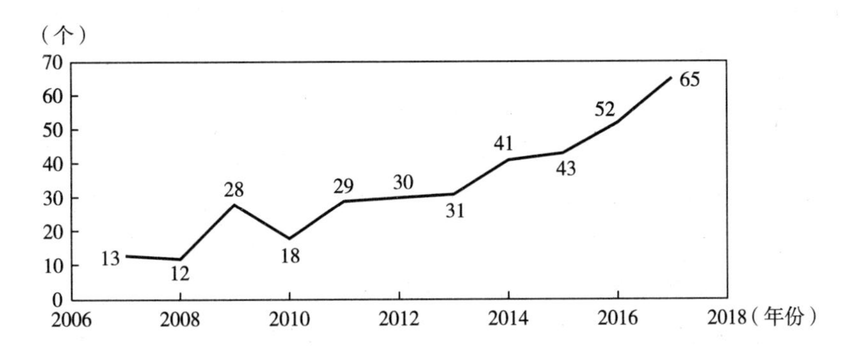

图 1-2　合肥微尺度物质科学国家实验室（筹）累计专利申请量

资料来源：笔者根据合肥微尺度物质科学国家研究中心网站（http：//www. hfnl. ustc. edu. cn/）公布的数据整理所得，其中 2005 年数据缺失。

为实现国家科技创新重大战略目标提供了重要支撑。例如，北京电子正负对撞机国家实验室、国家同步辐射实验室、兰州重离子加速器国家实验室、北京串列加速器核物理国家实验室、北京凝聚态物理国家实验室在高能物理、凝聚态物理、核物理、同步辐射等方面，合肥微尺度物质科学国家实验室（筹）在纳米科技、生物科技、信息科技和认知科学等方面，青岛海洋科学与技术试点国家实验室在海洋资源利用与海洋技术装备等方面，沈阳材料科学国家（联合）实验室在纳米材料等方面，武汉光电国家实验室（筹）在光电子器件及集成等方面，清华信息科学与技术国家实验室（筹）在智能科学、空间信息与大数据等方面直接承担了“973”“863”“科技创新 2030”等一系列与国家科技战略需求相关的重大科研项目，为顺利实现国家科技创新战略目标提供了重要支撑。

---

① 根据沈阳材料科学国家研究中心网站（http：//www. synl. ac. cn/index. asp）公布的数据整理所得。

② 根据合肥微尺度物质科学国家研究中心网站（http：//www. hfnl. ustc. edu. cn/）公布的数据整理所得。

为国家培养、输送了大批高端科技人才，并研发、建造了一大批先进科研仪器、设备。例如，青岛海洋科学与技术试点国家实验室拥有30位两院院士、22位“千人计划”专家、75位国家杰青和23位长江学者[①]；合肥微尺度物质科学国家实验室（筹）拥有两院院士13位、国家杰青50位、长江学者12位，并拥有10个国家自然科学基金委创新研究群体和6个教育部创新团队[②]；武汉光电国家实验室（筹）拥有8名两院院士，同时还聘请了76名来自美国等国家的著名海外大师和海外学术骨干[③]。此外，这些国家实验室还研发、建造并运行着国内外相关领域内的一系列高、精、尖科研仪器、设备与平台，例如电子正负对撞机、重离子加速器、串列加速器、光电子微纳制造工艺平台、高性能科学计算与系统仿真平台、光源直线加速器、“极光Ⅲ”等。

三　中美国家实验室的历史沿革比较及启示

中美两国国家实验室各自经历了不同的历史沿革过程，但也存在许多相同之处，主要包括以下几个方面：一是满足国家战略需求是国家实验室的首要目标。满足国家重大战略需求不仅发生于国家实验室建设伊始，更是贯穿于国家实验室整个建设、发展过程。如前所述，为支撑战时原子弹制造计划，美国政府建设了一系列著名国家实验室，第二次世界大战结束后这些国家实验室的研究重点也随着国家安全战略调整而发生转变[④]；中国所有筹建国家实验室自始建直至转并都在承担、落实国家各种科技创新重大战略任务[⑤]。二是体现国家意志是国家实验室的内在要求。国家实验室已不再是单纯的科技创新基地，其发展质态以

① 根据青岛海洋科学与技术试点国家实验室网站（http：//www. qnlm. ac/index）公布的数据整理所得。

② 根据合肥微尺度物质科学国家研究中心网站（http：//www. hfnl. ustc. edu. cn/）公布的数据整理所得。

③ 根据武汉光电国家研究中心网站（http：//www. wnlo. cn/index. php）公布的数据整理所得。

④ 随着美国国家安全由第二次世界大战和“冷战”时期“军事安全”为主到“冷战”结束后“保持美国领先”为主的战略调整，所涉国家实验室科研重心也经历了由军事备战到和平利用的重大调整，其中核能研发表现最为明显。即由战时军备核能武器研发转向战后核能和平利用（核电站等）研发。

⑤ 体现为国家实验室积极承接、参与国家布局的各类重大科技创新专项、计划等，例如“国家科技重大专项”“科技创新2030”，以及面向国家重大战略任务重点部署的基础研究、技术创新等。

“国家”这一复合性表征展示一国科技创新能力、科技机制运行效率、科技体制建构水平及政治体制效能，进而对其他国家产生引领、刺激、抑制甚至威慑作用——有鉴于此，中美两国将国家意志融入国家战略需求引领、国家资源投放、国家评估导向、成果体现国家水平等多样化国家动员方式，借助国家力量确保国家实验室健康发展。三是实践探索中稳步前行是国家实验室建设的基本路径。中美两国国家实验室建设都先后经历了扩充期与调整期：美国在 20 世纪 60 年代国家实验室数量迅速增加并达到顶峰，70 年代历经撤并转大调整后数量跌至低谷；中国在 2000—2003 年筹建国家实验室数量迅速增加 6 所，2017 年重新布局调整后仅剩 1 所。中美两国国家实验室这一倒“U”形发展曲线说明，中美两国国家实验室建设都在实践中经历了“从无到有”“从有到精”的探索过程，并在这一过程中逐步累积国家实验室建设经验，为国家实验室后续稳步发展奠定经验基础。四是环境嵌入是国家实验室建设的约束条件。中美两国都根据各自面临的特有挑战、特有国力基础等内外环境筹划、布局、建设与运营国家实验室。例如，美国面临战事威胁时的应激性军事化组建，中国在和平年代中的主动性、试探性组建都是对各自所在历史环境的具体回应。尽管包含改良环境的主观意图，但这也属于所嵌入环境提供的可能性与可行性基础上的主观能动。五是政府是国家实验室建设的中坚力量。尽管有的国家实验室建设之初由个人资助支撑，但经过“国有化”已全部转制为国家所有①，政府在整个国家实验室建设过程中占据主导地位。此外，撤、转、并国家实验室直接受政府政策影响，国家实验室建设的政府计划性、指导性或引导性特征明显，中美两国倒“U”形国家实验室发展曲线即为例证。六是战略性、综合性功能输出是国家实验室的应有功效。战略性功能输出体现于国家实验室能够产出高、精、尖科学研究与技术创新成果，能够引领科技创新前沿方向；综合性功能输出体现于国家实验室既能实现重大基础科学研究的突破，推进应用基础研究的进步，持续供给系列技术创新，还能有效实现这些研发成果的转化，为提升综合国力提供强大引擎。

---

① 例如，劳伦斯伯克利国家实验室建设伊始是由劳伦斯个人基于私人筹资组建，第二次世界大战过程中因国家需要而进入国家实验室行列。

中美两国国家实验室历史沿革也存在诸多不同之处，主要表现在以下几个方面：一是所处环境及其由此衍生的具体始建缘由不同。尽管两国国家实验室始建均源于国家战略需求，但两者所处历史环境及由此引发的具体战略需求差异较大。由表 1-4 可见，多数美国国家实验室成立于第二次世界大战和“冷战”时期，所以确保“军事安全”成为美国国家实验室的主要始建缘由；中国国家实验室建设则始于“改革开放”，助推“经济建设”“国家现代化建设和社会发展”成为中国国家实验室的主要启动原因。二是国家实验室组建方式不同。美国国家实验室主要源于某一组织由内而外的自我累积性发展，如表 1-4 所示，大部分美国能源部国家实验室均经历了较长时间的自我发展，尽管也有如国家能源技术实验室通过多组织合并组建的国家实验室，但也是在某一核心组织发展过程中按需逐步自愿组合。中国国家实验室则主要依附于多个组织的计划性集结——2000—2003 年筹建的 6 所国家实验室均在抽调、合并多个科研组织的基础上成形。三是国家实验室建设数量差异较大。20 世纪四五十年代美国共计成立并正式命名 10 所国家实验室，中国自 2000 年至今仅剩青岛海洋科学与技术试点国家实验室 1 所。其差异主要源于两国所处环境不同，如前所述，20 世纪四五十年代，美国处于第二次世界大战及“冷战”时期，建设这些国家实验室具有目标明确和资源超常规投入的特点①，所以可在短时间内迅速成立；中国自 1980 年至今虽然也历经了 40 余年的发展，但无论在实验室建设紧迫性、目标清晰度还是资源投放量上都与当时的美国相差很大。

通过上述比较可获得如下重要启发：

一是系统、科学、清晰地认知国家实验室。中美两国倒“U”形国家实验室建设之路是一个探索国家实验室到底是什么以及如何建设的道路，所以后续启动和建设国家实验室之前理应基于已有实践经验，对国家实验室的角色、目标、定位、功能、本质、建设策略等形成统一、系统、科学、清晰、深刻的认知，以确保建设实质意义上的“国家实验室”。

① 更为独特的是美国还借助当时欧洲科学家因第二次世界大战出现的“洲际转移”有利条件汇集了爱因斯坦等一大批国际顶级科学家（李工真，2005），这为美国国家实验室建设与发展提供了得天独厚的人力资源。

二是环境嵌入是国家实验室建设与发展的基本前提。两国国家实验室建设历程充分说明国家实验室不是空中飞地，而是对所处环境的系统嵌入，并深受所处环境的约束与影响，严重脱离所处实际环境约束的主观意愿或目标势必难以实现，所以系统梳理与深刻了解环境存量及预期增量是成功启动与有序发展国家实验室的前提条件。

三是国家意志是国家实验室建设与发展的根本保证。中美两国国家实验室历史沿革证明，国家战略引领、国家项目支撑、国家评估监控等一系列系统化、制度化国家意志注入方式是确保国家实验室得以连续演化并在此基础上实现向更高阶水平跃迁的重要条件，所以秉持国家意志并据此推动国家高层形成统一认知、建构顶层设计、编制政策网络、推动全景监控是推动国家实验室可持续发展的关键所在。

四是政府在国家实验室建设与发展中发挥不可替代的关键作用。中美两国国家实验室的实践探索充分表明，政府是国家实验室建设与发展的核心和实际组织者，国家实验室后续发展中政府在进一步发挥此角色作用的同时还应积极参与关涉国家实验室建设与运行的国家战略发布、重大工程项目遴选、建设与运行资源投放、相关扶持政策出台、运行效能评估、制度建设指导等宏观引导工作，以充分释放政府在国家实验室建设与发展中的最大功效。

五是国家实验室建设是一个循序渐进的过程。中美两国国家实验室都经历了长时间的建设与发展过程，且至今依然保持旺盛探索精神，这说明作为一种“战略性”“综合性”科技创新基地，国家实验室无论从布局研究领域、建设基地空间、采购仪器设备、招揽科技人才还是从搭建管理体系、开展对外交流、凝练独特文化等方面都极度复杂和极具挑战性，且每个发展阶段都有其特定重点任务，这势必需要一段较长时间容其有序发展。

六是项目化建设是国家实验室建设的重要方略。无论从基于“曼哈顿计划”“马特洪计划”“M 计划”建立的美国国家实验室，还是源于“八七工程”等各类科技计划的中国国家实验室，将国家战略、国家意志融入项目，在项目执行中建设国家实验室是两国国家实验室建设的重要经验。

七是资源全球化聚集有助于国家实验室高水平发展。中美两国国家实验室建设对全球资源聚集、运用程度的不同产生了不同结果，从正反两方面交互验证了国家实验室建设中所需资源全球化整合的重要意义，所以应借助“合约”“兼任”等各种途径或手段尽可能整合全球资源，以助力国家实验室更高水平的发展。

第三节　国家实验室资源供给的现实挑战与研究源流

一　国家实验室资源供给的现实挑战

因循组织化科技创新的历史发展趋势与其卓越成效，国家实验室历经一个多世纪的发展成为一种国际共识度较高的科技创新基地，然而也因其巨大体量运行时所需的巨额资源使许多国家望而却步，确保足量、高质、持续、安全供其所需资源也成为已有国家实验室国家面临的一项挑战，具体表现如图 1-3 所示。

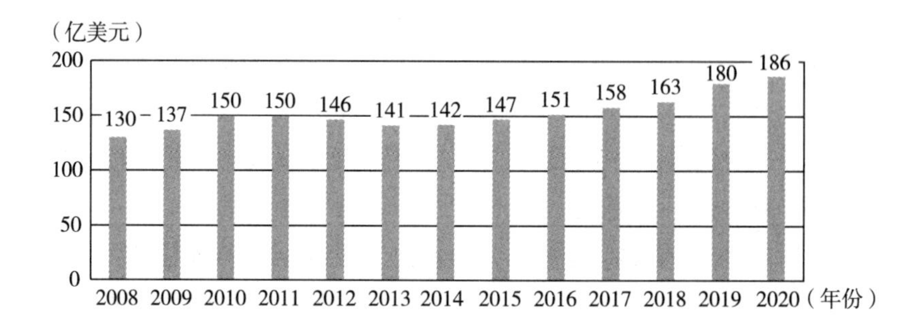

图 1-3　美国 18 所国家实验室年度 R&D 经费支出变化①

资料来源：笔者根据美国国家自然科学基金委员会网站公布的数据整理后绘制。

（一）国家实验室资源供给标准越来越高

进入大科学时代，国家实验室所需资源供给已不仅关注数量，还对供给品质、可持续、安全等方面提出了更高要求。以美国 18 所国家实验室年度预算为例，如图 1-3 所示，有如下特点：一是国家实验室资源基数庞大。2008 年，每年每所国家实验室 R&D 支出即已超过 7 亿美元。二是近 10 年 18 所国家实验室 R&D 经费支出总体趋于上升——

① 其中 18 个国家实验室是指美国能源部下辖的 16 所实验室（不包括国家能源技术实验室）和林肯实验室、喷气推进实验室。

R&D 经费支出由 2008 年的 129.9 亿美元增至 2020 年的 186.4 亿美元。三是这种基数庞大且不断增加趋势的连续性极强。同时，国家实验室对资源品质也提出了更高要求，例如青岛海洋科学与技术试点国家实验室急需高端人才，美国普林斯顿等离子体物理实验室为维持仪器设备先进性需要不断改造升级等。此外，还须确保国家实验室所需资源供给不受外来干扰，例如目前中美两国都采取了设置专项资金的方法实现这一目标——中国采取政府性基金财政拨款方法，美国采取 FFRDCs 名单定向财政投放方法。

（二）国家实验室资源供给能力受限明显

从供给侧角度看，国家实验室资源增量发展的主要来源有两个：一是国家总 R&D 资助增加前提下的国家实验室资助增加，二是国家总 R&D 资助不变前提下增加国家实验室资源配比。从国家总 R&D 资助来看，如图 1-4、图 1-5 和图 1-6 所示，当国家经济发展到一定程度后 R&D 资助很少受经济波动影响而产生绝对量锐减[①]，但增加幅度同样有限，即 R&D 资助具有惰性——不会锐减的同时也存在增量天花板，即从国家层面已然限定了 R&D 总资助的量级和能力。从增加国家实验室资源配比角度看，综合图 1-3、图 1-4、图 1-5 和图 1-6 的信息可得，美国国家实验室 R&D 在总 R&D 中所获资源配比基本稳定，增加幅度较小；中国自 2017—2021 年“基础研究”占比分别是 5.54%、5.54%、6.03%、6.01%、6.09%[②]，资助力度稳中有升但幅度较小。中美两国实践情况都说明，在 R&D 总资助中增加国家实验室资源配比存在较大难度。总之，无论是从国家 R&D 总资助增加前提下增加国家实验室资助，还是在 R&D 总资助不变前提下增加国家实验室资源配比都明显受限。

---

① 图 1-4 和图 1-5 反映了 2009 年国际金融危机的较大冲击，结合图 1-6 则反映了长时间尺度内各国对 R&D 投入存在惯性，也即 R&D 对国家总体经济形势敏感度较低。但值得注意的是，当一国经济发展长期处于停滞不前状态时，其相对投入实质存在弱化倾向。

② 科技部尚无“国家实验室”单项预决算，但根据国家实验室目前类属基础研究机构的官方定位，此处使用了预决算中的“基础研究”项以大体反映其情况，其定义为“反映从事基础研究、近期无法取得实用价值的应用研究机构的支出、专项科学研究支出，以及重点实验室、重大科学工程的支出”。根据国家统计局网站（http://www.stats.gov.cn/）公布的数据整理所得。

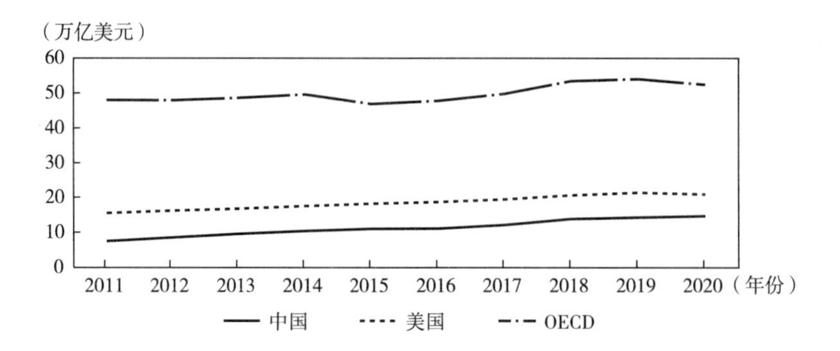

图 1-4　中国、美国和 OECD 国家 GDP 发展变化

资料来源：笔者根据世界银行（https://www.worldbank.org/en/home）公布的数据整理所得。

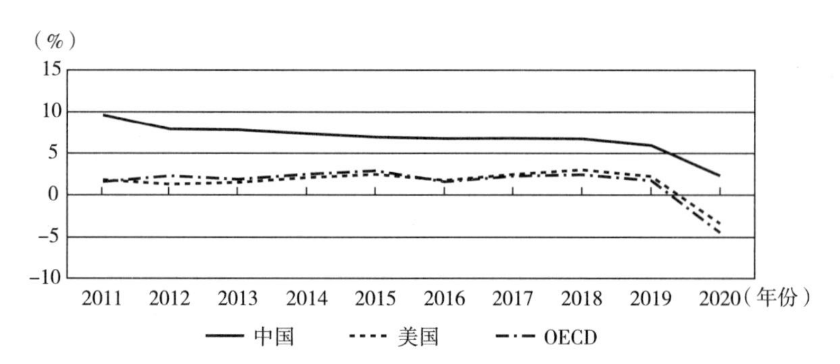

图 1-5　中国、美国和 OECD 国家 GDP 增长率变化

资料来源：笔者根据世界银行（https://www.worldbank.org/en/home）公布的数据整理所得。

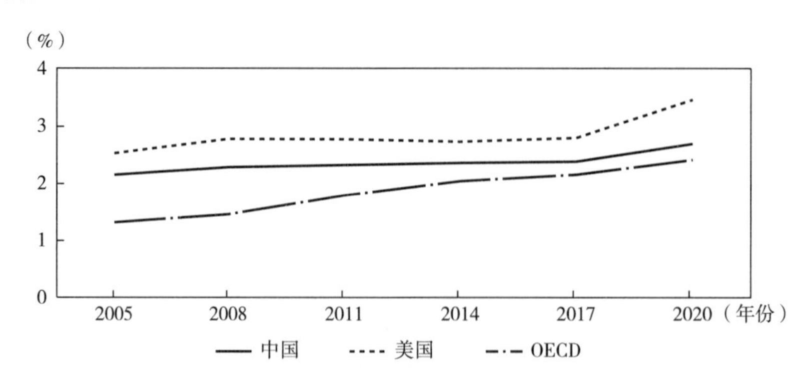

图 1-6　中国、美国和 OECD 国家 R&D 占 GDP 的比例变化

资料来源：笔者根据 OECD 网站（https://www.oecd.org/）公布的数据整理所得。

（三）流动性与定向性资源供给矛盾凸显

国家实验室资源供给的重要目的在于将资源定向投放至实验室并对其发展产生实质性、针对性影响，但此过程的实现需要资源在实验室内部历经沉淀与融合，于是时间成为定向性资源供给发挥功效的必要条件。然而，开放式创新时代的到来致使资源流动性剧增——资源频繁跨越组织边界由组织内封闭循环向组织间开放流转，极大地干扰了国家实验室资源定向供给效能发挥所需的最低时间阈值，导致资源尤其是人才资源自我迅速增值（知名机构中的高频人员流动）与国家实验室发展受损矛盾的出现。此外，竞争介入使得资源流动更加频繁，例如中国中央财政渠道资源供给中的80%是基于国家实验室间的竞争实现资金划拨[①]；美国国家实验室97%的资金来源于美国联邦政府，但这些资金的最终走向也经由实验室间的激烈竞争得以最终确定，例如橡树岭国家实验室、劳伦斯利弗莫尔国家实验室、洛斯阿拉莫斯国家实验室在高性能计算领域展开资源角逐，国家能源技术实验室、国家可再生能源实验室、劳伦斯伯克利国家实验室在先进与可持续能源方面存在资源竞争。竞争在激发国家实验室发展活力的同时，也使得国家实验室资源流向更趋模糊，资源定向供给预期效能更难实现。可见，消减或化解流动性与定向性资源供给矛盾成为当前及今后一段时期内国家实验室资源供给中急需解决的问题。

（四）多元主体离散化供给

目前国家实验室资源供给主体已然呈现多元化态势。例如，国家实验室在主要依靠国家投入的情况下，企业也开始以合作研发、技术交易等多种方式向国家实验室注入资金，此外，非政府组织或非营利性组织、个人也开始以捐赠等多种方式向国家实验室提供资金支持，甚至某些国家实验室的非政府资金支持已占据其总资金量的1/3[②]，这无疑为提升国家实验室资源供给效能提供了一条新思路。然而，实践中由于沟

① 周密：《首批筹建已十多年仍难去“筹”谁拖了国家实验室的后腿》，《经济参考报》2016年3月3日第A07版。

② Olof Hallonsten and Thomas Heinze, “Institutional Persistence Through Gradual Organizational Adaptation: Analysis of National Laboratories in the USA and Germany”, *Science and Public Policy*, Vol. 39, No. 4, July 2012, pp. 450-463.

通不畅、利益配置不均、组织文化冲突等多种原因致使这些多元供给主体的资源供给格局呈现离散化，例如多元主体间在基础研究、应用研究与技术创新三大着力点上长时间争执不休妨碍了资源的稳定、及时及可持续投入；同一主体内部间的细分主体也会因目标、理念冲突和信任危机致使资源投入存在重复、延迟风险①。可见，多元主体的离散化供给现状严重折损了其原本有效联合所能发挥的最大效能。

二　国家实验室资源供给的研究源流

解决国家实验室资源供给问题变得日益迫切，急需相关研究提供理论参考与借鉴。目前虽无文献对此展开针对性、系统性研究，但与之相关的探讨却较为丰富，以下将以此为突破口在系统梳理相关文献研究成果基础上把脉国家实验室资源供给研究之来“源”，并借此进一步启迪与清晰化国家实验室资源供给研究之“流”向，在找准“来龙去脉”中实现相关研究的顺利推进与创新。

（一）国家实验室内涵厘定

什么是国家实验室是开展国家实验室相关研究的基石，然而，从目前国家实验室理论研究来看，此问题仍然没有得到较好解决，体现为将国家实验室与国家重点实验室、联邦实验室、研究中心等概念混淆，由此导致研究内容出现混乱甚至错误，例如有的文献研究对象是国家实验室，却用国家重点实验室的数据和资料来支撑相关论点，有的用更接近中国科学院性质的法国研究中心、德国马普学会等来剖析“国家实验室”的管理或运行机理，有的将贝尔实验室等一些以企业目标驱动为目的的实验室等同为国家实验室，还有一些将名字中带有“国家”但实质上并非国家实验室的科研基地作为国家实验室来分析和研究，尽管如此研究可以为国家实验室提供“他者”经验借鉴，但不得不承认的是不分差异的“统一”研究使国家实验室到底为何这一问题变得更加扑朔迷离，致使这些原本具有经验借鉴功能的研究也会因这一问题的模糊而变得没有意义，甚至产生混淆前路、带偏方向的负面影响，所以厘清国家实验室基本内涵，形成一个共识度较高的国家实验室认知已变得极为迫切和重要。

① 谢雨桐：《给美国国家实验室更多自由》，《世界科学》2015 年第 12 期。

已有学者注意到了国家实验室研究领域中的概念混淆现象，并力图辨明和区分国家实验室与其他研究机构的差异。例如，从宏观延展来看，国家重点实验室是国家实验室筹建中的重要联合单位之一，是国家实验室筹建的备选与整合对象，扮演“预备队”的角色[①]；从微观特征来看，如表1-7所示，国家实验室与国家重点实验室在定位、依托单位、内部管理体制、运行机制、研究领域与学科、体量和数量七个方面存在明显差异，两者实难同日而语。此外，借助量化方法亦可更为直观地发现国家实验室与其他研究机构之间的差异，例如美国43个FFRDCs之间在研究经费、人员配置、仪器设备等方面存在明显差异，有的综合性国家实验室年度经费支出达到27.82亿美元，而有的研究中心则不足1亿美元，所以43个FFRDCs并非全为国内相关政策文本中所指的国家实验室，而仅有美国能源部所辖17个“国家实验室”，美国国防部主管的林肯实验室、航空航天联邦资助研发中心、国家国防研究所，以及美国国家航天局主管的喷气推进实验室与之相符[②]。可见，国家实验室有其特定概念边界，根据这一逻辑以下将从国家实验室的主体、客体、手段、目标、本质及其特点六个方面系统梳理相关文献，以期尽可能提供一个科学、合理且共识度较高的概念认知。

表1-7　　国家实验室与国家重点实验室的区别

项目	国家重点实验室	国家实验室
定位	基础研究、战略性高技术研究、公益性研究	针对我国经济社会发展所涉及的核心技术问题和重大科学前沿问题开展原创性科学研究
依托单位	大学、科研院所	研究型大学、科研院所
内部管理体制	依托单位领导下的主任负责制	理事会领导下的主任负责制
运行机制	开放、流动、联合、竞争（未实行国际评估制）	开放、流动、联合、竞争（国际评估制）
研究领域与学科	学科专一、研究面窄，主要面向“学科前沿”	多学科交叉、研究领域广，主要面向“科学前沿”和国家重大战略研究任务

① 李冬梅等：《加强国家级科研基地建设的若干思考与建议》，《中国高等教育》2007年第8期。

② 周朴：《美国“国家实验室”的属性辨识》，《国防科技》2018年第6期。

续表

项目	国家重点实验室	国家实验室
体量	小	大
数量	多	少

资料来源：笔者根据易高峰等（2009）的研究成果整理所得。

1. 国家实验室的建设与运行主体

以政府为中心，以大学、产业界、科研机构、非政府组织等为辅助的多元主体协同格局是目前国家实验室建设与运行主体的基本结构：一是国家实验室治理主体多元性。从 GOCO、GOGO 及 COCO 多样化国家实验室运行模式即可概览其参与主体的多元性特征，此外拥有国家实验室最高决策权的理事会更是由来自政府、大学、工业界、其他实验室等多元组织的相关专家组成。二是政府管理分层受限性。鉴于国家实验室的国家特殊属性，政府在其建设与运行中发挥重要管理职能，但其使作范围主要限于宏观层面，例如资金支持、搭建宏观管理框架、评估与监督实验室整体运行绩效、引导实验室研究方向等方面①，一旦深入微观层面应尽量避免其过度干预，并尽可能实现微观管理“去行政化”②。三是政府与其他主体之间形成了“中心—边缘”型协同治理结构。此种治理结构在国家实验室 GOCO 运行模式中体现明显——所有权归属国家，政府代表国家掌管所有权并执行相关科技职能，其他主体在此基础上以代理身份借助契约承接政府委托任务并具体管理和运行国家实验室，之后根据政府评估结果，若管理、运行得当则由同一代理机构以续约方式继续承接任务，否则更换代理单位③。COCO 模式中政府既没有国家实验室所有权也没有运行权，但政府往往通过经费杠杆间接掌控实验室，真正不受政府影响的 COCO 类国家实验室很少，因为国家实验室属性中的“国家性”很难用简单的“私有化”或“市场竞争”方式实现④，

① 胡倩：《美国国家实验室》，《中外科技信息》1991 年第 5 期。

② Hugh Gusterson, “The Assault on Los Alamos National Laboratory: A Drama in Three Acts”, *Bulletin of the Atomic Scientists*, Vol. 67, No. 7, November 2011, pp. 9-18.

③ Robert W. Galvin, “Forging a World-Class Future for the National Laboratories”, *Issues in Science & Technolog*, Vol. 11, No. 1, September 1995, pp. 67-72.

④ John Rush, “US Neutron Facility Development in the Last Half-Century: A Cautionary Tale”, *Physics in Perspective*, Vol. 17, No. 2, June 2015, pp. 135-155.

如果不顾及这一特有属性贸然采取“完全私有化”不仅不利于实验室本身的发展，还有可能对其他创新主体甚至国家国际科技竞争力产生负面影响[①]，英国国家物理实验室在1995年实现“公司化”改制后于2015年又收归国有的实践历程是对这一缘由的最好注解。

2. 国家实验室的作用客体

以基础研究和应用基础研究为核心，同时兼顾共性或关键技术创新是国家实验室科技活动的作用客体：一是政府所需与市场所需严格区分。满足政府所需是国家实验室科技活动的最大边界，一旦涉及市场所需仅限于为其他创新主体提供必要服务，而不能直接进入市场与其他创新主体展开竞争[②]。二是科技活动以“长期性、战略性、公共性、敏感性”基础研究和应用基础研究为主且领域有限，主要包括国家安全、能源开发、环境保护等政府必须负责的基础研究和应用基础研究；承担依托昂贵大型科研仪器设备且需要多学科综合研究的项目，例如高能物理、粒子物理等；在应用基础研究领域培养大学难以或无法培养的科学家和工程师；民间企业无力承担或不愿意承担的周期长、投资大、规模大、高风险的基础性、前瞻性研发项目，例如核聚变等；那些有助于促进工业部门各企业间竞争的研发项目，例如高能计算等；农业、卫生等国家需要而研发成果不能直接获得经济效益的研究；完成生产放射性物质、国家标准、精准计量等政府职能所需要的研究工作；由于形势变化所带来的急需解决而一般组织难以及时应对的问题，例如突发性传染病控制、战争武器研发等[③④]。三是科技创新亦是国家实验室的工作内容但居于次要地位，且主要以和企业等其他创新主体合作或技术转移等方式实现共性或关键技术创新的预定目标，从事范围亦有明确限定，例如美国“合作研究开发协议”（CRADAs）明确规定国家实验室只能在能源、环境、高性能计算、先进生产工艺、先进材料和运输等关键技术领域中

① David Dickson, “UK National Laboratories Face New Threat of Privatization”, *Nature*, Vol. 363, No. 6426, May 1993, pp. 5-6.

② J. David Roessner, “What Companies Want From the Federal Labs”, *Issues in Science and Technology*, Vol. 10, No. 1, September 1993, pp. 37-42.

③ 李杏谱：《美国国家实验室》，《国际科技交流》1987年第8期。

④ 钟少颖：《美国国家实验室管理模式的主要特征》，《理论导报》2017年第5期。

与其他科技创新主体以“合作研发协议”方式开展相关科技活动[①]。

3. 国家实验室作用于客体的主要手段

以承接国家重大科技项目、工程等为主要载体并配套与之契合的管理和运行机制体制是推动国家实验室科技活动顺利开展的主要手段：一是国家重大科技项目、工程是国家实验室建设与运行的主要载体。基于国家战略所需而设置的国家大科学项目、工程为国家实验室建设与运行所需庞大人才、设备、资金等资源的足量、高质、安全、持续供给提供了必备条件，同时也为国家实验室提炼与建构各项制度奠定了实践基础[②]；同时，国家实验室作为活动主体在充分发挥自身主动性的基础上充分借助国家重大科技项目、工程这一绝佳手段实现发展动力的内外融合[③]，为更高层次的演进与跃迁提供窗口。二是围绕国家重大科技项目、工程建立与之匹配的制度化管理和运行机制体制。例如，国家实验室整体上属于独立科研实体或独立法人国家专设机构[④]，内部管理应尽可能采用理事会领导下的主任负责制[⑤]，科研活动形成灵活有效的矩阵化科研组织结构[⑥]，人事管理则采用具备规模化、多样化的人员管理策略等[⑦]。

4. 国家实验室的目标

满足国家战略需要是国家实验室的主要目标：一是国家实验室目标是国家战略需要的具体化。国家实验室目标是国家战略需求的分解，是

① 陈民：《美国国会着手对国家实验室进行调整改革》，《世界研究与发展》1993 年第 6 期。

② 聂继凯、危怀安：《国家实验室建设过程及关键因子作用机理研究——以美国能源部 17 所国家实验室为例》，《科学学与科学技术管理》2015 年第 10 期。

③ Catherine Westfall, “From Desire to Data: How JLab's Experimental Program Evolved Part 2: The Painstaking Transition to Concrete Plans, Mid - 1980s to 1990”, *Physics in Perspective*, Vol. 20, February 2018, pp. 43-123.

④ 李研：《加拿大发挥国家实验室功能的代表性机构及启示》，《科技中国》2018 年第 8 期。

⑤ 冯伟波等：《美国国家实验室大型科研设施建设对中国的启示——以国家高磁场实验室为例》，《科技管理研究》2019 年第 16 期。

⑥ 黄缨等：《我们要建设什么样的国家实验室》，《科学学与科学技术管理》2004 年第 6 期。

⑦ 郝君超、李哲：《国家实验室人员管理的国际经验及启示》，《科技中国》2018 年第 4 期。

国家战略得以实现的支撑条件，所以“科学研究与科研机构使命的相关性”构成了国家实验室评估体系中的首要指标，其中“科研机构使命”即为国家战略需求的具体化表达[①]。二是国家实验室目标具有任务性、复合性和动态性的特点。尽管国家实验室科技活动以基础研究和应用基础研究为主，但与大学等其他科研组织注重自由探索相比，国家实验室的科技活动更加强调任务性，例如美国国家实验室“以结果为导向，以成绩为基础”的管理原则[②]。同时国家战略不仅包括科学研究、技术创新，还包括通过科技活动直接或借助技术转移间接为国家安全、经济可持续发展和国民生活质量提升等方面提供科技保障与支持，即国家实验室必须承担相应社会责任，所以，系统助力国家综合竞争力提升亦是国家实验室目标的应有之义。此外，国家实验室目标及其引领的研究领域会紧随国家战略变迁而不断调整，例如美国劳伦斯利弗莫尔国家实验室在延续核武器研发优势研究领域的基础上，根据国家对环境安全和反恐安全战略需要将研究领域拓展至环保和反恐领域，SLAC 国家加速器实验室根据国家战略布局的变化将原本用于物理学研究的加速器果断调整为高能 X 射线源用于生化和材料研究。

5. 国家实验室的本质和特点

已有研究对国家实验室本质的表述比较分散，例如将国家实验室视为一种“国家研究实验基地”“政府建立并资助的实验室、研究中心”“科学研究组织方式”“科研场所和设施”“国立科研机构的一种重要形式”等，其中“实验室、研究中心”有语义重复之嫌，“场所和设施”因过于具体化难以涵盖国家实验室的丰富内涵，所以这两类表述难以揭示国家实验室的内在本质。“基地”在《现代汉语词典》中解释为“发展某种事业的重要地区”，“开展某项事业的专属场所”，“某项活动的临时根据地”[③]，突出强调物理空间的特定用途性。“组织”是一个较成熟的学术用语，尽管定义多样，但归结来看，它“既是把人、财、物、

---

① 闫宏等：《美国政府实验室测度与保证高水平科研的做法》，《科学学与科学技术管理》2003 年第 12 期。

② 赵文华等：《美国在研究型大学中建立国家实验室的启示》，《清华大学教育研究》2004 年第 2 期。

③ 中国社会科学院语言研究所词典编辑室：《现代汉语词典》，商务印书馆 2017 年版，第 168 页。

信息等构成要素在一定时间和空间范围内合理地配置，促成各要素协作并有效发挥作用的动态过程；又是能使动态组织活动中有效合作的协作关系相对固定下来，形成一定结构和模式的相对静止的结构模式”，具有“实体性”“目的性”“协作性”“权威性”“结构性”和“系统性”的特点①。可见，无论从词性还是从专业程度讲“组织”可以更专业、更丰富、更全面地表达国家实验室的本质特性。同时，通过梳理已有文献后发现，国家实验室的特点主要包括“战略性”“综合性”“发展性”“引领性”“国际性”“协同性”“平台性”“开放性”“独立性”“规模性”“目标性”“动态性”“政治性”等。

（二）国家实验室的多样化分类

国家实验室类型划分研究也已成为文献研究的关注焦点之一。目前国家实验室分类主要包括两大分类系统，即以国内国家实验室为分类对象的类型划分和以国外国家实验室为分类对象的类型划分。由于国内国家实验室的特殊实践历程及目前现状，此系统内的分类主要以“建设与发展所处阶段”为类型划分标准，例如据此可将国内国家实验室分为“已建成的国家实验室”“通过了建设可行性论证的试点国家实验室”和“未通过建设可行性论证的试点国家实验室”三类②。以国外国家实验室为分类对象的分类呈现多样性和复杂性特点，例如以管理模式为标准可分为政府所有政府运营类国家实验室、政府所有合同运营类国家实验室和非政府所有合同运营类国家实验室三类；以“政府影响”和“市场影响”程度二维向量为标准可分为如表1-8所示的九类国家实验室；以研究任务的“单一/多样性”为标准可分为多项目国家实验室和单项目国家实验室两类。分类标准及其类型的多样性表明了一个客观事实，即建设与运营国家实验室具有多样性。

（三）国家实验室的计划与领导

国家实验室的建设和运行计划或决策由国家中央层面通过顶层设计辅以专项方式实现。例如，美国国家实验室根据联邦采购条例依法成立，且其“设立与终止、预算审批、外部评估等关键管理环节”都由

① 刘延平：《多维审视下的组织理论》，清华大学出版社、北京交通大学出版社2007年版，第5—15页。

② 董静：《什么是国家实验室》，《现代交际》2010年第8期。

国会负责，即国会是国家实验室的“最高决策机构”[①]。加拿大国家实验室的“法人性质为政府专设机构”（Government Agency），“经费一般通过加议会立法的方式设立”，“法案一般会清楚地列出实验室的使命、资金来源、业务范围、治理方式等内容”，“作为由立法而设立的政府专设机构直接对加议会负责，和政府保持一臂之距”[②]。我国国家实验室的筹建也必须经过国家部委正式审批后方可进入正式筹建阶段，例如青岛海洋科学与技术试点国家实验室于2013年12月获得科技部批复后进入筹建期，于2015年6月正式运行[③]。深入至国家实验室内部，最高计划和决策机构一般是“理事会”或“董事会”，且组成人员具备广泛代表性——包括来自政府、高校、科研机构、产业界等相关领域的专家、学者、政府官员及产业界人士，例如构成美国布鲁克海文国家实验室理事会的25位成员来自哥伦比亚、康奈尔、麻省理工、哈佛、耶鲁、普林斯顿等9所高校以及相关政府和产业界[④]。

表1-8　　环境背景分类法下的美国研发实验室分类

		政府影响		
		低	中	高
市场影响	低	私立科学类	混合科学类	公共科学类
	中	私立科学技术类	混合科学技术类	公共科学技术类
	高	私立技术类	混合技术类	公共技术类

资料来源：笔者根据Crow（1987，1991，2005）、Bozeman等（1990）文献整理所得。

与计划与决策体制相匹配，国家实验室外部领导体系体现出“国会—资助单位—运营单位—国家实验室”四级梯次链扣的领导关系[⑤]，内部主要采用董事会或理事会领导下的主任负责制[⑥]。以上述架构为基

① 钟少颖：《美国国家实验室管理模式的主要特征》，《理论导报》2017年第5期。

② 李研：《加拿大发挥国家实验室功能的代表性机构及启示》，《科技中国》2018年第8期。

③ 根据青岛海洋科学与技术试点国家实验室网站（http：//www.qnlm.ac/page？a=1&b=1&p=detail）公布的资料整理所得。

④ 巫英坚：《布鲁克海文国家实验室的管理和成果转让》，《国际科技交流》1993年第11期。

⑤ 钟少颖：《美国国家实验室管理模式的主要特征》，《理论导报》2017年第5期。

⑥ 周华东、李哲：《国家实验室的建设运营及治理模式》，《科技中国》2018年第8期。

础，实践运行中的国家实验室计划与领导体系会有适应性调整，例如美国国家高能磁场实验室增设了“用户委员会”和“外部顾问委员会”，以协助“科学理事会”监督、领导和管理实验室①。此外，若基于“行政—学术”二分视角，国家实验室存在两种领导体系，即专注于决策的学会领导体系和专注于日常管理事务的行政领导体系②③。

（四）国家实验室的组织

与计划（决策）和领导体系相一致，国家实验室从宏观组织结构上匹配了与之相适应的组织运行模式，主要是GOGO模式、GOCO模式和COCO模式三种。针对GOGO模式和COCO模式的研究极少且大部分属于概要介绍，例如孙锋等④从实验室资源、组织机构与运行、科研服务与产出等方面对英国国家化学实验室和洛桑实验室COCO模式及其运行成果的扫描，廖建锋等⑤、黄继红等⑥对美国国家实验室GOGO模式中工作人员属性（主任和正式雇员统属联邦政府公务员）和实验室具体管理方式（合同管理）的简单介绍等。GOCO模式因其“公私”优势互补能够最大限度提升国家实验室运行绩效而广受已有研究关注，但截至目前没有充分证据表明GOCO模式运行效果确实优于GOGO模式和COCO模式，例如Lawler⑦、Bozeman⑧的研究发现GOCO合约对象竞争机制在实际运作中并没有发挥预设效能，黄振羽等⑨的研究还指出，如果不考虑具体情况贸然采用GOCO模式反而不利于国家实验室

---

① 冯伟波等：《美国国家实验室大型科研设施建设对中国的启示——以国家高磁场实验室为例》，《科技管理研究》2019年第16期。

② 蒋景华：《英、美实验室建设和管理考察报告》，《清华大学教育研究》1986年第1期。

③ 郭碧坚：《英国当前的科学研究管理》，《科研管理》1994年第5期。

④ 孙锋等：《英国公共科研机构私有化改革后管理运行模式探析——以英国物理、化学、洛桑实验室为例》，《科技管理研究》2011年第4期。

⑤ 廖建锋等：《美国联邦政府依托高校运营管理的国家实验室特点及其发展经验》，《科技管理研究》2005年第1期。

⑥ 黄继红等：《英德法国家级实验室和研究基地体制机制探析》，《实验室研究与探索》2008年第4期。

⑦ Andrew Lawler，“Changes at Brookhaven Shock National Lab System”，*Science*，Vol. 276，No. 5314，September 1997，pp. 890-890.

⑧ Barry Bozeman，et al.，*Contractor Change at the Department of Energy's Multi-program Laboratories：Three Case Studies*，2001. 3. 31，http：//rvm. pp. gatech. edu/goco，2021. 5. 6.

⑨ 黄振羽等：《美国大学与国家实验室关系的演化研究——从一体化到混合的治理结构变迁与启示》，《科学学研究》2015年第6期。

的发展。尽管如此，现有研究已在国家实验室应该以自主法人、独立实体方式存在而不应是其他组织附庸等方面达成了较为一致的看法①。

深入国家实验室内部微观组织结构，已有研究主要关注了两种结构：一是行政导向下的直线职能型组织结构，具体表现为实验室主任负责制下的“实验室主任—各职能部门—功能单位”分层组织结构，实践表现为“综合管理部—主任办公室—科学部”等具体形式②。二是科技活动导向下的矩阵式组织结构，具体表现为任务导向下的多部门联合——为完成大型、复杂、明显不确定性研究任务提供了更大灵活性和可行性③。总之，根据不同目标导向因地制宜、灵活多变地架构组织结构成为国家实验室微观组织运行的重要实践经验，目前涉及国家实验室组织职能研究的相关文献主要集中于以下几个方面。

1. 人力资源管理

内部细分为两大研究分支：一是国家实验室主任研究，主要内容涉及国家实验室主任的作用、影响机理及其选择标准。例如，阎康年④等相关研究认为，国家实验室主任主要通过把脉前沿研究方向、凝聚优秀高端人才、聚集丰富创新资源等方式影响国家实验室可持续发展，所以选择一名高水平实验室主任至关重要，其选择也必然极其慎重和严格，相关标准主要包括卓著的科学成就、卓越的国际声誉和威望、卓越的开拓奉献精神等。二是一般实验室工作人员的管理，研究内容涉及国家实验室工作人员的构成、选聘、培育、人事制度等。例如，龚克⑤、郝君超等⑥研究发现，从国家实验室工作人员职业结构来看，不仅包括直接从事科学研究和技术创新的研究人员，还应包括实验技术辅助人员、管理人员等，从流动性结构来看，不仅要有一支稳定、高水平的固定工作

---

① 穆荣平：《国家实验室建设要瞄准核心竞争力》，《中国战略新兴产业》2016 年第 9 期。

② 冯伟波等：《美国国家实验室大型科研设施建设对中国的启示——以国家高磁场实验室为例》，《科技管理研究》2019 年第 16 期。

③ 周岱等：《美国国家实验室的管理体制和运行机制剖析》，《科研管理》2007 年第 6 期。

④ 阎康年：《卡文迪什实验室成功经验的启示》，《中国社会科学》1995 年第 4 期。

⑤ 龚克：《从组建国家实验室看高校科技沛制改革》，《中国高等教育》2006 年第 8 期。

⑥ 郝君超等：《国家实验室人员管理的国际经验及启示》，《科技中国》2018 年第 4 期。

人员，还要有一支数量充沛的流动性科研队伍；阎康年[①]、陈艾华等[②]认为，选拔和培育国家实验室高水平研究人员要尽量借助博士后、访问学者等多种人才选拔和培养举措；此外，还应创新雇佣和激励方式，为激发、提升科研工作人员工作积极性和成效提供制度保障，包括“合同雇佣制”“工资等级制”“联邦实验室公务员制”以及“任职年限制”等[③④]，并始终贯彻“科研机构职位设置应以科研人员为本”，“职位评定应以‘能力’和‘绩效’为核心”和“职位设置需辅以严格规范的职位招评聘制度”等基本规范[⑤]。

2. 经费与仪器设备管理

经费管理主要涉及经费来源、划拨和具体运用。例如，Cohen 和 Noll[⑥] 认为，尽管国家实验室经费来源趋于多样化，但出于商业性或竞争性 R&D 投入对保障和改善国家实验室运行效能助益不稳定的考虑，政府投入应占据主导地位；经费划拨虽呈现“分层+多样化”特点——国家按定向项目竞争方式划拨经费，科研机构采取项目制经费划拨模式，科研项目以绩效预算为基础配置经费[⑦]，但都以国家实验室或其依托单位提交课题申报并通过同行评议达到资助要求为前提；以专项化方式投入经费并对其开展专业化管理和审查已成为国家实验室经费管理中的常规办法[⑧]。课题申报又使经费获取结构呈现“固定—竞争”二分特征，但无论获取或划拨经费采取什么具体方式，“合同管理”始终是国

① 阎康年：《卡文迪什实验室科研与教学结合的经验和启示》，《科学学研究》1995 年第 3 期。

② 陈艾华等：《英国研究型大学提升跨学科科研生产力的实践创新——基于剑桥大学卡文迪什实验室的分析》，《自然辩证法研究》2012 年第 8 期。

③ 宋伟等：《美国阿拉莫斯国家实验室的管理模式》，《科技进步与对策》2006 年第 4 期。

④ 张义芳：《美国联邦实验室科研人员职位设置及对我国的启示》，《中国科技论坛》2007 年第 12 期。

⑤ 张义芳：《美国联邦实验室科研人员职位设置及对我国的启示》，《中国科技论坛》2007 年第 12 期。

⑥ Linda R. Cohen, Roger G. Noll, “The Future of the National Laboratories”, *PNAS*, Vol. 93, No. 23, 1996.

⑦ 吴建国：《美国国立科研机构经费配置管理模式研究》，《科学对社会的影响》2009 年第 1 期。

⑧ 杨连生、文少保：《跨学科研究偏好、契约设计与运行机制——以美国大学代管的国家实验室为例》，《河北科技师范学院学报》（社会科学版）2010 年第 1 期。

家实验室获得经费及其后续使用的通行做法[①]。仪器设备管理方面主要涉及实验室仪器设备重要性的强调、基本管理实践的总结、人员配置和信息化管理等内容。例如，Autio 等[②]、黄海华和俞陶然[③]、郭金明[④]等认为，科学仪器和设备建设是国家实验室的根本，而此"根本"性理解不仅凸显于对科学仪器本身的强调，更在于对这些科学仪器设备所支撑起的一个系统的、综合性的研究基地、科研体系及其产生的巨量外溢效应的强调。正是源于此种认知，建设、升级和改造大型科学仪器设备始终是国家实验室建设与运行中的必然任务——也成为美国能源部将建设、维护大科学装置和先进仪器作为未来美国国家实验室维持其核心竞争力并为之制订详细投资计划的原因所在[⑤]。至于科学仪器、设备的管理则涉及多个面向：一是仪器设备本身的管理，包括根据不同设施、不同用户和不同项目实施分类管理，成立用户委员会并结合多种科学方法系统评估和监管仪器、设备运行绩效，以及以项目申报为主要方式鼓励国内外相关组织和人员共享仪器、设备使用权限[⑥]。二是仪器设备的人员配置，建构一支服务于仪器和设备维护、开发和效能提升的专业化团队，且团队人员构成应具备多样性——从事前沿学术研究的教授，提供仪器设备维护、开发、改造、升级技术的技术人员和具体指导设备操作的博士或大学毕业生[⑦]。三是仪器设备管理信息化，充分利用现代信息技术建设更为智能化的国家实验室仪器设备管理系统，以挖掘、释放仪

---

① 王晓飞、郑晓齐：《美国研究型大学国家实验室经费来源及构成》，《中国高教研究》2012 年第 12 期。

② Erkko Autio, et al., "A Framework of Industrial Knowledge Spillovers in Big-Science Centers", *Research Policy*, Vol. 33, No. 1, 2004.

③ 黄海华、俞陶然：《国家实验室建设：要大科学装置，更要大科研队伍》，《解放日报》2017 年 2 月 4 日第 1 版。

④ 郭金明：《实验室的演化历史及其对我国组建国家实验室的启示》，《自然辩证法研究》2019 年第 3 期。

⑤ 扎西达娃等：《美国能源部国家实验室未来十年战略要点启示》，《实验室研究与探索》2014 年第 10 期。

⑥ 蒋玉宏等：《美国部分国家实验室大型科研基础设施运行管理模式及启示》，《全球科技经济瞭望》2015 年第 6 期。

⑦ 蒋景华：《英、美实验室建设和管理考察报告》，《清华大学教育研究》1986 年第 1 期。

器、设备最大功效[①]。

3. 知识管理

主要涉及两大细分研究领域：一是知识产权管理，主要涉及梳理与总结国外国家实验室知识产权管理经验，例如薛培元[②]、黎侨丽[③]认为，国家实验室应建立专门知识产权管理机构、完整的知识产权管理流程、有效的知识产权运行激励机制、合理的知识产权收益分配机制、完善的法律法规支持体系以及科学的知识产权管理评价指标体系等。二是技术转移管理，因技术转移联通科学研究、技术创新、效能外溢三大模块而成为当前国家实验室破除研究目标过度狭隘、研究内容过度单一、研究成果发挥不足的重要方略[④]，因此也成为知识管理的重点研究内容，并形成了完整的研究体系，主要研究内容包括技术转移的机构、方式、模式、评估（考核）和影响因素等。具体来看，技术转移机构研究重点关照美国两种技术转移专设机构，一是技术转移中心，设置于国家实验室内部，职能主要包括将实验室技术转移到产业部门，促进实验室与产业部门的合作，实现实验室仪器设备与产业等其他部门的共享等[⑤]。二是国家实验室技术转移联盟（Federal Laboratory Consortium for Technology Transfer，FLC），至2020年联盟成员涵盖319个实验室及2675部高端设备，形成了以执行委员会为核心的三级网络化管理机制（第一级为执行委员会，主要责任包括确定联盟发展目标和方向，决定年度预算，主要职位包括主席、副主席、财务官和秘书，均由政府选派。此外，还包括一个由工业界、学术界、州政府以及国家实验室专家组成的咨询委员会。同时，在华盛顿特设联络官以便及时掌握美国科技立法和政策的最新动态。第二级为按地域划分的六个区域分部，由区域协调员

---

① 方湘陵等：《国家实验室设备公共管理信息平台的开发》，《中南民族大学学报》（人文社会科学版）2007年第S1期。

② 薛培元：《国外典型国家实验室知识产权管理模式与启示》，《中国航天》2017年第8期。

③ 黎侨丽：《国家实验室知识产权管理评价指标体系研究》，博士学位论文，中国科学技术大学，2018。

④ Adam B. Jaffe，et al.，"Evidence from Patents and Patent Citations on the Impaci of NASA and Other Federal Labs on Commercial Innovation"，*Journal of Industrial Economics*，Vol. 46，No. 2，June 1998，pp. 183-205.

⑤ 王英才：《美国阿贡实验室的技术转移》，《国际科技交流》1990年第4期。

负责、主管本区域内的 FLC 技术转移工作。第三级为成员机构和个人会员，个人会员主要是各国家实验室的代表，主要负责在 FLC 数据库中随时更新实验室最新信息），其主要任务集中于“宣传、指导和促进技术转移”，并确定了四个具体目标，分别是“教育培训，教育拓展，政策支持，宣传推广”，主要工作包括“‘显性化’实验室能力和成果，促进‘供’‘需’对接，促进技术转移立法和政策更新，培育技术转移‘中间力量’”等[①]。技术转移方式重点关注转移方式的种类及其选择影响因素。其中，多样性是技术转移类型的突出特点，例如以具体技术转移问题为标靶可以从组织载体、联系方式和关系三方面入手将其分为组织载体集合、多样化关联手段和多种技术转移网络三类[②]，从国家实验室内外部界分来看包括在内部设立技术转移组织、创新启动平台、桥基金等，于外部实施转让许可、鼓励实验室参与小企业创新研究计划等[③]，还包括在实践中积累的各种实用性技术转移方法，比如专利和许可证、合作研究开发协议、拆分法、承担外来任务、建立联盟、人员交往、接纳成员计划、共用设备、创办公司等。面对如此之多的技术转移方式如何做出最优选择呢？可从以下三方面综合考虑，包括新技术范式、产业部门结构变化、需求形势变化、重大历史性事件等在内的外部因素，包括企业管理经验、高层管理者能力、核心领导者等在内的内部因素，包括技术、服务与产品属性等在内的技术本身因素[④]。此外，技术转移模式研究亦有涉及，例如根据国家实验室主要关注内容、人员配置、绩效评估等方式的不同建构了消极策略型（passive strategy）、积极策略型（active strategy）、企业家精神策略型（entrepreneurial strategy）

---

① 王雪莹：《美国国家实验室技术转移联盟的经验与启示》，《科技中国》2018 年第 11 期。

② James M. Wyckoff, “Meeting State and Local Government Needs by Transfer of Federal Laboratory Technolgy”, *Journal of Technology Transfer*, Vol. 5, No. 2, March 1981, pp. 1-21.

③ 刘学之等：《劳伦斯·伯克利国家实验室技术转移制度及效益分析》，《科技管理研究》2014 年第 21 期。

④ Fabrizio Cesaroni, et al., “New Strategic Goals and Organizational Solutions in Large R&D Labs: Lessons from Centro Ricerche Fiat and Telecom Italia Lab”, *R&D Management*, Vol. 34, No. 2, January 2004, pp. 45-56.

和国家竞争策略型（national competitiveness strategy）4 种技术转移模式①，基于桑迪亚国家实验室技术转移实践构架了由 1 个“轮轴”（Hub）、7 根“轮辐”（Spoke）组成的商业开发轮模型（Business Development Wheel，BDW）②，以及在梳理前述具体技术转移方式基础上凝练出的技术授权、合作研发、商业衍生和价值网络 4 种国家实验室技术转移模式③。技术转移评估研究侧重建构评估体系，其中 Bozeman 和 Fellows 的研究成果较具代表性，建构了一个包括 4 种评估策略——走出门（out-the-door）、机会成本（opportunity costs）、市场（market）、政治（politic），6 个一级评估指标——转移转出方（transfer agent）、转移类型（transfer type）、转移产品的特质（transfer product attribute）、转移机制（transfer mechanism）、转移接受方特质（transfer recipient attribute）、市场权变（market contingency），36 个二级评估指标的技术转移评估体系④。技术转移影响因素研究较为丰富，例如研究发现不仅财力、人力、地理距离、区域技术差异等“硬”因子，管理制度、领导支持、政府引导、人员培训、组织间的互动与交流、文化、政策等“软”因子同样对国家实验室技术转移效能产生显著影响，其中作为政策重要构成部分的法案更是以其内含“国有专利收益私人化、权益私有化”要义的方式⑤，通过其体系完善和合理执行对国家实验室技术转移成效产生直接且显著影响。同时，作为技术本身同样也会以隐性知识是否转移、知识产权保护力度、特有管理技术适应等途径影响国家实验室技术转移效果⑥。此外，还有研究发现影响因素发挥作用具有情境

① Avraham Shama，“Guns to Butter：Technology-transfer Strategies in the National Laboratories”，*The Journal of Technology Transfer*，Vol. 17，No. 1，December 1992，pp. 18-24.

② Jonathan D. Linton，“Accelerating Technology Transfer from Federal Laboratories to the Private Sector—The Business Development Wheel”，*Engineering Management Journal*，Vol. 13，No. 3，September 2001，pp. 15-19.

③ 冯伟波等：《美国国家实验室大型科研设施建设对中国的启示——以国家高磁场实验室为例》，《科技管理研究》2019 年第 16 期。

④ Barry Bozeman and Maureen Fellows，“Technology Transfer at the U. S. National Laboratories：A Framework for Evaluation”，*Evaluation and Program Planning*，Vol. 11，No. 1，January 1988，pp. 65-75.

⑤ 和育东：《国有专利的收益私人化与权益私有化——美国联邦实验室技术转移法律激励体系的启示》，《科技进步与对策》2014 年第 9 期。

⑥ 袁珩：《美智库提醒重视国家实验室改革五大挑战》，《科技中国》2018 年第 4 期。

性，即在不同环境中相同因素有可能以不同形态发挥作用，例如 Tran 等[①]研究发现，政府研发体系分别以扁平化和集权性特征各自作用于美国和越南国家实验室技术转移；也有可能以相同形态发挥不同影响，例如 Choi[②] 研究发现，繁文缛节和政府包办对日本国家实验室技术转移有积极影响，而在美国则有令人沮丧或不确定的影响。

4. 合作管理

研究领域主要涉及内部合作、外部合作、合作关系及其影响因素。例如，从内部合作来看，认知对称是形成科研合作的前提条件，边界人员是形成最终合作质态的关键因素——这些边界人员在自身科研背景或特长基础上融合他人启发寻找解决问题的可能方案[③]；从外部合作来看，合作对象包括政府、企业、高校、科研机构等多元组织，同时也会形成合资经营、研究联盟、研发有限合伙等多种合作方式[④]，具体网络结构也呈现"强实力、精专业的优质网络节点"，"相似—差异—分散—役使四重属性叠加"等特征[⑤]，合作范围也会涉及区域、国际两个层面，但无论与"谁"合作及怎样合作，通过复杂博弈过程形成较为稳定的契约化合作关系是确保国家实验室能够获得外部主体资助并依然能够保持自身显著民间性（自治性）的关键[⑥]；从合作关系看，囊括了前述国家实验室内部、外部及其之间的合作关系，具体涉及内部多学科、多机构之间的合作，外部多元主体之间的合作以及内外之间的合作[⑦]。至于影响这些合作关系形成的因素则复杂多样，包括国家战略需求、国家实验室自身

---

① Thien Tran, et al., "Comparison of Technology Transfer from Government Labs in the US and Vietnam", *Technology in Society*, Vol. 33, No. 1/2, 2011.

② Young-Hoon Choi, *Partnering Government Laboratories with Industry: A Comparison of the United States and Japan from a Government Laboratory View*, Ph. D., Syracuse University, 1996.

③ Greg Wilson and Carl G. Herndl, "Boundary Objects as Rhetoric Exigence—Knowledge Mapping and Interdisciplinary Cooperation at Los Alamos National Laboratory", *Journal of Business and Technical Communication*, Vol. 21, No. 2, April 2007, pp. 129–154.

④ Jon Soderstrom, et al., "Improving Technological Innovation Through Laboratory/Industry Gooperative R&D", *Policy Studies Review*, Vol. 5, No. 1, August 1985, pp. 133–144.

⑤ 聂继凯：《基于联合研究实体的国家实验室网络化规律研究》，《科技进步与对策》2019 年第 1 期。

⑥ 柴坚：《美国 MIT 辐射实验室和政府的互动关系》，《中国科技论坛》2017 年第 1 期。

⑦ 范旭等：《美国劳伦斯伯克利国家实验室协同创新及其对我国大学的启示》，《实验室研究与探索》2015 年第 10 期。

发展追求及其能力局限、公共政策、沟通方式、利益结构、合作单位的承诺兑现、领导者等。此外，现代信息技术嵌入对国家实验室合作可能产生的影响也受到了相关研究的关注，例如 Finholt 和 Olson① 指出，随着现代计算机技术的广泛应用和更新，面对面的现场合作可以被非现场合作取代，此变化势必会对国家实验室运行产生重要影响，尽管作者没有深入分析这一新形势与国家实验室运行间的相互影响，但提出了一个重要启示性问题，即国家实验室在虚拟技术环境下如何更好地发挥作用？近期相关研究初步回应了这一问题，提出了“虚拟整合”概念，即“以最强最优单元作为国家实验室的小核心，通过协同和举国的体制机制，虚拟整合不同类型、不同等级、不同性质的实验室，形成有序合力……这种途径不求对各协同实验室的‘资产拥有’，只求对其‘能力共享’”②。

以上研究主要涉及国家实验室组织静态研究，其动态研究主要涉及组织开放与变迁两方面。组织开放研究主要涉及开放的必要性及机制建构，例如周开宇③、Westwick④、Mishra⑤ 通过梳理国家实验室历史发展轨迹发现，开放性是确保国家实验室平稳发展的重要因素，在形成如此共识的前提下，建构完善开放机制并充分利用各种内外开放关系成为维持、改善国家实验室发展效能的重要策略⑥，具体内容包括实行与国际接轨的学术管理制度，仪器设备资源共享，设立开放合作基金，“把国家实验室当作一种经济资产，加大对中小企业的资助和开放力度，增强实验室与所在地的关联度”⑦，实现国家实验室“区域性开放与全国性

① Thomas A. Finholt, Gary M. Olson, “From Laboratories to Collaboratories: A New Organizational Form for Scientific Collaboration”, *Psychological Science*, Vol. 8, No. 1, 1997.

② 邓永权：《国家实验室基本理念的发展性思考》，《中国高校科技》2017 年第 S2 期。

③ 周开宇：《意大利格兰·萨索国家实验室》，《国际科技交流》1991 年第 12 期。

④ Peter J. Westwick, “Secret Science: A Classified Community in the National Laboratories”, *Minerva*, Vol. 38, No. 4, 2000.

⑤ Paras N. Mishra, “Citation Analysis and Research Impact of National Metallurgical Laboratory, India During 1972-2007: A Case Study”, *Malaysian Journal of Library & Information Science*, Vol. 15, No. 1, 2010.

⑥ Catherine Westfall, “Surviving to Tell the Tale: Argonne's Intense Pulsed Neutron Source from an Ecosystem Perspective”, *Historical Studies in the Natural Sciences*, Vol. 40, No. 3, Summer 2010, pp. 350-398.

⑦ 谷峻战等：《美国国家实验室推动地方经济发展的经验与启示》，《全球科技经济瞭望》2018 年第 7 期。

开放相结合”等[①]。组织变迁主要关注变迁的动力和过程，Westfall[②]、Hallonsten 和 Heinze[③] 研究发现，外围环境变化是国家实验室组织不断变迁的重要驱动力和来源，而其适应性调整是国家实验室即使在国家宏观环境发生巨大变化时其仍具备可持续发展能力的关键所在，而这一适应性调整过程有可能是微观研究领域等具体事项的变化到中观组织的变化再到宏观制度的变化，但是，从微观到中观的传递过程并不是自动、自然产生的，而是多层面、多时段的复杂综合结果。

（五）国家实验室的控制

关涉国家实验室控制的相关研究主要涉及审计与评估两方面。其中国家实验室审计研究较少且多为框架设计，例如提出从内部审计、外部审计、审计监测系统三方面建立国家实验室审计体系的设想[④]。国家实验室评估研究主要集中于梳理与总结评估过程、原则、方法、模式、指标体系。例如，在梳理了美国国家标准与技术研究所和陆军研究实验室两个国家实验室的评估实践后发现，其评估环节主要包括“成立委员会—现场评估—撰写评估报告—总结评估报告并达成共识—公布评估报告”[⑤]。杨少飞和许为民[⑥]梳理美国国家实验室评估实践后发现，“优质、合适、恰当”构成了美国政府监督国家实验室的基本原则，“网络化评估”是美国国家实验室绩效评估的主要模式——自评估与外部评估相结合，各相关部门共同参与评估，注重绩效评估与日常管理有效结合，强调专家构成的多样性，采用“以证据为基础”的同行评议理念，引入绩

① 王颖：《美国国家实验室的教育计划及对我们的启示》，《黑龙江高教研究》2007 年第 8 期。

② Catherine Westfall，“Institutional Persistence and the Material Transformation of the US National Labs：The Curious Story of the Advent of the Advanced Photon Source”，*Science and Public Policy*，Vol. 39，No. 4，2012.

③ Olof Hallonsten，Thomas Heinze，“Institutional Persistence through Gradual Organizational Adaptation：Analysis of National Laboratories in the USA and Germany”，*Science and Public Policy*，Vol. 39，No. 4，2012.

④ 庄越、程世琪：《国家实验室科技创新能力审计体系的构建》，《武汉理工大学学报·信息与管理工程版》2004 年第 6 期。

⑤ Metzger N.，“Discussion of Evaluation of Federal Laboratories”，*Proceeding of the National Academy of Sciences of the United States of America*，Vol. 94，No. 17，August 1997，pp. 8923.

⑥ 杨少飞、许为民：《我国国家重点实验室与美国的国家实验室管理模式比较研究》，《自然辩证法研究》2005 年第 5 期。

效标准“锚定方法”，体现出较强的管理咨询与诊断特色[①②]。追溯性分析、专家评议、经济回报率、案例研究、基准确定等构成了美国国家实验室评估的主要方法[③]，且这些方法的运用具有针对性——专家评估与问卷调查等方法主要用于测度国家实验室科学研究与科研机构使命间的相关性，与利益相关者各方实际需求间的相关性；同行评议结合定量方法主要用于测度国家实验室的学术水平[④]。梳理美国国家实验室承包商绩效评估体系后发现，“绩效目标和绩效分目标、绩效指标和绩效因子、绩效目标和绩效分目标权重”是评估指标体系的核心，且仅绩效目标和绩效分目标评估指标即分别达到了 8 个和 28 个[⑤]。此外，游光荣等[⑥]以美国国防部实验室为例分析了一种基于国家战略需求建构评估指标的方法，即由国防部副部长办公室根据美国国防部要求、事项优先级和发展战略为国防部国家实验室制定年度全额技术考核指标和资金配额上限，之后逐层下派任务，以这些具体、详细的任务形成最后的考核、评估指标。

此外，还有其他一些较为分散的研究领域，包括国家实验室的研究方向、管理方法、历史梳理及高效运行影响因素等。研究方向聚焦于确定或调整研究方向的经验梳理、过程步骤及影响因素，例如阎康年[⑦]认为确定和调整研究方向应充分考虑实验室已有科研基础和条件，兼顾国际科学前瞻性，同时有利于培养和形成新研究队伍甚至形成有竞争力的新学派等因素；Priedhorsky 和 Hill[⑧] 提出了首先分析、研判研发方向目标与能力匹配情

① 卫之奇：《美国能源部国家实验室绩效评估体系浅探》，《全球科技经济瞭望》2008 年第 1 期。

② 李强：《美国能源部国家实验室的绩效合同管理与启示》，《中国科技论坛》2009 年第 4 期。

③ 董诚等：《美国联邦实验室的绩效评价及其改革》，《实验技术与管理》2006 年第 11 期。

④ 闫宏等：《美国政府实验室测度与保证高水平科研的做法》，《科学学与科学技术管理》2003 年第 12 期。

⑤ 卫之奇：《美国能源部国家实验室绩效评估体系浅探》，《全球科技经济瞭望》2008 年第 1 期。

⑥ 游光荣等：《美国国家实验室服务国防需求的方法及启示》，《科技导报》2019 年第 12 期。

⑦ 阎康年：《卡文迪什实验室成功经验的启示》，《中国社会科学》1995 年第 4 期；阎康年：《卡文迪什实验室科研与教学结合的经验和启示》，《科学学研究》1995 年第 3 期。

⑧ William C. Priedhorsky, Thomas R. Hill, “Identifying Strategic Technology Directions in a National Laboratory Setting: A Case Study”, *Journal of Engineering and Technology Management*, Vol. 23, No. 3, 2006.

况，然后据此初步确定候选战略技术研发方向及其要点，之后对其进一步调整基础上最终确定研发方向的具体实施步骤；至于影响因素，Bodnarczuk[①]、Heinze 和 Hallonsten[②] 认为，应包括清晰了解自身特点及已有研究积累，吸收和重新组织科研资源，与其他主体（企业和大学等）保持优良合作关系，对不断变化的外围环境做出及时反应等。管理方法主要关注相关方法的实践经验总结及其引入，例如李强等[③]、于冰和时勘[④]对美国能源部国家实验室绩效管理、目标管理实践经验的梳理与总结——其中管理内容主要包括分解绩效目标、绩效计划、指标设置和绩效报告 4 部分，并着重强调了目标分解及绩效评估的重要地位，同时还发现合同契约是美国能源部国家实验室推行绩效管理和目标管理的基础条件；McCaughey 和 Galaviz[⑤] 梳理、总结桑迪亚国家实验室中子响应发生器生产部署中心（Responsive Neutron Generator Product Deployment Center，NG 中心）价值管理实践后认为，此管理根植于精益管理原则，将战略目标与各级分目标串联起来，以一种系统方式监督和控制生产流程，同时融合了 PDCA 循环（计划—执行—检查—纠正），在满足顾客期望的同时也有效地控制了运行成本；赵凡等[⑥]系统梳理美国“国际空间站”国家实验室项目管理实践后指出，分解项目、执行项目和评估项目构成了国家实验室项目管理的关键环节，其中分解项目又分为“应标项目”和“非应标项目”两类。历史研究主要集中于对国家实验室建设与发展历史的系统梳理，例如 Teich 和 Lambright[⑦]、

---

① Mark Bodnarczuk, Lillian Hoddeson, “Megascience in Particle Physics: The Birth of an Experiment String at Fermilab”, *Historical Studies in the Natural Sciences*, Vol. 38, No. 4, 2008.

② Thomas Heinze, Olof Hallonsten, “The Reinvention of the SLAC National Accelerator Laboratory, 1992-2012”, *History and Technology*, Vol. 33, No. 3, 2017.

③ 李强、李晓轩：《美国能源部联邦实验室的绩效管理与启示》，《中国科学院院刊》2008 年第 5 期；李强：《美国能源部国家实验室的绩效合同管理与启示》，《中国科技论坛》2009 年第 4 期。

④ 于冰、时勘：《基于目标管理的国家实验室评价体系研究》，《科技管理研究》2012 年第 4 期。

⑤ Kathleen G. McCaughey, Maria E. Galaviz, “Strategy Alignment Boosts Business Results and Employee Satisfaction at Sandia National Laboratories”, *Global Business and Organizational Excellence*, Vol. 30, No. 5, 2011.

⑥ 赵凡等：《“国际空间站”美国国家实验室的项目管理实践》，《国际太空》2017 年第 6 期。

⑦ Albert H. Teich, W. Henry Lambright, “The Redirection of a Large National Laboratory”, *Minerva*, Vol. 14, No. 4, 1976.

Crease[①]、Yood[②]、Dahl[③]、Westfall[④]、Tarter[⑤] 等分别对美国橡树岭国家实验室、布鲁克海文国家实验室、阿贡国家实验室、劳伦斯伯克利国家实验室、托马斯杰斐逊国家加速器装置实验室、劳伦斯弗利莫尔国家实验室等国家实验室发展历史的系统耙梳，这些研究为其他相关或衍生性问题分析提供了珍贵历史素材。国家实验室运行影响因素研究尽管以各种方式蕴含于前述相关研究中，但依然有一系列针对性研究成果，例如 Jordan[⑥] 在专家访谈和问卷调查基础上借助“竞值框架”（Competing Values Framework）厘定了先进仪器设备、清晰且富有兴趣的研究方向、公平且精心策划的资源配置等 36 个影响国家实验室有效运行的关键因素，并确定了这些关键影响因素的重要次序，同时还指出了这些因素在人际关系型、开放系统型、理性目标型和内部过程型 4 类国家实验室中发挥的具体效能；Stvilia 等[⑦]将焦点集中于科研团队单一因素，研究发现科研团队成员学科及其来源单位多元、团队拥有所在领域领军人才、团队内聚力强会对国家实验室科研产出产生显著正向影响，团队高级成员太多反而不利于科研产出。

---

① Robert P. Crease, “Anxious History: The High Flux Beam Reactor and Brookhaven National Laboratory”, *Historical Studies in the Physical and Biological Sciences*, Vol. 32, No. 1, 2001; Robert P. Crease, “Recombinant Science: The Birth of the Relativistic Heavy Ion Collider (RHIC)”, *Historical Studies in the Natural Sciences*, Vol. 38, No. 4, 2008.

② Charles Nelson Yood, *Argonne National Laboratory and the Emergence of Computer and Computational Science, 1946–1992*, Ph. D., The Pennsylvania State University, 2005.

③ Per F. Dahl, “The Physical Tourist Berkeley and Its Physics Heritage”, *Physics in Perspective*, Vol. 8, No. 1, 2006.

④ Catherine Westfall, “Retooling for the Future: Launching the Advanced Light Source at Lawrence's Laboratory, 1980–1986”, *Historical Studies in the Natural Sciences*, Vol. 38, No. 4, 2008; Catherine Westfall, “From Desire to Data: How JLab's Experimental Program Evolved Part 1: From Vision to Dream Equipment, to the Mid-1980s”, *Physics in Perspective*, Vol. 18, No. 3, 2016; Catherine Westfall, “From Desire to Data: How JLab's Experimental Program Evolved Part 2: The Painstaking Transition to Concrete Plans, Mid-1980s to 1990”, *Physics in Perspective*, Vol. 20, No. 1, 2018; Catherine Westfall, “From Desire to Data: How JLab's Experimental Program Evolved Part 3: From Experimental Plans to Concrete Reality, JLab Gears Up for Research, Mid-1990 through 1997”, *Physics in Perspective*, Vol. 21, No. 2, 2019.

⑤ C. Brece Tarter, *The American Lab: An Insider's History of the Lawrence Livermore National Laboratory*, Baltimore: Johns Hopkins University Press, 2018.

⑥ Gretchen B. Jordan, “Assessing and Improving the Effectiveness of National Research Laboratories”, *IEEE Transactions on Engineering Management*, Vol. 50, No. 2, 2003.

⑦ Besiki Stvilia, et al., “Composition of Scientific Teams and Publication Productivity at a National Science Lab”, *Journal of the American Society for Information Science and Technology*, Vol. 62, No. 2, 2011.

（六）研究源流述评

虽然目前尚无文献针对、系统研究多元主体协同供给国家实验室所需资源问题，但相关研究较为丰富且达成了一些基本共识，主要包括：一是资源是国家实验室建设与顺利发展的基础和前提条件。二是国家实验室资源供给具有特殊性，这种特殊性表现在资源供给应具备高水平、多样化、安全和可持续等特性。三是资源供给主体具有多元性，政府之外，市场、社会组织等也可借助基金项目、技术交易、联合共享等方式为国家实验室供给资源。可以预见，多元主体协同供给国家实验室所需资源将成为未来应对国家实验室资源不足压力的必然选择，所以如何整合多元主体以发挥其协同供给最大效能理应成为当前理论研究中重点关照的问题，本书研究的目的即在于尝试回应此问题，其文献源流逻辑如图 1-7 所示。

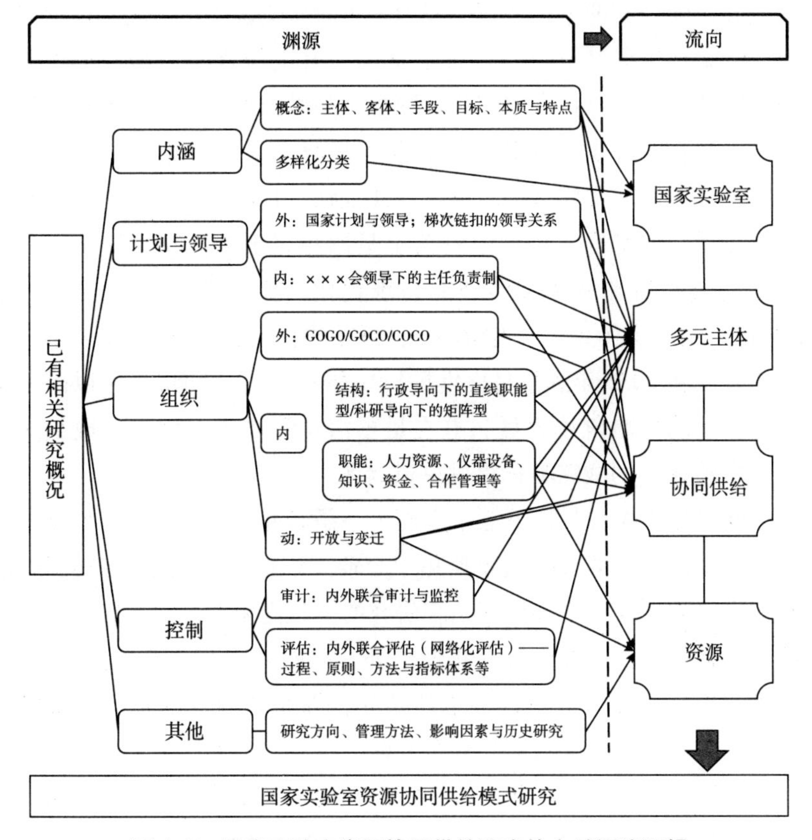

图 1-7　国家实验室资源协同供给研究的文献源流逻辑

资料来源：笔者根据研究结论整理所得。

第四节 国家实验室资源协同供给之道

一 主要问题及题解意义

国家实验室资源协同供给模式需要解决的根本问题是：多元主体到底借助怎样的协同供给模式才能实现国家实验室所需资源的有效供给，具体来看主要涉及三个细分核心问题：一是国家实验室资源协同供给模式的立体框架是什么？二是影响国家实验室资源协同供给模式有效运行的关键因素是什么？三是支持国家实验室资源协同供给模式有效运行的支撑措施是什么？对这些问题的回答，其理论意义在于：基于多元供给主体的具体嵌入情境，秉持系统整合思维，引入资源基础理论、创新网络理论和协同创新理论，创新研究国家实验室资源供给问题不仅延展了国家实验室理论研究脉络，而且丰富了公共组织资源供给理论相关内容。实践意义在于：将国家实验室资源协同供给模式运行方案运用于我国国家实验室资源供给实践，将有助于消解多元供给主体间的协同失灵，利于改善国家实验室资源供给不佳现状，打破国家实验室建设举足不前的僵局，为实现《中共中央关于坚持和完善中国特色社会主义制度 推进国家治理体系和治理能力现代化若干重大问题的决定》中“健全国家实验室体系”，《中华人民共和国国民经济和社会发展第十四个五年规划和2035年远景目标纲要》中所提及的“加快构建以国家实验室为引领的战略科技力量”并在量子信息等“重大创新领域组建一批国家实验室”的战略目标提供决策参考。

创新之处主要包括以下三个方面：一是研究对象新颖。目前国内外关涉资源供需研究的文献主要聚焦于企业，以国家实验室为研究对象，对其资源供需模式等内容展开系统研究的文献尚未发现。尽管企业与国家实验室在资源供给方面存有相似之处，但两者之间的差异更为明显，且这种差异是目标与逻辑的根本性差异，即企业的营利目标与市场逻辑，国家实验室的国家目标与复合逻辑。所以，本书以国家实验室为研究对象拓展了探讨国立科研机构在资源供给多元化等新背景下如何更好实现资源聚集的研究领域，利于丰富已有研究体系。二是研究内容独到。通过前述文献梳理可知，国家实验室资源有效利用是已有文献关注焦点，资源供给领域研究仍属盲区，所以，从研究内容上看，系统、深入研究国家实验室资源协同供给模式具有开创性。三是补充与更新了国家实验室研究领域内的一些基础性研究内容，例如梳理与总结国家实验室历史沿革、重新厘定国家实验室概念等，为国家实验室后续研究提供了更为科学和坚实的基础。

二 研究对象及其关键概念的界定

国家实验室资源协同供给模式是指，在资源供给过程中以协同关系为结构特征的多元供给主体，依据任务分解与整合所构建的以有序竞争、伺服合作为主，能产生复杂非线性相互作用，并最终实现国家实验室资源充足、高品质、多样、安全和可持续供给协同效应的一种资源供给新模式。构成这一研究对象的关键概念有其特定含义，具体界定如下。

（一）国家实验室

界定国家实验室内涵不仅需要“国家实验室内涵厘定”中“国家实验室的基本概念”的系统理论阐释，还应结合来自实践方面的细致考察，以便在理论与实践相互补充、交叉验证的基础上提供一个更为精准的内涵认知。有鉴于此，以下将从政策实践角度细究国家实验室的基本内涵，以期为最终“理论+实践”基础上的国家实验室概念厘定奠定基础。截至目前，科技部等相关部门颁布了16项涉及国家实验室的重大政策（见附录），时间跨度自2003—2021年，能够鲜明体现国家实验室的实践认知。借助编码方法拆分附录“16项关涉国家实验室建设的主要政策及其内容”中的材料，结合前述文献梳理架构的定义框架，逐步萃取共性要素，最终形成了如表1-9至表1-14所示的国家实验室实践认知体系。

由表1-9可得，政策实践中的国家实验室主体具有以下特征。一是参与主体多元，不仅表现在不同主体间，例如包括表1-9中的政府、政党等8个行动主体，还体现在同一主体内部如政府内部纵向上的多层级参与和横向上的多部门参与。二是多主体间是相互关联的网状结构，如编码H_{0-4}所揭示此网络是开放、共享、互动的网络。三是网络结构是“中心—边缘”型协同结构，且宏微观协同中心各有不同，表现在三个方面：一是宏观协调与建设方面形成了以政府为核心的协同网络，表1-9

中各主体出现频次、文件发布主体和接受主体之间的数量对比关系都可为之佐证。二是政府体系内部横纵两个维度上均形成了以科技主管部门为核心的多部门协同网络，表 1-9 中政府体系内科技部、科技厅等科技主管部门的高出现频次即为印证。三是微观具体执行方面形成了以国家实验室为核心的协同网络，编码 K29 的表述即为体现——“（国家实验室）同其他各类科研机构、大学、企业研发机构形成功能互补、良性互动的协同创新新格局”。四是教育部门、财政部门与发展改革委在协助主体中占有重要地位，这直接体现为表 1-9“政府”栏中教育部门、财政部门和发展改革委的高出现频次。五是大学、科研院所、相关实验室及企业等协助主体需具备一定参与资质，如编码 $A45_0$ 所示“基础好、实力强、水平高”。

表 1-9　　政策实践中的国家实验室主体认知

初始描述	轴心描述
国务院（B1 E1 $H1_1$ $I1_1$ J1 K1 $M28_0$ P2）；科技部（A1 C1 D1 F1 $G1_0$ $L1_0$ $M1_0$ $N1_0$ O1）；教育部（$A2_0$ $L1_1$）；财政部（$M1_2$ $N1_1$）；国家发展改革委（$M1_1$ $N1_2$）；国务院各部委（$K2_3$ $M2_9$ $N2_9$ $O2_3$）；国务院各直属机构（$K2_4$ $M2_{10}$ $N2_{10}$ $O2_4$）；国务院各有关部门科技、教育主管司（局）（$L2_6$ $L2_7$）；国家自然科学基金委员会（$G1_1$ $L1_3$）；地方（$A28_1$）；各省、自治区、直辖市人民政府（$K2_{0-2}O2_{0-2}$）；各省、自治区、直辖市、计划单列市科技厅（委、局）（$G2_{0-3}L2_{0-3}M_{0-3}N_{0-3}$）、教育厅（委、局）（$L2_{0-3}$）、发展改革委（$M_{0-3}$ N_{0-3}）、财政厅（局）（M_{0-3} N_{0-3}）；新疆生产建设兵团科技局（$G2_4L2_4$ $M2_6$ $N2_6$）、教育局（$L2_5$）、发展改革委（$M2_7$ $N2_8$）、财政局（$M2_8$ $N2_7$）	纵向多层级、横向多部门的政府参与
中共中央办公厅（$H1_0$）；中共中央（$I1_0$ P1）	政党
中国科学院及其分支机构（$A2_1L1_2$ $A40_1$ $L2_8$）；科研院所（$A45_2$）；各类科研机构（$K29_0$）；依托基础好、实力强、水平高（$A45_0$）	有条件的科研院所
大学（$A40_0A45_1$ $K29_1$）；依托基础好、实力强、水平高（$A45_0$）	有条件的大学
国家重点实验室（$A34_0$）；相关实验室（$A34_1$ $A8_1$）	相关实验室
企业及其研发机构（$A33_0$ $K29_2$）	企业
政策文本中所有由“国家实验室”充当句子主语的地方	国家实验室
社会力量（$A28_2$）	社会力量

续表

初始描述	轴心描述
上报（$A3_0$）；经研究（A4）；决定批准（$A5_0$）；通知（A6 A7）；根据（$A10_0$）；报送（$A20_2$）；依托（A60）；协同创新新格局（K29）；多种方式参与（$A33_1$ A67）；开放（$H4_0$）；共享（$H4_1$）；互动（$H4_2$）；创新网络（$H4_3$）	协同网络

资料来源：笔者根据《16 项关涉国家实验室建设的主要政策及其内容》整理所得。

表 1-10　　政策实践中的国家实验室手段认知

初始描述	轴心描述
①布局原则：统筹部署/规划/计划（$A10_1$ $A10_2$ $A20_1$ $H5_0$ $K21_1$ $M4_1$ $M30_0$ $N5_2$ $O3O6_0$）；系统整合布局（$K7_2$ $M4_2$）；面向未来（$K21_0$）；高起点（A46 $D3_1$）；高标准（$D3_0$）；少而精（N4 N6N7）；突出重点（$C3_0$ D5） ②操作原则：实事求是（A77）；顶层设计（$D3_2$）；自上而下（G4 $M30_1$）；功能定位（$K4_0K7_{0-1}$ $M4_3$）；竞争择优（$D3_3$ $N5_0$）；择需（$N5_1$）；成熟一个，启动一个（M34 M35）；逐步发展（A81 D2）	原则
①顶层设计：组建（$A3_1$ $M28_2$）；筹建（$A5_1$）；共建（F2）；新建（$N5_2$）；依托（A60 A69 A73 A79 B4 D7K24）；不能简单地拼凑（A78） ②微观操作：教育部“211 工程”“985 工程”（A31）；中科院“知识创新工程”（A32）；围绕重大科学工程（$F3_0G3_1M15_2$）；重大战略科技任务（$F3_1G3_2K23_0M15_1$）；国家大型科技基础设施（$K23_1$）；推动国家实验室等国家科技创新基地与国家重大科技基础设施的相互衔接和紧密结合（M11K15N8N9）	方式
①建构理念：加强运行管理（K14）；新型治理结构（$H6_0$）；共同建设、共同支持、共同管理的新体制（A283 A284 A285）；“开放、流动、联合、竞争”的运行机制（A19）；目标导向、绩效管理、协同攻关、开放共享的新型运行机制（$K28_{0-4}$）；加强机制创新（M10 G6） ②具体内容：完善开放共享机制（L12）、加大开放力度（L13）、促进开放共享（$L11_{0-1}$N11）；稳定支持机制（O13）；实验室主任负责制（A62）；国际接轨的学术管理制度（$A64_{0-1}$ $K27_2$）、内部学术交流（A109）、国际合作（$A110_{0-6}$ A111 $A112_{0-1}$）；竞争流动为核心的人事管理制度（$A65_{0-2}$ $K27_3$）、实行针对性/岗位聘任制和任期制（$A66_{0-1}$ $A101_0$）、（相对独立）人事权（$A61_1$）；科学合理的分配制度和激励制度（$A65_{3-5}$）；理事会制度，其中的理事由国家相关部门、地方政府代表和本领域著名科学家组成（$A84_{0-2}$A82），行使重大事宜的决策权（$A84_{3-4}$）；国家专家评估制度（A92）、考评制度（$A101_1$）、强化绩效评估（N10）、论证（A21）、验收（$A27_2$）；管理办法（$H5_2$）	体制与机制

续表

初始描述	轴心描述
①宏观 科技资源及其供给——整合重组（$A34_2$ G5 H3 $K4_1$ K25 M31 O10）；优化配置（G7 H2 $K4_1$）；有机结合（G8 G9）；加大持续稳定支持强度（K30）；统筹（M31）；科技创新精华力量（$A68_0$）；科技资源（$A34_2$G7）；国内一流科技力量（G5）；基地、人才和项目（G8）；科学、技术和工程（G9）；全国创新资源（K25 O10）；全国优势科技资源（M31） ②微观 依托单元及其供给——依托（A60 A69 A73 A79 B4 D7K24）一级法人单位（A60）、研究性大学（A69 B4 D7）、科研院所（A73 B4 D7）等现有基础（A79）；有机整合国家重点实验室等相关实验室（$A34_0$A80）；选择最有优势的创新单元（K24 $O9_1$） 人力资源及其供给——人员：吸引、聚集、招聘、引进、选拔、培养优秀（国际一流）人才（A14A 93_0 $A93_1$ $A93_2$ $A93_3$ A96 K26 O11）；积极参与国际人才竞争（A95）；国家实验室主任和主要学科带头人实行国际公开招聘（$A97_0$$A97_1$ $A97_2$）；培养和稳定一批高水平实验技术人员（$A102_0$ $A102_1$）；队伍：组织、培养、选择优秀的创新团队（A15 $O9_0$ A98）；规模大（$A99_0$）；年龄和知识结构合理（$A99_1$ $A99_2$）；有凝聚力和活力（$A100_0$ $A100_1$） 资金经费及其供给——多渠道筹集建设经费（A16）；科技部将积极筹措经费（A29）；（相对独立）财务权（$A61_2$） 基础设施及其供给——完善和提升实验研究平台（含实验大楼）（$A68_1$ A17 $A104_0$ $A104_1$）；统一管理科研仪器（A106）；国内外开放（A107）；自主研制先进仪器设备和研发测量分析方法（$A108_0$ $A108_1$）；大科学装置等重大科技基础设施与国家实验室等紧密结合（K15N8N9） 组织资源及其供给——组织结构（$A63_3$）；科学研究组织形式（$K27_1$ O12）；以重大科技问题为中心（$A63_0$）；以科学研究单元和公共技术支撑平台为依托（$A63_1$ $A63_2$）；探索建立符合大科学时代科研规律（$K27_0$ O12）	科技资源及其供给

资料来源：笔者根据“16 项关涉国家实验室建设的主要政策及其内容”整理所得。

由表 1-10 可知，国家实验室建设与运行手段特殊性明显：一是“计划—市场”二元性是国家实验室科技活动实现手段的重要特征，其中计划性显著体现在“原则”中“统筹/计划/规划”或“布局”累计出现 12 次，且“自上而下”“顶层设计”“择需”“择优”等表述散布其间；市场性显著体现在“竞争”“流动”“择优”“开放”等关键词的高频出现。二是重大科技工程、科技任务、科技项目是国家实验室建设与运行手段的主要方式，集中体现在“方式”栏目中无论“顶层设计”采用“共建”“组建”还是“筹建”等何种宏观策略，落实到

"微观操作"层面时，重大科技工程、科技任务、科技项目都是国家实验室建设与运行较为通行、可靠的实操手段，此外这些重大科技工程、科技任务、科技项目还承担着汇集科技资源的重要功能，例如"科技资源及其供给"栏目中"基础设施""组织资源"等就是借助"重大科技装置""公共技术支撑平台"等具体化工程、项目注入国家实验室。三是支撑手段可持续化的制度与机制呈现系统、开放、流动、合作、竞争、控制、创新等特征。系统性体现于人事、财务、激励、决策、评估等体制机制的系统建构；开放、流动、合作与竞争特性体现于编码 A19 和 $K28_{0-4}$，也体现于"科技资源及其供给"中的具体资源供给，例如人员流动等；控制性体现于绩效、激励、评估等方面；创新体现于"新机制""创新机制"关键词的高频出现。四是手段实现技术兼具宏观广覆盖性和微观多样性，其中宏观技术广覆盖性体现于"科技资源及其供给"中"国内""全国"资源限定词的使用，微观技术多样性体现于人、财、物、知识等各种资源的多样化供给方式。

表 1-11　　政策实践中的国家实验室客体认知

初始描述	轴心描述
科技活动的具体内容及其特点：与国家发展密切相关的前沿性、基础性、前瞻性、战略性、综合性科技创新活动（$A48_{0-4}$ $M16_{0-5}$）；开展基础研究、高技术研究和社会公益研究（$A50_{0-2}$）；开展原创性、系统性科学研究（$A57_{0-2}$）；开展前瞻性、创新性、综合性研究（$D9_{0-2}$）；开展具有重大引领作用的跨学科、大协同的创新攻关（$K31_{0-3}$ $O14_{0-3}$）。 科技活动具体内容的所在范围：围绕/明确主要研究方向（A78 A13）；面向国际科技前沿（A55）；新兴前沿交叉领域（$B3_0$ $C6_0$ $C6_1$ $D10_1$ D12）；我国特色和优势的领域（$B3_1$ $D11_0$ $D11_1$ D12）；具有明确的国家目标领域（$D10_0$ $K19_0$ D12）；重点学科（$E1_0$）；战略高技术领域（$E1_1$）；重大创新领域（K17 $M28_1$ P5）；紧迫战略需求的重大领域（$K19_1$）；有望引领未来发展的战略制高点（$K2_0$ O5）；围绕重大科学前沿（$G3_0$ $M15_0$）	特定；科技创新活动

资料来源：笔者根据"16 项关涉国家实验室建设的主要政策及其内容"整理所得。

由表 1-11 可知，"科技创新活动"是国家实验室的作用对象，且主要涵盖基础科学研究、重大技术创新和社会公益性研究三类。同时，科技创新活动具有非常强的条件限定性：一是科技活动的共有或特有特征，其中共有特征包括"与国家发展密切相关""前沿性""基础性"

“前瞻性”“战略性”“综合性”等，特有特征主要是指基础科学研究、重大技术创新、社会公益性研究的各自特征，例如基础科学研究的“原创性”“系统性”等。二是科技创新活动具有特定的活动范围或领域，例如表 1-11 中“科技活动具体内容的所在范围”部分的具体描述，其中编码 D12 更是给出了具体、明确的特定研究领域[①]。

表 1-12　　政策实践中的国家实验室目标认知

初始描述	轴心描述
①目标特性：明确的目标（A23 M22） ②国家需要：国家现代化建设（$A49_0$）；积极承担国家重大科研任务（A51）；为国家安全提供科技支撑（$A53_2$）；满足国家目标和重大战略需要（B2 C4 D4 I3 J3 K6 $K18_{0-1}$M14 O4 P3）；根据《纲要》提出的目标和任务（C5）；确保国家重要安全领域技术领先、安全、自主、可控（L10 M20 M26）；突出国家意志和目标导向（$M29_{0-1}$） ③经济建设：为经济建设提供科技支撑（$A53_0$）；对相关行业的技术进步做出突出贡献（A54）；瞄准产业变革趋势（$K5_1$）；为培育高端产业奠定重要基础（$K13_1$）；攻克影响经济可持续发展的核心技术（$L8_1$ $M24_1$）；强化面向创业的高水平服务（$L14_{1-2}$） ④社会发展：社会发展的重大需求（$A49_1$）；为社会发展提供科技支撑（$A53_1$）；攻克影响社会可持续发展的核心技术（$L8_1$$M24_1$）；提高全社会利用基础研究资源的效率和效益（L15） ⑤科学研究：产生具有原始创新和自主知识产权的重大科研成果（$A52_{0-2}$）；攀登世界科学高峰（A58）；填补空白（$C6_2$）；瞄准国际科技前沿（J2 $K5_0$）；加强国家重大战略性基础研究能力（$L4_{0-1}$）；突破世界前沿的重大科学问题（L7 M23）；强化面向科学研究的高水平服务（$L14_0$）；国际科技竞争（$M19_0$） ⑥技术创新：攻克事关国家核心竞争力、经济与社会可持续发展的核心技术（$L8_0$ $M24_{0-1}$）；率先掌握能够形成先发优势、引领未来发展的颠覆性技术（$L9_{0-1}$$M25_{0-1}$）；国际科技竞争（$M19_0$） ⑦创新能力：显著提升我国在若干关键领域的持续创新能力（G10）；适应大科学时代创新活动的特点（I2）；增强创新储备，提升创新全链条支撑能力（$K1_1$ $K1_2$）；为实现重大创新突破奠定基础（$K13_0$）；强化面向创新的高水平服务（$L14_{1-2}$）；为实施创新驱动发展战略提供有力的支撑和保障（M9） ⑧其他：实验室建设：国际一流实验室为目标（A44）；形成功能完备、相互衔接的创新基地（$K9_{0-2}$）//人才培养：国家实验室要把吸引、聚集和培养国际一流人才作为重要任务（A94）；充分聚集一流人才（K10）	明确； 多样化目标； 重点目标

资料来源：笔者根据“16 项关涉国家实验室建设的主要政策及其内容”整理所得。

---

① D12 的限定领域包括能源、资源环境、人口与健康、化工、农业、海洋、船舶、航空航天。

由表 1-12 可知，国家实验室的目标具有以下特点：其一，复合性，即国家实验室目标由多种目标组合而成，表 1-12 中的“国家需要”“经济建设”“社会发展”“科学研究”“技术创新”“创新能力”等多目标导向即为例证。其二，体系性，即这些目标之间并非简单拼凑，而是形成了具有紧密交互关系的有序体系，比如创新能力提升对国家战略需求的支撑，科技创新能力与科学研究、技术创新之间的相互涵养等。其三，引领性，即“国家需要”占据首要位置，其他处于从属位置，体现于：一是出现频次——“国家需要”出现次数占表 1-12 中 8 种目标总出现次数的 40%，奠定了“国家需要”在目标体系中的核心地位；二是目标涵盖性——其他目标实质上是“国家需要”在某一领域内的具体布局，是对“国家需要”总目标的细化支持。其四，明确性，直接体现于表 1-12 中“目标特性”。

表 1-13　　政策实践中的国家实验室本质认知

初始描述	轴心描述
①平台：国家公共实验研究平台（$A103_1$）；创新基础平台（$M9_1$）；国家科技基础条件平台（E2 $M4_0$） ②基地：研究基地（$A113_2$ $L6_4$ $M21_4$）；国家科技创新基地（$K3_1$ N3 $N5_4$） ③力量：战略科技力量（$K32_3$ $L5_3$ $M18_1$ $O15_3$） ④其他：科研实体（$A61_3$）；新型国立科研机构（A75）	科技平台、科技基地、科技力量、科技机构、科技实体

资料来源：笔者根据“16 项关涉国家实验室建设的主要政策及其内容”整理所得。

由表 1-13 可知，国家实验室政策定位多样但相对集中，主要集中于“基地”“平台”“力量”三种，其中“基地”使用频率最高，出现 6 次。《现代汉语词典》对平台的定义包括“晒台”，“生产和施工过程中，为操作方便而设置的工作台”，“计算机硬件或软件的操作环境”，“进行某项工作所需要的环境或条件”[①]；力量的含义包括“力气”，“能力”，“作用或效力”，“能够发挥作用的人或集体”[②]；机构的含义

① 中国社会科学院语言研究所词典编辑室：《现代汉语词典》（第 7 版），商务印书馆 2017 年版，第 1008 页。

② 中国社会科学院语言研究所词典编辑室：《现代汉语词典》（第 7 版），商务印书馆 2017 年版，第 801 页。

包括“机械内部的一个单元”，或指“机关、团体等工作单位，也指其内部的组织”①；实体是指“实际存在的起作用的组织或机构”，或哲学意义上的“万物不变的基础和本原”②。可见，从管理学视角来看，这些词汇无论从学科性、学术性还是专业性上都难以如“组织”一词更为科学和全面地表达国家实验室的本质属性。国家实验室特征明显，代表性特征如表 1-14 所示。

表 1-14　　政策实践中的国家实验室特点认知

初始描述	轴心描述
规模较大（$A47_0$ A76）；学科交叉（$A47_1$ $B5_2$ $C7_0$ D8 $I4_{10}$）；人才汇聚（$A47_2$）；管理创新（$A47_3$）；相对独立（$A61_0$）；开放（$A103_0$）；国际一流水平/重要影响（$A47_4$ $A113_{0-1}$ $I4_0$ $K32_1$ $O15_1$）；队伍强（$B5_0$）；水平高（$B5_1$ $C3_1$ $M32_1$ $N5_3$）；机制创新（$C7_2$ $D8_2$）；协同创新（$I4_2$）；战略（K16 $L6_3$ $M21_3$）；综合/一体（$C7_1$ $D8_1$ K16 $K22_2$ $L6_{2-3}$ $M21_{2-3}$ $O6_3$）；突破型（$K22_0$ $L6_0$ $M21_0$ $O6_1$）；引领型（$K22_1$ $K32_2$ $L6_1$ $M21_1$ $M33_0$ $O6_2$ $O15_2$）；平台型（$K22_2$ $L6_2$ $M21_2$ $O6_3$）；体现国家意志/使命/水平（$K32_0$ $L5_{0-2}$ $M7_{0-2}$ $O15_0$）；唯一性（$M33_1$）；不可替代性（$M33_2$）	综合性、战略性、相对独立、国际性、突破性、引领性、升级性、高水平、政治性

资料来源：笔者根据“16 项关涉国家实验室建设的主要政策及其内容”整理所得。

在综合考虑理论研究和政策实践的基础上可获得如表 1-15 所示的国家实验室内涵框架。由此整合可知，国家实验室是指，为了满足以国家战略需求为统领目标的一系列国家级发展目标，在政府主导，企业、高校、科研院所等组织协同参与下，依托国家或国际重大科技工程、任务、项目等，综合运用计划与市场手段，从事有严格条件限定的基础科学与应用研究、重大（关键或共性）技术创新、社会公益性研究等科技创新活动的一种科技组织。其分类如前述已有研究成果所示，因标准不同而分类多样。根据已有研究成果和表 1-14 的统计分析，可获得如下几个较具代表性的“特征”：综合性，体现为国家实验室目标综合、

① 中国社会科学院语言研究所词典编辑室：《现代汉语词典》（第 7 版），商务印书馆 2017 年版，第 599 页。

② 中国社会科学院语言研究所词典编辑室：《现代汉语词典》（第 7 版），商务印书馆 2017 年版，第 1186 页。

功能综合、活动综合、支撑要素综合等；开放性，即国家实验室是一个有机系统，能够实现各要素于组织内外的高效流动，会出现局部乃至整个组织体系的新陈代谢或动态变化；战略性，即国家实验室是国家最高科技创新能力的代表者，是国家战略科技力量的引领者，在整个科技创新体系中不可或缺；国际性，国家实验室所需资源在全球范围内汇集（投入），影响力（产出）以“外溢”方式作用于全人类发展与进步，且科技创新合作亦以国际化方式支撑国家实验室科技创新高效实现；独立性，国家实验室不是其他组织的附庸，是独立或相对独立的法人组织；政治性，国家实验室所肩负的使命已超脱单纯科技创新本身，实质性涵盖了国家间（尤其是大国间）的军事博弈、经贸竞合等内嵌政治互动的国家间关系。

表 1-15　　国家实验室内涵框架

维度	描述
主体	形成了“中心—边缘”结构的“政府+”多元主体协同网络；协同网络总体上由政府主导协调但具体层面上有所差异，即宏观上政府占据协同中心，微观上由国家实验室具体负责；协同性不仅体现在不同类主体之间，还体现在同类主体内部；协同参与主体具备一定资质
手段	重大科技工程、科技任务、科技项目是手段运用中的主要方式；支撑手段可持续化的制度与机制建设呈现系统、开放、流动、合作、竞争、控制、创新等特征；手段具体实现技术在宏观上具有广覆盖性，在微观上具有多样性；手段的“计划—市场”二元性特征明显
客体	科技创新活动，主要涵盖基础科学与应用研究、重大（关键或共性）技术创新、社会公益性研究三类，且具有非常强的条件限定性；兼顾技术创新，但不能直接参与市场竞争类技术创新
目标	形成了以满足国家战略需要为统领性目标的目标体系，此目标体系具有复合性、系统性、引领性、动态性、任务性和明确性特征
本质	科技创新组织
特点	综合性、开放性、战略性、国际性、独立性、政治性
类型	多样性

资料来源：笔者根据已有研究结论整理所得。

（二）资源

由于聚焦国家实验室，所以此处资源特指与之适配的科技资源。目前，针对科技资源的定义从总体上看主要分为狭义和广义两类。其中，狭义界定主要从科技资源本身及其内部构成出发，将其视为直接投入科技活动并对科技活动起决定作用的各类物质和非物质资源，例如有的研究将其定义为“科技活动的主要条件”[①]，“科学研究和技术创新的生产要素的集合”[②]，是“人类从事科技活动所利用的各种物质和精神财富的总称，是能够直接或间接推动科技进步从而促进经济发展的一切资源”或“集合”[③④]。广义定义主要从科技资源内外系统角度出发将其视为所有对科技活动产生作用的物质、非物质资源及其系统关系的统称，例如有的研究将其定义为“科技资源各要素及其次一级要素相互作用而构成的系统”[⑤]，是一种包括“科学、技术所形成的坚实核心”“专业技能系统”“技术市场”“制度界面”四部分的“体系”[⑥]。

国家实验室资源协同供给模式主要关注国家实验室微观层面，更侧重那些与国家实验室活动直接相关的科技资源，所以，此处在吸收科技资源已有狭义界定的基础上将其定义为：那些直接投入国家实验室科技活动并对其产出起决定作用的各类物质和非物质资源。科技资源典型构成采用人力资源、财力资源、物力资源、知识资源四种构成成分的主流认知，其具体界定在借鉴已有研究成果的基础上将其分别界定为：知识资源是指科技活动所需的各种科技文献、期刊、专利、数据库等，人力资源是指从事科技活动的人员，财力资源是指用于科技活动的经费，物力资源是指用于科技活动的各种仪器设备、实验室场所等[⑦]。

（三）协同

协同（Synergy）是一个物理学概念，最早由赫尔曼·哈肯（Hermann Haken）在 20 世纪 60 年代研究激光物理时发现与提出，并在 1962—1969 年完成了协同学微观理论建构。20 年代 70 年代是协同学创立时期，其中 1971 年哈肯与格拉汉姆发表了第一篇协同学文章，之后

① 周寄中：《科技资源论》，陕西人民教育出版社 1999 年版，第 16 页。
② 杨子江：《科技资源内涵与外延探讨》，《科技管理研究》2007 年第 2 期。
③ 牛树海等：《科技资源配置的区域差异》，《资源科学》2004 年第 1 期。
④ 刘玲利：《科技资源要素的内涵、分类及特征研究》，《情报杂志》2008 年第 8 期。
⑤ 朱付元：《我国目前科技资源配置的基本特征》，《中国科技论坛》2000 年第 2 期。
⑥ 师萍、李垣：《科技资源体系内涵与制度因素》，《中国软科学》2000 年第 11 期。
⑦ 曲然、张少杰：《区域创新资源配置模式研究》，《林业经济》2008 年第 8 期。

不断夯实、拓展协同学的数学理论基础及应用范围，并于 1977 年出版《协同学引论——物理学、化学和生物学中的非平衡相变和自组织》一书，建立了较为完整的协同学理论框架，标志着协同学（Synergetics）正式创立。国内翻译此理论时所使用的原始词即为"协同"，沿用至今。探究结构形成的普遍法则是协同学的着力方向，H. 哈肯①在此目标导引下，逐步建构起较为完整的协同学理论体系，核心内容包括：协同是指一个复杂系统中各亚系统（sub-system）相互协调、合作并产生非线性（non-linear）协同效应（synergetic effect）的过程；这一过程是一个互塑（condition each other）且并行（parallel）的过程；此过程中形成有序结构的关键在于亚系统之间存在交互（interaction）并产生了协同效应，且其最终稳态受涨落（fluctuation）、初始条件（initial conditions）和附加指令（additional instructions）的综合影响；系统协同效应和自组织特征均受序参量（order parameters）决定，而序参量则主要由慢变量（slow variables）构成；役使原理（slaving principle）、自组织原理（self-organizing principle）与协同效应构成了协同学的三大核心。

在遵循前述协同学界定协同内涵的基础上，结合国家实验室资源协同供给模式的特殊情景，此处的协同特指在多元主体联合供给国家实验室所需资源这一复杂系统中，各亚供给系统遵循自组织、序参量役使等基本运作规律的基础上，借助协调、合作等具体方式以国家实验室为平台载体获得资源协同供给效应的过程。同时，此过程同样具备协同的一般特征，例如互塑、平行等。

三　研究框架及其思路

研究框架由四大模块、六个章节构成，具体研究思路如下：

第一模块为基础准备，由第一章和第二章构成。其中第一章主要解决国家实验室及资源协同供给模式源出为何、国家实验室资源协同供给模式基本概念为何、国家实验室历史沿革为何三大问题，在回应研究缘由、详述基本认知的同时为后续研究框定研究边界，所以，本章主要包

---

① ［德］H. 哈肯：《协同学引论——物理学、化学和生物学中的非平衡相变和自组织》，徐锡申等译，原子能出版社 1984 年版；［德］H. 哈肯：《协同学——自然成功的奥秘》，戴鸣钟译，上海科学普及出版社 1988 年版。

括组织化科技创新中诞生的国家实验室、中美国家实验室的历史沿革与贡献、国家实验室资源供给的现实挑战与研究源流、国家实验室资源协同供给之道四节内容，主要研究方法包括文献法、比较法、归纳法等；第二章主要解决国家实验室资源协同供给模式的理论基础为何，以及这些理论基础为国家实验室资源协同供给模式提供了哪些重要理论启示两个问题，在回应这两个问题的同时，为后续研究奠定了扎实理论基础，所以本章主要包括资源基础理论、协同创新理论和创新网路理论三节内容，主要研究方法包括文献法、归纳法和演绎法等。

第二模块为模式析出，由第三章和第四章构成。其中第三章主要解决国内外国家实验室资源协同供给模式实践运行中到底为何这一核心问题，即为理论化建构国家实验室资源协同供给模式提供翔实、准确、全面、扎实的原始素材，所以，本章主要聚焦于资源供给视角下劳伦斯伯克利国家实验室、桑迪亚国家实验室、费米国家加速器实验室、橡树岭国家实验室、青岛海洋科学与技术试点国家实验室历史演进的详尽案例铺陈，分为五节内容，主要研究方法为单案例研究；第四章主要解决国家实验室资源协同供给模式到底为何的核心问题，本章在第三章基础上借助跨案例比较，析出国家实验室资源协同供给模式的具体构成模块，所以本章主要包括协同环境、协同主体、协同行动、协同规则和协同程序五节内容，主要研究方法包括多案例分析、比较法、归纳法等。

第三模块为实证检验与分析，第四模块为研究结论与政策供给，分别由第五章和第六章构成。第五章主要解决国家实验室资源协同供给模式是否客观（或一般化）存在和影响国家实验室资源协同供给模式有效运行的因素为何两个问题，所以，本章主要包括数据收集及其描述性统计分析、国家实验室资源协同供给模式的实证检验、国家实验室资源协同供给模式的影响因素探究三节内容，主要研究方法包括问卷调查、数理统计、扎根理论、归纳法等。第六章主要解决主要研究结论和发现为何、政策启示为何和未来需要重点探讨的研究方向为何三个问题，实质是在梳理、整合主要研究结论和发现的基础上供给一系列提升国家实验室资源协同供给模式运行水平的政策建议，并进一步推展国家实验室后续重点研究进路，所以，本章主要包括研究结论与发现、政策启示和未来研究展望三节内容，主要研究方法包括归纳法、演绎法等。

第二章

理论基础

有效供给资源是国家实验室资源协同供给模式研究的根本立足点：微观层面，核心问题是通过何种方式实现国家实验室所需资源高质、足量、安全、可持续供给；宏观层面，中心问题是以怎样的资源投入方式作用于国家实验室自主创新能力提升。无论从哪个层面切入，资源是统领性审视视角，所以资源基础理论是本研究的核心理论基础之一。同时，研究内容关涉国家实验室资源供给主体、供给手段、供给过程及内嵌其中的各种关系连接、多层互动、合力协同及整体性治理，目前涉及这些内容的研究常见于协同创新理论和创新网络理论，所以这两个理论也构成了本书研究的重要理论基础。总之，尽管目前尚无文献系统、针对性观照国家实验室资源协同供给模式，但资源基础理论、协同创新理论和创新网路理论为此研究提供了重要的理论支撑与启发。

第一节　资源基础理论及启示

一　资源基础理论中的资源界定

“资源是企业战略决策的逻辑中心”构成了资源基础理论（Resource-Based Theory，RBT）的核心观点，但至于“资源”为何至今尚未形成统一认知。作为首个正式将企业增长关联到资源因素的学者，Penrose 尽管明确提出了一系列包含资源基础理论的观点，例如企业是一种“生产资料集合”并通过其所拥有资源的继承性（inherited）和“生产性机会”（the productive opportunity）谋求自身绩效提升与发展方向拓展等，但并未对资源做一确切的内涵界定，尽管如此她给出了资源所应包括的内容，即那些“公司购买、租赁或生产供自己使用的实物（physical things），以及雇用的人力”[①]，同时也强调了能力（competence）在公司中的重要作用，总之在 Penrose 视野里，资源不仅包括有形资源还包括无形资源，这为后续研究奠定了基础性概念框架。

后来 Wernerfelt 给出了资源较为明确的定义，是指那些“在特定时间内与企业存在长期但非永久性（semipermanently）关联的（有形或无形）资产（assets）”。例如，“品牌”（brand names）、“组织内部的技术知识”（in-house knowledge of technology）、“雇用的技工”（employment of skilled personnel）、“机器设备”（machinery）和“资金”（capital）等[②]。可见，此定义在承继 Penrose 资源认知中“无形与有形”构成结构的同时，重点强调了资源与企业之间的应有关系，即企业至少在一定时期内保持对相关资源的控制或切实拥有。

之后作为资源基础理论核心框架搭建者的 Barney 给出了资源较为明确的定义，指“由企业控制并有助于企业形成、落实提质增效战略的所有资产（assets）、能力（capabilities）、组织流程（organizational processes）、企业属性（firm attributes）、信息（information）、知识（knowledge）等”[③]。较之 Wernerfelt 的定义，此定义的独特之处在于收窄了资源与企业之间的“关联性”关系——不仅停留在“有关联”性的泛化关系层面上，更加强调资源对企业运行产生的实质性影响，而无论这种影响积极（正向）与否。

在整合已有研究成果，建构起集成性分析框架（integrating framework），并赋予其实践化操作能力，进而正式提出资源基础理论的 Grant（1991）给出的资源定义是指“生产过程中的输入”，并认为财力资源、物质资源、人力资源、技术资源、信誉或声望和组织资源只有通过合作（cooperation）或协作（coordination）形成整体性“资源束”（teams of resources）才能真正作用于生产性活动。此定义重点强调资源与生产之

① Edith Tilton Penrose, *The Theory of the Growth of the Firm*, New York: John Wiley, 1959, p. 67.

② Birger Wernerfelt, “A Resource-Based View of the Firm”, *Strategic Management Journal*, Vol. 5, No. 2, April-June 1984, pp. 171-180.

③ Jay Barney, “Firm Resources and Sustained Competitive Advantage”, *Journal of Management*, Vol. 17, No. 1, March 1991, pp. 99-120.

间的关系，即只要有助于生产实现，一切资源皆可整合利用，而无论资源有无常形或是否由企业拥有——“企业拥有或获得的所有有形与无形的事物”，例如“有形资产”（physical assets）、“知识资产”（intellectual assets）和“文化资产”（cultural assets）①。

可见，尽管已有研究对资源的具体界定有所差异，但也形成了一系列共识：一是资源是组织正常运行的基础条件；二是资源对组织实现战略目标产生重要甚至决定性影响；三是只有通过整体性运用才能发挥资源生产性功能的最大效能；四是资源不仅包括从产权上属于组织的资产，还包括能够被组织获得、控制或利用但产权上不属于组织的资源；五是资源形式多样，既包括有形资源也包括无形资源，还包括将这些资源运用起来的能力等。此外，资源具备的一系列特征（如表 2-1 所示）凸显了资源的独特价值，也正因如此才使得基于资源视角的理论分析具有了切实实践意义。

表 2-1 资源特征

特征	释义
价值性	能够在复杂环境中助力企业开拓发展机遇，中和成长威胁
稀有性	拥有某种资源的企业数量少于处于完全竞争状态时的企业数量时，此资源具有稀有性
难模仿性	独特的历史情境、模糊的因果关系以及社会复杂性致使成功难以在组织间复制和模仿
不可替代性	即使资源并不稀有也（或）可以模仿，但难以找到对等性的替换策略
互补性	专业性资源在应用过程中的不同结合会对组织运行产生重要影响
低流通性	资源难以在组织间通过买卖或模仿实现转移
耐用性	资源的可使用时间，其耐用性越好，则抵消贬值所需的投资就越小
专属性	只能是某一个或某些组织拥有的资源或优势，例如组织缄默知识等
一致性	与本行业战略资源的重叠程度

资料来源：笔者根据 Barney（1991）、Amit 等（1993）文献整理所得。

① Khalid Hafeez, et al.,“Core Competence for Sustainable Competitive Advantage: A Structured Methodology for Identifying Core Competence”, *IEEE Transactions on Engineering Management*, Vol. 49, No. 1, Feburary 2002, pp. 28-35.

二 资源基础理论的演进

资源基础理论源于对企业如何在激烈市场竞争中获取持续竞争优势（sustained competition advantages）问题的系统回应。最初回应来自对企业外部因素的关注，即竞争优势外生理论，其中产业组织理论尤具代表性，基本观点是将企业科技持续竞争优势的获取归因于产业结构，“结构（Structure）—行为（Conduct）—绩效（Performance）”是其基本范式[①]——Porter 提出的“五力模型”是其经典脚注，认为一个企业持续竞争能力的获得取决于企业在“新进入者威胁”（threat of new entry）、“供应商议价能力”（bargaining power of suppliers）、“购买者议价能力”（bargaining power of customers）、“替代品的威胁”（threat of substitute products or services）、“同行业竞争者的竞争程度”（the industry jockeying for position among current competitors）形成的既有产业结构中的区位[②]，即产业结构决定了企业持续获利能力的大小。尽管此理论框架的理论解释力和实践应用力极强，但对企业内部因素与企业绩效关系的忽视使其难以解释处在相同或相似产业环境中的企业为何具有不同营利能力的问题，资源基础理论正是在回应此问题的过程中逐步形成——从企业内部及其本身角度探讨企业绩效问题。

（一）理论萌芽

资源基础理论并非在 20 世纪 80 年代突然出现，而是在先有研究成果基础上逐步发展、形成，其中亚当·史密斯的分工理论是资源基础理论的重要理论来源——分工不仅发生在宏观国家层面、中观产业层面或市场层面，还发生在企业内部资源拥有和配置层面——从企业层面看，企业内部分工影响企业资源存量及其配置效率，进而影响企业经济效益和成长规模，并最终影响企业竞争优势的产生。可见，分工理论在提供了企业成长受产业结构外部结构（产业或市场）约束分析视角的同时，也提供了一个企业由内而外能动塑造外部境况的分析视域，资源基础理论即为后者的一个重要理论延展与发展成果。

---

① Jeroen Kraaijenbrink, et al., “The Resource-based View: A Review and Assessment of Its Critiques”, *Journal of Management*, Vol. 36, No. 1, January 2010, pp. 349-372.

② Michael E. Porter, “How Competitive Forces Shape Strategy”, *Harvard Business Review*, Vol. 57, No. 2, March-April 1979, pp. 137-145.

沿着分工理论提供的企业自主发展启迪，企业内部成长论逐步发展起来，认为源于知识与技能的不同企业内部各职能部门之间、企业之间、产业之间产生了“差异分工”，并在此基础上衍生出不同的企业成长路径或模式。由此，企业异质性问题逐渐显露，并成为研究焦点，其中 Chamberlin 和 Robinson 分别于 1933 年关于不完全竞争问题的探讨已然直接涉及企业异质性（heterogeneity）对企业竞争优势影响的研究，认为产业内部竞争总是在拥有不同资源和特征的公司之间展开，而恰恰是这些公司间的“异质性”成为企业竞争优势的重要来源[①]，其异质性主要表现为企业差异化（differentiation）和专业化（specialisation），例如企业产品或服务在“包装”“质量、设计、颜色或风格上的独特性”，“专利”和“商标”上的独占性，企业“营商方式，公平交易的信誉，效率，与消费者的联系”“知识与技能”等方面的差异，以及企业专业化过程中涉及的横向非一体化（lateral disintegration）和纵向非一体化（vertical disintegration）[②③]，而蕴藏于差异化、专业化和异质性间的共性部分即是分工。

后续研究更进一步，Selznick[④] 认为企业间异质性并非来自企业资源机械（engineering）模块化组合，而是来自企业有机（organism）组织能力，且这种能力主要借助企业中的领导能力（leadership），并通过制度化领导（institutional leadership）、目标制度操作化（institutional embodiment of purpose）、自留存（self-preservation）等具体方式营造企业独特能力（distinctive competence），终成企业特有成长轨迹。之后，Penrose 于 1959 年出版 *The Theory of the Growth of the Firm* 一书，终将资源与企业成长直接联系起来并将其明确化——以资源为切入视角探讨企业成长问题，为资源基础理论提供了直接思想来源，核心观点包括：企

---

① Jay B. Barney, “Types of Competition and the Theory of Strategy: Toward an Integrative Framework”, *Academy of Management Review*, Vol. 11, No. 4, October 1986, pp. 791-800.

② Joan Robinson, *The Economics of Imperfect Competition* (*First Edition*), London: MacMillan, 1942, p. 338.

③ Edward H. Chamberlin, *The Theory of Monopolistic Competition* (*Sixth Edition*), London: Oxford University Press, 1949, p. 56.

④ Philip Selznick, *Leadership in Administration: A Sociological Interpretation*, New York: Harper & Row, 1957.

业的成长由企业生产性资源衍生的生产机会（productive opportunities）限制；管理框架（administrative framework）协调这些资源的使用；企业间生产性资源差异巨大，致使处于同一产业中的企业间也存在显著异质性（heterogeneity）；企业生产性资源不仅包括土地，还包括高层管理者、企业家技能等，且企业异质性来源不囿于企业在这些资源上的差异。

此外，其他相关领域的研究成果也为资源基础理论的形成提供了重要支撑，例如地租理论，即经济租金的消失一方面有可能由市场需求减少导致，也有可能由使用低成本土地肥力提升手段引致，即原本缺乏弹性的土地因肥力可改善而具有了供给弹性——那些低肥力土地因使用低成本增肥手段而具备了高肥力土地生产能力，终使经济租金消失，给予资源基础理论的重要启示在于：尽管企业中也存在诸如管理者等缺乏弹性的资源，但这些资源特质的可变性却使得这些资源具有了实质弹性，成为企业间竞争差异产生的重要来源；反垄断研究认为，企业形成的长期竞争优势并非单纯来源于市场结构，更有可能来源于企业本身的独特能力，例如能够更好地满足顾客所需，拥有高成本才能获取的信息等，且这些独特能力较难被竞争对手模仿，这实际上已然提出了资源基础理论包含的一些基本原则，例如难模仿性、异质性等。

（二）理论形成

基于对萌芽时期已有研究成果的吸收、整合和发展，资源基础理论在20世纪80年代逐步形成，其中以Wernerfelt在*Strategic Management Journal*杂志上发表的“A Resource-Based View of the Firm”一文为标志，正式提出“资源基础观念”（RBV），从资源视角重新解析公司及其战略选择，主要观点包括：一个企业的基本资源状况可以大体勾勒出企业最佳“产品—市场”行为，也能够为企业战略选择及其盈利能力提升提供依据；资源的输入、产出境况及其可替代性影响企业盈利能力；资源位门槛（resource position barrier）影响企业获得先发优势（first mover advantage）；顾客忠诚、技术领先、生产经验、机械生产力等魅力资源（attractive resources）影响企业资源位门槛的形成；并购企业间资源整合成败影响企业并购（mergers and acquisitions）成败，例如并购企业间的资源补充性（supplementary）或互补性（complementary）

情况；资源逐步累积性决定企业渐进战略（sequential entry strategy）的选择；开发已有资源与开拓新资源之间的力度权衡影响企业发展模式。总之，诚如Wernerfel① 指出，从企业微观构成直至企业宏观发展模式或路径选择无不受资源制约与影响。

在吸收Wernerfelt研究成果的基础上，Barney② 更进一步，认为企业独特资源不仅对企业战略选择产生影响，也对企业战略的分析、实施及其未来价值产生重要影响，并从资源角度重点分析了影响企业获得超额利润的关键因素——包括资源独占性、资源独特性、财力实力等，还发现从企业内部分析企业所控资源的情况并据此布局企业经营策略，会有利于企业在市场竞争中获得超额利润。之后，Barney延续了从企业内部资源境况分析企业竞争优势的思路，对这一观点展开了更为深入、细致的考察，并据此构建起了基于资源视角的企业内部境况分析框架即VRIS模型，认为企业资源的价值性（Value）、稀缺性（Rare）、不完全模仿性（Imperfect Imitability）和替代性（Substitutability）影响企业获得持续竞争优势，其中不完全模仿性又由历史依赖（history depend）、因果模糊（causal ambiguity）和社会复杂（social complexity）三个维度构成，总之企业资源的异质性和不完全流动性构成了此模型的核心要点。

Grant不仅集成了已有资源基础理论的核心观点，还进一步推进了资源基础理论的实用化进程。核心观点认为，资源与能力是企业战略的基础，并通过影响企业战略定位、方向及其利润生产发挥实质作用；多样化资源通过不同路径影响企业盈利能力等③。实用化方面，细致梳理了各种资源对企业盈利能力的具体影响路径，并构建了一个资源视阈下的企业战略分析框架：一是分析企业资源——辨识与分类企业资源，与竞争对手比对中发现企业资源存在的优势与弱点，据此挖掘更有效利用

① Birger Wernerfelt, "A Resource-Based View of the Firm", *Strategic Management Journal*, Vol. 5, No. 2, April/June 1984, pp. 171-180.

② Jay B. Barney, "Types of Competition and the Theory of Strategy: Toward an Integrative Framework", *Academy of Management Review*, Vol. 11, No. 4, 1986; Jay B. Barney, "Firm Resources and Sustained Competitive Advantage", *Journal of Management*, Vol. 17, No. 1, 1991.

③ Robert M. Grant, "The Resource-Based Theory of Competitive Advantage: Implications for Strategy Formulation", *California Management Review*, Vol. 33, No. 3, Spring 1991, pp. 114-135.

资源的机遇。二是评估企业能力——分析每种企业能力的构成性资源及其复杂性，以明确企业取胜竞争对手所采取的措施。三是分析企业资源与能力的营利潜质——以获取持续竞争优势潜能和收益专属性（appropriability）指标评估企业资源与能力的“营租”（rent-generating）潜力。四是选择战略——选择能够有效开发利于抓住外部机遇的资源和能力战略。五是拓展与升级企业资源与能力池——识别、填补资源缺口并通过投入不断补充、增强和升级企业资源基础①。总之，由 Wernerfelt 开启经 Barney 发展再到 Grant 集成与补充，资源基础理论的主体框架基本形成。

（三）理论的衍生

在资源基础理论形成过程中形成了诸多内部分支，研究各有侧重，其中能力论、动态论和知识论较有代表性。

能力论，核心能力（core competence）是其关注焦点②，并据此再思考与再定义（reconceptualization）对企业的理解：认为企业成功与否的关键不仅在资源本身，更在于企业充分利用内外资源的核心能力，即基于企业资源整合的企业核心能力是企业获得竞争优势的根源；此种核心能力需具备三个特征，即利于提供多样化市场机遇、利于实现最终产品、难以被竞争对手模仿；为使此种核心能力具备实践效能，企业应以核心能力为中心建构符合企业实际所需的战略架构（strategic architecture），这种战略架构的功效不局限于助推企业获取当下竞争优势，还可以为企业获得未来竞争优势提供必要前提；核心能力视阈下的企业应该是一个战略架构统摄下由“资源（resource）—核心能力—核心产品（core product）—业务（business）—终端产品（end product）”具体支撑的“树状”组织③。

---

① Robert M. Grant，“The Resource-Based Theory of Competitive Advantage：Implications for Strategy Formulation”，*California Management Review*，Vol. 33，No. 3，Spring 1991，pp. 114-135.

② Prahalad 等（1990）认为核心能力是指组织中的“集体学习”（collective learning），之后相关研究对这一概念进行了更为细致的探讨，较为典型的是 Javidan（1998）在辨析 resource、capacity、competence 和 core competence 的基础上认为，核心能力是技能与知识能在业务单元间的共享，根源于战略业务单元（SBU）间能力（competence）的交互、集成与协调。

③ C. K. Prahalad and Gary Hamel，“The Core Competence of the Corporation”，*Harvard Business Review*，Vol. 68，No. 3，May/June 1990，pp. 79-92.

动态论，以能力生命周期（capability lifecycle）为代表，此分析框架由动态能力的“三阶段—六分支”构成，其中三阶段包括成立（founding）、发展（development）和成熟（maturity），六分支包括退出（retirement）、紧缩（retrenchment）、更新（renewal）、复制（replication）、调整（redeployment）和重组（recombination），且“六分支”有可能成为企业后续发展阶段而依次演替，也有可能几个并行发生，但无论怎样，企业的“历史变量”（historical antecedents）会成为能力分支或梯次演化的重要影响因素——历史变量主要指企业在每个发展阶段上形成的独特资源结构①。同时，企业于长期实践中亦会逐步累积其独特动态能力②，Teece 等③认为正是依附此种动态能力，企业才能依据内外部环境变化并通过适时整合、生产和再配置资源以持续获取与维持竞争优势——“过程”“定位”和“路径”可用于企业特有动态能力的识别。

知识论，认为知识是企业资源中最具战略意义的资源，其异质性和使用效率决定企业边界，即从某种程度上讲企业即为各种知识的集合体（integrator），正是基于此种企业理念的全新理解，准确辨识并充分协调各种显性知识（explicit knowledge）和隐性知识（tacit knowledge）成为了企业获取持续竞争优势的重要举措，进而有效整合知识成为企业必须面对和解决的首要战略问题，其破解方案既包括规则与指令机制（rules and directives）、序列化机制（sequence）、常规化机制（routine）、学习机制（learning）等整合机制的构建，“共识知识”（common knowledge）的扩容与决策权的合理下放④，还包括知识在外部环境、内部环境及个人能力间的顺畅双向流通⑤。

以上即为资源基础理论发展概况，总体发展脉络如下：为解答企业

---

① Constance E. Helfat and Margaret A. Peteraf, “The Dynamic Resource-Based View: Capability Lifecycles”, *Strategic Management Journal*, Vol. 24, No. 10, October 2003, pp. 997-1010.

② Teece 等（1997）给出的动态能力含义是指，通过适应、集成、重塑内外各种技能、资源和能力以满足组织灵敏、持续应对、适应环境（包括市场）变化的能力。

③ David J. Teece, et al., “Dynamic Capabilities and Strategic Management”, *Strategic Management Journal*, Vol. 18, No. 7, 1997.

④ Robert M. Grant, “Toward a Knowledge-Based Theory of the Firm”, *Strategic Management Journal*, Vol. 17, Special Issue, December 1996, pp. 109-122.

⑤ Karl-Eric Sveiby, “A Knowledge-Based Theory of the Firm to Guide in Strategic Formulation”, *Journal of Intellectual Capital*, Vol. 2, No. 4, December 2001, pp. 344-358.

存在与竞争优势获得问题，以“结构—行为—绩效”为核心框架的“由外而内”的“外源性”解析给出了相关回应，即强调市场、产业等外生性因素对企业产生、发展及其竞争优势获得产生了重要因素，这一解释蕴含企业行为的“刺激—反应”模式，然而现实中的企业行为并非总是对外围环境的被动适应，很多情况下都是积极甚至主动应对或形塑外围环境，对此“外源性”解释已显无力抑或鞭长莫及，于是急需一种“由内而外”的理论予以补充，在此背景下资源基础理论开始萌芽——企业作为一种异质性资源集合体的观点开启了“企业再发现”之路，冲破了原本只看森林（市场）不见树木（企业）的主流研究思路，为解析企业存在与发展问题提供了一个聚焦企业内部场域的研究视角，奠定了资源基础理论基本逻辑起点，开启了资源基础理论发展之路。在此基础上，资源何以产生企业差异性问题成为后续研究焦点。资源“异质性”首先进入研究视野，发现企业资源异质性形成了企业之间的“隔离机制”，“隔离机制”成为企业获取超额利润与培育、维持竞争优势的重要来源，“资源异质—隔离机制—竞争优势”奠定了资源基础理论的核心逻辑，“异质性”也随之成为资源基础理论的核心概念，也成为后续研究的关注焦点——资源异质性的具体表征及其确定成为研究重心，围绕异质性研究形成了经典 VRIS 模型，至此资源基础理论核心框架基本形成，之后进入实践应用和理论完善阶段。资源基础理论形成过程中，各有侧重的能力、动态与知识分支或细化研究并行出现，共同构成了资源基础理论体系，正如吴金南、刘林总结的，“广义的资源范畴包括产生持久竞争优势的资产（狭义资源）、能力、核心能力、知识、动态能力等；相应地，以这些核心概念为基础建立的资源基础观、企业能力理论、知识理论、动态能力理论和最新的动态资源基础观，基于相同的思维逻辑，就可以全部纳入广义企业资源基础理论”①。

三 主要启示

梳理发现，资源基础理论的核心观点是：组织是资源的集合体，于是资源的不完全流动性和不完全模仿性成为不同资源及其组合（资源

---

① 吴金南、刘林：《国外企业资源基础理论研究综述》，《安徽工业大学学报》（社会科学版）2011 年第 6 期。

异质性）衍生隔离机制的根本原因，并最终导致了组织产生、发展及其运行绩效等方面的种种异质，当然此处的资源不仅包括设备、资金、人力等有形资源，还包括知识、能力、文化等无形资源，且与先天禀赋中的有形资源相比（例如，财力资源、仪器设备等），后天形成的无形资源尤其是协调、整合各种资源的能力（例如，组织能力、动态能力、学习能力等）和隐性知识对企业竞争优势的维持、巩固与演化作用更大。这些观点为国家实验室资源协同供给模式研究提供了诸多有益启发：

一是国家实验室也是资源有机集合体。尽管与企业性质相去甚远，但在资源集合体层面上国家实验室与之相同，即从资源视角来看，国家实验室也是一种由各类资源聚集而成的科研实体，所以建设国家实验室不仅包括资源汇集后的再配置，还包括资源供给时的预先布局，即从资源供给侧角度确保国家实验室建设的合理性，例如针对不同的建设需要，理应明确或至少预先设计由谁，通过什么方式，供给哪些及多少资源等问题。

二是特殊的资源需求理应由特殊的资源供给与之匹配。无论从资源的多样性还是专业性角度讲，相较于企业，国家实验室的资源异质性更为显著，突出表现于国家实验室对高、精、深、多专业知识、专业设备、专业人才、专业能力的特殊需求，同时这些资源还应具备一定的“适度通识性”，否则供给后的资源只不过是离散的资源，难以发挥应有作用，例如人才供给既要注重专业知识储备，还要注重“共识知识”水平，总之面对“专业—共识”二元兼备的国家实验室资源特殊所需，理应配套与之相宜的供给模式。

三是有效供给国家实验室所需资源需要多元主体合力支撑。国家实验室所需资源特性决定了单一主体难以满足国家实验室所需资源可持续、高品质供给，需要各具资源优势的主体合力供给，例如政府的财力支持，高校、科研机构的人力支持，市场的仪器设备支持，社会的文化与氛围支持，等等，且这种供给应尽可能常规化、默契化，如资源中的“缄默”知识，只有这样才能确保资源合力供给的可持续性，而这无疑需要各主体间在实践中建立起高效的合作机制才能实现。

第二节　创新网络理论及启示

创新网络理论从20世纪70年代世界主要创新国家的创新实践中萌发，其中尤以当时世界电子工业主要创新中心的美国硅谷和波士顿128公路地区最为著名，这两个地区以各自优势缔造了美国科技“硅谷”和“高速公路”，尽管两地具体创新策略各有侧重，但亦有许多共同之处，创新网络即为两地较为显著的共性特征——“以地区网络为基础的工业体系比那些实验和学习局限在个别企业的工业体系更灵活，技术上也更有生气”[①]。同时，20世纪70年代欧洲意大利中部及东北部工业区以数量众多的专业化企业“集群”为产业依托呈现出强劲复兴态势，为“第三意大利”（Third Italy）的形成奠定了坚实基础[②]；日本企业也在20世纪70年代至80年代形成了“网络组织”[③]，为日本产业及科技创新快速发展奠定了基础。总之，创新网络化成为当时世界经济增长新动能的重要来源，凸显了创新网络在“科技创新—经济发展”关系中扮演的重要角色和蕴藏的巨大潜能，于是通过建构合理创新网络聚合应有之力助推系统性科技创新，进而实现经济、社会全面发展成为当时实践急需，这标志科技创新步入“网络”范式时代，在此背景下创新网络理论产生、发展并趋于成熟。

一　创新网络的含义

创新网络是组织“应付系统性创新的一种基本制度安排”，其“主要连接机制是企业间的创新合作关系”，其本质是一种“组织与市场交互作用的方式”，并在制度安排和交互活动中形成“松散的组织结构”，这种组织结构包括丰富、多样的“弱连接和强连接”关系以及一个核

---

① ［美］安纳利·萨克森宁：《地区优势：硅谷和128公路地区的文化与竞争》，曹蓬等译，上海远东出版社1999年版，第180页。

② Giuliano Bianchi, “Requiem for the Third Italy? Rise and Fall of a Too Successful Concept”, *Entrepreneurship & Regional Development*, Vol. 10, No. 2, April 1998, pp. 93-116.

③ 马场靖憲等：《从网络的观点看技术创新和企业家精神——盒式磁带录象机制式演变的案例》，《国际社会科学杂志（中文版）》1994年第1期。

心[1]，此描述性初始定义奠定了创新网络含义的精髓——制度安排、网络关系、系统创新。其类型划分以10类型划分为代表：风险共担与合作研究公司（Joint ventures and research corporations），研发共担协议（Joint R&D agreements），技术交换协议（Technology exchange agreements），技术因素驱动下的直接投资（Direct investment motivated by technology factors），许可及次级来源协议（Licensing and second-sourcing agreements），分包、产品共享与供应链网络（Sub-contracting，production-sharing and supplier networks），研究联盟（Research Associations），政府资助下的共研项目（Government-sponsored joint research programmes），用于科技交换的电脑处理化数据银行与附加值网络（Computerised data banks and value-added networks for technical and scientific interchange），包括非正式网络在内的其他网络（Other networks，including informal networks）[2]。

以后关于与创新网络的相关内涵界定基本以上述研究为基础纵深展开，例如王大洲从梳理、总结、比对各类网络的基础上定义创新网络，认为创新网络是“在技术创新过程中围绕企业形成的各种正式与非正式合作关系的总体结构”[3]，此定义明显侧重以关系合作为基础形成的关系结构，对应前述定义中的“网络关系”维度；有的研究在总结国内外创新网络已有研究文献的基础上界定创新网络，例如刘兰剑和司春林认为其“由多个企业及相关组织组成的，以产品或工艺创新及其产业化为目标，以知识共享为基础，以现代信息技术为支撑，松散耦合的动态开放新型技术创新合作组织”，同时“参与者在新产品的开发、生产和商业化过程中共同参与创新活动，实现创新的开发与扩散”[4]，此定义厘清了创新网络的基本构成要素，即创新网络主体是“多个企业及相关组织”，客体是“知识”，采用的技术或手段包括“共同参与”

---

① C. Freeman，“Networks of Innovators：A Synthesis of Research Issues”，*Research Policy*，Vol. 20，No. 6，October 1991，pp. 499-514.

② C. Freeman，“Networks of Innovators：A Synthesis of Research Issues”，*Research Policy*，Vol. 20，No. 6，October 1991，pp. 499-514.

③ 王大洲：《企业创新网络的进化与治理：一个文献综述》，《科研管理》2001年第5期。

④ 刘兰剑、司春林：《创新网络17年研究文献述评》，《研究与发展管理》2009年第4期。

“共享”“现代信息技术”，目标在于“创新的开发与扩散”（包括“产品或工艺创新及其产业化”），本质是一种“合作组织”，此处的“组织”不仅强调创新网络“制度安排”的静态性，也强调了创新网络于实践中切实实现的能动组织力；还有研究借鉴某一研究视角或理论以特定化创新网络，例如党兴华和郑登攀以资源视角界定创新网络，是指“为了应对系统型技术创新中的不确定性和复杂性，由具有互补性资源的参与者通过正式或非正式合作技术创新关系连接形成的网络组织”①，可见资源网络已成为创新网络的内嵌网络，间接体现了创新网络的复合性或系统性——创新网络已超越其字面意思而具有“集成”内涵。

综上所述，尽管创新网络具体界定尚未统一，但从含义发展性和实用性看，多样化定义却为凝聚创新网络定义核心共识夯实了基础，这些共识主要包括创新网络是应对复杂创新环境、规避创新风险的重要制度性安排，这种制度性安排不仅包括创新联盟等各种正式制度安排，还包括基于人际关系等形成的各种非正式制度安排；创新网络理应通过各种方式兼容多元参与主体，以共享等多种方式最大化创新信息和能力，以降低创新风险并获取创新利益；创新网络需要始终保持一定开放性、流动性、合作性和竞争性，尽可能规避因制度性安排僵化带来的风险，以维持其高水平的敏感力、调整力和恢复力。

二　创新网络理论的主要内容

截至目前，创新网络理论的关注焦点主要包括网络结构、成因、演化和治理4个研究领域，以下将逐项概述。

（一）创新网络结构研究

节点与结构关系研究是创新网络结构研究的核心内容。节点方面，研究焦点集中于节点属性及其与创新绩效关系。其中，节点属性主要从组织和知识两种视角切入研究——组织视角下的创新网络节点（参与主体）研究重在类型划分及其具象构成，认为创新网络节点主要分为三类：市场类主体，主要包括企业（Enterprise）、供应者（Suppliers）、客户（Buyers）、竞争者（Competitors）、协同供应者（Co-Suppliers）、研究与

① 党兴华、郑登攀：《对〈创新网络17年研究文献述评〉的进一步述评——技术创新网络的定义、形成与分类》，《研究与发展管理》2011年第3期。

培训机构（Research and training institutes）、批发商（Distributors）、咨询者（Consultants）等①；科研类主体，主要包括高校和科研院所②；政府类，包括各级政府及其运营的各类实验室等③。知识视角下的创新网络节点研究主要聚焦于基于显性专利基础上的专利网络分析——大多研究以“知识节点”为微观突破口具体分析节点所在网络结构及其形成过程，且整个分析过程往往以知识具体载体（主体）为依托④。尽管组织视角和知识视角构成了当前创新网络节点分析的两大主要分析视角，但实践中较为可行或较为通行的做法是组织视域下的节点研究。

节点属性与创新绩效关系研究主要在三个维度上展开：一是节点合作数量（网络密度）与创新绩效间的关系研究，例如 Vanhaverbeke 等⑤研究发现两者之间并非简单线性关系（绩效随节点合作数量的增多而递增）而是倒“U”形关系，即随着网络密度增加创新绩效呈现先增加（正相关关系）达到某个极值后再递减（负相关关系）的趋势，所以创新网络节点数量应该控制在合理范围之内，而非越多越好。二是节点中心性与创新绩效间的关系研究，例如 Soh 和 Roberts⑥ 研究发现与创新网络节点数量多少相比，网络节点中心性会对节点创新绩效产生更为直接、深刻和显著影响，即中心性越高，创新绩效越高。反之则反之，说明创新网络的建构重点不仅在于拓展网络节点，还在于合理建构节点间的相对关系，具体至中心性方面即为尽可能地提升节点网络中心性。三是节点同质性、异质性与创新绩效间的关系研究，研究结论较为复杂，

① Hans Georg Gemünden, et al., “Network Configuration and Innovation Success: An Empirical Analysis in German High-tech Industries”, *International Journal of Research in Marketing*, Vol. 13, No. 5, December 1996, pp. 449-462.

② 高霞等：《产学研合作创新网络开放度对企业创新绩效的影响》，《科研管理》2019年第9期。

③ 吴卫红等：《“政产学研用资”多元主体协同创新三三螺旋模式及机理》，《中国科技论坛》2018年第5期。

④ Corey Phelps, et al., “Knowledge, Networks, and Knowledge Networks: A Review and Research Agenda”, *Journal of Management*, Vol. 38, No. 4, July 2012, pp. 1115-1166.

⑤ Wim Vanhaverbeke, et al., *Explorative and Exploitative Learning Strategies in Technology-Based Alliance Networks*, 2004. 8. 1, https://search.ebscohost.com/login.aspx?direct=true&db=bsu&AN=13857567&lang=zh-cn&site=ehost-live, 2021. 5. 3.

⑥ Pek-Hooi Soh and Edward B. Roberts, “Networks of Innovators: A Longitudinal Perspective”, *Research Policy*, Vol. 32, No. 9, October 2003, pp. 1569-1588.

例如陈畴镛等[①]研究发现节点同质性双重效果于创新绩效——“促进和阻滞”并存，孙凯等[②]研究发现异质性亦然如此——包括“正向影响、负向影响和倒U形关系”，可见单就同质性或异质性某一侧面探讨节点与创新绩效间的关系的确难以做出科学、合理的判断，组合性分析视角不失为可行方案。

创新网络结构关系研究更为复杂，且形成了一个较为成熟的分支理论，即强—弱关系理论，主要观点包括强关系利于增强创新网络中不同组织间的信任程度、规避冲突、加速知识共享、利于有效降低信息不对称带来的风险，同时利于降低交易成本，此外还有助于培育充裕的社会资本，同时强关系也会带来负面影响，例如可能带来网络封闭而产生“认知锁定”，还有可能带来信息或互动冗余而降低创新效率；弱关系的影响同样如此，认为弱关系结合“结构洞”为企业创新提供更多机会和供给更为丰富、多样化认知的同时，也会使得集成能力难以形成，还会带来机会主义风险等。可见，看似矛盾的“强—弱”关系却真实反映了现实世界的复杂性和真实性，也反映了现实世界不可能依靠某一维度而存在——强关系、弱关系都对创新网络及其绩效产生了不可替代的作用，所有问题的关键不在于两者间的“非此即彼”，而在于科学、有效的多样化组合这对关系。

（二）创新网络成因研究

相关研究将创新网络成因主要分为外部原因、内部原因和内外因交互三部分。内部成因主要关注创新网络形成的由内而外的内生性动因，例如张伟峰、万威武研究发现，充分利用创新网络产生的创新“规模”效应成为了企业建构和拓展创新网络的重要内因，其中规模效应既包括创新收益的规模化获取，也包括创新成本的规模化分摊，还包括企业单体规模的增加[③]，即通过创新网络一种方式即可获取“增加收益—节约开支—规模拓展”三重效应，这为企业建构创新网络提供了强大内在

① 陈畴镛等：《企业同质化对产业集群技术创新的影响与对策》，《科技进步与对策》2010年第3期。

② 孙凯等：《创新网络成员异质性研究的回顾与展望》，《学习与实践》2016年第4期。

③ 张伟峰、万威武：《企业创新网络的构建动因与模式研究》，《研究与发展管理》2004年第3期。

驱动力；同时，企业可以借助创新网络加快知识积累、提升知识流转速率、节约知识生产成本以充分激发知识最大效能，为企业创新提供更为充足、高质量的知识基础[①]，这也成为知识经济时代企业创新网络化的重要内因。

“结构—嵌入”成为创新网络形成的重要外部动因，具体表现在产业结构、知识结构等产生的结构性成因上。例如，Robertson 和 Langlois[②]、Hippel[③] 研究发现，专业分工导致企业以“区位”状态位列产业结构中某一位置，企业为了增强竞争力势必借助纵向一体化和横向一体化等各种手段创造更加有利的区位，创新网络随之产生；Hansen[④] 研究发现知识结构同样如此，任何企业都有知识边界，致使企业单体规模难以涵盖整个知识结构，所以结构性破缺使得企业不得不通过网络拓展以规避由此产生的风险，即创新网络随着知识网络的产生而产生；信息结构的影响更为深刻，例如 Savin 和 Egbetokun[⑤] 研究发现，面对日趋激烈的市场竞争、高速率的产品更替和复杂的外围环境，企业通过建构创新网络可以与市场、客户、技术等建立更为直接、紧密和广泛的联系，能够在第一时间感知相关或潜在变化，据此做出更为灵敏的创新反应或预先安排，有助于增强企业应对创新风险的能力。

更为全面的研究是将内外因予以综合考量，例如张帆[⑥]研究发现，知识经济的到来和网络经济的崛起，以及顾客需求个性化、多样化与及时化成为创新网络生成的宏观与微观外因，同时优化组织资源存量与结构，为各层次战略发展提供更为系统性支持以满足组织学习并保持其发展性，最终为组织获得可持续竞争力奠定基础成为创新网络形成的内在

---

① Charles Dhanasai and Arvind Parkhe, “Orchestrating Innovation Networks”, *The Academy of Management Review*, Vol. 31, No. 3, July 2006, pp. 659-669.

② Paul L. Robertson, Richard N. Langlois, “Innovation, Networks, and Vertical Integration”, *Research Policy*, Vol. 24, No. 4, 1995.

③ Eric von Hippel, “Horizontal Innovation Networks-by and for Users”, *Industrial and Corporate Change*, Vol. 16, No. 2, 2007.

④ Morten T. Hansen, “Knowledge Networks: Explaining Effective Knowledge Sharing in Multi-unit Companies”, *Organization Science*, Vol. 13, No. 3, 2002.

⑤ Ivan Savin, Abiodun Egbetokun, “Emergence of Innovation Networks from R&D Cooperation with Endogenous Absorptive Capacity”, *Journal of Economic Dynamics and Control*, Vol. 64, 2016.

⑥ 张帆：《企业创新网络生成与构建成因及条件分析》，《科学管理研究》2005 年第 4 期。

原因；还有研究从内外环境的共性要素出发探讨创新网络形成的复合成因，例如王灏[①]研究发现企业内（组织内部）、外（产业结构等）已有历史发展经验、科研力量累积显著作用于创新网络形成；创新网络“邻近性”（proximity）的研究更为抽象也更具融合性，例如Boschma[②]通过“邻近性”概念将创新网络纷繁复杂的内外成因抽象为“地理邻近”（geographical proximity）、“认知邻近”（cognitive proximity）、“组织邻近”（organizational proximity）、“制度邻近”（institutional proximity）、“社会邻近”（social proximity）等维度，并据此探讨了创新网络的成因机理。

（三）创新网络演化研究

演化路径研究始终是创新网络研究的核心，且形成了较为成熟的研究框架，即AHFM创新网络演化模型。AHFM模型是由Powell等[③]在“Network Dynamics and Field Evolution：The Growth of Interorganizational Collaboration in the Life Sciences”一文中提出，他们以生命科学产业领域内的组织间合作创新实践为依托，凝练出一条“优势累积（accumulative advantages）—同质（homophily）—趋势跟随（follow - the - trend）—多链接（multiconnectivity）”的创新网络演进路径，演化过程中的创新网络表现出以下特征：节点（合作组织）数量逐渐增多；节点同质性呈现先增加后降低趋势；节点中心性（核心组织）始终存在，但对整个创新网络的影响力减弱；节点间关系趋于互动和多向量链接，且相互间依赖关系的独立性增强（对单一关系的依赖性减弱）；网络脆弱性减弱（因某个核心节点消失而崩溃的概率减小），稳定性相应增强；整个网络趋于分散化。

后续研究基本上以此为基础框架展开研究，其中承延与创新性较具代表的是Traoré[④]的研究成果，其以加拿大生物技术产业为依托，以

---

① 王灏：《光电子产业区域创新网络构建与演化机理研究》，《科研管理》2013年第1期。

② Ron Boschma，“Proximity and Innovation：A Critical Assessment”，*Regional Studies*，Vol. 39，No. 1，Feburary 2005，pp. 61-74.

③ Walter W. Powell，et al.，“Network Dynamics and Field Evolution：The Growth of Interorganizational Collaboration in the Life Sciences”，*American Journal of Sociology*，Vol. 110，No. 4，January 2005，pp. 1132-1205.

④ Namatié Traoré，“Networks and Rapid Technological Change：Novel Evidence from the Canadian Biotech Industry”，*Industry and Innovation*，Vol. 13，No. 1，2006.

AHFM 为基础模型，引入互动（interaction）和学习（learning）两个维度及其强弱两个度量，建构了创新网络发生的 4 个象限及其转承关系，如图 2-1 所示，并蕴含如下重要结论：一是 4 种网络演化路径不再是线性相继演进，而是呈现往复、跳跃等多种演化相态。二是从互动角度看，趋势跟随网络和多链接网络中的节点更趋于双向互动，相互间的影响较为均衡，优势累积网络和同质网络更趋于单向互动，相互间的影响非对称性特征明显。三是从学习角度看，优势累积网络和趋势跟随网络的间性学习程度较弱，但原因各有不同——优势累积网络侧重于网络初始建构，趋势跟随网络多源于“群体趋同”，同质网络与多链接网络的间性学习程度较强，前者主要源于组织间的明显“势差”，后者主要源于组织间的“异质性”。

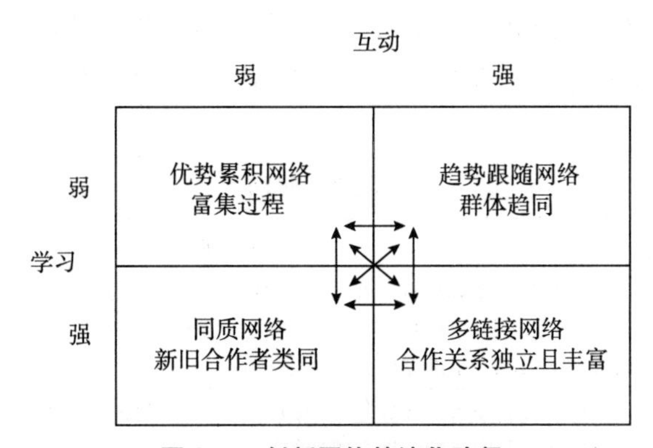

图 2-1 创新网络的演化路径

资料来源：笔者根据 Traor（2006）的研究结论整理所得，略有改动。

研究不断推向纵深，有的研究深入剖析创新网络在网络关系、网络结构和网络意识三个维度上的演进，例如 Hite 和 Hesterly[①] 研究发现，由依附禀赋身份建构网络关系向市场拓展网络关系转变，由注重网络紧密内聚力结构向关注网络结构洞转变，由无意识路径依赖惯性向有意识网络治理转变构成了创新网络演进的三大取向；有的研究聚焦创新网络规模和节点，例如彭新敏等[②]发现企业创新网络由“小规模、低成员异

① Julie M. Hite and William S. Hesterly, “The Evolution of Firm Networks: From Emergence to Early Growth of the Firm”, *Strategic Management Journal*, Vol. 22, No. 3, March 2001, pp. 275-286.

② 彭新敏等：《基于二次创新动态过程的企业网络与组织学习平衡模式演化——海天 1971—2010 年纵向案例研究》，《管理世界》2011 年第 4 期。

质性、弱强交替的网络向大规模、高成员异质性、二重网络演化”；有的研究借助实证检验，在验证已有演化规律的同时（网络密度逐渐降低，认知距离趋于扩展等）也获得了一些新演化发现，例如 Buchmann 和 Pyka[①] 研究发现，创新网络演化中网络节点吸收能力不断增强，知识模块化程度和融合性持续提升；还有研究引入其他理论视角审视创新网络演化，例如刘晓燕等[②]运用生命周期理论分析了创新网络“创生阶段—扩张阶段—稳定阶段—衰退阶段”四阶段演化过程。综上所述，“一点（AFHM 模型）多线（某个研究侧面）”成为当前创新网络演化路径研究的基本格局。

演化动力研究是创新网络演化研究的另一重要分支，总体来看主要分为网络、综合与环境三个维度上的动力来源研究，如表 2-2 所示，同时这些动力并非独立发挥作用，而是作为复合体以整体性方式借助串联、并联或交互等具体方式合力驱动创新网络持续演化。

表 2-2　创新网络演化动力

维度	具体变量
网络维度	节点（数量、单体规模、单体中心性、单体知识复合性、“守门员”属性等）、关系（强—弱性、互补—竞争性、单向—双向互动等）、结构（密度、属性、结构洞、小世界性、空间等）等
综合维度	根植性、吸收能力、邻近性（地理邻近、认知邻近、技术邻近、组织邻近、文化邻近、制度邻近、社会邻近等）等
环境维度	知识、市场结构、政策、制度、创新阶段、路径依赖等

资料来源：笔者根据李金华等（2006）、Dodgson 等（2008）、Savin 等（2016）、顾伟男等（2019）、刘兰剑等（2019）、叶琴等（2019）等的研究成果整理所得。

（四）创新网络治理研究

目前，创新网络治理研究可分为宏观框架建构和微观细致探讨两个

① Tobias Buchmann, Andreas Pyka, “The Evolution of Innovation Networks: The Case of a Publicly Funded German Automotive Network”, *Economics of Innovation and New Technology*, Vol. 24, No. 1/2, 2015.

② 刘晓燕等：《基于专利的技术创新网络演化动力挖掘》，《中国科技论坛》2014 年第 3 期。

领域。宏观研究聚焦网络治理研究成果的引入，例如李逢焕等①将网络治理相关成果引入创新网络领域，用以分析其基本状况；谢永平等②在引入“关系治理与网络治理”的基础上提出创新网络的“协同治理结构”。具体至网络治理已有研究成果领域，代表性研究集中于网络治理基本内容的厘定及实践推广。例如，Jones 等③研究认为，网络治理是指“一组经过挑选的、持续的、结构化的自主公司（以及非营利机构），这些公司基于隐性的和开放式的契约来创建产品或服务，以适应环境的偶发事件，并协调和保护交易”，并以嵌入和交易视角探讨了网络治理社会嵌入（social embedment）等机制。Provan 等④推进了网络治理实践化，提出 SLN 网络治理方式选择框——共享式治理（Shared governance）、核心组织式治理（Lead organization governance）及网络行政组织式治理（Network administrative organization governance）。不同治理方式各有特点，应根据不同情境选用不同治理方式，因而需要一套治理方式评价标准为其科学应用提供指南，于是 Provan 等后来从信任（trust）、成员数量（size-number of participants）、目标一致性（goal consensus）和网络层面能力的需要（need for network-level competence）四个方面详细解析三种治理方式的详尽特征，如表 2-3 所示，为科学合理地选用三种治理方式提供了参照。

表 2-3　　三种治理方式效力的关键指标

治理方式	信任	成员数量	目标一致性	网络层能力的需要
共享式治理	高强度	少	高	低
核心组织式治理	中强度	中等	中等偏低	中
网络行政组织式治理	低强度	中等到多	中等偏高	高

资料来源：笔者根据 Keith 等（2008）的研究成果整理所得。

① 李逢焕等：《企业技术创新网络及其治理研究》，《科技进步与对策》2003 年第 7 期。

② 谢永平等：《核心企业与创新网络治理》，《经济管理》2012 年第 3 期。

③ Candace Jones, et al., “A General Theory of Network Governance: Exchange Conditions and Social Mechanisms”, *The Academy of Management Review*, Vol. 22, No. 4, October 1997, pp. 911-945.

④ Keith G. Provan and Patrick Kenis, “Model of Network Governance: Structure, Management, and Effectiveness”, *Journal of Public Administration Research and Theory*, Vol. 18, No. 2, April 2008, pp. 229-252.

相较于宏观领域，创新网路微观领域的研究更为丰富和细致。例如，任重①从“权限和关系”视角切入，探讨了创新网络的层次、开放与分布式结构特点；Dyer 和 Nobeoka② 将研究聚焦于创新网络治理规则的形成与制定，认为只有建立一套科学、合理、完善的规则体系（rules）才能为创新网络低风险、低成本、可持续和高效益运行提供有力制度保障，其中规则体系具体涉及网络参与或进入规则、网络成员或要素（例如，知识等）互动与共享规则、风险规避规则（例如，防止“搭便车”等）等。Landsperger 等③集中于创新网络管理人员研究，发现管理人员对创新网络管理功效、关系维护、结构效能影响显著，且此种影响以创新网络管理员具备社交能力、职务能力、威权能力等相应能力为前提；Rampersad 等④实证验证了影响创新网络有效运行的若干因素，包括合理的权利配置、较高的信任水平、积极的互动合作、流畅的网络沟通、高效的研发效率、和谐的环境氛围，并发现其影响以这些因素的有序组合为条件。

三　主要启示

上述创新网络理论的丰富研究成果为国家实验室资源协同供给模型研究提供了扎实理论基础和一系列重要启发。

（一）国家实验室资源供给主体的多元性及其关系

网络节点和网络关系为国家实验室资源协同供给研究提供了如下重要启示：首先，国家实验室资源供给主体具有多样性——尽管国家意志决定了政府在国家实验室资源供给中占有特殊主导地位，但资源供给的市场化和社会化拓展亦然是国家实验室更好实现国家意志的必要补充和重要支撑，所以这为市场力量和社会力量介入国家实验室资源供给提供

---

① 任重：《论创新网络的结构及治理》，《情报杂志》2009 年第 11 期。

② Jeffrey H. Dyer and Kentaro Nobeoka, “Creating and Managing a High-performance Knowledge-sharing Network: The Toyota Case”, *Strategic Management Journal*, Vol. 2, No. 3, March 2000, pp. 345-367.

③ Johannes Landsperger, et al., “How Network Managers Contribute to Innovation Network Performance”, *International Journal of Innovation Management*, Vol. 16, No. 6, December 2012, pp. 1-21.

④ Giselle Rampersad, et al., “Managing Innovation Networks: Exploratory Evidence from ICT, Biotechnology and Nanotechnology Networks”, *Industrial Marketing Management*, Vol. 39, No. 5, July 2010, pp. 793-805.

了理论和实践可能性与可行性；其次，与国家力量相比，市场和社会力量处于辅助地位，尽管如此根据创新网络强—弱关系等给予的重要启示，这些多元主体间也应以“组合”思维构建其协同关系。

（二）国家实验室资源供给的结构性审视

如创新网络理论所示，创新源于所有创新要素的网络化，国家实验室资源供给效能的产生可能同样如此，可从三个方面具体考虑：一是整体性思维，即必须以国家实验室资源供给是一个网络化、结构化、系统化的整体性思维重新审视国家实验室资源供给问题。二是结构性破缺，资源供给网络结构性破缺在暗藏资源供给风险的同时也为持续优化供给结构提供了方向。三是区位性分布。网络区位分布既是网络结构的结果，也是网络主体自主行为的结果，所以国家实验室资源各供给主体及其关系的区位确定应从结构性和主体性两方面综合审视。

（三）国家实验室资源供给的动态调整

正如创新网络具有动态调整能力一样，国家实验室资源供给网络有可能同样具备此特征：一是资源流动性，无论知识、人员、设备还是资金都具有流动性，这从供给内容上决定了资源供给必须适时做出应变反应；二是供给主体流动性，供给主体自身及其关系无时无刻发生变化——无论属性、能力还是相互间关系的变化都会影响主体在网络中的区位变动，甚至包括网络内外的进出；三是外围环境变动性，尤其政策系统的调整，会以外部力量介入的方式深刻影响资源供给的动态调整。

（四）国家实验室资源供给的制度化回应

如创新网络理论所示，创新网络本质上是一种“制度安排”。国家实验室资源供给可能也是如此，所以建构与完善科学、合理的资源供给制度大概率会成为国家实验室资源供给模式的必要内容，其内容既涉及建构宏观制度框架，也涉及制定具体规章、制度，更涉及完善与优化运行机制。同时，制度化回应要充分重视情境性，即平衡好制度化的一般性与具体性、普适性与特有性之间的关系。

此外，以上各研究部分尤其成因部分（析出了诸多影响因素）为国家实验室资源协同供给模式影响因素探析提供了诸多可资借鉴的研究线索。

第三节　协同创新理论及启示

协同学为协同创新理论的产生奠定了坚实基础。如前所述，协同学最先由赫尔曼·哈肯于20世纪70年代创立，并逐渐形成了系统的理论体系。之后，因其较强的理论解释力和实践应用性不断拓展至管理学、社会学、经济学等学科，同时亦迅速渗透至创新领域，形成了“协同创新”这一交叉研究领域。目前，基于协同学基本架构，协同创新理论初步形成。

一　协同创新的含义

协同创新研究最先始于企业创新，所以其使动主体更多聚焦于企业，例如陈劲和王方瑞[①]从企业“技术—市场”角度切入，认为协同创新是指“建立在组织协同结构支持和战略协同结构引导的基础上，整合价值增加、价值创造以及长期能力发展和短期竞争盈利的一种企业市场端和技术端相互作用、共同进化和创新的创新管理模式”。此定义中的“价值+能力+利润”构成了协同创新的复合目标，“市场+技术”二元互动成为实现目标的核心手段，“组织协同+战略协同”构成了协同创新的基础条件，协同创新的本质是一种企业“创新管理模式”，总体上看此定义对“协同”本身的解析极少，更多将其视为成熟或先验概念加以使用，但定义中对“组织”“战略”“技术”“市场”这些要素及其关系的关注为后续再定义提供了重要参考，例如有的研究延续了这一脉络将含义界定重点放在了要素协同上，例如陈光[②]认为协同创新是“以企业发展战略为导向，以提高协同度为核心，通过核心要素（技术与市场）和若干支撑要素（战略、文化、制度、组织、管理等）的协同作用，实现企业整体协同效应的过程。”此定义显然将要素协同视为协同创新的核心。总体看来，这些协同创新内涵的共性在于重点关注企业内部要素——尽管也有涉及市场这一外部要素，但几近忽略不计。

承继上述重点关注企业内部要素协同研究成果的基础上，后续研究

---

① 陈劲、王方瑞：《再论企业技术和市场的协同创新——基于协同学序参量概念的创新管理理论研究》，《大连理工大学学报》（社会科学版）2005年第2期。

② 陈光：《企业内部协同创新研究》，博士学位论文，西南交通大学，2005年。

将注意力拓展至更广领域和更深层次的协同范围，例如胡恩华和刘洪以“集群”为出发点将协同创新界定为“集群创新企业与群外环境之间既相互竞争、制约，又相互协同、受益，通过复杂的非线性相互作用产生企业自身所无法实现的整体协同效应的过程”[①]。此定义实现了三方面突破：一是协同范围拓展至企业外部，且不仅包括企业间的“组织”协同，还包括突破“组织”视域的“群”间协同；二是组织、群与环境之间的协同也受到了应有重视；三是开始从“协同效应”“非线性”等“协同”本有内涵界定协同创新，为本源性认知协同创新奠定了基础。

基于上述研究成果，整合性协同创新定义出现，例如孙长青[②]认为协同创新是指“不同创新主体以合作各方的共同利益为基础，以资源共享或优势互补为前提，合理分工，通过创新要素有机配合，经过复杂的非线性相互作用，产生单独要素所无法实现的整体协同效应的过程”。此定义明确了协同创新主体是“不同创新主体”，客体是“创新要素”，手段是“共享—互补—分工—配合—非线性互动”，目标是“协同效应”，本质是一个创新“过程”，形成了完整、系统、明晰的协同创新定义认知。后续研究基本上以此为框架对协同创新展开了各有侧重或特点的再定义，例如陈劲和阳银娟[③]将协同创新的核心目标定位于“知识增值”，而其“内涵本质……是企业、政府、知识生产机构（大学、研究机构）、中介机构和用户等为了实现重大科技创新而开展的大跨度整合的创新组织模式”。危怀安和聂继凯[④]致力于协同创新的广延性拓展，将其厘定为“以一定使命为前提，在创新要素的要素集合、创新层次、创新领域三方面内部及之间采用合理分工、有序竞争、有机合作为主的组合手段产生复杂非线性相互作用，最终实现创新整体协同效应的一种科技活动”。

综上所述，协同创新内涵丰富、多样，且形成了一系列共识，主要

① 胡恩华、刘洪：《基于协同创新的集群创新企业与群外环境关系研究》，《科学管理研究》2007年底3期。

② 孙长青：《长江三角洲制药产业集群协同创新研究》，博士学位论文，华东师范大学，2009年。

③ 陈劲、阳银娟：《协同创新的理论基础与内涵》，《科学学研究》2012年第2期。

④ 危怀安、聂继凯：《协同创新的内涵及机制研究述评》，《中共贵州省委党校学报》2013年第1期。

包括：创新主体多元，创新手段多样，创新对象广泛，创新过程系统，且创新的发生不是单层面的、局部的、孤立的而是交叉的、完整的、复合的、全景式的，同时在协同创新过程中每个部分不是均等用力而是主次有别、役使明显，动态过程也非被动、单向、线性循环而是有组织、多向、非线性互动，目标是获得效益最大化的协同效应，而非单一目标。

二　协同创新理论的基本内容

由于协同创新理论发轫较晚，目前尚未形成成熟理论体系，但其研究体系已趋于明朗，目前来看主要涉及协同创新要素、主体、机制、演化及影响因素五大领域，以下将逐一概述。

（一）协同创新要素

目前要素协同创新领域主要呈现创新要素集合不断扩充，协同范围与层次不断拓展，并日益走向全面协同的基本格局，具体论述如下。

创新要素集合日益扩充，但研究偏向明显。目前协同创新要素不仅涉及人力资源、财力资源与物力资源等显性要素，以及知识、技术、管理、战略、管理、组织、营销等较为中、微观隐性要素，还涉及制度、市场、文化、环境等较为宏观的隐性要素，可以说所涉及的协同创新要素具体形态极为丰富，且其中各要素研究并非均等受力，而是隐性要素尤其是知识要素备受关注，即出现了明显的研究偏向，甚至已然形成了较为成熟和独立的分支研究领域[①]。

创新要素协同范围与层次双重拓展。要素协同范围由有限要素协同已然走向全要素协同——初期要素研究主要关注有限要素间的有限协同，例如 Song 和 Dyer[②] 对“战略—研发—营销”间协同的关注；近期已然出现“协同创新是……全要素协同创新”的理念[③]。要素协同层次呈现“组织内部—组织之间—网络之间—超网络”发展趋势，例如初

---

① 徐少同、孟玺：《知识协同的内涵、要素与机制研究》，《科学学研究》2013 年第 7 期。

② X. Michael Song, Barbara Dyer, “Innovation Strategy and the R&D-marketing Interface in Japanese Firms: A Contingency Perspective”, *IEEE Transactions on Engineering Management*, Vol. 42, No. 4, 1995.

③ 袁宝伦等：《煤炭行业全要素协同创新模式类型选择方法的研究》，《煤炭工程》2017 年第 9 期。

始时陈劲等[①]对企业内部要素协同机理的研究，到张旭梅等[②]对供应链上各企业间要素协同影响因子的关注，又至解学梅[③]对要素与不同创新网络联合影响创新绩效的验证，再到 Zhang 等[④]对超网络层面要素全新运行质态的分析。

创新要素走向全面协同。随着要素集合不断扩充，要素协同范围与层次不断拓展，加之“全面创新管理”思想的出现，“创新要素全面协同”模式最终产生，是指“各创新要素（如战略、组织、文化、制度、技术、市场等）在全员参与和全时空域框架下进行全方位的协同匹配，以实现各自单独所无法实现的‘2+2>5’的协同效应，以促进创新绩效提高”[⑤]。可见，此协同模式不仅关注所有创新要素的全面协同，还将时空维度嵌入其中，使得协同创新在涵盖性、延展性和实用性等方面获得重要突破，也使得要素视阈下的协同创新有了更高层次的运行质态。同时，运行模式和关键影响因素的建构与甄别为创新要素全面协同模式的实现提供了坚实支持，例如“接触/沟通、竞争/冲突、合作、整合、协同”的“C3IS 五阶段全面协同过程模型”的建立[⑥]，以及涵盖“协同战略和价值观”“协同工具和途径”“联系流程建设”“协同组织结构”“协同信息桥梁”和“协同资源平台”六大关键因子的经验厘定[⑦]。

（二）协同创新主体

协同主体多元化，协同主体目标价值化成为当前此领域的两大研究共识。协同创新主体多元化不仅体现于数量上的多元化，也体现在属性

---

① 陈劲等：《企业集团内部协同创新机理研究》，《管理学报》2006 年第 6 期。

② 张旭梅等：《供应链企业间的协同创新及其实施策略研究》，《现代管理科学》2008 年第 5 期。

③ 解学梅：《中小企业协同创新与创新绩效的实证研究》，《管理科学学报》2010 年第 8 期。

④ Haihong Zhang, et al., “A Study of Knowledge Supernetworks and Network Robustness in Different Business Incubators”, *Physica A: Statistical Mechanics and its Applications*, Vol. 447, No. 1, 2016.

⑤ 郑刚等：《全面协同创新：一个五阶段全面协同过程模型——基于海尔集团的案例研究》，《管理工程学报》2008 年第 2 期。

⑥ 郑刚等：《全面协同创新：一个五阶段全面协同过程模型——基于海尔集团的案例研究》，《管理工程学报》2008 年第 2 期。

⑦ 陈劲、王方瑞：《突破全面创新：技术和市场协同创新管理研究》，《科学学研究》2005 年第 S1 期。

上的多元化，即协同创新的“邻近性”不再由“类同质”主导，而表现出“同质—异质”混合结构。例如，Ketchen 等[①]研究发现，系统创新刚开始时主要关注大小企业间的协同创新，认为正是由于大小企业间存在异质性才使企业间的协同创新成为可能，也因此成为大小企业在激烈市场竞争中通过联合实现各自优势、规避相应风险并最终获取发展的重要手段，为了充分利用此手段“降低知识溢出率、减少模仿企业的数量、扩展大—小企业间的资源差距、提高大企业的创新能力、提高合作效应、提升大—小企业双方创新水平”等措施成为实现大小企业协同创新的主要策略[②]。研究推展至今，协同创新主体已远非“企业—企业”或“企业—类企业”的高邻近性协同结构，而已拓展至包括“产业”“高校”“科研机构”“政府”“金融”“大众社会”等主体在内的高异质性协同结构，例如杨晓斐和武学超[③]在整合“大学—政府—产业—公民社会”4 类参与主体基础上提出了“三重螺旋+用户”“以公共部门为中心”“以企业为中心”和“以用户为中心”四种协同创新模式。

协同创新主体目标追求价值化，即协同创新主体不再单纯追求“货币利润”而将目标定位于包含利润、竞争力增强等若干具体成果且集具体与抽象一体的“价值”上，同时亦重塑协同创新不同阶段侧重点各有不同的“价值提出—价值生产—价值转化”价值实现过程：价值提出阶段，协同创新侧重多元化主体参与及广泛协商基础上设计科学合理的创新理念或目标，体现为以各类参与主体命名的协同创新模式，包括“大学—产业—科研机构”的“产学研”三主体协同创新模型，“大学—产业—政府”的“三重螺旋”协同创新模型，以及以小企业、高校与科研机构、政府、社会服务体系为基础构建的“四主体动态”协同创新模型等；价值生产阶段，协同创新侧重借助多种主体合作方式整合生产能力实现价值生产或生产链整体增值，主要措施包括向供应商

① David J. Ketchen, et al., “Strategic Entrepreneurship, Collaborative Innovation, and Wealth Creation”, *Strategic Entrepreneurship Journal*, Vol. 1, No. 3/4, 2007.

② 胡源：《产业集群中大小企业协同创新的合作博弈分析》，《科技进步与对策》2012 年第 22 期。

③ 杨晓斐、武学超：《“四重螺旋”创新生态系统构建研究》，《中国高校科技》2019 年第 10 期。

提供创新补贴、共享技术信息、联合计划与投资，或与价值生产参与者开展联合等[①][②]。价值转化阶段，侧重通过转移、转化、专利化等手段推动科技创新成果价值实现，所以与营销商、顾客等主体建立密切合作关系在此阶段意义非凡[③]。价值实现阶段完成后价值实现过程并未结束，而是步入了下一轮更高层次的“价值提出—价值生产—价值转化”过程，且如前所述在此过程中需要多元主体的广泛、积极参与。

（三）协同创新机制

动力机制、过程机制、产出转化机制、支持机制成为了当前协同创新机制研究的四个研究分支，概述如下。

内部动力、外部动力、技术创新扩散力和自组织力构成了协同创新动力机制的基本框架。张哲[④]认为内部动力主要包括创新预期收益驱动力、内部创新激励力、文化影响力和创新保障力等，外部动力主要包括技术推动力、市场拉动力、对手企业竞争力、政府政策支持力等，技术创新扩散力包括信息人才扩散力、专业平台推动力和创新引进吸收力等，自组织力包括协同力、涨落力、循环力和结构力等，且以自组织力为聚焦点形成动力合力。后续研究基本上以此为基础框架展开纵深探讨或修正，例如徐梦丹等[⑤]专注于内部动力中的利益驱动机制，详细探讨了其对“产学研”合作过程中各主体协同创新发生的影响，发现“合作主体博取收益是产学研协同创新的动力机制”，只有在“获得稳定收益”的预期下各参与主体的协同创新才有可能走向“稳定和深入”；有

---

① Claudine A. Soosay, et al.,“Supply Chain Collaboration：Capabilities for Continuous Innovation”, *Supply Chain Management*, Vol. 13, No. 2, March 2008, pp. 160–169.

② Maha Shaikh and Natalia Levina,“Selecting an Open Innovation Community as an Alliance Partner：Looking for Healthy Communities and Ecosystems”, *Research Policy*, Vol. 48, No. 8, October 2019, pp. 1–16.

③ Shaker Habis Nawafleh and Suleiman Al-Khattab,“The Impact of Marketing Innovation on Customer Satisfaction in Aqaba Special Economic Zone Authority”, *Journal of Social Sciences*, Vol. 8, No. 3, September 2019, pp. 399–417.

④ 张哲：《基于产业集群理论的企业协同创新系统研究》，博士学位论文，天津大学，2009年。

⑤ 徐梦丹等：《产学研协同创新动力机制分析——基于自组织特征视角》，《技术经济与管理研究》2017年第6期。

的研究聚焦于各动力因素的动力学计量实证，例如邵景峰等[①]利用多Agent理论建构协同创新动力机制系统模型，采用粒子群算法对其计量验证，发现协同创新是“外部推动力和内驱驱动力共同作用的结果”，其中外力包括“市场力量”与“技术复杂性”，内力包括“短期利益”和“创新绩效”等，并将协同创新动力机制界定为“协同创新各方以追求共同的潜在共同利益为基本动力，为实现收益（物质和非物质）最大化，在外生变量制度环境和市场因素影响下，围绕产权让渡、降低交易费用、争取剩余索取权所进行的一系列合作博弈中形成的激励、约束、监督的原则的作用过程和行为总和”。

以“基本创新过程”为基础的个性化设计成为过程机制研究的核心内容。基本创新过程以第五代技术创新过程为代表，具有系统集成性（integration）、灵活性（flexibility）、网络化（networking）及信息并行处理（parallel information processing）性四大特征，并形成了以系统、全方位学习为核心的运行机制，还包括24项涉及提升创新开发速度与效率的具体措施[②]，后续演进以此为基础逐步建构起了相对明确的协同创新过程，例如基于“企业—顾客/政府”两维度建构了包括“鼓动（encourage）—实施（allow）—捕获（catch）”在内的三阶段创新过程，且每阶段都涉及详尽创新活动或要素[③]。以这些研究成果为基础，聚焦协同创新过程机制的相关研究推展开来，例如姜启军[④]围绕搜寻——寻找合作伙伴、合作——实施协同创新、分享——成果分享、结网——构建本地化协同创新系统四个环节建构起的协同创新过程推进机

① 邵景峰等：《基于数据的产学研协同创新关键动力优化》，《中国管理科学》2013年第S2期。

② Roy Rothwell, “Towards the Fifth-generation Innovation Process”, *International Marketing Review*, Vol. 11, No. 1, Feburary 1994, pp. 7-31.

③ Martin Loosemore, “Construction Innovation: Fifth Generation Perspective”, *Journal of Management in Engineering*, Vol. 31, No. 6, November 2015, pp. 1-9.

④ 姜启军：《中国纺织服装企业协同创新的动因和形成过程》，《企业经济》2007年第6期。

制，吴悦和顾新[①]、涂振洲和顾新[②]以知识生产为切入点将整个协同创新过程分为"酝酿—形成—运行—终止"四个或"共享—创造—优势形成"三个递进阶段，并据此搭建了相关保障机制。

各主体通过何种有效方式实现协同创新成果的生产力转化是当前产出转化机制的关注重点。例如，Wright 等[③]、Wahab 等[④]不仅强调了新建公司、合作研发、创新外溢、专利许可贸易、咨询服务、人员流动与培训、联合风险投资、信息共享等多种创新成果转移方式，还重点关注了技术转移中介在整个协同创新成果生产力转化中的重要地位，认为作为一种技术转移专业化组织，可以为不同属性组织间科技创新成果的高速流转和科技创新成果最优生产力的实现提供有力支撑；有的研究聚焦于技术转化过程中的信息传递问题，例如王耀德和艾志红[⑤]认为要想取得协同创新成果高效转化，必须在不同创新主体间建立高效信息流动机制，以尽可能降低信息不对称带来的风险或损失，具体措施包括强化相关组织稳定沟通、建立不同组织间的合理利益与分担机制等；还有研究聚焦协同创新中高校、政府、企业等各参与主体的具体作用，例如冯锋等[⑥]认为各参与主体理应厘清各自在协同创新成果转化流程中的角色与定位，建立优势互补的"技术转移合作网络"，以整体性策略应对协同创新成果转化问题。总体来看，"主体—手段"构成了协同创新成果转化机制的两块基石，而其中的核心问题依然是如何有效提升科技成果转化效益。

建构怎样的协同创新支撑环境是当前支持机制的关注重心。例如，

---

① 吴悦、顾新：《产学研协同创新的知识协同过程研究》，《中国科技论坛》2012 年第 10 期。

② 涂振洲、顾新：《基于知识流动的产学研协同创新过程研究》，《科学学研究》2013 年第 9 期。

③ Mike Wright, et al., "Mid-range Universities' Linkages with Industry: Knowledge Types and the Role of Intermediaries", *Research Policy*, Vol. 37, No. 8, 2008.

④ Sazali Abdul Wahab, et al., "Exploring the Technology Transfer Mechanisms by the Multinational Corporations: A Literature Review", *Asian Social Science*, Vol. 8, No. 3, 2012.

⑤ 王耀德、艾志红：《基于信号博弈的产学研协同创新的技术转移模型分析》，《科技管理研究》2015 年第 12 期。

⑥ 冯锋等：《长三角区域技术转移合作网络治理机制研究》，《科学学与科学技术管理》2011 年第 2 期。

可持续化协同创新依赖于产权的合理、合法配置，所以黄传慧等[①]认为建构完善的法律保障体系是推进协同创新可持续发展的重要制度性保障；同时，实现协同创新也需要各类创新政策的支持，例如豆士婷等[②]认为通过“供给侧政策”与“需求侧政策”的合理化组合可以有效刺激创新活动，并指出建构完善的创新促进政策体系是完善协同创新支持环境的重要内容；再者，协同创新有效运行理应以具体平台为依托，所以张敏和邓胜利[③]指出面向协同创新的各类实体或非实体平台也应尽快建立起来；此外，涵盖各参与主体的网络体系同样至关重要，例如郑刚[④]、解学梅和徐茂元[⑤]都认为主体网络体系不仅有利于生产要素自由流动与集成，还有助于凝聚组织共识，可以为协同创新提供结构性合力储备。

微观和宏观层次划分为协同创新机制分层研究提供了新视角。已有相关研究将协同创新活动分为微观与宏观两大层面：微观层面主要涉及“各类创新资源以及各行为主体在技术创新过程的各个环节的整合”，宏观层面主要涉及知识创新系统、知识传播系统、知识应用系统和技术创新系统的整合[⑥]。受此启发可进一步将协同创新层次再细化，将其划分为微观层次——侧重创新要素的协同整合，中观层次——侧重创新主体或网络的协同整合，宏观层次——侧重创新系统的协同整合，全域层次——侧重“微观—中观—宏观”三个层次间的协同整合，进而在此基础上形成完备的“微观—中观—宏观—全域”协同创新机制框架。

（四）协同创新演化

演化阶段与演化动力成为协同创新演化研究的两个主要关注领域。演化阶段研究中有的以要素视角分析协同创新各阶段特征，例如许庆瑞

---

① 黄传慧等：《美国科技成果转化机制研究》，《湖北社会科学》2011 年第 10 期。

② 豆士婷等：《科技政策组合的技术创新协同效应研究——供给侧—需求侧视角》，《科技进步与对策》2019 年第 22 期。

③ 张敏、邓胜利：《面向协同创新的公共信息服务平台构建》，《情报理论与实践》2008 年第 3 期。

④ 郑刚：《基于 TIM 视角的企业技术创新过程中各要素全面协同机制研究》，博士学位论文，浙江大学，2004 年。

⑤ 解学梅、徐茂元：《协同创新机制、协同创新氛围与创新绩效——以协同网络为中介变量》，《科研管理》2014 年第 12 期。

⑥ 彭纪生、吴林海：《论技术协同创新模式及建构》，《研究与发展管理》2000 年第 5 期。

和谢章澍[1]研究发现“技术创新主导”“制度创新主导”“技术创新与制度创新共同主导”分别是协同创新“创业—成长—成熟”三阶段上的主要特征；有的研究以生命周期理论为支撑，将协同创新演化分为孕育期、萌芽期、成长期、成熟期和衰退期五个阶段[2]；有的研究从“外部开放度和内部要素参与度”两个角度分析了协同创新的“单要素/单职能—对外合作—内外互动—多要素互动”四个演进阶段[3]；还有研究从价值创新链角度将协同创新演化路径分为“节点协同（规则簇—资源整合）—价值链协同（规则体系—价值提升）—网络协同（规则系统—知识创新）”三个阶段[4]。

演化动力研究主要以协同节点、协同关系和协同系统为分析切口。从协同节点角度看主要涉及协同组织的能动能力，例如陈芳和眭纪刚[5]研究发现协同创新演化不仅源于协同组织的协同意愿，还受制于其协同能力，两者缺一不可，同时李高扬和刘明广[6]还发现，协同组织的规模、合作经验等初始禀赋，以及协同过程中各协同主体对协同利润和成本的预期分配也会显著影响协同创新演进方向。从协同关系角度看主要涉及关系质态对协同创新演进的影响，例如张亚明等[7]、王姝等[8]研究发现，自组织协同关系有利于各参与主体在协同创新系统中找到合理参与位置，为协同创新可持续存续与演进提供了重要保障，刘刚[9]指出政

---

① 许庆瑞、谢章澍：《企业创新协同及其演化模型研究》，《科学学研究》2004 年第 3 期。

② 汪秀婷：《战略性新兴产业协同创新网络模型及能力动态演化研究》，《中国科技论坛》2012 年第 11 期。

③ 任宗强等：《中小企业内外创新网络协同演化与能力提升》，《科研管理》2011 年第 9 期。

④ 曾祥炎、刘友金：《基于价值创新链的协同创新：三阶段演化及其作用》，《科技进步与对策》2013 年第 20 期。

⑤ 陈芳、眭纪刚：《新兴产业协同创新与演化研究：新能源汽车为例》，《科研管理》2015 年第 1 期。

⑥ 李高扬、刘明广：《产学研协同创新的演化博弈模型及策略分析》，《科技管理研究》2014 年第 3 期。

⑦ 张亚明等：《电子信息制造业产业链演化与创新研究——基于耗散理论与协同学视角》，《中国科技论坛》2009 年第 12 期。

⑧ 王姝等：《网络众包模式的协同自组织创新效应分析》，《科研管理》2014 年第 4 期。

⑨ 刘刚：《政府主导的协同创新陷阱及其演化——基于中国电动汽车产业发展的经验研究》，《南开学报》（哲学社会科学版）2013 年第 2 期。

府主导型协同关系应根据具体情境变化适时做出调整——积极推动政府收缩自身权限或影响力并扩张市场力量，只有这样才能为协同创新的可持续演进提供不竭动力。从协同系统角度看，已有研究一方面关注知识溢出、市场需求、技术推动以及更为宏观的经济、文化和政治因素对协同创新演化的影响①②，另一方面也关注影响因素的综合作用机理，例如王国红等③、方炜和王莉丽④深入探讨了“多影响因素—多演化路径”的协同创新系统“宏观整体的演化特征和演化路径”。

（五）协同创新影响因素

协同创新影响因素研究成果丰富，总体来看主要涉及协同创新主体、协同创新工具、协同创新环境、协同创新对象等。协同创新主体方面，Swan 等⑤、叶伟巍等⑥、黄菁菁⑦研究发现不仅创新主体“吸收能力”（“探索性学习能力”和“挖掘性学习能力”）对协同创新绩效影响显著，“既往合作创新经验”“组织规模”“企业家精神”等因素的影响也较为明显。协同创新工具方面，陈劲和王方瑞⑧、胡刃锋和刘国亮⑨实证检验表明“协同工具”“信息桥梁”“协同平台”“移动互联网技术”等协同沟通技术对协同创新绩效影响显著。协同创新环境方面，蔡文娟和陈莉平⑩、

---

① 陈芳、眭纪刚：《新兴产业协同创新与演化研究：新能源汽车为例》，《科研管理》2015 年第 1 期。

② 张华：《协同创新、知识溢出的演化博弈机制研究》，《中国管理科学》2016 年第 2 期。

③ 王国红等：《区域产业集成创新系统的协同演化研究》，《科学学与科学技术管理》2012 年第 2 期。

④ 方炜、王莉丽：《协同创新网络演化模型及仿真研究——基于类 DNA 翻译过程》，《科学学研究》2018 年第 7 期。

⑤ Jacky Swan, et al., “Why don't (or do) Organizations Learn from Projects?”, *Management Learning*, Vol. 41, No. 3, 2010.

⑥ 叶伟巍等：《协同创新的动态机制与激励政策——基于复杂系统理论视角》，《管理世界》2014 年第 6 期。

⑦ 黄菁菁：《产学研协同创新效率及其影响因素研究》，《软科学》2017 年第 5 期。

⑧ 陈劲、王方瑞：《突破全面创新：技术和市场协同创新管理研究》，《科学学研究》2005 年第 S1 期；陈劲、王方瑞：《再论企业技术和市场的协同创新——基于协同学序参量概念的创新管理理论研究》，《大连理工大学学报》（社会科学版）2005 年第 2 期。

⑨ 胡刃锋、刘国亮：《移动互联网环境下产学研协同创新隐性知识共享影响因素实证研究》，《图书情报工作》2015 年第 7 期。

⑩ 蔡文娟、陈莉平：《社会资本视角下产学研协同创新网络的联接机制及效应》，《科技管理研究》2007 年第 1 期。

刘英基[①]、洪林等[②]研究认为建立、健全“政策体系与保障机制”是“真正实现产学研协同创新”的前提，且组织内外“制度创新”必须同步强化，否则滞后的制度体系会以降低系统协同度掣肘协同创新实现，此外持续累积和优化“社会资本”亦会为协同创新提供系统性支持。协同创新对象方面，主要关注知识或技术对协同创新的影响，研究发现不同知识或技术以不同影响作用于协同创新，例如“互补性知识域耦合正向影响探索式创新”，而“替代性知识域耦合正向影响利用式创新”[③]，“横向、纵向的技术距离对大学—企业协同创新活动均有显著的促进作用”等[④]。

影响因素并非独立发挥作用，往往以整体性、系统性方式复合作用于协同创新，所以系列影响因素交互机理研究成为此研究领域内的另一重要研究分支。例如，李星宇等[⑤]研究发现“创新能力、协同机制、创新环境”都显著正向影响协同度，且“协同创新平台”在这些影响关系中发挥重要中介作用。多维邻近性的影响更为典型，例如王海花等[⑥]研究发现：“技术邻近与地理邻近”均对协同创新绩效产生显著影响；“社会邻近”不仅利于形成与维持协同创新关系，并对“技术邻近与协同创新”间的关系产生正向调节作用；“网络邻近”也对“协同创新绩效”产生正向影响，并在技术邻近与协同创新关系、社会邻近与地理邻近对协同创新绩效的影响中分别起到正向和负向调节作用。

三 主要启示

协同创新理论已有研究成果同样为国家实验室资源协同供给模式后

---

① 刘英基：《高技术产业技术创新、制度创新与产业高端化协同发展研究——基于复合系统协同度模型的实证分析》，《科技进步与对策》2015 年第 2 期。

② 洪林等：《产学研协同创新的政策体系与保障机制——基于“中国制造 2025”的思考》，《中国高校科技》2019 年第 4 期。

③ 姚艳虹等：《协同网络中知识域耦合对企业二元创新的影响》，《华东经济管理》2019 年第 7 期。

④ 史烽等：《技术距离、地理距离对大学—企业协同创新的影响研究》，《管理学报》2016 年第 11 期。

⑤ 李星宇等：《长株潭地区新兴技术企业间协同创新影响因素与机制研究》，《经济地理》2017 年第 6 期。

⑥ 王海花等：《多维邻近性对我国跨区域产学协同创新的影响：静态与动态双重作用》，《科技进步与对策》2019 年第 2 期。

续研究奠定了扎实理论基础，提供了许多重要启发。

（一）国家实验室资源协同供给中的役使结构

与创新网络强调参与主体多样化伙伴结构不同，协同创新重点强调“慢变量”对“快变量”的役使关系，认为“中心—边缘”型结构更具实践可操作性。此启发对国家实验室资源供给模式研究意义非凡，因为相较其他创新主体具有较强“投入—产出”平衡甚至“利润盈余”相比，国家实验室资源投入更加强调“公益性”，这从根本上决定了国家实验室资源供给渠道的非平衡性，此特征会以系统性方式体现于国家实验室资源供给的方方面面，例如供给主体、供给要素、供给方式等，所以“役使结构”有可能成为国家实验室资源供给特征的底色，在协同供给模式上打上深深烙印。

（二）国家实验室资源协同供给中的全要素与价值生产

趋于全要素协同的协同创新给予国家实验室资源协同供给的启发不仅在于供给内容的“全面”上，更在于供给模式的完善上，即国家实验室资源供给不仅需要供给内容全要素，供给主体全动员，更重要的是建立职能相对独立的管理模式，而此管理模式本身亦需要全要素的集成支撑。同时，围绕价值生产的协同创新主体参与方式给予了国家实验室资源协同供给主体更具弹性和更具包容型的目标体系，更为相关参与主体协同互动和价值生产提供了更为广阔的场域和更为多样化的过程。

（三）国家实验室资源协同供给的多层次实现

协同创新的“微观—中观—宏观—全域”分层化机制说明协同创新是一个多层次系统工程，国家实验室资源协同供给亦应如此，所以国家实验室资源协同供给同样既要考虑动力、过程、转化、支持等基础性活动的先后逻辑衔接，还要考量这些活动在不同层次间的衔接。此外，多层次还体现于“行动—制度”间的互塑，即国家实验室资源协同供给既要关注实践层面协同供给活动的系统性安排，还要关注制度层面建构完善的协同供给制度，更要关注两者之间的协同实施。

（四）国家实验室资源协同供给的逐步累积

如协同创新演化所示，协同创新的发生具有阶段演化性和历史累积性，国家实验室资源协同供给同样需要在持续演化中借助实践逐步完善自身，内涵如下：国家实验室资源协同供给模式的建构与完善需要考虑时间、空间维度；国家实验室理应建构完善的评估体系，以持续、敏感、准确掌握国家实验室内外环境变化，为协同供给模式及时、适宜或预先调整提供依据；逐步建构内力主导、外力辅助的驱动力结构，以充分激发供给主体自主性，为国家实验室所需资源可持续协同供给提供不竭动力。

此外，分散在各研究领域内直接或间接的影响因素探析，亦为国家实验室资源协同供给模式的影响因素研究提供了丰富经验借鉴。

第四节 理论基础及其延展

先有研究为认识新事物提供了依据，同时也为深层次、更透彻地解析新问题提供了参考，国家实验室资源协同供给模式研究亦然如此。可选择的已有成熟理论较多，主要依据契合度、启发性等标准选择了资源基础理论、创新网络理论和协同创新理论作为本研究的核心支撑理论。当然，知识运用具有很强粘连性，所以其他理论或研究成果同样在本研究中起到了重要支撑作用，例如社会资本理论中的规则、信任、关系，多中心治理理论中的“多中心”力量组合应用，制度创新理论中的制度供给，以及创新系统、创新集群、网络众包、开放式创新等最新研究成果均对本研究产生了重要影响。

概括来看，资源基础理论、创新网络理论和协同创新理论对本研究的具体支撑与启发，如表 2-4 所示。从整体上看，三大理论体系为本研究提供了系统、周全、扎实的理论基础，主要包括“动态—静态”结合与时空嵌入的论证场域，“环境—主体—行动—制度”与“微观—中观—宏观—全域”交叉匹配并由价值生产过程串联的立体化解析框架，以及丰富、多样、系统的影响因素集合等。

表 2-4 资源基础理论、创新网络理论与协同创新理论的理论支撑

理论基础	主要支撑及其启发
资源基础理论	资源有机体；供给侧布局；供需匹配中的“专业—共识”二元性；合力供给；资源视阈下的影响因素等

续表

理论基础	主要支撑及其启发
创新网络理论	多元参与；组合关系；“整体—区位—破缺”的结构特性；“资源—主体—关系—环境”的流动性嵌入；制度安排；网络视阈下的影响因素等
协同创新理论	役使结构；目标中的价值生产；全要素参与；“行动—制度”互塑及其“微观—中观—宏观—全域”分层；时空嵌入；动态评估；“内主—外辅”的驱动力结构；协同视阈下的影响因素等

资料来源：笔者根据研究结论整理所得。

同时，理论也需要充实与发展，本研究在充分利用已有理论的同时也尝试寻求突破。如前所述，目前资源基础理论、创新网络理论和协同创新理论的关注点集中于市场行为，经济隐喻几乎渗透于这些理论的方方面面，即使有对非市场力量的关注也基本处于“孤岛”状态，“孤岛”状态不仅是对相对力量的描述，更是对“市场—非市场”之间封闭、隔离关系的描述。庆幸的是实践活动远比理论复杂得多，远比理论开放得多，这无疑为“市场—非市场”的丰富、多样化关系提供了无限可能性和广阔想象空间，而本研究的着力点正是力图对这种“可能性”与“想象空间”做出探索和尝试。

国家实验室资源协同供给模式研究为这些探索和尝试提供了极佳场域。如国家实验室基本内涵所示，仅其实体本身即已蕴含“市场—非市场”力量的高度集成，也从根本上决定了实现其运行效能最大化需要依靠各方力量的合力支撑。聚焦至国家实验室资源供给领域更是如此——要想获得足量、高质、安全的资源，既需要依靠诸如企业等市场主体的支持，还需要依靠政府、非政府组织、社会甚至公民等非市场主体的支持，不仅需要运用基于市场的资源交易规则，还需要综合运用基于政治、社会理念的资源配置机制，甚至对国家实验室来讲非市场力量会占据更广活动空间和更大影响权重，所以国家实验室资源协同供给模式研究本质上是对如何协调“市场—非市场”力量以突破彼此隔阂进而实现互嵌和共融问题的研究，所以解答此问题实为拓展“市场—非市场”关系的“可能性”与“想象空间”提供了必要和应有支撑，亦为其后续在更广阔场域中的进一步发展与突破奠定了基础，提供了机会。

第三章

国家实验室资源协同供给模式的案例铺陈

国家实验室资源协同供给模式是基于实践探索的理论凝练，所以回归实践案例细致刻画是深刻理解并精准把控国家实验室资源协同供给模式是什么这一问题的基本路径。同时，目前尚无文献对此问题展开系统、针对性研究，所以研究的探索性特征明显，案例研究可较好满足此类研究所需——案例研究可以在现象本身难以从背景中分离出来的研究情境中获得其他研究手段所不能获得的数据和经验知识（实例证据，Evidences），也能够满足以构建新理论或精练已有理论中的特定概念为目的的经验探索性研究所需①。为充分发挥案例研究理论探索和理论验证的综合功能，采用多案例研究方法——既可深度挖掘信息并据此探索性建构新理论框架，也可依据不同案例背景的交叉性高效度和高信度的阐释与验证研究结论②。根据已有案例研究成功经验：先开展单案例细致铺陈，以充分、细致、系统展现每个案例的特有信息，为后续多案例比较提供扎实基础；后开展跨案例比较，通过比较、归纳单案例信息，一方面凝练、析出一般化认知和理论，另一方面以交互验证的思路支撑相关认知和理论的科学性。

案例选择。国外案例筛选标准如下：严格意义上的国家实验室（见表1-15）；运行时间较长、较为成功、具备较丰富的“关键事件”；能

① 余菁：《案例研究与案例研究方法》，《经济管理》2004年第20期。

② 刘庆贤、肖洪钧：《案例研究方法严谨性测度研究》，《管理评论》2010年第5期。

够获取翔实、准确、丰富的信息；尽可能反映国家实验室的多种特性；较好实现信息饱和与成本平衡，据此选择的国家实验室包括劳伦斯伯克利国家实验室、橡树岭国家实验室、费米国家加速器实验室、桑迪亚国家实验室。国内案例选择青岛海洋科学与技术试点国家实验室，尽管此实验室尚属“试点”且仍处于建设阶段，但已充分集成、吸收已有6所“筹建国家实验室”的探索经验和教训，能够集中体现我国国家实验室建设思路等相关信息①。5个国家实验室的基本情况如表3-1所示，具体来看这些实验室不仅较好地满足了案例选择标准，也较好地反映了当前国家实验室的基本结构——实验室规模包括较小（青岛海洋科学与技术试点国家实验室和费米国家加速器实验室）、中等（劳伦斯伯克利国家实验室和橡树岭国家实验室）至较大规模（桑迪亚国家实验室）三类实验室，研究包括侧重基础研究（劳伦斯伯克利国家实验室、橡树岭国家实验室和费米国家加速器实验室）和侧重应用基础研究（桑迪亚国家实验室和青岛海洋科学与技术试点国家实验室）两类实验室，实验室目标多样性包括单目标（费米国家加速器实验室、青岛海洋科学与技术试点国家实验室）和多目标（劳伦斯伯克利国家实验室、橡树岭国家实验室、桑迪亚国家实验室）两类实验室，实验室承运单位包括大学（劳伦斯伯克利国家实验室、费米国家加速器实验室）、政府（青岛海洋科学与技术试点国家实验室）、企业（桑迪亚国家实验室）和非营利组织（橡树岭国家实验室）四类。总之，五个国家实验室能够反映当前国内外国家实验室发展概况，能够提供研究所需的关键信息，可以支撑研究目标的实现。

表3-1　　　　案例国家实验室的基本情况

名称	成立时间	资金	人员[A]	承运组织/性质
劳伦斯伯克利国家实验室	1931年	9.07亿美元	3398人	加利福尼亚大学/大学

① 以我国建设历史最为悠久的沈阳材料科学国家（联合）实验室（2017年转制为沈阳材料科学国家研究中心）为案例样本做了预研尝试，与青岛海洋科学与技术试点国家实验室反映出的核心信息比对后发现同质性极高，同时呈现出明显的前后实践承继性，所以出于研究价值和研究成本考虑不再对我国自2000年至2017年筹建的6所国家实验室展开案例研究。

续表

名称	成立时间	资金	人员[A]	承运组织/性质
橡树岭国家实验室	1943 年	18.25 亿美元	4856 人	UT-Battelle, LLC（田纳西大学和巴特尔纪念研究所合建）/非营利性组织
桑迪亚国家实验室	1945 年	38.11 亿美元	12783 人	桑迪亚国家技术工程解决方案有限责任公司/产业公司
费米国家加速器实验室	1967 年	4.92 亿美元	1810 人	费米研究联盟有限责任公司（芝加哥大学和大学研究协会公司合建）/大学
青岛海洋科学与技术试点国家实验室	2015 年	6.21 亿元[B]	658 人	青岛海洋科学与技术国家实验室发展中心/市直事业单位

注：A 指全职人员数目；B 青岛海洋科学与技术国家实验室发展中心发布的数据。

资料来源：笔者根据中华人民共和国科技部（http://www.most.gov.cn/）、美国能源部网站（https://www.energy.gov/downloads/state-doe-national-laboratories-2020-edition）、美国国家科学基金委员会（https://www.nsf.gov/）、劳伦斯伯克利国家实验室（https://www.lbl.gov/）、橡树岭国家实验室（https://www.ornl.gov/）、费米国家加速器实验室（https://www.fnal.gov/）、桑迪亚国家实验室（https://www.sandia.gov/）、青岛海洋科学与技术试点国家实验室网站（http://www.qnlm.ac/index）公布的资料整理所得。本表的数据为 2020 年公开的数据。后续 5 所国家实验室的相关资料如无特殊说明均来源于上述官方网站的公开信息。

以下将以资源视角为切入点，结合历时分析，系统铺陈五所国家实验室发展概况，为后续国家实验室资源协同供给模式的框架析出提供扎实资料支撑。

第一节 劳伦斯伯克利国家实验室

劳伦斯伯克利国家实验室（Lawrence Berkeley National Laboratory，LBNL）成立于 1931 年，坐落于加利福尼亚州加州大学伯克利分校，占地 81.7 万平方米，属于研发类、多项目型国家实验室，研究领域涉及加速器科技、高能核物理、化学、核科学、加速器研究、光子科学与工程科学、计算研究与数学、地球科学、能源效率、材料科学、生命科学、环境科学、基因组学和物理生物科学等。运行模式采用 GOCO 模式，归属美国能源部，目前由加利福尼亚大学负责管理。2010 年至 2019 年，实验室专利、发明许可数量共计 1706 个，在众多基础研究领域取得了一系列重要突破，诸如发现 16 个新化学元素、发现暗物质、证实宇宙“大爆炸”、解密人类基因组、重新定义乳腺癌病因、建构高效气候模型、开创医学成像、实现人工仿光合作用等。

这些重大科学发现和技术创新离不开 LBNL 雄厚的资源支撑：截至 2019 年 LNBL 共有全职员工 3398 人，其中科学家与工程师共计 1699 人，另外还包括兼职人员 245 人，博士后 513 人，本科生与研究生 491 人，访问学者（科学家或工程师）1611 人，设施用户 13990 人，14 人获得诺贝尔奖（此外，23 位实验室员工因在气候变化研究中的突出贡献共同分享 2007 年诺贝尔和平奖），15 位国家科学奖获得者和 1 位国家技术创新奖获得者；2019 年实验室实际财政支出 9.07 亿美元；拥有 ALS、ESnet、JGI、NERSC 与分子铸造等 5 个国家级用户设备（national user facility）；2021 年 WOS 数据库收录 LBNL 论文 3457 篇[①]，知识生产能力强大，知识结构涵盖广泛，主要涉及物理科学、能源科学、能源技术、地球与环境科学、生物科学、计算科学 6 大研究领域[②]。

一　LBNL 孕育期的资源供给[③]

19 世纪 20 年代第二次工业革命基本完成，美国社会随之发生系统性变化，其中直接对 LBNL 资源供给产生影响的因素包括：一是第二次工业革命为建设规模化实验室积累了经验，截至 1915 年，全美已建设一百余所“公立或私营的工业研究所和实验室”[④]——这些实验室将科学家、工程师等聚集起来专职从事科技创新研究，突破了传统个人实验室的局限。二是工业发展为生产和创新各类实验室所需器材提供了可能，例如无线电传输大功率真空管振荡器为劳伦斯回旋加速器研制奠定了器件基础——甚至从某种程度上讲“如果没有当时的工业发展，劳

---

① 数据来源于 WOS 数据库，检索方式为“所属机构—Lawrence Berkeley National Laboratory”。

② 参考了 LBNL 内设学部情况，若按照 WOS 数据库给出的前 6 位研究领域排名则为：物理科学，化学，工程科学，材料科学，生物化学与分子生物学，数学，环境与生态科学。

③ 在此阶段，LBNL 雏形形成，时间约从 1931 年至 1940 年。

④ 龚淑林：《美国第二次工业革命及其影响》，《江西大学学报（哲学社会科学版）》1988 年第 1 期。

伦斯发明的低潜力回旋加速器是不可能实现的"[①]。三是美国经济开始由自由资本主义向托拉斯资本主义过渡，由此形成的大型、超大型企业资金实力雄厚，为自建或通过基金会捐赠建设实验室奠定了资金基础，例如洛克菲勒基金会在 1940 年为 LBNL 提供了 140 万美元资金捐赠。四是政治在经济上的主张由"自由放任主义的杰弗逊传统"向"强有力的政府管理的汉密尔顿传统"转变[②]，引致政府职能扩张，科技领域体现为政府成立各类公立科研院所和政府主资大型科研项目。五是现代教育体系培养了数量可观的高素质人才，例如至 1931 年美国拥有 1136 所 4 年制大学，100789 名专职人员，1921 年至 1930 年 10 年间累计培养本科毕业生 475359 人，硕士毕业生 51291 人，博士毕业生 7089 人[③]，这为美国建设各类科研机构提供了高素质人力资源支撑。六是彰显个人能动性的社会氛围，例如查尔斯·林德伯格独自飞越大西洋开创现代航空时代，亨利福特的装配线为大规模生产打开大门，查理·卓别林的幽默成为美国文化里程碑，这种系统性的个人"崛起"为美国科技创新领域一系列"重大事件"的发生提供了人本条件。在此背景下，27 岁的物理学教授欧内斯特·奥兰多·劳伦斯（Ernest Orlando Lawrence）于 1931 年在加州大学伯克利分校创办了辐射实验室（Rad Laboratory），由此开启美国国家实验室建设之路。

当时加利福尼亚大学提出建立一所与其化学系地位相当的物理系目标，网络人才成为实现这一目标的首要任务。由加利福尼亚大学校长罗伯特·戈登·斯普劳尔（Robert Gordon Sproul）亲自招募，劳伦斯于 1928 年夏入职加利福尼亚大学。1931 年劳伦斯组建辐射实验室（1936 年辐射实验室成为加利福尼亚大学物理系的一个独立实体），所需关键物资主要通过劳伦斯个人游说获取，其中包括核心设备回旋加速器及实

---

① 根据劳伦斯伯克利国家实验室网站（https://www2.lbl.gov/Science-Articles/Research-Review/Maga zine/1981/）公布的资料整理所得。

② 杨静萍、孟川：《第二次工业革命的完成对美国政治传统的影响》，《黑龙江教育学院学报》2006 年第 1 期。

③ Center for Education Statistics, 120 *Years of American Education: A Statistical Portrait*, 1993.1.19, https://nces.ed.gov/pubsearc h/pubsinfo.asp? pubid=93442, 2020.3.9.

验室场所[①]。实验室建立之初，主要工作人员包括劳伦斯（Lawrence）、利文沃德（Livingood）、利文斯顿（Lucciston）、卢奇（Lucci）和博士后麦克米伦（McMillan）5名，学科背景以物理、化学为主，发展至1938年实验室工作人员增加至43人，学科背景包括物理、化学、生物学、医学、机械工程等[②]，实验室定位不再受限于核物理或核化学，而是直接聚焦于一个新科学，即核科学。在此期间，实验设备越建越大——自1931年建设的11英寸回旋加速器逐步改造、扩容至1939年的60英寸回旋加速器[③]，9年间实验室设备建造及运行费用累计支出约55万美元，这些资金主要以捐赠方式获得，捐赠者主要包括加利福尼亚州政府、联邦政府（通过国家癌症研究所捐赠）、工业公司、梅西百货和洛克菲勒基金会、化学基金会等[④]。

二　LBNL形成期的资源供给[⑤]

1941年之前的LBNL主要从事纯粹科学研究，第二次世界大战爆发后参与“曼哈顿计划”加速了LBNL“国家”属性的形成和强化。第二次世界大战时期德国开始研发一种基于核裂变的炸弹，在此背景下美国政府做出应激反应，1942开始实施“曼哈顿计划”，劳伦斯提议的新加速器建造项目成为该计划中的战时优先项目，自此实验室属性发生不可逆转变。1942—1945年，通过参与“曼哈顿计划”，LBNL资源供给

---

① 回旋加速器建造所需的氘材料和一块80吨重的磁铁分别来自化学家吉尔伯特·刘易斯（加利福尼亚大学化学系教授）和电气工程师伦纳德·富勒（加利福尼亚大学工程学教授，同时兼任联邦电报公司副总裁）的捐赠；实验室所需场所是在劳伦斯游说校长斯普劳尔后获得。

② 1938年实验室研究人员包括：高级研究人员Lawrence、Cooksey、Alvare、McMillan、Ruben；研究合伙人Seaborg、Brobeck、Corson、Emo、Erf、Farley、Green、Kamen、Hamilton、Langsdorf、Larkin、MacKenzie、McNeel、Salisbury、Segre、Simmons、Tuttle、Waltman；博士后Lewis、Aebersold、Marshak、Hoag、Kruger；研究助理（Graduate Assistants）Backus、Condit、Kennedy、Livingston、Nag、Scott、Wahl、Wright、Wu、Yockey；物理学助理（Physics Assistant）Lofgren、Raymond；大学研究员（University Fellows）Cornog、Helmholz、Wilson。

③ 1939年劳伦斯因研发回旋加速器获得诺贝尔物理学奖。

④ 物理史研究中心：《劳伦斯和回旋加速器》，2022年，https://history.aip.org/exhibits/lawrence/index.htm，2020年3月9日。

⑤ 在此阶段，LBNL“国家”属性形成并得以强化——实验室研究传统由单纯学术研究向与国家战略需求结合转变，实验室运行模式也发生彻底转变——由单纯的自组织性学术科研机构转变为组织规模庞大、安全措施严密、分类方案复杂、学科合作多样、行政等级森严（去个性化）且处于政府机构监督之下的国立科研机构。时间约从1941年至1945年。

发生彻底改变——资金由政府大规模注入，仪器设备以“战时优先”方式由政府组织加快建设，人员也通过政府调配一度增加到1944年的1200人。随着第二次世界大战进入尾声，LBNL战时任务逐步结束，“军旅生涯”不仅给LBNL留下了丰富物质基础，也改变了实验室未来发展思路——劳伦斯早期设想LBNL继续作为加利福尼亚大学物理系的分支机构从事学术研究，并希望组建一支由科学家和技术人员组成的固定科研团队，研究资源主要来源于慈善家们的慷慨资助，然而1945年时劳伦斯的想法发生了彻底改变，他认为科学也应服务于国防安全和社会福利，并据此将资源主要供给主体定位于联邦政府，他给当时的“曼哈顿工程特区”（Manhattan Engineering District ，MED）写信表示愿意接受该特区的700万美元至1000万美元资金，用于支持战后第一年的实验室运营支出。MED予以慷慨支持，体现在：1946年实验室每月工资为19.4万美元的情况下（共有479人），来自MED的半年经费预算即达到137万美元；支持完成184英寸同步加速器（追加17万美元）和电子同步加速器（23万美元现金和价值约合20.3万美元的电容器）建设；捐赠了包括750个总价值约150万美元的雷达设备①。第二次世界大战系统、深刻影响了LBNL所需资源供给模式的转变——由原先主要依赖社会支持开始逐步转向政府主导下的多元主体协同供给。

三 LBNL发展期的资源供给②

1946年，原子能委员会（Atomic Energy Commission，AEC）成立，1947年1月1日正式运行，主要职能是控制与促进和平时期原子能科学与技术发展。AEC承接MED撤销后的所有职能、业务及第二次世界大战中研制原子弹的所有研究项目和设施③，包括第二次世界大战中形成的国家实验室，包括辐射实验室、洛斯阿拉莫斯国家实验室、阿贡国家实验室和橡树岭国家实验室。AEC成立后，一方面将大量核武器研发工作集中于专注“武器”与“安全”研究的国家实验室，例如洛斯

① 根据劳伦斯伯克利国家实验室网站（https：//www2. lbl. gov/Science-Articles/Research-Review/Maga zine/1981/）公布的资料整理所得。

② 在此阶段，LBNL真正成为多项目国家实验室，并将其知名度发展至全国公认水平。时间从1946年至1990年。

③ 1946年《原子能法案》中明确规定所有核设施全部归国家所有。

阿拉莫斯国家实验室（1943年）、桑迪亚国家实验室（1948年），另一方面积极扶持其他国家实验室发展，例如橡树岭国家实验室（1943年）、阿贡国家实验室（1946年）、布鲁克海文国家实验室（1947年）、埃姆斯国家实验室（1947年），由此国家实验室之间开始呈现一定竞争关系，例如布鲁克海文国家实验室开始与LBNL在核科学领域产生直接竞争与对抗①。在此背景下，LBNL资源供给产生如下变化：1946—1949年，LBNL涉及军事合同服务的科研经费占比降至30%以下（同时前述格罗夫斯将军提供的财政支持已不能确保及时、足量供给），与此同时劳伦斯始终关注和推进的核设施建设及研发项目也屡遭否决，例如1948年AEC停止研发电磁型同位素分离器，并拒绝支持由劳伦斯领导的一个用于核动力推进系统的核反应堆项目——原因在于这些项目不符合当时美国寻求核武器控制的政策需求。这些变化促使LBNL调整研发重点以确保实验室能够持续获得来自AEC的资源供给，于是劳伦斯开始积极谋划与AEC目标相契合的研发项目，例如利用LBNL核科学优势积极拓展核医学和核化学研究，据此获得了AEC的大力支持。

1949年苏联成功燃爆原子弹，美苏于科技领域围绕核武器展开霸权争夺，“冷战”时代到来。在此背景下，LBNL以其核科学研究的超群实力迎来第二次快速发展时期，借此参与氢弹研发，新建分支实验室利弗莫尔实验室（后来的劳伦斯利弗莫尔国家实验室，1952年6月）、加速器Mark1（1952年建成）、粒子加速器Bevatron（1954年建成）、重离子加速器HILAC（1957年建成）等大型仪器设备②，其中粒子加速器Bevatron对LBNL的影响极为深远——不仅支持科学家发现了反质子（埃米利奥·塞格雷和欧文·张伯伦据此共同荣获1959年诺贝尔物理学奖），更为重要的是拓展、丰富了LBNL研究领域，包括研发、建造72英寸探测器（1959年建成）的经历促进了实验室探测器研究领域的产生与发展（唐纳德·格拉瑟因在气泡腔室方面的贡献荣获1960年

① 根据劳伦斯伯克利国家实验室网站（https：//www2. lbl. gov/Science - Articles/Research-Review/Maga zine/1981/）公布的资料整理所得。

② 中国科学院重大科技基础设施共享服务平台：《美国劳伦斯伯克利国家实验室》，2011年5月6日，http：//lssf. cas. cn/lssf/kpyd/zsk/kyjd/201105/t20110506 _ 4513353. html，2020年3月12日。

诺贝尔物理学奖），也由此开启了基本粒子物理学新时代；为精准探测粒子，需要巨量计算粒子“事件”，倒逼 LBNL 计算领域快速发展——LBNL 粒子“事件”计算能力由 1957 年的 8 万起快速提升至 1965 年的 30 万起，再到 1968 年的 150 万起。在此背景下，捐赠已难以满足 LBNL 发展所需资源质量，例如经费所需量级已突破几万或几十万美元而达至百万美元（Bevatron 耗资 900 万美元）甚至千万美元（Mark1 耗资 2100 万美元）[①]，并对资源供给连续性提出较高要求，于是以 AEC 为代表的政府日益在 LBNL 资源供给中扮演绝对主导角色。

1958 年 8 月劳伦斯病逝，经过 27 年发展，LBNL 已经完成从一个科学兴趣性实验室向国家实验室的跃升与转变[②]，表现为：一是资助结构由非政府为主转变为政府为主，且总体资助规模巨大。二是研究方向不再以单纯科学研究兴趣为导向，更多甚至主要由国家和社会发展战略所需引领。三是科研设备仪器不再是一些小型器材，而是一系列重大科技基础设施。四是研究内容已突破基础研究领域，拓展至应用基础研究和应用技术研发。五是研发目标将国家战略所需与科学进步所需相结合，且前者占据主导地位。六是学科交叉性、综合性明显，例如包括核科学、物理学、化学、生物学、医学等学科。

劳伦斯去世后，埃德温·麦克米伦（Edwin McMillan）接任 LBNL 第二任实验室主任（1958—1973 年），此外实验室另一位核化学家格伦·西奥多·西博格（Glenn Theodore Seaborg）1961—1971 年担任 AEC 主任[③]。麦克米伦任职期间，国内外形势剧烈震荡：美苏核军备竞赛愈演愈烈，“古巴导弹危机”爆发；核武器控制呼声高涨，《禁试条约》（*Limited Test Ban*，1963 年签署）、《核不扩散条约》（*Nuclear Non-Proliferation Treaty*，1968 年签署）、《核武器不扩散条约》（*Treaty for the*

① 根据劳伦斯伯克利国家实验室网站（https：//www2. lbl. gov/Science - Articles/Research-Review/Maga zine/1981/）公布的资料整理所得。

② 劳伦斯去世 23 天后，加州大学的董事会投票决定，将辐射实验室更名为劳伦斯伯克利实验室以纪念其对实验室发展所做出的卓越贡献。

③ 麦克米伦主动辞去 AEC 总咨询委员会职位（AEC 下属的三个咨询委员会之一）。

Nonproliferation of Nuclear Weapons，1970 年签署）相继生效[①]；环境与能源安全问题日益突出，尤其随着 1969 年发生的石油平台井喷环境污染事件和 1973 年爆发的能源危机将环境与能源安全问题推到风口浪尖。在这种复杂、多变环境中 LBNL 紧跟国家战略实现了自身第三次快速发展：一是 LBNL 继续稳步推进核物理研究已有工作，包括建设 72 英寸探测器（1959 年）、88 英寸扇区聚焦回旋加速器（1961 年）、升级重离子加速器至 SuperHILAC（1972 年）等，继续保持、巩固实验室在物理前沿研究中的一席之地[②]，也满足了此时期国家核科学技术战略需要。二是根据形势变化快速拓展、发展新研究领域，包括无机材料（将反应堆材料研究扩展到空间技术和其他领域）、高能计算、医学成像、环境能源、地球科学以及化学生物动力等，这些新研究领域贴合了国家发展急需，更为 LBNL 后续发展奠定了基础。三是利用有利条件快速改善工作环境，例如新建无机材料研究部实验室、化学生物动力学实验室（梅尔文·卡尔文实验室）、环境研究办公室等办公场所，扩建唐纳实验室（Donner Laboratory）等实验空间，据统计当前 LBNL 超过 40%的实验室面积在此时期建造[③]。四是重新厘定实验室研究优势，尤其是利弗莫尔实验室分离出去后重申了 LBNL 以基础研究为主攻科研领域的基本定位[④]。依托“几乎所有的实验室经费都来自原子能委员会”的强大、稳定供给，LBNL 取得了第三次快速发展，麦克米伦于 1973 年卸任时实验室研究领域形成了“许多奇异花朵盛开在‘独眼巨人’伊甸

---

① 与之相伴，各类核能和平利用规章制度出台，其中以 1954 年修订通过的《原子能法》（*Atomic Energy Act of 1954*）最具代表性，这为后续和平利用核能提供了法律保障，例如第一家纯粹出于经济考虑而没有政府援助的核电厂于 1963 年开工建设。

② 尽管如此，高能物理在 LBNL 研究领域中的重要性开始相对下降，一方面源于实验室医学、材料学、环境科学等其他研究领域的快速成长，另一方面也源于其他国家实验室在此领域内的快速发展，例如布鲁克海文国家实验室交变梯度同步加速器（AGS，1960 年）的建成，以及 SLAC 国家加速器实验室（1962 年）和费米国家加速器实验室（1967 年）的建设、成立与发展。

③ David Farrell and Eric Vettel，*Breaking Through*：*A Century of Physics at Berkeley*，2004. 11，https：//bancroft. berkeley. edu/Exhibits/physics/，2020. 3. 13.

④ 利弗莫尔实验室分担了劳伦伯克利国家实验室应用科学研究的绝大部分工作（主要是核武器开发），包括 Pluto 项目、Plowshare 项目和 Sherwood 项目等，这种分工减少并最终取消了劳伦斯伯克利国家实验室因机密研究带来的科研障碍，也使得实验室更加专注基础科学研究。

园中”的基本格局[①]，实验室的国家性、综合性、战略性特征日趋明显。

1973 年 10 月 17 日，阿拉伯石油输出国组织宣布实施石油禁运，第一次“能源危机”爆发，为应对当时及后续能源问题，美国政府做出密集反应：出台各类政策、法案予以支持和引导，包括“独立计划”（1973 年）[②]、《能源重组法》（1974 年）、《能源政策和节约法案》（1975 年）、《紧急天然气法》（1977 年）、《国家能源计划》（1977 年）、《国家能源法》（1978 年）、《能源安全法》（1980 年）；设置专门政府机构开展能源管理，1977 年依据《能源部组织法》在汇集来自十几个部门和机构数十个组织实体的基础上成立能源部[③]；加大能源工程建设、资金投入、国际协作及新能源开发，例如铺设输油管道，签订国际能源协议，开展为期十年 880 亿美元的能源开发投入以着力开发页岩油与太阳能等新能源。与此同时，环境保护步入国家关注视野，表现为[④]《国家环境政策法》（1969 年）、《清洁水法案》（1972 年）、《濒临灭绝物种法案》（1973 年）相继生效；成立环境保护局（Environmental Protection Agency，1970 年）；国会强行要求 AEC 在核电站建设之前必须优先开展环境调研等。在此背景下，美国于能源与环境方面的研发投入快速、持续增长，如图 3-1 所示，即使 1973 年联邦政府在工程科学、心理科学、物理科学、社会科学、计算科学（包括数学）基础研究经费上分别削减 8000 万美元、6400 万美元、3800 万美元、800 万美元、650 万美元的情况下，环境科学领域依然逆势增长了 1300 万美元[⑤]。

在此背景下，安德鲁·马里安霍夫·塞斯勒（Andrew Marienhoff Sessler）于 1973 年 11 月 1 日接任 LBNL 第三任实验室主任，就在这一

---

① David Farrell and Eric Vettel, *Breaking Through: A Century of Physics at Berkeley*, 2004.11, https://bancroft.berkeley.edu/Exhibits/physics/, 2020.3.13.

② 由尼克松总统启动，目标是到 1980 年实现能源自给自足。

③ AEC 于 1974 年拆分为能源研究与发展管理局（Energy Research and Development Administration）和核监管委员会（Nuclear Regulatory Commission），1977 年能源研究与发展管理局撤销，相关职能并入刚成立的能源部，同时接管国家实验室。

④ 根据美国环境保护局网站（https://www.epa.gov/）公布的资料整理所得。

⑤ 美国官方统计并未明确单列能源投入情况，但“其他科学”一栏在 1973 年陡增了 7780 万美元，结合当时背景及政府在能源方面的密集政策，这一增加很可能来源于美国政府对能源领域的追加投入。

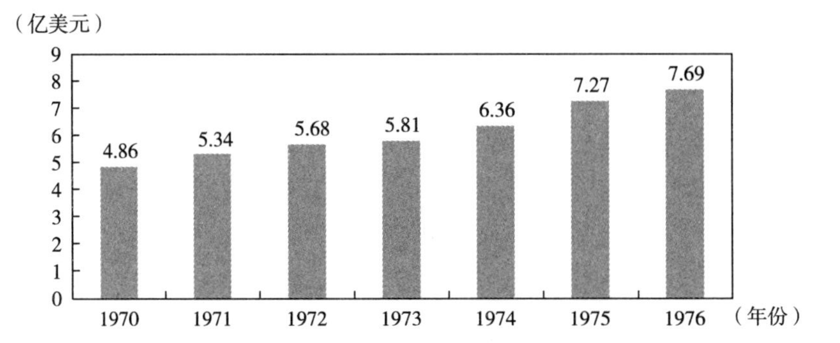

图 3-1　1970—1976 年联邦政府环境科学经费投入

资料来源：笔者根据美国科学基金委网站（https：//www. nsf. gov/）公布的数据整理所得。

天 LBNL 增设了能源与环境部（Energy and Environment Division）①。1974 年能源与环境部获得来自联邦政府的 56 个环境与能源方面的项目资助，1975 年成立建筑科学实验室中心，1977 年能源与环境部内部又拆分为两个分支研究机构，其中一个从事能源与环境研究，另一个负责地球科学（从事地震研究、地热能和核废料处理）②。环境与能源研究领域的快速发展引致 LBNL 发生了一系列重要变化：一是应用科学（包括应用研究和技术创新）从 1973 年到 1980 年快速发展，规模上与基础研究基本持平③。二是研究声誉不仅来源于基础研究，也越来越多来源于应用研究和技术研发④。三是进一步强化了 LBNL 与国家战略需求的对接。四是开始关注技术转化问题，并将其视为实验室应有功能之一，服务社会的理念不断强化。这些转变为 LBNL 成为实质意义上的多学科、多项目实验室奠定了基础，更为 LBNL 获取更多资源供给渠道扩展

① 始于麦克米伦 1968 年设立的环境研究办公室，时任办公室主任就是塞斯勒。历时 6 年的研究积累使得 LBNL 成为美国当时面临能源与环境问题时为数不多的几个有能力提供相应解决方案的研究机构。

② 目前已发展成为 LNBL 能源技术、能源科学、地球与环境科学三个相对独立的分部实验室。

③ David Farrell and Eric Vettel, *Breaking Through: A Century of Physics at Berkeley*, 2004. 11, https：//bancroft. berkeley. edu/Exhibits/physics/, 2020. 3. 13.

④ 劳伦斯伯克利国家实验室已成为节能电器标准、创新照明技术、能源使用分析、优质电池技术、先进清洁燃烧技术的代名词。

了空间、奠定了基础。然而，转变开始初期实验室面临强烈质疑。实验室内部认为，目前 LBNL 所从事的研究既不是物理学、化学、生物学，也不是工程学，与已有研究过度偏离；实验室外部 AEC 认为，实验室研究内容有可能与其预设内容有所偏离，理应接受 AEC 对 LBNL 所从事研究内容的正当性审查。塞斯勒通过强化多学科融合（将环境与能源问题深度嵌入加速器研究、核物理学、核化学、生物学以及医学研究）逐步化解了实验室内部质疑，对于 AEC 的审查则采取了强硬抵制态度——在时任加州大学校长查尔斯·希奇（Charles Hitch）的支持下成功阻止了 AEC 对 LBNL 的审查。

在应用学科或新研究领域快速发展的同时，LBNL 基于强势资源供给能力保持了其基础科学领域的强劲发展势头：物理学领域，在 AEC 支持下将 SuperHILAC 与 Bevatron 组合建成 Bevalac（1973 年），用以研究重元素高能核反应（新核科学研究领域），此外与 SLAC 国家加速器实验室一起设计并建造了正电子碰撞束流环（PEP），其提供的碰撞能量超过 Weston 加速器；材料科学领域，在 AEC 支持下新建两台大型电子显微镜，为 LBNL 在材料科学领域抢占发展先机提供了条件；计算科学领域，经 AEC 批复 1977 年 MFEnet 成立，为 LBNL 网络连接研究奠定了基础；面对日益庞大的实验室体系，为更好激发实验室活力，塞斯勒进行了系列管理改革并完善各项规章制度，例如设立主任基金制、审查制和年度外部同行评审制等。当塞斯勒卸任时 LBNL 形成了基础科学与应用科学双轮驱动的基本格局，资源供给量也随之水涨船高，例如财政预算从 1973 年的 4000 万美元增加到 1980 年的 1.42 亿美元，工作人员从 2000 人增加到 3000 人。

第四任主任大卫·阿瑟·雪莉（David Arthur Shirley）于 1980 年上任时能源问题依然是美国政府的关注焦点①，且材料研发成为其核心问题，在此背景下雪莉通过积极活动获得能源部“先进材料中心”（Center for Advanced Materials，CAM）计划资助，自此 LBNL 材料科学发展

① 雪莉是 LBNL 历史上第一位化学背景的实验室主任，也是第一个没有加速器背景的主任。和塞斯勒时期的环境科学发展类似，材料科学的发展也是以实验室已有研究基础为依托。CAM 计划与美国工业最关键的需求挂钩，旨在解决材料科学中阻碍技术发展的“塞子问题”（stopper problems）。

驶入快车道。在 CAM 项目支持下 LBNL 先后建立表面科学与催化实验室（Surface Sciences and Catalysis Laboratory）和先进材料实验室（Advanced Materials Laboratory），并辅助建立 X 射线光学中心（Center for X-Ray Optics，CXRO）。基于 CAM 全面启动与推进，尤其其中的 XUV 光谱研究（研究纳米尺度材料特性的理想光源），1984 年雪莉提出"高级光源"（Advanced Light Source，ALS）项目，此项目又与 LBNL 历史悠久且先进的加速器研究不谋而合①。此外，1983 年国家电子显微镜中心成立（National Center for Electron Microscopy，NCEM），至此 LBNL 拥有了世界上最强大的两种透射电子显微镜：百万电子伏特原子分辨率显微镜（million-electron-volt Atomic Resolution Microscope，ARM）和高压电子显微镜（High Voltage Electron Microscope，HVEM）②。这些都为 LBNL 材料科学的快速发展奠定了扎实基础。

此外，LBNL 在此期间还呈现以下变化：一是开放性日益突出，体现在 ALS、NECM、NBET（中性束工程测试设备）等先进仪器设备面向全国开放，吸引相关研究人员来室工作③。二是已有研究领域获得进一步发展，例如在能源部支持下，LBNL 于 1987 年成为能源部人类基因组计划中的两大中心之一，负责绘制完整人类 DNA 序列，巩固了 LBNL 生物科学领域的领先地位；1986 年能源科学网络（Energy Sciences Network，ESnet）在能源部支持下正式成立④，夯实了 LBNL 计算

---

① 实质是一种新的电子同步加速器，能够产生高性能 XUV 辐射。1987 年国会批准，1988 年开始建造，1993 年完工，共耗资 1 亿美元。

② 研究领域包括材料缺陷和变形、材料中相变机理和动力学、纳米结构材料、微电子材料与器件等。

③ 此情况发生的宏观背景是，1980 年至 1989 年美国先后颁布《专利和商标法修正法案》《史蒂文森—威德勒技术创新法》《联邦技术转移法》《综合贸易和竞争力法》《国家竞争技术转移法》等技术转移法案，这些法案以法规形式鼓励甚至强制要求国家实验室必须致力于基础设施对外服务和实验室相关科研成果的技术转移、转化，为国家与社会各方面发展提供科技支撑（张换兆等，2017）。

④ ESnet 是实验室 MEFnet（1977 年）的升级，是全国性基础设施、能源部用户设施，其通过提供无与伦比的网络基础架构、功能和工具来实现并加速科学发展；ESnet 提供了高速、可靠、安全的连接，这些连接将国家实验室、大学和其他研究机构的科学家们联系起来，使他们能够共同应对能源危机、气候科学和宇宙起源等一系列重要科学问题的挑战；ESnet 由美国能源部科学办公室资助，由劳伦斯伯克利国家实验室的科学网络部管理和运营。根据 ESnet 网站（http：//es. net/）公布的信息整理所得。

机连接和计算科学领域的研发实力。三是新研究领域不断涌现，例如与美国国家航空航天局等机构合作研发了用于测量宇宙背景辐射温度变化的 DMR（用于宇宙科学研究），与加州理工学院、加利福尼亚大学、美国国家航空航天局等在夏威夷建造了世界上最大的光学和红外望远镜 Keck Ⅰ/Keck Ⅱ[①]，推动了 LBNL 宇宙与天文学领域的兴起与发展。1989 年 8 月 31 日雪莉卸任，至此 LBNL 已经演化成一所真正的多项目国家实验室[②]，随之 LBNL 资源供给趋于网络化，且这种网络化已然拓展至全国范围。

四　LBNL 成熟期的资源供给[③]

1991 年苏联解体“冷战”结束，“一超多强”的国际形势基本形成，在此背景下美国弱化了核武器军备研发[④]，开始将重心放在科技创新驱动国家与社会发展方面[⑤]，并通过完善技术转移体系直接促进联邦实验室服务于科技创新驱动国家与社会发展战略目标[⑥]。查尔斯·弗农·尚克（Charles Vernon Shank）在此背景下接任 LBNL 第五任实验室主任，也成为 LBNL 历史上第一位外聘实验室主任。尚克在贝尔实验室（公司实验室）的工作经历为 LBNL 提供了新的发展思路——“国家实验室，尤其是伯克利实验室，是进行基础研究的地方，也是孵化技

---

① 属于 WM 凯克天文台，望远镜建成后由加利福尼亚天文研究协会（CARA）运营，LBNL 实验室在望远镜研发直至建造完工整个环节中都发挥了重要作用，其中在研发环节起到了主导作用。此外，天文台的整个建造过程以 WM 凯克基金会捐赠为主，先后共计 1.4 亿美元，在 Keck Ⅱ建设中，美国国家航空航天局提供了部分支持。根据 WM 凯克天文台网站（http://www.keckobservatory.org/）公布的信息整理所得。

② 多项目国家实验室的特征主要包括：研究领域的多样性；研究领域依托学科的多样性；不同研究领域、研究学科之间的相对平衡性；研究项目及其资金来源的多样性等（Energy Research Advisory Board，1982）。

③ 在此阶段，LBNL 实现了向更高合作水平的跨越，这种合作水平是网络化、全球化、系统化和全面化的合作。时间约从 1991 年至 2004 年。

④ 例如，1991 年布什总统签署《削减战略武器条约》，1992 年布什总统宣布单方面削减核武器库，且国会暂时暂停核武器试验。

⑤ 例如，1992 年《能源政策法案》生效，有利推动了能源领域的科技创新。

⑥ 例如，《美国技术卓越法》（1991 年）、《国家技术转移促进法》（1995 年）、《技术转让商业化法》（2000 年）、《能源政策法案》（2005 年），这些法案的生效进一步完善和巩固了 20 世纪 80 年代建构的技术转移体系，加之“冷战”结束，此体系效能得以充分激发（张换兆等，2017）。

术的地方，这些技术可以提高美国工业的竞争力和人们的生活质量”①。在尚克带领下 LBNL 将实验室自身素有的合作传统推进到更高、更广和更深层面，也契合了当时国家对实验室、大学、企业等组织间展开广泛合作的要求，这为 LBNL 建构更广泛、更紧密、更高水平的资源供给网络奠定了基础。此外，此时期 LBNL 所需资源供给还具有如下特征。

积极参与各种合作项目并据此拓展实验室所需资源供给量。例如，参与由美国、英国和加拿大三国联合建设的萨德伯里中微子天文台（Sudbury Neutrino Observatory，SNO），其中 LBNL 负责研发与建造 18 米大地线球体（18-meter geodesic sphere）及光探测器；LBNL 与费米国家加速器实验室等多个研究机构组成费米对撞探测器（Collider Detector at Fermilab，CDF）研究小组寻找顶夸克，并最终于 1994 年发现存在证据；1997 年 LBNL 与劳伦斯利弗莫尔国家实验室和洛斯阿拉莫斯国家实验室组成联合基因组研究所，致力于人类基因组的测序②；1998 年 LBNL 科学家发起了一项跨国研究项目超新星宇宙学项目，参与成员来自美国、英国、法国、澳大利亚等多个国家。

联邦政府或能源部的鼎力支持依然是 LBNL 所需资源充分供给的基础性保障。例如，在国家纳米技术计划（NNI）支持下，LBNL 整合 ALS 电子束纳米编辑器（electron-beam nanowriter）、原子力显微镜（atomic-force microscopes）、扫描隧道显微镜（scanning tunneling microscopes）、发射电子显微镜（photo-emission electron microscopes）和国家电子显微镜中心的顶级显微镜设备致力于纳米材料科学研究，并研发出诸如纳米棒（nanorods）、纳米箭头（nanoarrowheads）、半导体混合太阳能电池等新材料，同时结合生物技术推进合成生物学的发展，并于 2003 年成立美国第一个合成生物学系，提出“分子锻造”（Molecular Foundry）概念；在联邦政府支持下，1996 年高性能计算中心（National

---

① David Farrell and Eric Vettel, *Breaking Through: A Century of Physics at Berkeley*, 2004. 11, https://bancroft.berkeley.edu/Exhibits/physics/, 2020. 3. 13.

② 1995 年 LBNL 建设了新的人类基因组实验室，目前已发展成为能源部联合基因组研究所（Joint Genome Institute，JGI）。人类基因组计划最初由美国能源部（DOE）和美国国立卫生研究院（National Institutes of Health）牵头实施，后发展成一项跨国项目，主要参与国家包括美国、英国、日本、法国、德国和中国。

Energy Research Scientific Computing Center，NERSC）落户 LBNL，成为当时世界上最强大的非保密超级计算机中心，这不仅使 LBNL 计算科学迎来快速发展机遇，同时也为计算科学与实验室其他学科或项目的深度融合奠定了基础[①]，并由此彻底改变了 LBNL 科研范式；在能源部支持下，LBNL 依托 1993 年完工的 ALS 设备，启动材料科学、化学动力学和结构生物学领域的研究项目，使得此设备成为学科集成性研究工具，也为吸引国内外优秀科学家来室工作提供了条件。

五　LBNL 优化期的资源供给[②]

朱棣文（Steven Chu）、阿曼德·保罗·阿利维萨托斯（Armand Paul Alivisatos）、迈克尔·斯图尔特·威瑟里尔（Michael Stewart Witherell）先后接任 LBNL 的第六任、第七任和第八任实验室主任[③]，三者面对的宏观环境主要包括：一是和平、宽松的国际环境，例如《不扩散核武器条约》在全球范围内达成广泛共识[④]。二是科技创新资金投入规模高位徘徊，如图 3-2 所示，例如 2004—2019 年美国联邦研发总投入（R&D）在 1200 亿—1400 亿美元间徘徊，其中研究投入（TR）和开发投入（DE）占比基本持平，研究投入（TR）持续增加，基础研究（BR）和应用研究（AR）投入持续增加且两者占比对等、稳定。三是竞争机制引入科技创新领域，包括国家实验室承运单位需要竞争才能确定[⑤]，政府科技创新支持资金以“计划—项目”方式在全国范围内竞标投放，例如 2004 年能源部科学办公室公布了未来 20 年科学研究计划，

① 例如，由计算机与计算科学合力支撑的计算机模拟和可视化为光合作用复杂电子通路、气体火焰、粒子加速器、世界气候、地球及其内部模型、恒星爆炸、黑洞碰撞等科学研究提供了强大支撑。

② 在此阶段，LBNL 已然形成了较为成熟的科技创新生态系统，并据此为国家和社会发展提供强大科技创新支撑，同时也为 LBNL 未来发展提供更为包容型的发展模式。时间约从 2005 年至今。

③ 朱棣文，物理学家，诺贝尔物理学奖获得者，2004 年至 2008 年任实验室主任（之前任职于斯坦福大学），2008 年至 2013 年任美国能源部部长；阿利维萨托斯，化学家，国家科学奖获得者，2008 年至 2015 年任实验室主任，科研主攻材料科学领域；威瑟里尔，物理学家，1999 年至 2005 年任费米国家加速器实验室主任，2005 年至 2015 年任加州大学圣巴巴拉分校研究副校长，2016 年至目前任劳伦斯伯克利国家实验室主任，2014 年承担的 LUX-Zeplin 项目被选为能源部高能物理计划中最大的下一代暗物质实验项目。

④ 2020 年 3 月 5 日，中、美、英、法、俄重申了对这一条约的承诺。

⑤ 2004 年《能源与水开发拨款法》中的第 301—307 条款进行了明确规定与说明。

包括七个短期（5—10 年）科学重点和七个长期（10—20 年）科学目标[①]，之后各类资助项目基本以此为依据设立[②]。四是从事科研的各类单位及人员基数庞大，致使前述竞争更为激烈，例如 2017 年美国 4 年制高等教育单位达到 2818 家，专任教师 1207021 人，科研竞争可见一斑[③]。五是不断强化联邦科研机构技术转化能力，主要体现于设立多种技术转移机构和设置技术转移专项资金，例如 2016 年美国能源部投入 4000 万美元启动“能源材料网络”（Energy Materials Network，EMN）用以支持国家实验室清洁能源材料研发成果的市场化与商业化[④]。在此背景下，三任实验室主任积极动员 LBNL 所有积极因素抓住发展机遇，以系统性方式应对发展挑战。

充分依托能源部资源供给，不断夯实、巩固传统强势研究领域，例如在能源部支持下 2005 年分子铸造研究中心（Molecular Foundry）正式启用并成为能源部“纳米级科学研究中心计划”的重点支持对象[⑤]，与阿贡国家实验室联合研发了新型双金属纳米催化剂，迈出新一代燃料电

---

① 七个短期（5 年至 10 年）科学重点包括：ITER（国际热核反应堆项目）核聚变科学实验，通过先进的科学计算推进科学发现，纳米科学用于新材料和新工艺，微生物基因组学，以物理学探索创造的基本力量，探索新形式的核物质，为未来科学发展研发新仪器设备；七个长期（10 年至 20 年）科学目标包括：能源科学，能源和环境生物学，核聚变，能源、物质和时间基础研究，从夸克到恒星的核物理研究，科学前沿计算，建立新科学资源基础。

② 例如，2005 年能源部启动高级计算科学探索研究项目（SciDAC program），在三年至五年内每年提供 6700 万美元资金；能源部和农业部共同提供 2500 万美元支持生物燃料项目；《2009 年美国复苏与再投资法案》通过，“节能与可再生能源”“环境管理”“碳捕获与封存”及“基础科学研究”分别获得 168 亿美元、60 亿美元、34 亿美元和 16 亿美元资助，其中仅风能研发一项的资金投入即达到 9300 万美元。

③ 根据美国国家教育统计中心网站（https：//nces. ed. gov/）公布的信息整理所得。

④ 这是一项由国家实验室主导的技术转移计划，核心目标在于将能源部国家实验室体系中的独特清洁能源材料研发能力、资源整合起来，以便企业在设计、测试和生产清洁能源材料过程中获得相关支持，在实现了各类清洁能源材料市场化和商业化的同时，也进一步提升美国企业家和制造商清洁能源材料的全球竞争力。目前 EMN 由 14 所国家实验室、2 所大学和 2 所公司组成。

⑤ 能源部启动的“纳米级科学研究中心计划”旨在促进美国纳米科学研究，重点资助 5 个纳米级科学研究中心，其他 4 个分别是阿贡国家实验室的纳米材料中心（Center for Nanoscale Materials，CNM）、布鲁克海文国家实验室的功能纳米材料中心（Center for Functional Nanomaterials，CFN）、橡树岭国家实验室的纳米相材料科学中心（Center for Nanophase Materials Sciences，CNMS）、洛斯阿拉莫斯国家实验室和桑迪亚国家实验室共建的集成纳米技术中心（Center for Integrated Nanotechnologies，CINT）。

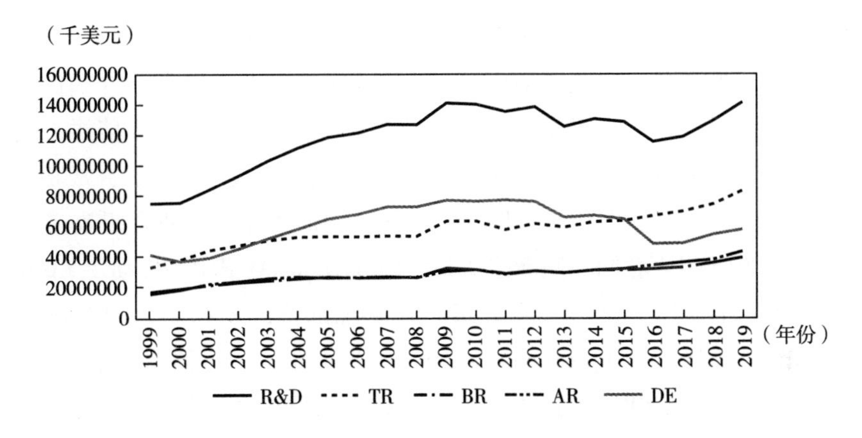

图 3-2 联邦 R&D 投入情况

资料来源：笔者根据美国国家自然科学基金委员会网站（https：//www. nsf. gov/）公布的数据整理所得。

池和水碱电解槽开发的“重要一步”，夯实了 LBNL 纳米材料研究领域的领先地位；2007 年 LNBL 获得联合生物能源研究所（Joint Bioenergy Institute，JBEI）建设与管理权，并于 2017 年入围能源部生物能源中心建设计划①；持续获得能源领域各类科研资助计划或项目，例如 2012 年与 PLANT PV 联合获得能源部太阳能研发项目②，2013 年获得可直接

① 在美国能源部科学办公室基因组科学项目支持下成立，旨在加快开发先进下一代生物燃料的基础研究，初始五年资金投入共计 1. 25 亿美元；2013 年美国能源部对 JBEI 进行为期五年资金续期，每年拨款额为 2500 万美元；2017 年经过全国竞选后入围能源部 4 个生物能源研究中心，资助期为 4 年，每年经费为 4000 万美元；由 LBNL 牵头，合作单位包括阿贡国家实验室、劳伦斯利弗莫尔国家实验室、布鲁克海文国家实验室、西北太平洋国家实验室、桑迪亚国家实验室 5 个国家实验室，加州大学的伯克利分校、戴维斯分校、圣地亚哥分校、圣塔芭芭拉分校、农业与自然资源部 5 个分校和爱荷华州立大学（资料来源：联合生物能源研究所，https：//www. jbei. org/）。其他 3 个生物能源中心分别是橡树岭国家实验室的生物能源创新中心（Center for Bioenergy Innovation，CBI）、密歇根州立大学和威斯康星大学共建的大湖生物能源研究中心（Great Lakes Bioenergy Research Center，GLBRC）、伊利诺伊大学的先进生物能源和生物产品创新中心（Center for Advanced Bioenergy and Bioproducts Innovation，CABBI）。

② 2011 年能源部启动“射日计划”（SunShot Initiative），专注于太阳能科技研发，国家可再生能源实验室、劳伦斯伯克利国家实验室、桑迪亚国家实验室和阿贡国家实验室是其重要参与成员，4 个实验室于 2016 年助力能源部发布 *On the Path to SunShot* 报告，回顾了 SunShot 头五年的经验教训以及该行业在准备推出新产品时面临的挑战和机遇，并先后发布“2020 目标”和“2030 目标”。

"甲基化"或与一种已有燃料结合生成新液态燃料的制酶项目（350万美元）[①]，2014年获得能源部建筑节能技术项目支持（共计15个研究项目1400万美元）等，助推LBNL能源科学继续强势发展；在能源部支持下2007年NERSC测试、验收并配置了一组新超级计算机，并成功安装了功能更加强大的Cray XT4 TM系统，同时ESnet不断升级改造[②]，两者于2015年入驻同一座新建实验大楼Shyh Wang Hall，推动了LBNL计算机与计算科学实力不断升级；在能源部持续支持下，NDCX-Ⅱ（Neutralized Drift Compression Experiment Ⅱ）粒子加速器完工[③]，激光等离子体加速器BELLA投入使用并持续获得突破[④]，超导四极磁体研发、测试成功[⑤]，这些均为LBNL物理学领域依然保持强劲发展势头打下了坚实基础。

通过合作方式聚集资源，为实验室研究范围与研究能力拓展奠定基础。例如LBNL与劳伦斯利弗莫尔国家实验室、洛斯阿拉莫斯国家实验室、橡树岭国家实验室、西北太平洋国家实验室以及斯坦福人类基因组中心以联合基因组研究所（Joint Genome Institute，JGI）为平台展开紧

① 来源于美国能源部2013年支持的一项总计6600万美元的研究计划。

② 例如，2009年ESnet从能源部科学办公室获得6200万美元资金，用以规划和部署ESnet第五代网络，2012年完成并启用；在美国商务部支持下，ESnet与Internet2（1996年成立的非营利组织，运营着美国最大、最快的研究和教育网络）合作建构了一个大型8.8 Terabit网络，提升了带宽服务水平；此外，还建构了一个供研究人员以100 Gbps速度测试新网络技术、协议和应用的网络平台，和一个用于研究人员开发颠覆性网络技术的暗光纤试验台。根据能源科学网络网站（http://es.net/）公布的信息整理所得。

③ 2012年完工，该项目获得《2009年美国复苏与再投资法案》1100万美元资助，建造过程得到劳伦斯利弗莫尔国家实验室、普林斯顿等离子体物理实验室的协助。

④ 由LBNL与法国泰雷兹集团（Thales）共同研发，集团公司直接派驻科研人员入驻实验室与LBNL科研人员组成研发团队，由LBNL的Francois Lureau统一领导，加速器的完工和使用为LNBL医学成像和材料研究提供了全新研究工具和手段。

⑤ 由劳伦斯伯克利国家实验室、布鲁克海文国家实验室、费米国家加速器实验室和SLAC国家加速器实验室联合研发，受能源部"大型强子对撞机加速器研究计划"（LHC Accelerator Research Program，LARP）支持（由LBNL、布鲁克海文国家实验室和费米国家加速器实验室于2003年提出，2004年获批），资金约1200万美元。此设备用于欧洲核子研究中心（European Organization for Nuclear Research，CERN）大型强子对撞机（Large Hadron Collider，LHC）的后续改造升级（Kephart et al.，2003；Gourlay et al.，2006）。

密合作①，致力于传统基因组学在清洁能源生产、环境表征等新领域中的应用；积极参与人工光合作用联合中心（Joint Center for Artificial Photosynthesis，JCAP）合建②，并借此陆续取得鉴定人工光合作用反应关键中间步骤等一系列重大科研成果，同时还与SLAC国家加速器实验室合作观察到光合作用的结构和化学行为，为理解催化活性背后的化学反应和人工光合作用系统铺平了道路，这都进一步拓展、增强了LBNL在人工光合作用研究领域的科研实力；和费米国家加速器实验室联合开展宇宙隐形支架最大直接测量，并据此结合新方法绘制暗物质图，还积极参与一项重子振荡光谱调查（Baryon Oscillation Spectroscopic Survey，BOSS）国际合作项目，共同绘制了一幅包括120万个星系的位置图，并以1%前所未有的精度测量了宇宙规模③，极大提升了LNBL在天文与宇宙研究领域的国际影响力；积极参与“快速能源气候模拟计划”

---

① JGI成立于1997年，目的在于集成当时劳伦斯伯克利国家实验室、劳伦斯利弗莫尔国家实验室、洛斯阿拉莫斯国家实验室三个实验室的基因测序、信息和技术资源。1999年为加速推进“人类基因组计划”，在加利福尼亚州核桃溪市租用了专用实验室和办公场所，之后搬迁至劳伦斯伯克利国家实验室综合基因组学大楼，科研人员主要来源于劳伦斯伯克利国家实验室。根据联合基因组研究所网站（https：//jgi. doe. gov/）公布的信息整理所得。

② 能源部能源创新中心（Energy Innovation Hub）之一，2010年由加州理工学院牵头建设，劳伦斯伯克利国家实验室联合参与，两处均有专用实验室大楼，致力于人工光合作用研究，经费主要来源于美国能源部科学办公室的基础能源科学（BES）项目，2015年能源部划拨7500万美元用于JCAP改造升级——根据人工光合作用联合中心网站（https：//solarfuelshub. org/）公布的资料整理所得。其他4个能源创新中心分别是橡树岭国家实验室的轻水反应堆高级仿真联盟（The Consortium for Advanced Simulation of Light Water Reactors，CASL）、阿贡国家实验室的联合储能研究中心（Joint Center for Energy Storage Research，CESR）、埃姆斯国家实验室的关键材料研究所（Critical Materials Institute，CMI）、宾夕法尼亚州立大学的建筑节能创新联盟（The Consortium for Building Energy Innovation，CBEI），这些中心都是规模庞大的协同联合中心，例如CESR年度预算为2400万美元，执行期5年，共计1.2亿美元。

③ BOSS是“斯隆数字化巡天Ⅲ”（Sloan Digital Sky Survey Ⅲ，SDSSIII）的一部分，SDSS是一项庞大跨国宇宙研究项目，是帕洛玛数字天空测量（Palomar Digital Sky Survey，DPOSS）的承继，创建了有史以来最详细的宇宙三维地图，LBNL是合作参与者之一，资金主要来源于阿尔弗雷德·P. 斯隆基金会（Alfred P. Sloan Foundation）、美国能源部科学技术办公室以及各联合参与单位——根据斯隆数字化巡天网站（https：//www. sdss. org/）公布的资料整理所得。此外，LNBL还积极参与了一项由12个国家/地区的52个机构、300位物理科学家参与的“冰立方计划”（IceCube），旨在从南极冰层深处观测宇宙，依托设施是冰立方中微子天文台，经费主要来源于美国国家自然科学基金委员会，2019年开始第一次升级改造，地点位于南极点。根据冰立方中微子天文台网站（https：//icecube. wisc. edu/）公布的资料整理所得。

（Accelerated Climate Modeling for Energy Project，ACME）①，协力揭示水循环、生物地球化学（Biogeochemistry）和冰冻圈—海洋系统与环境系统的交互机理，进一步巩固了 LBNL 在环境科学领域的研究优势。

借助多样化且富弹性的资源供给方式为扶持潜力研究领域和拓展新研究领域提供资源支撑。2005 年从比尔和梅琳达·盖茨基金会（Bill & Melinda Gates Foundation）获得了 4260 万美元，用于开发一种负担得起、易获取的疟疾治疗方法，同时在政府支持下开展了多项生物与医学科研项目并获得了若干重大发现，实现了 LBNL 生物与医学领域的可持续发展；在依托已有资源、利用合作资源、争取新资源组合策略支持下，LBNL 天文与宇宙研究领域迎来成果井喷期，例如乔治·斯莫特（George F. Smoot）因在宇宙大爆炸理论方面的突出贡献荣获 2006 年诺贝尔物理学奖，索尔·珀尔默特（Saul Perlmutter）因展示了宇宙膨胀实际在加速而不是减慢的开创性工作荣获 2011 年诺贝尔物理学奖，实验室研究人员利用“斯隆数字化巡天”（Sloan Digital Sky Surveys，SDSS）获得的大量数据准确计算了宇宙物质团聚。同时，新研究领域蓬勃发展，例如 2006 年在能源部生物与环境研究办公室、戈登和贝蒂·摩尔基金会（Gordon and Betty Moore Foundation）、美国国立普通医学科学研究所（National Institute of General Medical Sciences，NIGMS）、陈和扎克伯格基金会（Chan Zuckerberg Initiative）支持下增设国家 X 射线断层摄影术中心（National Center for X-ray Tomography，NCXT），由此开创 LBNL 全新细胞和分子生物学研究领域；获得能源部“2009 年 46 个能源前沿研究中心项目”支持，据此 LBNL 成立地质二氧化碳纳米尺度控制中心（Center for Nanoscale Controls on Geologic CO_2，NCGC）②，

① 旨在开发、应用先进气候和地球系统计算模型，为研究气候变化和社会能源需求之间的相互作用及其带来的挑战提供工具支持，参与组织包括 8 个国家实验室、4 所高校、1 个研究中心和 1 所私营企业。

② 46 个能源前沿研究中心项目自 2014 年实行竞标制，截至目前 LBNL 连续获得资助，2014 年至 2018 年延续了 NCGC 中心，2018—2020 年转为材料量子凝聚新路径研究中心（Center for Novel Pathways to Quantum Coherence in Materials，NPQC）。此外，研究中心不再由单一研究机构支撑，而是协同共建，例如 NPQC 由 LBNL 牵头，其他合作单位包括阿贡国家实验室、哥伦比亚大学和加州大学圣塔芭芭拉分校。根据美国能源部科学办公室网站（https://science.osti.gov/bes/efrc/）公布的数据整理所得。

开拓了 LBNL 碳捕获研究新领域；2012 年由 LBNL 牵头成立可扩展数据管理、分析和可视化研究所（Scalable Data Management，Analysis and Visualization Institute，SDAV），为 LBNL 大数据研究领域的形成与发展提供了机遇①。

不断调整实验室管理方式并致力于技术合作和转移工作，为丰富实验室资源供给新渠道提供了条件。例如，2005 年加利福尼亚大学通过竞争获得 LBNL 管理权，之后为降低因竞标产生的嫌隙，也为了更好实现能源部、加利福尼亚大学及 LBNL 三者紧密合作，朱棣文组建了一支包括三方人员的实验室高级管理团队，为后续 LBNL 争取、整合多方供给的资源提供了重要保障；与太阳微系统公司（Sun Microsystems）、英特尔公司（Intel）、思科（Cisco）企业合作研发了年均节约 10 亿美元的数据运行节能技术；在英国石油公司（BP）出资 5 亿美元资助下，LNBL 联合伊利诺伊大学厄本那—香槟分校、加州大学伯克利分校共建能源生物科学研究所（Energy Biosciences Institute），力图用生物技术重塑绿色工业流程；在能源部技术转移专项资金支持下推进技术转移，例如 2008 年 LBNL 获得能源部 150 万美元用以支持实验室清洁能源技术转移，2016 年能源部提供 1600 万美元以支持包括 LBNL 在内的 12 个国家实验室的 54 个项目实现技术转移。借助技术转移，LBNL 也获得了相应资源回报，例如 2018 年 LBNL 年度技术特许权使用费收入达 254.6 万美元。

第二节　桑迪亚国家实验室

桑迪亚国家实验室（Sandia National Laboratories，SANDIA）可追溯

① 是美国“大数据研究与开发计划”（Big Data Research and Development Initiative）的具体落实，由美国能源部“通过高级计算进行科学发现”（SciDAC）计划提供资金，执行周期 5 年，年度预算 500 万美元。研究中心由劳伦斯伯克利国家实验室领导，合作参与者包括阿贡国家实验室、劳伦斯利弗莫尔国家实验室、洛斯阿拉莫斯国家实验室、橡树岭国家实验室和桑迪亚国家实验室 5 个国家实验室，佐治亚理工学院、北卡罗来纳州立大学、西北大学、俄亥俄州立大学、罗格斯大学、加利福尼亚大学戴维斯分校和犹他大学 7 所高校，以及 1 所开发并支持专业可视化软件的公司 Kitware。根据 SDAV 研究中心网站（https：//sdm. lbl. gov/sdav/）公布的资料整理所得。

至1945年Z部门（Z division）的成立，其主体部分位于新墨西哥州的阿尔伯克基（Albuquerque，New Mexico）和加利福尼亚州的利弗莫尔（Livermore，California），其他地址还包括：托诺帕试验场（Tonopah Test Range，主要用于测试无核武器系统和炸弹组件）位于内华达州，考艾岛测试设施（Kauai Test Facility，主要用于火箭发射等任务）位于夏威夷，三个分处办公地点分别位于华盛顿特区、得克萨斯州和明尼苏达州。SANDIA致力于国家安全事务，主要研究领域包括：核武器——确保美国核武库安全、可靠，并充分支持美国应有核威慑力；国家安全——为美国提供先进防御、威慑、情报技术和强大分析、评估能力，以增强美国安全防御实力①；能源——通过技术研发确保美国关键基础设施和环境在面对自然或人为威胁、攻击时具备高安全性与强恢复力②；全球安全——利用科学技术创新和全球参与来抗逆威胁、减少危险、应对灾害③。运行模式采用GOCO模式，归属美国能源部国家核安全管理局（National Nuclear Security Administration，NNSA），目前由桑迪亚国家技术工程解决方案有限责任公司（National Technology and Engineering Solutions of Sandia，LLC，NTESS）负责管理和运行④。自成立至今以多种方式满足国家安全需求，主要包括：为美国提供美国核武器

① 具体项目涉及微系统科技，开发领先的可信微系统技术，为国家安全平台提供新的和日益强大的宏观系统能力和功能支撑；监视和侦察，研发、设计、测试先进监视和侦察技术、设备与系统，目前主要包括雷达智能、监视与侦察，先进射频系统，安全处理与信息保护等研究模块；军事系统集成化，研究和开发保护美国政府、军事和重要民用基础设施免受网络威胁的技术；核扩散评估，为美国情报部门、能源部和国防部提供评估、削减核扩散威胁的技术和方案。

② 具体项目涉及可再生能源、可持续性交通、清洁能源、化石能源、核废物管理、电网、北极科学与安全、能源存储、能源科学、能源与水等。

③ 具体项目涉及网络与技术设施安全，为关键基础设施提供先进分析技术和强大技术支持；削减全球威胁，促进全球合作以避免化学材料、核材料、辐射性材料的滥用；国土安全，为确保国土安全提供相应研究、分析和解决方案；国防安全，随时随地为美国核武器与核材料面对的安全威胁提供技术化与系统化解决方案；全球安全遥感与核验，为降低核扩散威胁提供先进侦测技术；大规模杀伤性武器的反恐怖主义和危机响应，为避免大规模杀伤性武器和核武器使用提供技术支持和危机管理。

④ NTESS是霍尼韦尔国际（Honeywell International，Inc.）的全资子公司（企业组织），自2017年开始接管SANDIA，在此之前：1993年至2017年由洛克希德·马丁公司（Lockheed Martin Corporation）的全资子公司桑迪亚有限责任公司承运，1949年至1993年由美国电话电报公司（American Telephone and Telegraph）的全资子公司桑迪亚有限责任公司承运，1949年之前由加利福尼亚大学承运。

库安全保障，例如研发了一系列核武器监控、存储智能化、放射性微量元素防泄漏与祛除技术等；核武器研发，例如研发 B61 核弹、热核 W76、核弹空投技术、核武器授权技术等；各类军事装备实验设备与场地的建造与运营，例如层流洁净室、托诺帕试验场等设备与场地的建造，并为先进超音速核武器等军事武器提供测试服务；其他军事或重大装备技术研发，例如航天返回装置、超音速飞行器、超级计算机、核武器超常规运输设备、火箭技术、安全密码技术、无人操纵等自动化技术等；为国内外重大军事行动提供科技服务，例如为“砂岩行动”等一系列军事行动提供技术支持，为美国战略防御计划提供科学评估。

充沛资源供给是 SANDIA 在这些领域发挥重要功用的基础：截至 2019 年 SANDIA 共有 12783 名全职人员，兼职人员 32 名，251 名博士后研究人员，978 名研究生人员；2020 年实验室预算经费 38.11 亿美元，其中 37.17 亿美元用于实验室日常运行（operating）、3400 万美元用于设备购置（capital equipment）、5900 万美元用于基建（construction），在经费来源中以能源部为主共划拨 25.52 亿美元（占总预算的 67%）——其中国家核安全管理局（NNSA）划拨 22.74 亿美元，非 NNSA 能源部部门划拨 2.78 亿美元，非能源部部门或组织（战略伙伴，strategic partner）共划拨 12.6 亿美元；目前实验室拥有 Z 机械（Z Machine）、微系统工程科技综合体（Microsystems Engineering Sciences and Applications Complex）、国家太阳能热测试设施、大型环境测试设施（主要包括热测试综合体、机械振动设施、火箭橇测试设施）、离子加速器、燃烧研究设施（Combustion Research Facility）、电池滥用测试设施（Battery Abuse Testing Facility）等一批世界一流科研设施；2017—2021 年 WOS 数据库检索 SANDIA 学术论文为 5694 篇[①]，主要涉及材料科学、应用物理学、化学、纳米科学、能源燃料学、机械与电子工程、核科学、计算与计算机科学等领域。

一 SANDIA 孕育期的资源供给[②]

SANDIA 产生于第二次世界大战时期的“曼哈顿计划”，当时是洛

① 数据来源于 WOS 数据库，检索方式为“所属机构—Sandia National Laboratories”。

② 在此阶段，SANDIA 由一个洛斯阿拉莫斯国家实验室内设部门逐步剥离出来成为一所独立运行的实验室。时间约从 1945 至 1949 年。

斯阿拉莫斯国家实验室的内设部门，简称“Z Division”。原子弹研发成功后，洛斯阿拉莫斯国家实验室相关负责人开始寻找新地点继续推进武器（尤其是非核武器）研发，于是选择了当时归属美国空军的阿尔伯克基空军基地（Albuquerque Army Air Field，也称 Albuquerque Airport 或 Oxnard Field）和科特兰空军基地（Kirtland Army Air Field）[①]。1945 年 7 月 12 日 Z 部在阿尔伯克基成立，负责军械设计、测试、装配和军事联络等工作，由杰罗德·扎卡里亚斯（Jerrold Zacharias）担任 Z 部门负责人，首批工作人员于 1945 年 9 月入驻阿尔伯克基，并开始在洛斯卢纳斯测试场（Los Lunas test range）建设测试仪器[②]，核弹“胖子”（Fat Man）和新 Mk 4 的设计、研发、优化、测试工作亦同步进行[③]；10 月扎卡里亚斯卸任返回麻省理工学院，罗杰·华纳（Roger Warner）接任 Z 部门主负责人职位。1946 年 6 月 Z 部门参与了战后第一次核试验“十字路口行动”（Operation Crossroads）；11 月华纳离开 Z 部门成为 AEC 工程部主任，罗伯特·汉德森（Robert Henderson）接任 Z 部门负责人职位。1947 年作为洛斯阿拉莫斯国家实验室的一部分一块转归 AEC 管理，2 月最后一批工作人员由洛斯阿拉莫斯国家实验室搬迁至桑迪亚基地；4 月 AEC、洛斯阿拉莫斯国家实验室和桑迪亚基地三方在洛斯阿拉莫斯召开会议，会议明确了 Z 部门责任，即“完善组装程序”，并指出实际组装工作应在 Z 部门代表的指导下由“武装部队特种武器项目”（Armed Forces Special Weapons Project，AFSWP）人员具体执行——AFSWP 于 1947 年年初在 MED 负责人莱斯利·格罗夫斯将军指挥下成立，主要从事由军方参与的原子能军事用途研究，工作人员主要从事武

---

① 这两地于 1941 由空军掌管用于培训轰炸机飞行员、飞机修理工程师和航空站人员等，1942 年成立航空训练站（Air Depot Training Station）并于 1943 年完成任务，1944 年成立康复中心，1945 年 7 月 21 日转交给曼哈顿工程特区（Manhattan Engineer District）管理。

② 洛斯卢纳斯测试场位于洛斯卢纳斯轰炸靶场（Los Lunas Boming Range）内，洛斯卢纳斯轰炸靶场于 1941 年由美国空军成立，位于阿尔伯克基的柯特兰空军基地以南 20 英里处，战时主要用于轰炸机与炸弹测试和飞行人员培训，战后用做研究弹道导弹、引信和射击原子弹（未安装核组件）测试的目标靶场，1961 年关停——根据 The Center for Land Use Interpretation 网站（http：//clui. org/section/los-lunas-range）公布的资料整理所得。1945 年 12 月进行第一次投弹实验，后来由于地理环境不合适 SANDIA 将实验移到了萨尔顿海试基地。

③ Rebecca Ullrich，*Tech Area Ⅱ*：*A History*，Sandia National Laboratories 98-1617，July，1998.

器装配、维护和测试[①]；11 月保罗·拉尔森（Paul Larsen）担任 Z 部门领导，在 AEC 等相关部门协助以及"砂岩行动"（Operation Sandstone）带动下[②]，Z 部门规模迅速扩大。

1948 年 4 月 1 日 Z 部门重组为半独立部门，并正式命名为桑迪亚实验室[③]，内部组织结构也由原先的 13 个小组调整为 9 个部门[④]，截至 7 月 15 日 SANDIA 工作人员增加到 719 人。1949 年拉尔森卸任时，SANDIA 工作人员增加到 1720 人，建筑面积从 2000 平方米增加到 1.4 万平方米，并有 3 万平方米在建办公楼[⑤]。1949 年 5 月 AEC 主席戴维·埃利·利连塔尔（David Eli Lilienthal）推荐美国电话电报公司（American Telephone and Telegraph，AT&T）承接桑迪亚实验室[⑥]，并得到时任总统杜鲁门的支持[⑦]。1949 年 10 月 5 日桑迪亚公司成立，10 月 6 日乔治·A. 兰德里（George A. Landry）成为桑迪亚公司首任主任兼实验室主任[⑧]，11 月公司接替加利福尼亚大学成为 SANDIA 新任运营组织[⑨]，自此 SANDIA 正式从洛斯阿拉莫斯国家实验室独立出来成为一所

---

① Rebecca Ullrich, *Tech Area Ⅱ: A History*, Sandia National Laboratories 98-1617, July, 1998.

② "砂岩行动"是 1948 年开始的一系列核武器试验活动，目标在于测试改进的核武器效能（Department of Defense，1948）。在此之前，Z 部门生产活动因人员、设施等不足已经引起相关部门注意。1946 年 AEC 在一次现场考察中发现，美国没有以备必要时使用的战争武器储备（Ullrich，1998），这些因素成为后来相关部门支持 Z 部门快速发展的原因。

③ 半独立化改造的重要背景是 AEC 等联邦政府官员认识到：一是核武器实战化研发不仅需要实验与理论创新，还需要实地生产和测试；二是武器系统和武器发展需要多领域合作；三是 Z 部门有技术、有专家、有设备，但缺乏有效的组织结构和生产中心（Furman，1988a）。

④ Rebecca Ullrich, *Tech Area Ⅱ: A History*, Sandia National Laboratories 98-1617, July, 1998.

⑤ 尽管如此，空间不足一直是 SANDIA 此时期面临的主要问题。同时，随着"冷战"开始，武器储备成为国家战略所需，这使得 SANDIA 武器储备空间不足的问题更加尖锐。

⑥ 推荐 AT&T 的主要原因在于，公司拥有强大生产能力的西方电子公司（Western Electric）和雄厚研究实力的贝尔实验室，此考量在后来的 SANDIA 快速发展中得到了印证——向贝尔实验室借调管理人员、科研人员，与西方电子公司或 AT&T 开展商业合作等（Furman，1988a）。

⑦ 国际背景是 1949 年苏联成功试爆原子弹，打破美国独霸原子弹格局，苏美关系紧张局势陡增，自此苏美两国正式步入军备竞赛"冷战"时期，核武器更成为两国竞争的核心领域。

⑧ 上任后主要参照西电公司进行组织结构、管理规则、公共关系、员工福利、医疗保障、采购系统等方面的改革，以尽可能实现 SANDIA 独立初衷。

⑨ 运行合同的重新修订、谈判和最终签署历经了较长时间，但为之后其他企业参与国家实验室运行（GOCO）提供了宝贵经验（Furman，1988a）；此外，AT&T 明确提出 SANDIA 的运营管理要按照成功实践的产业公司模式和标准运行，并得到了 AEC 的赞同和支持（Johnson，1997）。

独立国家实验室[①]。可见，战时所需成为SANDIA孕育的主要动力，且主要聚焦于武器研发、测试与组装，由此也决定了整个20世纪40年代SANDIA孕育期的资源供给呈现军事化供给特征，政府和军队成为其资源供给的绝对主体。

二 SANDIA形成期的资源供给[②]

为满足“冷战”以及局部战争国家战略核安全的需要，联邦政府和军队借助直接拨款等方式将大量科研资金投向核武器研发领域[③]，在此背景下SANDIA获得了快速发展，例如1949年SANDIA在技术1区以南约1千米处建设的技术2区开始运行[④]，至1952年技术2区成为美

---

① SANDIA独立出来并由产业公司承运受多方面影响：一是加利福尼亚大学董事会更关注实验室研发活动，且认为和平时期不应该涉足军械生产，所以武器组装、监督与储备等并不在其管理范围内，即大学本身已有脱管意向；二是随着SANDIA规模、业务增长与拓展，洛斯阿拉莫斯国家实验室已难以对实验室实施有效管理；三是AEC萌生了建立一个专门从事核武器系统研发组织的意向，以随时满足核储备国家战略需要（Ullrich，1998）；四是受当时生产条件限制，将武器部件的生产、组装与存储从实验室完全剥离出去难以实现（这也是SANDIA成为1948年至1952年美国核武器组装主要机构和地点的主要原因）；五是当时AEC相关领导曾经或正在贝尔实验室担任主任等重要领导职位，这为AT&T进入备选视野提供了条件；六是已有产业公司成功承运实验室的先例和经验，例如美国联合碳化物公司承运橡树岭国家实验室（Johnson，1997）；七是1948年“砂岩行动”的成功证实了创新产品是研发和生产的结合，生产能力提升应依靠零部件的规模化生产和流水线组装，这为SANDIA成立提供了实践合理性（Furman，1988b）。

② 在此阶段，SANDIA“国家实验室”属性真正确立，这体现在：一是SANDIA主体场地结构基本建立起来，包括实验室阿尔伯克基基地形成了技术1区、技术2区、技术3区、郊狼测试场（Coyote Test Field）、曼萨诺储藏区等主体场区，实验室第二场区利弗莫尔实验基地落成等；二是各类重大科研设施完工并投入使用，例如空气枪测试设施、振动测试设施、火箭动力钟摆设施、风洞设施、55英尺长的液压离心机、300英尺高的钢制落塔、900余米的火箭橇轨道等科研设施；三是实验室工作中心由生产转向研发，开始提供有偿服务，为国家战略提供科技研发支持；四是基本形成了较为成熟的管理运行体系，例如GOCO模式基本成形，人事管理等各类细化管理不断完善；五是实验室主体性科研领域基本形成，即形成了以核武器研发为中心的多项目型国家安全科研体系；六是国家实验室发展以服务国家安全所需为基本遵循，体现在实验室各种设施及其研究领域的建设与形成紧跟国家战略所需。时间约从1949年至1959年。

③ 1950年SANDIA接收第一份有偿服务，项目来自国防部。

④ 技术1区也是Z部门搬迁至阿尔伯克基的初始工作地区，例如828等初始4座临时性建筑大多在此区建设（Ullrich，1999），也是之后SANDIA的主要工作区，为整个实验室提供基础性管理和技术支持，研究方面主要侧重于三个领域：设计、研究和开发武器系统，制备武器系统组件，能源研究。Cockroft-Walton电子加速器、Van de Graaff电机、重离子/质子加速器、X射线器等设施位于此区。

国核武器主要组装地①；1952年又在技术2区以南约1万米左右开建技术3区，主要用于测试和模拟各种自然和诱发环境下的核武器和其他非武器设备的运行情况②。1952年3月唐纳德·奥布里·夸尔斯（Donald Aubrey Quarles）任职SANDIA主任，基于兰德里时期打下的运营基础和SANDIA持续规模扩张的现实，夸尔斯上任后增设了总经理职位专门负责实验室设备、人员和商业管理事务，以充分发挥资源最大效能。此外，AEC不断引入其他组织（一种间接的资源供给或整合形式）以不断扩充核武器制造系统的生产能力③，夸尔斯借此开始致力于SANDIA工作内容的转向——将SANDIA从战时核武器直接组装、储备等生产性工作中解放出来，转向一条聚焦核武器构成部件的系统设计与研发之路④，并兼顾其产前试验工程和全流程可靠性评估工作，例如SANDIA与美国军方合作中致力于为美军提供弹头装弹和引信系统的设计研发服务。总之，在借助AEC提供的各类资源或政策支持下，夸尔斯时期SANDIA生产性功能逐步消减，研发性功能迅速增强。1953年9月詹姆斯·W. 麦克雷（James W. McRae）任职SANDIA主任，其任职期间实验室同样在AEC和军方大力支持下取得了快速发展，例如继续强化实

---

① 技术2区自1948年开始设计和建造，是一块钻石形区域，占地约280亩。1952年组装核武器的主要任务由技术2区转移到AEC综合承包商综合体的其他地点，至1959年SANDIA装配职责基本结束，1960年开始该区域成为炸药研发区。至1994年历经近50年的使用，技术2区已有建筑和设备因老化已难以满足科研需要，1994年开始SANDIA炸药和新高爆组件研发设备均在技术2区之外建设，1995年SANDIA提出在技术2区之外建造新设施提案，此后技术2区经能源部批准后其相关设施进入拆卸阶段，至今SANDIA尚无重启技术2区的计划，技术2区历史使命结束。

② 此区主要布局SANDIA验证与鉴定科学实验综合体（Validation and Qualification Sciences Experimental Complex，VQSEC）的主体设施，例如火箭滑轨、机械冲击综合体、热测试综合体等。

③ 例如，AEC建构的承包商综合体（contractor complex），1947年至1958年这一综合体包括先后成立的9个承包商，承接核武器各种零部件、高爆炸药、存储材料的生产任务（Furman，1998b）。

④ 随着20世纪40年代末空军在SANDIA附近的曼萨诺山（Manzano Mountains）建立核武器存储基地，SANDIA与空军建立了紧密联系，为其提供核存储服务，例如之后研发出的“wooden bomb”系统就很好地解决了核武器存储中的安全、成本等问题，这增强了SANDIA在核存储技术方面的研发能力。此地区也随之成为SANDIA开展相关研究的“曼萨诺储藏区”，主要负责研发核材料或核武器存储技术。后来随着储存技术进步，核材料或核武器存储已无须地下存储，于是1992年左右此地区用于核武器存储功能的相关设备基本关停，但相关研究仍在进行。

验室核武器研究实力并实现了核武器设计从核裂变到核聚变的转变，着力支持、扩大和推进各类武器研发和存储能力①，同时为确保品质还在AEC支持下成立质量保证局（Quality Assurance Agency）②；在充沛资源供给背景下，SANDIA积极推动实验室开展多项目、多领域研究，鼓励研究人员积极从事辐射固化、微波、冶金、能源（尤其是太阳能）和材料等领域的科学研究③。1958年10月朱利叶斯·莫尔纳（Julius Molnar）任职SANDIA主任，也正是在其任职当月美、苏、英三国在日内瓦召开了关于停止核武器试验的会谈，在此背景下SANDIA首次出现资源供给放缓迹象，莫尔纳对此做出了通过合作尽可能维持资源供给稳定的策略选择，例如参与“Vela Program”项目，参与洛斯阿拉莫斯国家实验室的磁约束聚变等离子体项目，参与劳伦斯利弗莫尔国家实验室的“Plowshare Project”等④。

三 SANDIA发展期的资源供给⑤

一是借助传统资源供给方式确保实验室所需资源稳定供给，夯实SANDIA传统研究实力。例如，1960年9月施瓦兹（Schwartz）担任实验室新主任，当时因美、英、苏暂停核试验协议达成后相关研发大量终止，致使SANDIA面临的资源短缺处境比莫尔纳时期更为严峻⑥，在此背景下施瓦兹积极游说白宫，终使SANDIA凭借其武器安全研发优势参

---

① 核武器存储研究方面，SANDIA于1954年提出“Wooden Bomb”设计理念影响最为深远，此设计理念经技术研发后最终在20世纪50年代后半期用于实弹存储，此技术缩短了储备炸弹启用时间，也降低了炸弹无战储备时的成本和难度，系统性地改变了美国核武器存储体系，为1955年至1960年美国大规模存储核武器奠定了基础——1960年美国核武器存储达到200亿吨级历史最高水平。

② SANDIA作为当时美国核武器生产领域的核心主体，其质量会对大部分核武器效能产生影响，有鉴于此，AEC在SANDIA成立了这一部门，SANDIA借此逐渐成为美国核武器部件生产标准的制定者，追求高品质也成为SANDIA的重要价值追求之一（Johnson，1997）。

③ 这些新研究领域和方向都衍生自核武器研究。

④ 成为SANDIA脉冲反应堆研究的起点，也为实验室非核武器和能源研究领域的发展奠定了基础。

⑤ 在此阶段，SANDIA全面发展，不仅体现于实验室规模、科研范围、设施水平的全面提升，更体现于实验室发展与国家战略所需的紧密互动，总之“为实现国家利益提供优质服务”的理念已然建构起来，支撑这一理念实现的各种能力也在这30年中得到了巩固与发展。1979年12月29日《公共法案96-164》由卡特总统签署生效，其中SEC. 212（d）（3）正式命名桑迪亚国家实验室（Sandia National Laboratories）。时间约为20世纪60年代至80年代。

⑥ 1961年出现了SANDIA历史上第一次裁员，工作人员数量减少到7800人。

与了白宫核武器准许行动链接技术研发计划①，同时还获得了一系列有偿服务项目，包括为NASA提供科研服务、为美国越南军事行动提供武器研发支持等。1962年1月SANDIA核弹头与载入飞行器集成技术获得突破，并据此获得了美国海军海神号导弹马克3再入弹体合同，同年7月在“海星行动”（Starfish Prime，高空核试验）中SANDIA研发的Strypi火箭携带高空核武器性能测试设备升空②。1963年3月实验室获得轻型战术热核弹（B61）第三阶段研发授权，同年7月第一对用于监测和探测核爆炸的Vela卫星发射升空③。1983年时任美国总统宣布实施“战略防御计划”（Strategic Defense Initiative），SANDIA积极参与其中并做出了重要贡献。1985年在能源部支持下建造PBFA-Ⅱ（8000万美元）④。

二是紧盯国家战略调整新增资源，借此推进实验室新研究领域的形成。例如，1971年8月国会授权AEC开展能源研究以满足国家能源战略需求，在此背景下SANDIA开始涉足能源研究，并陆续启动太阳能、化石燃料回收和核聚变等领域的研究。1972年9月，为回应国际和国家对人身安全的关注，SANDIA在AEC支持下启动反恐研究和培训项目并持续至今，截至目前产出了一系列反恐技术和方法，成为SANDIA

---

① 1964年6月肯尼迪总统发布第160号国家安全行动备忘录（北约核武器许可链接），要求许可行动链接要覆盖所有核武器，并进一步指示原子能委员会主席和国防部长紧急部署先进许可链接设备相关研发工作，在此背景下SANDIA在继承实验室已有研发成果的基础上将许可行动链接技术研发确定为实验室未来重点研发领域和方向。

② 背景是1961年9月苏美停止核武器试验协议破裂。此外，还包括1962年“多明尼克行动”（Operation Dominic），SANDIA主要参与了其中的仪器、测试器械特殊运输工具研发和核弹空投中的数据记录等工作。

③ “Vela Program”的成果之一，与洛斯阿拉莫斯国家实验室合作中SANDIA主要负责研发光学传感器、电源子系统以及数据处理系统。通过参与此项目，SANDIA火箭和遥感技术研发能力快速提升，并为后来实验室卫星探测和安全监控研究奠定了基础。

④ PFFA-Ⅱ是SANDIA脉冲功率计划（Pulsed Power）的一部分，其历经了漫长演化过程，各时期代表性大型科研设备包括20世纪60年代的SPASTIC、Herme-Ⅰ和Ⅱ，70年代的HYDRA、proto-Ⅰ和Ⅱ、PBFA-Ⅰ，80年代的PBFA-Ⅱ，同年代的Hermes-Ⅲ和Saturn，90年代PBFA-Ⅰ改造升级为Z Machine（Arsdall，2007），之后经国会同意、能源部支持Z Machine不断升级改造，2002年至2007年升级改造耗资9000万美元。目前，Z Machine是世界上最强大、最高效的实验室辐射源，它利用与高电流相关的高磁场来产生高温、高压和强X射线，其创造的条件是地球上独一无二的，用于高能量密度科学研究，并为行星研究、天体物理学、惯性约束聚变、动态材料研究提供了条件。

另一重要研究领域。1974 年 SANDIA 涉足核废弃物场址选择，实验室成为后续核废弃物隔离试点工厂项目（Waste Isolation Pilot Plant, WIPP）的主要科技研发者和支持者①，也开启了 SANDIA 另一个全新研究领域。

三是通过国内合作进一步扩充实验室资源供给范围和规模，助力实验室高水平发展。例如，约翰·A. 霍恩贝克（John A. Hornbeck）担任实验室主任期间面对全国研发资金削减的不利局面时，做出了依靠提供服务而不是争取更多项目聚集所需资金的解决方案。乔治·C. 达西（George C. Dacey）任职期间重点关注 SANDIA 与其工业供应商之间伙伴关系的建设与巩固。欧文·威尔伯（Irwin Welber）就职期间为回应国会和白宫的“科研无效”担忧，首次尝试将 SANDIA 技术向私营部门转让，此外，还明确提出 SANDIA 是服务国家需求而不是维护自身利益的目标，以进一步获得联邦政府的信任和支持。

基于上述资源支持，SANDIA 实验室硬件环境得以持续升级。例如，1960 年 9 月托诺帕试验场（Tonopah Test Range）正式成为 SANDIA 永久性实验场②。1962 年 5 月桑迪亚工程反应堆设施（Sandia Engineering Reactor Facility, SERF）完工并投入运营。1980 年 11 月燃烧研究设施（Combustion Research Facility, CRF）投入使用，为 SANDIA 与工业界就各种燃烧问题开展科研合作提供了平台③。同时，自 20 世纪 60 年代开始技术 4 区、技术 5 区逐步形成，一系列大型科研仪器落户两个区域，例如技术 4 区的机械 Z（Z Machine）、短脉冲高强度纳秒 X 辐射器

① 经过 20 余年的研发、建设与改良后，终在 1997 年美国环保局正式宣布 WIPP 正式启用（Mora, 1999），1999 年新墨西哥州环境部签发 WIPP 危险废弃物设施许可证，WIPP 正式进入运营阶段，同年 3 月第一批核废弃物运抵 WIPP。根据美国能源部废弃物隔离试点工程网站（https://wipp.energy.gov/index.asp）公布的资料整理所得。

② 1956 年已在此地设置了实验场地，但 1960 年以前一直与来自海军的索尔顿海上试验基地（Salton Sea Test Base）人员以临时任务的模式支持特定测试任务。成为 SANDIA 永久性试验场地后，试验场地得到了持续完善、优化与升级，例如安装先进追踪望远镜设备等。在核武器测试暂停情况下，SANDIA 能够获得此实验场地的原因在于，当时非核武器研发依然进行，此场地即用于非核武器的研发与测试。

③ 最早可追溯至 20 世纪 70 年代早期丹·哈特利（Dan Hartley）和罗恩·希尔（Ron Hill）使用激光研究湍动气流，随后阿理尼·布莱克威尔（Arlyn Blackwell）和丹·哈特利研究了激光燃烧诊断对国家能源研究需求的潜在贡献，当 1975 年汤姆·库克（Tom Cook）建议 SANDIA 建立一个国家燃烧研究中心时，布莱克威尔和哈特利起草了一份 CRF 建造提案。

(Short-Pulse High Intensity Nanosecond X-Radiator)、高能辐射兆伏电子源（High Energy Radiation Megavolt Electron Source，HERMES-Ⅲ）、重复高能脉冲电源Ⅰ和Ⅱ（Repetitive High Energy Pulsed Power Unit Ⅰ and Unit Ⅱ）等；技术5区的桑迪亚脉冲反应堆-Ⅰ/Ⅱ/Ⅲ（Sandia Pulse Reactor-Ⅰ/Ⅱ/Ⅲ）、伽马辐照设施（Gamma Irradiation Facility）、热室设施（Hot Cell Facility）、环形核研究堆—DP/ Moly-99（Annular Core Research Reactor-DP/ Moly-99）等[①]。

四 SANDIA成熟期的资源供给[②]

一是调整实验室自身管理方式以尽可能充分调动和发挥存量资源效能，例如阿尔伯特·纳拉特（Albert Narath）任职SANDIA新主任后采取了一系列管理改革举措，以尽可能激发实验室已有存量资源的应有效能，包括将元件开发全面质量计划扩展到整个SANDIA，启动实验室第一个战略规划工作以强调改变SANDIA组织文化来迎接新挑战等[③]。保罗·罗宾逊（C. Paul Robinson）重点关注实验室内部运作简化，着力规避官僚体制对实验室高效运用资源带来的负面影响。托马斯·亨特（Thomas Hunter）为了回应能源部对管理透明度的担忧引入实验室综合管理系统，同时不断拓展非核武器资源来源渠道以解决实验室资源过度依赖核武器项目的问题。此外，实验室也成功实现了第二次管理合约变更，即1993年10月SANDIA管理合同从AT&T过渡到Martin Marietta[④]。

二是以满足国家战略所需方式持续获得稳定资源供给。例如，1990年8月海湾战争（Gulf War）爆发，1991年2月美国实施“沙漠风暴行动”（Operation Desert Storm），在政府和军方支持下SNADIA参与先进合成孔径雷达研发；“冷战”结束后国家核战略由“军备竞赛”调整至

---

① F. A. March, et al., *Sandia National Laboratories/New Mexico Facilities and Safety Information Document*（*NOTE*：*Volume I*，*Chapter* 1），1999. 9. 1，https：//digital. library. unt. edu/ark：/67531/metadc718110/，2020. 5. 21.

② 在此阶段，SANDIA充分延续、巩固和发展了实验室在国防、能源、环境、生物、超级计算等已有研究领域的优势，并开始了较为明显的合作化发展之路，同时管理水平也得到了不断提升，此外还形成了鲜明运营特色，总之在此阶段实验室呈现较为稳定、成熟的发展状态。时间约为20世纪90年代。

③ 受国会批准《合作研究与发展协议》（CRADAs）影响，日后技术转移逐渐成为SANDIA战略计划中的关键部分之一。

④ 现在的Lockheed Martin公司。

“和平利用”，SANDIA 实时做出应变，积极参与和接受了研发、生产中子发生器任务，同时积极参与、开展核武器储存和防核武器扩散研究；1997 年 7 月美国宇航局探路者太空探测器抵达火星，SANDIA 与喷气推进实验室共同设计了探测器安全着陆缓冲气囊；1999 年 3 月废弃物隔离试验工厂（Waste Isolation Pilot Plant）开始运行，SANDIA 自 1974 年开始参与其建设与运营，例如设计废弃物处理设备、开展环境影响评估、为工厂监管机构提供认证信息、为场址选择提供技术与人力辅助等。为服务美国能源部库存管理计划，2004 年 6 月 SANDIA 在加利福尼亚实验室成立信息系统实验室；2004 年 7 月桑迪亚护手研发成功，此产品服务于美军在伊军事行动；为服务于国家安全所需（尤其是核武器），在能源部支持下 2007 年耗资 5.18 亿美元建设、完工微系统工程、科学与应用综合体（Microsystems Engineering，Science and Applications Complex，MESA）①；2008 年 2 月美国海军击落一颗故障卫星，SANDIA 研发的“Red Storm”高性能计算机辅助了任务完成。

三是借助实验室已有研究基础拓展国内外合作，进一步扩展资源供给规模和范围。例如，1991 年 11 月国会通过《合作减少威胁法案》（*Cooperative Threat Reduction Act*），这为美苏两国核武器实验室之间的合作提供了条件，更为 SANDIA 借助自身优势参与全球核武器削减和防止核武器扩散提供了条件，更为实验室资源供给渠道国际化奠定了基础②；在美国能源部、SANDIA 和英特尔联合支持下，1996 年 ASCI Red 大规模并行计算机突破了每秒 1 万亿次运算的超级计算性能③；2001 年

① MESA 的主要目的是借助微系统研发与应用将 SANDIA 各个任务区或技术区（尤其是整合实验室武器设计、快速计算和微系统方面的研究专长）连接起来以整体性能力服务于核武器研发。

② 借鉴此模式，SANDIA 于 1994 年成立合作监控中心（Cooperative Monitoring Center），以助力于“通过技术合作实现国际安全”，借助此平台 SANDIA 与全球技术和政策专家建立了联系，并为相关国家提供一系列的技术、人员培训与方案支持，也为相关地区或国家的外交策略提供科学解决方案。近年来，到访次数达到年均 100 次，人员来源国家约 120 多个。

③ ASCI Red 是美国能源部加速战略计算计划（Accelerated Strategic Computing Initiative，ASCI）的一部分，由英特尔公司在俄勒冈州的比弗顿建造，万亿次运算速度实现后被拆卸和运送到阿尔伯克基，1997 年 6 月在阿尔伯克基被重新组装并投入使用，2005 年 12 月下线。美国能源部 ASCI 项目由 NNSA 的 SANDIA、LANL 和 LLNL 三个国家实验室参与，项目致力于支持美国核储备的模拟核试验。

SANDIA 和新墨西哥州卫生系统部门联合进行快速综合征验证项目（RSVP）获得突破，此技术能协助医生更早识别生物攻击和疾病暴发模式；2005 年 11 月 SANDIA 参与的双边可持续发展实验室（Bi-National Sustainability Laboratory）启动，实验室由美国、墨西哥两国政府和新墨西哥州州政府共同资助，致力于美墨两国间的技术合作——通过让两国研究人员产生科研合作想法将边境地区问题由政治纠葛转变为科学合作；2006 年 1 月 SANDIA 和新墨西哥大学合作开展的单细胞生物实验于国际空间站顺利实施，同年 8 月由 SANDIA 和洛斯阿拉莫斯国家实验室共建的纳米技术集成中心（Center for Integrated Nanotechnologies，CINT）投入使用。

五 SANDIA 迁跃期的资源供给①

2010 年后 SANDIA 在凝练实验室独特组织文化基础上重塑愿景、使命、价值追求和战略框架，以谋取 SANDIA 更高水平的发展，与之匹配，建构更加强大的资源支撑能力成为 SANDIA 战略布局中不可或缺的部分，具体内容见附录“SANDIA 两个‘五年战略计划’概述”。在此背景下，扩大合作范围和力度成为 SANDIA 提升资源支撑能力的重要策略，甚至在吉尔·M. 赫鲁比（Jill M. Hruby）担任 SANDIA 主任时，将建立和加强实验室与外部的伙伴关系作为她任职期间的两大核心工作之一。具体事例来看，2011 年 SANDIA 和克雷公司（Cray Inc.）签订一项组建学习和知识系统超级运算研究所（Supercomputing Institute for Learning and Knowledge Systems）的 CRADA 协议，致力于研究大数据相关议题；同年，经 SANDIA、得克萨斯理工大学和 NIRE 集团三方协商后签订了一项三方研究协议，据此将 SANDIA 风能项目测试设施迁移至得克萨斯理工大学，在整合三方实力的基础上为风能自研发至市场应用提供全链条支持。2012 年 SANDIA 与英国联合研究小组合作测量了“克里奇中间体”（Criegee biradicals），获得了一系列重要研究数据和发现。

与能源部等主体战略对接成为 SANDIA 获得稳健资源供给的重要方略，例如 SANDIA “五年战略计划”充分融入能源部战略计划和国家核

---

① 在此阶段，SANDIA 依托重塑实验室思路实现了系统性能力提升。时间约为 2000 年至今。

安全局战略计划相关内容，具体情况如表 3-2 所示——实现了 SANDIA 对能源部、国家核安全局战略计划的系统支持，确保了 SANDIA 所需资源的持续、稳定供给。

表 3-2　　　　SANDIA 2016—2020 年战略计划

DOE	NNSA	SANDIA	PEMP*
目标 1：科学与能源；目标 2：核安全	目标 1：核武器存储；目标 2：缩减核威胁；目标 3：海军反应堆	目标 1：扩大实验室对国家安全的贡献	目标 1：核武器使命管理；目标 2：降低全球核武器威胁；目标 3：能源部与战略合作伙伴的项目使命与目标；目标 4：领导力
目标 1、2	目标 4：科技与工程；目标 5：人、财、物与基础设施	目标 2：夯实实验室基础，支撑实验室最大效能的发挥	目标 4；目标 5：科技与工程；目标 6：运营与基础设施
目标 3：管理与绩效	目标 5；目标 6：管理与运营	目标 3：提供一个利于促进和激发员工服务国家战略所需的优越环境	目标 4、6
目标 1、2、3	目标 1、2、3、4、6	目标 4：建构值得信赖的伙伴关系	目标 1、2、3、4、5
目标 3	目标 4、6	目标 5：出色的绩效	目标 4、5、6

注：* 是 SANDIA 战略绩效评估计划（Sandia's Strategic Performance Evaluation Measurement Plan，PEMP）。

资料来源：笔者根据 *Sandia National Laboratories FY16-FY20 Strategic Plan* 整理所得。

通过上述各类举措，2010 年以来 SANDIA 资源供给呈现全新发展态势：与之前资源供给量停滞徘徊不同，2010 年以来 SANDIA 资源供给量呈现快速增加趋势。如图 3-3 所示：2005—2010 年 SANDIA 年度经费供给在 20 亿美元上下轻微浮动，2010—2020 年以年均 1 亿美元的增加量逐年增加，终使 SANDIA 年度经费由 2010 年的 21.57 亿美元迅速增加到 2020 年的 33.95 亿美元。相同背景下，同类型国家实验室劳伦斯利弗莫尔国家实验室年度经费基本处于停滞状态，洛斯阿拉莫斯国家实验室年度经费则波动明显，且两者从 2011 年开始与 SANDIA 的年度经费差距呈现扩大趋势①。

① 三所国家实验室都专注于核武器研发和国家安全，都属于多项目类国家实验室，委托运行单位都属于产业公司，年度资助或支出金额近十年来都位于 FFRDCs 前 4 位。

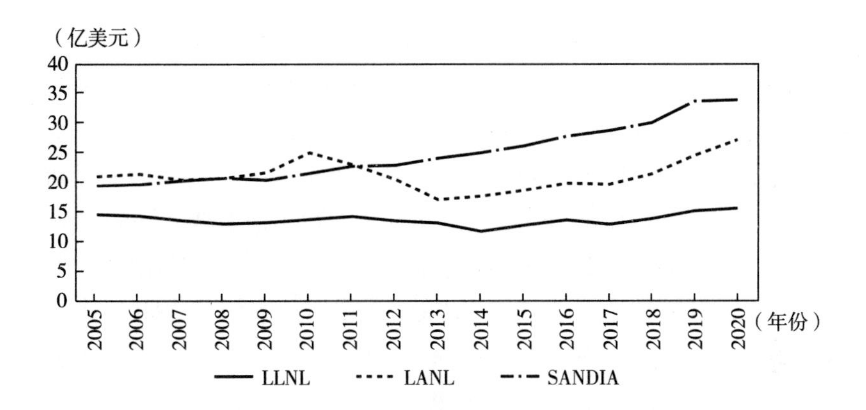

图 3-3 SANDIA 年均支出变化与对比

资料来源：笔者根据美国国家科学基金委员会网站（https：//www. nsf. gov/）公布的数据整理所得。

第三节 费米国家加速器实验室

费米国家加速器实验室（Fermi National Accelerator Laboratory，FERMI）成立于 1967 年，位于伊利诺伊州（Illinois）的巴达维亚（Batavia），占地 6800 英亩，属于研发类、单项目型实验室，研究领域主要涉及粒子物理学、粒子加速器科学与技术、粒子探测器科学与技术、计算科学、量子科学等。运行模式采用 GOCO 模式，归属美国能源部科学办公室管理，目前由费米研究联盟有限责任公司（Fermi Research Alliance LLC，FRA）负责管理和运行①。1972 年第一束高能粒子光束产生，之后基于数百次科学实验 FERMI 在粒子物理学领域获得了一系列重大发现，其中包括：在 2012 年发现希格斯玻色子（Higgs boson）中做出突出贡献，1999 年和 2000 年分别直接观察到 K 介子衰变中的 CP 破缺现象和 T 中微子，分别于 1977 年和 1995 年发现底夸克（bottom quark）和顶夸克（top quark），确认了暗能量（dark energy）存在证据等。

FERMI 的充沛资源为这些重大科学发现提供了支撑：截至 2019 年

① FRA 是一个非营利性组织，由芝加哥大学和大学研究协会公司（Universities Research Association Inc.，由 89 所研究性大学组成的高校联盟）合建，自 2007 年接管 FERMI，接管之前由 URA 单独管理。

FERMI 共有全职员工 1810 人，兼职人员 22 人，博士后 95 人，本科生与研究生 95 人，访问学者（科学家）27 人，设施用户 3772 人，4 位诺贝尔奖获得者；2019 年实验室实际执行预算经费 4.91 亿美元。拥有 NOνA 探测器、ICARUS 探测器、MicroBooNE 探测器、短基线附近探测器（Short-Baseline Near Detector）、主注入器粒子加速器（Main Injector Particle Accelerator）、Tevatron 对撞机（已退役）等一系列已建和在建世界一流水平试验装置；2021 年 WOS 数据库检索的 FERMI 学术论文 481 篇[①]，知识领域涵盖粒子物理学、天体物理学、核物理学、加速器技术、计算与计算机科学、仪表仪器、电子电气工程、材料科学等。

一　FERMI 孕育期的资源供给[②]

20 世纪 20—50 年代加速器技术快速发展，已然成为物理学领域（尤其是高能物理领域）的重要且独立研究分支。当时加速器研发与建造以美国西海岸的 LBNL 和东海岸的布鲁克海文国家实验室（BNL）最具实力，两者分别拥有当时世界上最强大的质子同步加速器 Bevatron 和 Cosmotron，这些设备也使得两所实验室成为当时世界物理学研究重镇。有鉴于粒子物理学在认知世界中的重要作用，AEC 从成立之时就十分重视对此研究领域的支持，集中体现在对 LBNL 和 BNL 等其他研究组织加速器研究与建设方面的巨大且持续投入。同时，随着研究深入及新研究需求的产生，更新换代加速器性能成为高能物理研究领域中争夺、巩固研究实力制高点的关键所在，各组织间争夺加速器研发、建造的竞争愈加激烈[③]，至 1962 年 AEC 面对的高能物理加速器设计提案不再是一两个而是十几个。在此背景下，总统科学咨询委员会（President's Science and Advisory Committee，PSAC）和原子能委员会的首席咨询委员会（General Advisory Committee，GAC）共同任命由诺曼·拉姆齐（Norman Ramsey）为主席的 PSAC/GAC 联合专家组（Joint PSAC/GAC Panel）评估这些提案及高能物理加速器的未来需求。1963 年专家组提

---

① 数据来源于 WOS 数据库，检索方式为“所属机构—Fermi National Accelerator Laboratory”。

② 在此阶段，围绕 200 GeV 加速器建设形成了 FERMI 主体框架。时间约为 1963 年至 1965 年。

③ 加速器越建越大，例如加速器所需隧道的圆周长度从 20 世纪 50 年代的 63 米至 123 米，到 60 年代的 628 米，到 70 年代的 6000 米，再到 80 年代的 27000 米（Bodnarczuk，1990）。

交评估报告并给出了五点建议："由 LBNL 建造 200 GeV 质子加速器，在布鲁克海文国家实验室建造碰撞束存储环，在布鲁克海文国家实验室研究、设计 600—1000 GeV 的质子加速器，由中西部大学研究协会（Midwestern Universities Research Association，MURA）制造高强度 12.5 GeV 的质子加速器且不能延迟向更高能量迈进的步伐，在斯坦福大学开发和建造正负电子碰撞束存储环"[①]，同时报告强调高能仪器设备应在没有暗示性承诺且充分授权前提下由科学家或工程师开展科学研发与设计，国家实验室应该服务于全国而非局限于某个区域，实验室外部人员应该享有与实验室内部研究人员相同或至少相似的使用体验[②]。随后 PSAC 召集由迈伦·古德（Myron Good）主持的加速器用户委员会以审查 PSAC/GAC 联合专家组建议，委员会同意联合专家组建议并突出强调了实验室服务于全国的建议[③]，之后 ACE 向 LBNL 划拨了进一步研究与设计 200GeV 质子加速器的经费，由 LBNL 的爱德华·约瑟夫·洛夫格伦（Edward J. Lofgren）负责。

1965 年 6 月研究设计问世，总造价预估 3.4 亿美元，一经提出便引起国会强烈不满，认为造价太高，于是 AEC 在考量其他设计方案的基础上下调最高造价至 2.4 亿美元[④][⑤]，之后 LBNL 不得不在此基础上

---

① Norman F. Ramsey, *The Early History of URA and Fermilab: Viewpoint of a URA President* (1966-1981), 1987, https://history.fnal.gov/GoldenBooks/gb_ramsey.html, 2020.4.14.

② Lillian Hoddeson, "Establishing KEK in Japan and Fermilab in the US: Internationalism, Nationalism and High Energy Accelerators", *Social Studies of Science*, Vol. 13, No. 1, Feburary 1983, pp. 1-48.

③ 专家组成员勒德曼提出了"真正国家实验室"（Truly National Laboratory）的概念，认为一个真正的国家实验室应该具备如下特征：国家实验室最高主管部门及实验室主任的负责对象应该是一个具有全国代表性的委员会（a nationally represented committee）；用户不仅拥有使用机械、辅助设备、专业化服务的权利，还享有使用实验室办公空间、获得实验室充分预算支持、能够被实验室计划委员会充分代表、组建实验室活跃用户咨询委员会的权利（Hoddeson, 1983）。

④ Lillian Hoddeson, "Establishing KEK in Japan and Fermilab in the US: Internationalism, Nationalism and High Energy Accelerators", *Social Studies of Science*, Vol. 13, No. 1, Feburary 1983, pp. 1-48.

⑤ 例如，威尔逊（Robert Rathbun Wilson，后成为费米国家加速器实验室第一任主任）认为伯克利的设计过于保守，导致建造成本过高，并提出用 5000 万美元即可实现 200 GeV 加速器建造的替代方案；同时哥伦比亚大学塞缪尔·德文斯（Samuel Devons）也提出了一种替代方法，即使用 AGS 作为注射器为布鲁克海文国家实验室加速器增加更高加速度（Hoddeson, 1983）。

调整原有设计，最后获得美国原子能联合委员会（United States Joint Committee on Atomic Energy，JCAE）和美国国家科学院（National Academy of Sciences，NAS）的支持，并强调新实验室的目标在于聚集全国甚至全世界科学家开展更高水平的科学研究①。随着加速器设计问题的解决，选址问题成为争议焦点，对此 AEC 在收到科罗拉多州选址提案后公开要求有意向州均可提交议案，最后共收到 125 份提案。AEC 将议案总数缩减至 85 个后将后续筛选工作转交给伊曼纽尔·皮奥雷（Emanuel Piore）主持的国家科学院专家小组，1966 年 3 月专家组给出了加利福尼亚州、科罗拉多州、伊利诺伊州、密歇根州、纽约州和威斯康星州六个可供选址地点，12 月 16 日 AEC 选定伊利诺伊州韦斯顿市（Weston）作为新实验室地址②。与地点选址几乎同时进行的是设置管理机构。时任 NAS 院长的弗雷德里克·塞茨（Frederick Seitz）认为，为确保实验室“国家代表性”应建立一个真正意义上的全国性组织建造和操作加速器，于是 1965 年 1 月 17 日塞茨召集了由 25 位大学校长参加的讨论会，会议重点讨论 200 GeV 加速器的管理问题，并决定建立大学研究协会（URA）管理实验室，1965 年 6 月 21 日 URA 公司正式成立③。

---

① Adrienne Kolb，*At the Frontier*：*A Brief History of Fermilab*，1999. 3，https：//history. fnal. gov/brochure. html，2020. 4. 14.

② 美国原子能联合委员会（国会下设机构）指出，选址应由 AEC 做出而不是科学家，并要求当时成立不久的大学研究协会公司（URA）不得对选址问题做出任何倾向性表态，这表明选址问题更多涉及政治因素，这还表现在：国会对高能物理加速器和经费过度布局和流向东西海岸存在明显不满；时任美国总统林登约·约翰逊可以借助此次投资间接偿还因 1965 年关停 MURA 所欠下的债务，同时还可借此施压时任伊利诺伊州议员的 Everett Dirksen 支持《民权法案》。与此同时，伊利诺伊州政府承诺将提供 2550 万美元用于购置 10. 63 平方英里的实验室场地。此外，伊利诺伊州本身也为地址选择提供了条件，包括：当时伊利诺伊州在全美总制造业排名中名列第三，机械生产排名第一，印刷和出版业排名第二，煤炭生产排名第四，石油生产排名第八，工业基础雄厚；当时该州芝加哥地区有 456 个研究实验室，雇用超过 18000 名员工，重要机构包括贝尔实验室、阿贡国家实验室等；伊利诺伊大学在授予博士学位方面全美领先，每 6 名新博士中有 1 名在该州接受全部或部分教育培训，高等教育基础深厚。

③ 成立之时由 34 所大学组成，组织内部设置了由会员学校校长组成的校长委员会（Council of Presidents）和董事会（Board of Trustees），董事会负责具体组织与管理 URA（包括选举董事会主席和董事）。1965 年 11 月校长委员会会议选举 Gaylord Harnwell 担任第一届校长委员会主席，并选举 Jacob Warner 担任临时董事会主席并负责组建董事会，同时正式、公开声明支持 AEC 的任何选址决定。1965 年 12 月 12 日 URA 董事会第一次例会召开，选举 Henry D. Smyth 担任董事会主席，1966 年 7 月董事会改选诺曼·拉姆齐（Norman Ramsey）担任董事会主席并连任至 1981 年。根据美国大学研究会网站（https：//www. ura-hq. org/）公布的资料整理所得。

如前所述优越的资源环境为孕育 FERMI 提供了条件，不仅包括 20 世纪 20—40 年代积累的资源环境，还包括五六十年代与 FERMI 产生直接关联的资源环境，例如 LBNL 等 12 个国家实验室已然成立，这些国家实验室的建设与运行实践为 FERMI 建设提供了重要经验参考；“冷战”前 20 年是美国科研投资快速增长时期，几乎达到“无限投入，指数增长”的局面，这为建设 FERMI 提供了雄厚资金支持；粒子物理学已经发展成为独立且成熟的研究领域，并拥有一大批著名专家、学者，为建立 FERMI 提供了知识和人力支持①。

二　FERMI 形成期的资源供给②

1966 年 12 月 16 日 URA 向 AEC 提交了经费额度 20 万美元的《设计研究协议》（*Design Study Contract*），1967 年 1 月 5 日 AEC 签署协议。1967 年 1 月 15 日董事会会议决定实验室主任由罗伯特·赖斯本·威尔逊（Robert Rathbun Wilson）担任③，但直到 3 月 7 日威尔逊才正式接受④。4 月 URA 召开了一次由 200GeV 潜在用户参加的会议，会议决定成立用户组织（于 1967 年 12 月 9 日召开第一次例会）。1967 年 11 月 AEC 宣布 DUSAF 公司为 URA 的分包合同商，承担 200 GeV 项目基建与

---

① Mark Bodnarczuk and Lillian Hoddeson, “Megascience in Particle Physics: The Birth of an Experiment String at Fermilab”, *Historical Studies in the Natural Sciences*, Vol. 38, No. 4, Fall 2008, pp. 508-534.

② 在此阶段，FERMI 软硬件环境基本形成，具备了“完整”意义上的国家实验室性质，1974 年实验室名称由国家加速器实验室（NAL）改称为费米国家加速器实验室（Fermilab）。时间约为 1966 年至 1974 年。

③ 选择威尔逊担任 FERMI 首任主任与当时美国国内宏观环境分不开：一是当时美国准备进行大规模社会发展项目投资，但在联邦政府资金有限的情况下只能从其他领域挤占；二是从 20 世纪 60 年代初期开始美国已经对大科学项目的巨额经费投入产生了质疑与不满；三是威尔逊提出的“节约”化加速器建造方案代表了一种新思路，同时迎合了国会缩减预算的要求；四是当时爱德华·洛夫哥伦（FERMI 设计团队负责人）拒绝担任此职位，威尔逊个人具有相关经验且愿意（Westfall 等，1996）。

④ 威尔逊正式任命与正式就职之间延迟了近两个月，其间威尔逊一直推辞，目的在于施压 AEC 答应满足确保该项目开展并在科学上取得令人兴奋结果的一系列条件。后来证明，在此期间形成的协议起到了十分重要的作用，尤其在面对国会质询时得到了 AEC 的鼎力支持。此外，威尔逊在伯克利分校、LBNL 和洛斯阿拉莫斯国家实验室的教育与工作经历使其与时任 ACE 主席的 Glenn Seaborg 和国会原子能联合委员会（Joint Congressional Committee on Atomic Energy）的相关专家关系紧密，这些都为 FERMI 获取资源提供了重要辅助（Hoddeson et al.，2003）。

工程工作①。截至 1967 年，实验室运行软件环境基本建构起来。

1967 年春在康奈尔大学开始设计与研发加速器，6 月 15 日在伊利诺伊州奥克布鲁克（Oak Brook）召集了另一批工作人员和顾问开始更为密集的加速器设计，10 月 12 日董事会授权实验室主任提交设计报告，12 月 15 日公开发布设计报告。1967 年这一年中，参与加速器设计项目的工作人员达到 52 人，DUSAF 员工增加到 26 人。1968 年 1 月 23 日 URA 与 AEC 签订了第一份合同，实际资金划拨却由 7500 万美元的初始预算直接削减到 1450 万美元，且只能用于加速器工程设计，之后在实验室努力争取下国会同意可用于有限项目基建。4 月国会通过设计方案②，7 月 11 日资助金额 2.5 亿美元的加速器项目经由总统签署生效，这对于当时资金极度短缺的 FERMI 来讲意义重大。直线加速器小组自 1967 年开始在韦斯顿工作，其余工作人员于 1968 年 10 月陆续到达。1968 年 12 月 1 日加速装置中的直线加速器正式破土动工，自此加速器项目建设进入实质建设期。

整个加速器项目实际上需要建设四个加速器：预加速器（preaccelerator），由瑞士进口，组装、设计与测试在 FREMI 完成，阿贡国家实验室和威斯康星大学物理实验室在其组装、设计与测试中起到了重要辅助作用，1969 年 4 月 17 日 FERMI 从预加速器获得质子束，预加速器完成建设。直线加速器（Linac），自 1968 年 12 月破土动工，1969 年 12 月直线加速器围墙完工，1970 年 7 月直线加速器质子束被加速到 6600 万电子伏特，12 月 1 日被加速到 200MeV，直线加速器预设建设目标完成，Borg 公司和 A. S. Schulman 电气公司是直线加速器建设工程中的重要协助力量。助推器（Booster），1970 年 2 月助推器隧道完工（直径约 152.4 米），其中贝尔丁工程公司（Belding Engineering Co.）负责隧道建设，赫利希中洲承包公司（Herlihy Mid-Continent Contracting Co.）负责清理场地的机械和碎屑；1970 年 7 月 27 日用于助推器冷却的首个冷

① Norman F. Ramsey, *The Early History of URA and Fermilab: Viewpoint of a URA President* (1966-1981), 1987, https://history.fnal.gov/GoldenBooks/gb_ramsey.html, 2020.4.14.

② 国会在 FERMI 发展过程中起着重要作用，主要体现在对联邦政府投向 FERMI 资金的审批环节，即 FERMI 每次建造重大仪器设施基本都得通过国会现场听证，并由 FERMI 主任或相关人员做国会证词，如此次 2.5 亿美元加速器项目的批准就是如此。

却池首次注水，7 月 31 日快速循环同步加速器完成 1/4 动力驱动；12 月助推器环组装完成（由 48 个长约 7 米、高约 1 米的大梁和 96 块磁体共同构成），其中约 1/3 磁体由 FERMI 自己制造，其余由多家磁铁制造商供给，在整个助推环建设过程中除 FERMI 自身全程参与外，贝尔丁工程公司、西芝加哥工厂（West Chicago）等企业也发挥了不可替代的重要所用（主要在材料制造、运输和预组装方面）；1971 年 1 月 23 日质子束从直线加速器注入整个 Booster 加速器环，2 月 6 日质子在助推器中加速至 1 BeV，5 月 21 日首次达到助推器全部设计束能量 80 亿电子伏特。主加速器（Main Accelerator /Main Ring），1968—1969 年夏，组建了若干实验任务小组以分别致力于副梁（secondary-beam）、防护、磁体、光束系统、探测器、光谱系统的研究与设计，并制订了详尽执行计划，同时还聘请其他研究机构的科学家参与任务小组例会，以及时监督和指导任务小组的研发进度与未来走向，至 1969 年 9 月 30 日 FERMI 拥有 520 名员工，其中 126 名科学家与工程师；1969 年 10 月 3 日主加速器（周长约 6.5 千米、直径约 2 千米的环形隧道）建设破土动工，在这之前 DUSAF 将主加速器一期基建工程以 342.89 万美元分包给 Schless-Madden 公司；1970 年 1 月 2 日 DUSAF 与 Corbetta 建筑公司签订 730 万美元二期工程合同，即向隧道中放置主加速器外壳，工程 4 月开始，同年 11 月整个环道建设完工；1971 年 4 月 16 日主加速器磁铁完成安装（每块弯曲磁铁重 12.5 吨，共计 1014 块，组装在主加速器外壳内），其中制造、测量和预安装磁铁在 FERMI 磁铁装配大楼和西芝加哥工厂进行，贝尔丁工程公司负责运输磁铁；1971 年 6 月 30 日质子束通过整个加速器，标志着整个加速器项目主体部分完工，8 月 1 日实现滑行光束（coasting beam）；1972 年 1 月 20 日实现 20BeV，自此经过不断调试历经 53 BeV、100 BeV 直至实现预设目标 200BeV，至此整个加速器项目完工。此外，光束控制的相关研发活动也在同步进行，同时出于设备先进性的考虑，需要大批专业人员参与进来以支持加速器项目顺利推进，此时这些专业人员（主要是科研人员和设施操控人员）主要通过两种方式获得：一是招聘，例如霍恩斯特拉（Hornstra）在 1970 年加入实验室之前曾先后在阿贡国家实验室和洛斯阿拉莫斯国家实验室工作过。二是培养，包括送到北伊利诺伊大学等高校进行培训或深造，再者在科研实践中培养，其中以控制室操作员为典型——操作员每五周轮换到一个新“技术领域”，以便使他们尽快熟知整个加速器系统。同时，至1973年内部靶（Internal Target）、介子区（Meson Area）、中微子区（Neutrino Area）和质子区（Proton Area）构成的主实验区也在此时期完成。

至1974年，在各方共同努力下FERMI软硬件环境基本形成，具备了“完整”意义上的国家实验室性质，实验室名称也由国家加速器实验室（NAL）改称为费米国家加速器实验室（Fermilab）。可见，此时期资源供给的典型特点表现为，通过开放、联通、合作等方式聚集所有可用资源助力科学计划的实现①。

三 FERMI发展期的资源供给②

此时期FERMI基本发展模式是，根据粒子物理学最新研究进展（实验需要），持续完善、升级和再建重大科研仪器设备③，从资源供给角度看则是依托各方力量共建重大科学基础设施，主要体现为：一是合力推进加速器基本构件的升级、改造与扩建，例如在能源部支持下扩建质子区内的高强度PI介子试验区（High Intensity Pion Laboratory）、PI介子区（Pion Area）、超子区（Hyperon Area），介子区内基于E-416实验（由华盛顿大学、加州大学戴维斯分校和法国奥赛实验室组成实验组）新建高能粒子径迹探测器流光室（streamer chamber），中微子区内基于E310实验（由哈佛大学、宾夕法尼亚大学、罗格斯大学和威斯康星大学组成实验组）进一步优化升级了加速器。

二是合力升级、改造主加速器。1972—1981年主要依靠能源部提

① 较为典型的是用户委员会的成立及其相关政策的执行，其中明确规定来自世界各地的用户是实验室研究项目的主导力量，并划分了实验项目分配比例——其中75%的实验项目分配给实验室外部用户，25%的实验项目由实验室内部人员承担，并任命曾在阿贡国家实验室制定和履行过用户政策的Goldwasser担任实验室副主任，以指导类似政策在FERMI完善和执行（Hoddeson，2003）。

② 在此阶段，FERMI发展不仅体现于不断完善、升级的加速器复合体，还体现于不断升级的科研能力，即FERMI成为世界一流水准的高能物理研究机构，科研模式实现由“大科学”（big science）向“巨型科学”（megascience）转变。时间约为1975年至1999年。

③ FERMI履行了筹建之初的原则，即向全国、全世界提供科研服务，具体体现在以实验室大型仪器设备为支撑公开向全国和全球科学家提供实验服务，同时借助合作推进自身发展，例如1972年进行的36号实验，参与单位不仅包括国内洛克菲勒大学、罗切斯特大学和美国科学研究院，还有7名苏联科学家参与，实验过程中吸收并组装了一批苏联科学家提供的技术建议和仪器设备。

供的稳定资金支持致力于能量提升，例如从 1972 年 3 月完成 200GeV 预设目标后不断调试升级，7 月达到 300GeV，12 月能量倍增至 400GeV。同时，在此期间开始为主加速器升级至 Tevatron 做相应准备[①]：1971 年 提出“能量倍增”（energy doubler）概念[②]，目的在于进一步提升主加速器能量级别，例如达到 1000BeV[③]。1972 年实验室工作人员威廉·富勒（William Fowler）和保罗·里尔顿（Paul Reardon）提出能量倍增器草图，并给出了争取工业支持和组建项目管理团队的建议。1972 年 9 月威廉·富勒开启能量倍增器非正式研究与商讨工作。1973 年 1 月能量倍增项目正式列入 RERMI“加速器部”，且其所有决策均由实验室主任直接负责，同时也开始实质性实验研究，并在磁体、冷却等技术领域内取得了一系列重要研究进展，但直至 1974 年所有工作都是实验室的自发行为，且大部分工作由研究小组成员（至 1974 年 11 月项目小组成员达到 30 名，威尔逊担任小组主任，富勒任副主任）利用业余时间完成，所有工作更未得到 AEC 的支持[④]。1975—1978 年，能量倍增器依然没有得到官方支持，在此背景下实验室创新各种管理方法以实现低成本基础上的研发推进，包括区分外包工作与非外包工作[⑤]，将大项目分解为小项目群，将研发项目所需供应商的选择权下放至研发负责人等。1978 年 2 月威尔逊为争取实验室及能量倍增器升级所需资金，以辞职为要挟向实验室董事会和能源部施压，冲突爆发后矛

---

① Tevatron 建造过程的历史梳理主要参考 Hoddeson（1987）的研究成果。

② 此概念实质是 20 世纪 50 年代威尔逊、F. Heynman 、Lee Teng 等“级联加速器”概念的延伸。

③ 1971 年 7 月 19 日 AEC 要求威尔逊在下一财政年度开展必要工作，以明确此项工作范围，并确定是否可将能源倍增器计划所耗经费并入约 2.5 亿美元的 FERMI 加速器项目建设经费中（Hoddeson，1987）。

④ 此时，能量倍增项目仅是 FERMI 的次优先级项目。此外，尽管 1973 年 FERMI 董事会批准了从整个加速器预算中划拨经费支持能量倍增器超导磁体的方案，但 AEC 否决了这一方案并于 1974 年从 FERMI 加速器项目中撤回 650 万美元资金授权，以间接阻止资金流向能量倍增器的研发。

⑤ 例如，将冷却系统的工业制造、热传导装置等外包给 Helix 和 Frank Meyers 两家公司；样本磁体则在实验室内部自行建造。

盾难以解决，同年5月实验室董事会接受威尔逊辞职申请①，7月威尔逊正式卸任，10月能源部同意以“研发项目”方式为1/6的能量倍增研发任务提供经费支持②，同月利昂·莱德曼（Leon Lederman）接受FERMI董事会的实验室主任任命邀请③，之后莱德曼先后召开了1次实验室内部专家会议（1978年11月）讨论实验室未来发展问题，3次实验外部专家会议（1978年10月至1979年1月）研讨倍增器项目取舍问题④，最终做出实验室未来建设能量倍增器并放弃与CERN竞争W和Z玻色子发现的决定。与此同时，莱德曼开始积极改善实验室科研氛围以及实验室与能源部之间的关系，例如通过当时能源部驻实验室内部联络员安德鲁·姆拉夫卡（Andrew Mravca）实现了实验室与能源部之间关系的改善——向能源部实时通报FERMI的所有科研进展及执行能源部“项目管理计划”（威尔逊时期是坚决抵制的）等管理要求的情况。1979年6月莱德曼正式任职FERMI第二任主任，7月能源部正式同意资助能源倍增器项目4660万美元⑤。1980年Orr担任能量倍增器项目

---

① 源于多方面原因，其中主要包括三个：一是倍增器技术并不成熟，且有相似项目与之竞争（例如，由LBNL主持的ISABELLE加速器项目）；二是华盛顿认为项目并不成熟；三是AEC过渡到ERDA再到建立能源部，联邦层面资助机构的连续更迭致使实验室主任威尔逊与华盛顿之间的关系大大弱化；四是随着机构更迭，联邦政府目标也随之发生重大变化，例如AEC主要关注核科学，ERCD与DOE则关注国家能源，致使加速器项目竞争更加激烈（Hoddeson，1987；Hoddeson等，2003）。此外，20世纪70年代，高能物理经费资助出现宏观变化，即科研经费由“无限资助”转向“有限资助”，经费预算呈现停滞甚至缩减状态，“僧多粥少”的局面助推了资金竞争的激烈程度（Bodnarczuk等，2008）。

② FERMI之后提出剩余建设经费总计约3890万美元的预算估计，并得到国会支持，但新成立的能源部因先前超导超大型加速器建设失败而对此项目的技术可能性与可行性持谨慎甚至怀疑态度，致使经费支持处于悬置状态（Hoddeson，1987）。

③ 莱德曼在此之前担任哥伦比亚大学尼维斯回旋加速器实验室（Nevis Cyclotron Laboratory）主任，此外还是能源部高能物理咨询委员会（HEPAP）的创始成员之一，这些工作或任职经历都为实验室搭建资源“供—需”渠道提供了重要人际关系支持网络，同时莱德曼还具备优秀政治游说能力，成功劝说联邦和国会官员将预算削减保持在最低限度（Bodnarczuk等，2008）。

④ 由能量倍增器评估委员会（Doubler Review Committee）负责，委员会由来自加州理工学院的Matthew Sands、SLAC国家直线加速器实验室的Richter和康奈尔大学的Boyce McDaniel组成，讨论之后形成了倍增器项目可以实现的统一认知。

⑤ 在此之前，1978年6月《纽约时报》报道了FERMI能量倍增器对美国在高能物理领域的重要意义，同时高能物理咨询小组给出了相关建设项目的优先排序：SLAC国家加速器实验室PEP项目排位第一，布鲁克海文国家实验室ISABELLE项目位居第二，FERMI能量倍增器项目居第三。项目批准之后，莱德曼通过与DOE持续召开会议并及时通报项目进展情况等方式进一步改善了实验室与DOE之间的关系。

主任，同时于1981年接任FERMI加速器部主任，此种兼任有效化解了能量倍增器项目与已有加速器项目之间的冲突，也凝聚了FERMI的科研实力。1982年6月主加速器正式关停，开始大规模安装超导磁体，Tevatron建设进入正式组装阶段。1983年3月组装完成，6月首次光束注入能量倍增器并使能量达到100GeV，两周后达到500GeV，7月产生了世界上第一个能量为512GeV的束流，至此Tevatron落成，之后进入性能调试与升级阶段——经过逐步优化与调试，8月15日达到700GeV，1984年2月达到800GeV，1986年10月达到900GeV。之后又在Tevatron的基础上先后增加了两个粒子探测器碰撞大厅即CDF（Colliding Detector at Fermilab）和D0（Detector Zero），进一步提升了FERMI粒子探测能力。

三是合力建造主注入器。源于科学家提高Tevatron性能的需求[①]，尤其是“为对撞提供更多的反质子”的需求，这一提议从1987年开始筹划，得到了莱德曼（1989年卸任）的支持并最终在FERMI第三任主任小约翰·普雷斯（John Peoples, Jr）任期内完成。1989年详细论证后以报告方式提交DOE，之后通过对高能物理团体和国会的游说，以及DOE等相关部门的反复评估与商讨后，1991年10月DOE正式批准主注入器项目（Main Injector Program），资助金额为2.59亿美元并计划在1999年第三季度完工，自此主注入器正式进入研发与建造阶段[②]，其中研究与设计工作一直持续到1993年[③]。尽管项目获得批复，但国会和能源部分别在1991年和1992年拒绝向实验室继续划拨项目财政，在此背景下皮普尔斯积极动员伊利诺伊州国会代表团向国会和能源部游说，最终在1993年恢复财政划拨预算。1993年春主注入器项目正式开

① 所以从某种程度上说是升级改造Tevatron。

② 在申请过程中得到了伊利诺伊州的大力支持，包括州议会、州政府以及所在州各类联盟组织。此外，伊利诺伊州在1991年首先给出220万美元用于资助项目开建前的环境影响研究工作，为主注入器后续工作的顺利推进与开展提供了条件。

③ Stephen D. Holmes, “Building the Main Injector”, *Fermi News*, Vol. 22, No. 11, June 1999, pp. 6-7.

启①，为确保项目在预算范围内按时完工，FERMI 实验室采取了一系列管理措施，包括成立主注入器项目管理团队、各类评估组织以及设计严密的项目控制体系，同时为加强 DOE 对本项目的信心，FERMI 与 DOE 之间建立了紧密、顺畅的沟通渠道，例如在主注入器建造过程中 DOE 高能物理项目办公室每六个月对项目评估一次，DOE 项目管理者也会每周与实验室项目管理者会面，项目进程中发生的任何变更都须得到项目管理团队和能源部评估委员会的支持，正是在项目团队的有效组织、协调下，FERMI 才有效动员起了每年 900 人及 35 个主要外部承包商建设力量投入此项目的建设②，1999 年 6 月 1 日举行主注入器落成典礼，FERMI 加速器复合体（accelerator complex）开始成形（此时主要包括直线加速器、助推器、主注入器和 Tevatron）。

四 FERMI 成熟期的资源供给③

此时期，能源部支持下的加速器复合体改造无论从规模还是强度方面均处于中小型项目范围④，其中两次升级改造较具代表性：一是为满

---

① 1993 年的一个重要事件是国会否决了超导超大型加速器（Superconducting Supercollider，SSC）的建造（已开始建造且已投入 20 亿美元），其中最重要的原因是过高的经费预算（面对当时 2550 亿美元的财政赤字，国会偏向于减少支出，SSC 项目实施中的成本估计却由初始的 44 亿美元飙升至 120 亿美元），还包括没有得到时任总统和地方政府人员的鼎力支持，项目管理本身出现问题，科学界内还存在较大争论等。SSC 的失败刚开始给 FERMI 主注入器建造带来了极大负面影响，即国会和能源部对耗资巨大科研项目失败的担忧，后来随着高能物理研究协会等学术组织以及各类政治团体的成功游说，国会和能源部的担忧降到合理范围之内，恢复了对 FERMI 主注入器建造的支持态度，从整个过程来看 SSC 的失败反而为 FERMI 主注入器的建设及其后续在此领域独霸一方提供了条件（消失了一个与 FERMI 有可能展开激烈竞争的对手）。此外，SSC 项目建设失败的教训为顺利与成功推进 FERMI 相关工程提供了重要参考，包括严格、实时、精确地监督与评估项目进度与成本，保持各部门间的及时沟通，保持对外部资金的必要风险意识，规避冗余行政管理，充分发挥科技人员的主导型角色等（Appell，2013）。

② 其中包括非美国国籍科学家的广泛参与，例如欧洲核研究组织（CERN）科学家的参与。正是基于这一事实，时任 DOE 部长威廉·布莱恩·理查森三世（William Blaine Richardson Ⅲ）在回应国会以国家安全名义限制国家实验室开展国际合作提议时认为“这个项目成功的关键是国际合作，如果停止这样做那将带来巨大遗憾，以国家安全名义的限制措施会阻碍我们招揽世界上最优秀的科学家到我们的国家实验室，这将是不明智，我们将采取必要措施阻止这种情况的发生”（Perricone，1999）。

③ 在此阶段，FERMI 的发展以科学实验为主，科研设施建造为辅且改造力度处于中小规模，整个实验室处于稳定成熟期。时间为 2000—2010 年。

④ 在粒子物理学科研项目优先级排序中一般根据资助力度可将项目分为大型项目（大于 2 亿美元）、中等项目（0.5 亿美元至 2 亿美元）和小型项目（小于 0.5 亿美元）三类。

足 NuMI－MINOS 实验需要，在已有加速器复合体基础上新建 NuMI（Neutrino at Main Inject）光束产生设施和支持 MINOS 实验（Main Injector Neutrino Oscillation Search）的近距离探测器和远距离探测器各一个，工程自 1998 年开始论证至 2005 年完工并开始科学实验，共耗资 1.71 亿美元①。二是为满足 Collider Run Ⅱ实验，至 2001 年共耗资 1 亿美元左右用于升级改造加速器复合体中的相关仪器设备②。除此之外，其他重要实验（在能源部支撑下）还包括 NuTeV 实验、FOCUS 实验、MINERνA 实验等，依附这些实验加速器复合体得以持续优化升级，同时还获得了一系列重要研究发现，包括单顶夸克（single top quark）、$Omega_b$ 重子、Cascade-b 重子、$Sigma_b$ 重子、Bs 反物质振荡等。其间，Tevatron 性能也在能源部支持下不断得以升级，至 2010 年其光度达到 $4\times10^{32}cm^{-2}s^{-1}$，在欧洲大型强子对撞机（LHC）建成之前是当时世界上最强大的高能粒子对撞机。

总体上看，此时期 FERMI 资源供给以能源部的系统、全面、稳定支持为显著特征，这主要源于 FERMI 与能源部之间就项目管理达成的全面共识③，内容主要涉及资产获取、在预算范围内按时交付项目、任务能够满足任务绩效，同时能够确保任务执行符合安全、环保和健康标准等，此规则实质上严格规定了能源部注资 FERMI 尤其是大型科研仪器设施建设的程序及每个环节上的具体要求，基本流程如图 3-4 所示。项目管理流程不仅明确了金额超过 5000 万美元科学实验或仪器设施研发的基本流程，也表明了各参与主体资源供给的精确切入环节，例如启动与界定阶段 FERMI 本身及高校、科研机构等各类学术组织对知识资源的供给，能源部对预研资金的支持等。

---

① 根据 NUMI 网站（https：//web. fnal. gov/project/TargetSystems/NuMI/SitePages/Work%20Cell. aspx）公布的资料整理所得。

② Mike Perricone and Kurt Riesselmann，*Collider Run* Ⅱ *Begins at Fermilab*，2001. 3. 1，https：//news. fnal. gov/2001/03/collider-run-ii-begins-fermilab/，2020. 5. 15.

③ 始于 2000 年能源部发布的 *Program and Project Management Policy for the Planning，Programming，Budgeting，and Acquisition of Capital Assets*，之后于 2006 年正式发布项目管理规程 *Program and Project Management for the Acquisition of Capital Assets*，并于 2008 年进行了局部修订，2010 年进行了全面修订，至今基于 2010 年版本共进行了 5 次局部修订。

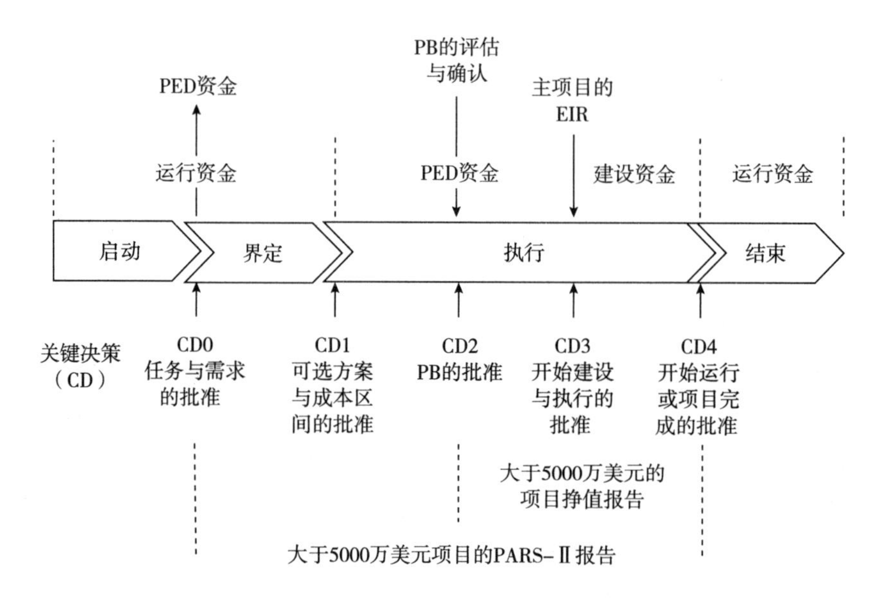

图 3-4　能源部项目管理系统的基本流程

注：PB 指绩效基准线（Performance Baseline）；PED 指项目工程与设计（Project Engineering and Design）；EIR 指外部独立评估（External Independent Review）；PARS 是指项目评估与报告系统（Project Assessment and Reporting System）。

资料来源：笔者根据美国能源部网站（https：//www. energy. gov/）公布的资料整理所得。

资源供给主体国际化逐步成为 FERMI 资源供给的一大特点。例如，FERMI 内部设置了紧凑型 μ 介子螺线管研究中心（Compact Muon Solenoid，CMS），致力于全面协调和管理实验室 CMS 事务的同时，还可确保 FERMI 和美国 CMS 会员单位充分参与 LHC 科学活动；CMS 内部设有远程操作中心（Remote Operations Center，ROC）和 LHC 物理中心（LHC Physics Center，LPC）：ROC 使美国物理学家远程操作 CMS 检测器并监测 LHC 加速器成为可能，也确保了美国 FERMI、瑞士 CERN 和德国 DESY 三地科学家对 CMS 实验方案及其操作流程的实时讨论和无缝衔接；LPC 则为美国参与 CMS 的 700 多名物理学家提供了先进物理学数据分析支持，同时也为来自世界各地的 CMS 科学家提供了一个在数据分析，定义和完善物理对象，设计、开发、调试与升级探测器等方面开展交流讨论的重要平台[①]。总之，CMS 无形中成为了 FERMI 资源供给主体国际化的依托平台。

五 FERMI 迁跃期的资源供给[②]

2011 年 9 月 30 日 Tevatron 关闭，FERMI 进入新发展阶段。Tevatron 的关闭主要源于 2008 年欧洲大型强子对撞机（LHC）建成并于 2009 年产生了初始运行即为 1.18 TeV 能量的光束，这已远超 Tevatron 性能，此外还包括捉襟见肘的联邦财政已难以支撑 Tevatron 的后续升级改造[③]，对于主要依附重大科研仪器设备开展科学研究的 FERMI 实际上已面临生死存亡的重大危机，在此背景下一项面向未来 20 年的 FERMI 发展计划产生，即《费米国家加速器实验室：一项发现计划》（*Fermilab*：*A Plan for Discovery*，以下简称《2011 发现计划》），以指导 FERMI 渡过当时面临的发展危机。在这之前 FERMI 已有准备，即制定了一份基于美国高能物理（HEP）研究项目的 FERMI 加速器未来研发路线图。2007 年 3 月奥多内召集专家成立费米实验室指导小组（Fermilab Steering Group）制订 FERMI 未来发展计划（尤其是加速器发展计划），指导组几乎动员了国内外粒子物理学领域内的所有顶尖研究机构及专家参与意见征询，在此基础上于同年 7 月形成 *Fermilab Steering Group Report*，报告内容主要包括积极参与 LHC 项目、ILC 项目和建设 X 项目，并据此形成了一系列更为详尽的细分计划，例如 NOνA 实验、SNuMI 实验等，之后此报告历经 FERMI（主要由物理咨询委员会和加速器咨询委员会参与）、能源部高能物理咨询委员会（High Energy Physics Advisory Panel，HEPAP）、物理学项目优先序列评估委员会（Particle Physics Project Prioritization Panel，P5）、美国物理学会（American Physical So-

---

① 这使得 FERMI 成为美国 CMS 实验的核心领导者（截至目前美国共有 50 个 CMS 会员单位）。根据 CMS 研究中心网站（https：//cms.fnal.gov/index.shtml）公布的资料整理所得。

② 在此阶段，FERMI 通过持续执行《2011 发现计划》不仅渡过了危机，而且实现了实验室综合能力的巨大迁跃，使得 FERMI 在粒子物理学和加速器科学方面始终占据世界科技最前沿。同时，实验室科技转化能力也在不断提升，一方面形成了系统化的研发体系，另一方面也形成了较为成熟的技术转移模式。此外，专家治理和开放合作管理理念得到了进一步巩固和强化。时间约为 2011 年至今。

③ Dennis Overbye，“Recalling a Fallen Star's Legacy in U.S. Particle Physics Quest”，*The New York Times*，January 18，2011，p. 1.

ciety，APS）讨论并得以不断修订与完善，最终这份报告演化成《2011发现计划》①。

计划公布后 FERMI 汇集各方力量旋即遵照执行直至目前②，例如在能源部、阿贡国家实验室和伊利诺伊大学等支持下改造升级 Tevatron 中的部分组件实现《2011 发现计划》相关项目的快速推进，包括 D0 大楼中组装 170 吨左右的液氩时间投影室以执行 MicroBooNE 项目（2013 年开建并于 2015 年产生第一束中微子光束），CDF 场址上建造伊利诺伊州加速器研究中心（Illinois Accelerator Research Center，IARC）③；在国际合作支持下先后进行了“质子改进计划Ⅰ”“质子改进计划Ⅱ”（PIP-Ⅱ计划）④，集中改造升级预加速器、直线加速器、主注入器、助推器等设备仪器；继续 MINERνA 、MINOS 已有工作，并借助 MINOS+项目将 MINOS 已有研究推向纵深，研究活动延长至 2016 年⑤；NOνA 项目自 2009 年开始建造，至 2014 年建造完成并启动相关实验活动；2013 年 Muon g-2 电磁铁自布鲁克海文国家实验室运抵 FERMI，之后进行改造升级并于 2017 年产生第一束射线；Mu2e 自 2009 年开始概念设计，2016 年获得能源部 CD3 授权，2017 年实验大楼竣工，总投入约 2.7 亿美元；2017 年在国际合作支持下启动“深地中微

① 2008 年 HEPAP 发布 P5 报告将 Tevatron Collider、LHC、ILC、Mini and SciBOONE、MINOS、MINERνA、NOνA、High Intens Proton Sce Fermilab、DES、LSST 列入未来重点计划；2014 年 HEPAP 发布 P5 报告将 Muon program（Mu2e、Muon g-2）、HL-LHC、LBNF+ PIP-Ⅱ、ILC 、LHC 升级列为大项目且排在优先位置，两份报告为《2011 发现计划》的形成和执行提供了重要支撑。

② 2013 年奥多内卸任，杰尔·洛克耶（Nigel Lockyer）担任第六任主任直至目前。

③ 其目标是在与学术界和产业界共同追求科学发现的过程中实现下一代加速器科学技术的突破，并尽可能实现技术转移以服务于医疗卫生、国家安全和财富创造。

④ PIP-Ⅰ自 2011 年开始至 2018 年结束，共耗资 1.06 亿美元；PIP-Ⅱ自 2019 年破土动工，总耗资约 5.42 亿美元，是美国第一个国际合作模式下的加速器计划，代表了一种加速器项目建设或运行的新范例，主要合作国家包括印度（合作研发中生产用于 PIP-Ⅱ的实物，价值约为 1.5 亿至 2 亿美元）、意大利、英国与法国。此外，阿贡国家实验室和劳伦斯伯克利国家实验室也是这一计划的主要参与者。

⑤ G. Tzanakos, et al.,“MINOS+”, 2011.5.13, http://www.hep.ucl.ac.uk/~jthomas/MINOSPLUS2.pdf, 2020.5.16.

子实验”（Deep Underground Neutrino Experiment，DUNE）计划[①]；超导射频直线加速器于 2018 年获得能源部批准，并于 2019 年 3 月破土动工。总之，通过执行《2011 发现计划》，FERMI 形成了更为先进、更为强大、更为系统的加速器复合体，其主体结构包括直线加速器（Linac）、助推器（Booster）、主注入器（Main Injector）、再循环器（Recycler）、介子传输环（Muon Delivery Ring）、介子 g-2 储存环（Muon g-2 storage ring）、FAST 电子注入器（Fermilab Accelerator Science and Technology Electron Injector）、可集成光学测试加速器（Integrable Optics Test Accelerator，IOTA）、A2D2 小型加速器（Accelerator Application Development and Demonstration Compact Accelerator）以及在建的 215 米长的超导射频直线加速器[②]，且这一复合体仍在持续升级。此外，通过持续执行《2011 发现计划》，FERMI 形成了 IARC 技术转移模式，其结构如图 3-5 所示，可见从资源供给角度来看为 FERMI 提供了更为多样化的资源供给主体。

---

① 在目前相关文件中经常以“LBNF/DUNE”名称出现，但从演变过程来看 DUNE 称谓较为恰当：2010 年 1 月“长基线中微子设施”（Long-Baseline Neutrino Facility，LBNF）获得能源部“任务需求”支持（CD-0），2012 年 12 月能源部批准 LBNF 概念设计（CD-1），2014 年粒子物理学项目优先序列评估委员会（Particle Physics Project Prioritization Panel，P5）报告中给出了建造 LBNF 的结论，2015 年 1 月解散 LBNE（Long-Baseline Neutrino Experiment，服务于 LBNF）合作组织并成立 ELBNF（其核心目标是开展深地中微子实验），或直接称为 DUNE（Huber 等，2015）——LBNF 计划全部归于 DUNE 计划之下，且 2017 年 7 月项目破土动工部分正是为了建设桑福德实验室（Sanford Lab，DUNE 计划的核心构成部分之一，位于南卡罗来纳州铅市霍姆斯特克金矿原址，其核心是一个大型远距离探测器）。整个 DUNE 工程既需要升级改造 FERMI 已有加速器复合体（主要依附 PIP-Ⅱ 计划实现），还需要建造更为庞大的实验室设施——分别在 FERMI 和桑福德实验室两地建造（其中 80 万吨岩石预挖掘与清理工作以合同方式承包给建筑公司 Kiewit-Alberici）。此项目建设团队成员由来自 30 多个国家/地区 190 多个组织的 1000 多位科学家和工程师组成，实验室建造美国负责部分的资金主要由美国能源部支持，一些国际组织通过捐赠给予补充。项目预计 2026 年完工。建成后将成为世界上最先进的中微子实验室，并有可能在物质起源、物质与能量统一、黑洞等科技前沿领域取得突破。P5 报告确定了此项目的总体建设原则：“该活动应在新国际合作框架下重新制定，并作为一个国际协调下的国际资助项目执行，其中由 FERMI 牵头。该计划的涵盖范围应由国际社会协商确定。通过国际合作来设计、建设和运行计划中的各类项目。项目目标应在尽可能广泛的国际参与下协商确定，且这些目标要达到甚至超过物理学的预设目标。”（Ritz. et al.，2014）

② 建成后将取代 Linac 直线加速器，地址位于目前 Tevatron 环内。

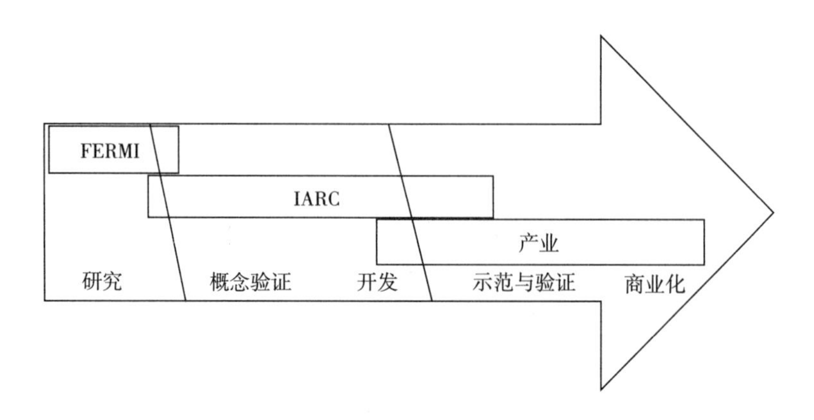

图 3-5　IARC 技术转移模型

注：其中“概念验证”所需时间约为1年，“开放”约为2年，“示范与验证”约为1年至2年，“商业化”约为2年至3年。

资料来源：笔者根据 Fermi 官方网站（https：//www. fnal. gov/）公布的资料整理所得。

如上所述，此时期 FERMI 的合作范围不再局限于国内而已拓展至国际，也不再局限于单纯的技术已拓展至管理领域①，例如《2011 发现计划》中的大部分科学项目由国内外科研单位合作实施，其中 DUNE 项目最具代表性；管理层面的各类咨询委员会成员由来自全球各地的科学家组成，例如 PIP-Ⅱ机器咨询委员会成员由欧洲散裂中子源的 Garoby、CERN 的 Gerigk、日本质子加速器研究中心的 Hasegawa、亥姆霍兹联合会的 Weise、密歇根州立大学的 Wei、橡树岭国家实验室的 Cousineau 和 Kim、布鲁克海文国家实验室的 Raparia、SLAC 国家加速器实验室的 Schultz 组成，加速器咨询委员会成员由加拿大的国家粒子加速器中心的 Kester、亥姆霍兹联合会的 Weise 和 Bai、CERN 的 Kate 和 Lamont、SLAC 国家加速器实验室的 Dunham、洛斯阿拉莫斯国家实验室的 Carlsten、布鲁克海文国家实验室的 Blaskiewicz 组成。

① 通过国际合作吸收有益管理经验成为 FERMI 管理水平不断提升的重要途径，例如在与 CERN 合作过程中 FERMI 吸收了 CERN 国际合作项目的组织结构及管理方法，并成功运用到 LBNF/DUNE 项目中。

第四节 橡树岭国家实验室

橡树岭国家实验室（Oak Ridge National Laboratory，ORNL）可追溯至1943“曼哈顿计划”中的克林顿实验室（Clinton Laboratories），代号为“X-10”，地址位于美国田纳西州的诺克斯维尔市（Knoxville）附近。科学发现、清洁能源和国家安全是ORNL的三大使命，并通过实验室在中子科学、核科学与工程、高能计算和先进材料四大科技领域内的高水平、引领性研究得以支撑①。运行模式采用GOCO模式，归属美国能源部科学办公室，目前由成立于2000年的UT-Battelle有限责任公司（UT-Battelle，LLC）负责管理和运行②。近期重要科技成果包括：使用超级计算创建了人类信号蛋白的精确三维模型；发明了一种从废弃二手硬盘磁石中经济、有效、环保地提取高价值稀土元素的方法；开发了一种将乙醇转化为适用于航空、航运和重型车辆燃料的工艺；重建了国家为太空探测任务生产钚-238元素的能力；将人文地理数据和分析应用于人道主义、灾难响应和国家安全任务等。此外，ORNL在满足国家重大战略需求方面表现强势：实验室开发的先进制造新材料、软件和系统正在改变国家核能技术；实验室开发的网络安全技术正在提高国家电网和其他关键基础设施的抗逆能力；升级改造散裂中子源直线加速器为材料科学开辟新研究领域奠定了基础等。

ORNL的丰富资源为这些成果的取得和实验室效能发挥奠定了基础。截至2019年ORNL共有全职工作人员4859人，194位兼职科学家，323名博士后研究人员，1088位研究生和本科生，1691位访问学者，2928位设施或设备用户，3人获得诺贝尔奖；2019年经费支出约18.25亿美元，其中70%的资金用于科学发现，16%的资金用于能源，14%的资金用于国家安全；拥有散裂中子源（Spallation Neutron Source）、橡树岭先进计算设施（Oak Ridge Leadership Computing Facility）、制造验证设施（Manu-

---

① 此外，实验室还进行一部分社会科学研究，例如经济评估、环境政策研究等。

② UT-Battelle由田纳西大学（University of Tennessee）和巴特尔纪念研究所（Battelle Memorial Institute）联合成立，两者平分、共担有限责任。公司性质属于不包括大学或学院的非营利性组织。

facturing Demonstration Facility）、高通量同位素反应堆（High Flux Isotope Reactor）、碳纤维技术设施（Carbon Fiber Technology Facility）、电池制造设施（eBattery Manufacturing Facility）等一流科研设备；2021 年 WOS 数据库检索 ORNL 学术论文 3072 篇①，主要涉及材料科学、应用物理学、化学、核科学技术、能源燃料、聚合物科学、环境科学、生物学、计算与计算机科学、天文学、工程机械与电子、应用数学等领域。

一 ORNL 孕育期的资源供给②

ORNL 是"曼哈顿工程"的产物。为应对核战争威胁，1941 年芝加哥大学物理教授阿瑟·霍利·康普顿（Arthur Holly Compton）受命制造美国钚弹任务，并在芝加哥大学组建了命名为冶金实验室（Metallurgical Laboratory）的研发组织，人员包括恩里科·费米（Enrico Fermi）、里奥·西拉德（Leo Szilard）、尤金·维格纳（Eugene Wigner）③、阿尔文·温伯格（Alvin Weinberg）等，后来在费米支持下研发的"芝加哥桩"（Chicago Pile）于 1942 年 12 月成功运行，成为世界上首座核反应堆④。冶金实验室和"芝加哥桩"为 ORNL 建造首台反应堆奠定了人才与知识基础⑤。同时，1942 年 9 月莱斯利·格罗夫斯将军决定在田纳西东部地区（橡树岭地区）购买 5.9 万英亩土地用于铀（代号为 Y-12、K-25 的地点）和钚（代号为 X-10 的地点，即目前 ORNL 的地址）的

---

① 数据来源于 WOS 数据库，检索方式为"所属机构—Oak Ridge National Laboratory"。

② 在此阶段，无论从核心科学仪器及其辅助设施、核心研究领域及其衍生研究群落、各类工作人员的构成及其规模，还是从组织管理架构来看，ORNL 雏形基本形成。时间为 1941—1946 年。

③ 1939 年与西拉德一起劝说爱因斯坦在向华盛顿提交的开展核裂变研究建议书上签字，得到时任总统罗斯福的同意和支持，随后划拨 6000 美元购买核裂变试验所用石墨；1942 年受康普顿委托领导理论物理组致力于链式反应研究和核反应堆设计工作；1944 年设想了克林顿实验室的战后发展规划，提出扩充实验室的主张，并劝说同事或员工前往实验室工作，之后 1945 年温伯格抵达实验室，1946 年威格纳入驻实验室并担任实验室联合主任，同时兼任实验室研发主任（Johnson et al.，1992）。

④ Murray W. Rosenthal，*An Account of Oak Ridge National Laboratory's Thirteen Nuclear Reactors*，Oak Ridge National Laboratory ORNL/TM-2009/181，August 2009.

⑤ 例如，费米基于"芝加哥堆"提出的石墨冷却设计成为 ORNL 石墨反应堆建设思路。此时威格纳也提出了水冷却思路（压水堆概念，pressurized water reactor），其核心理念是高压水可以作为能量堆运行中的冷却剂和缓和剂，由此形成的一系列技术和标准成为后来舰艇动力、商业化核电厂应用能量堆时的核心参考依据，也成为 1950 年低强度反应堆实验室的主要设计理念。

分离与生产[①]。1943 年 1 月 1 日军事政策委员会（Military Policy Committee）最终决定在 X-10 处建设一个中等规模的钚生产试场——包括石墨气冷堆（air-cooled graphite reactor）和钚分离试厂（plutonium-separation pilot plant）[②]，1 月 15 日反应堆区进入设计阶段，2 月 1 日破土动工，10 月 16 日反应堆完工并转交协议运营方芝加哥大学，11 月石墨反应堆成功运行并成为世界上首座将铀元素成功转化为钚元素的可运行核反应堆[③]；分离区建设与反应堆区建设几乎同步进行，并最终于 11 月 26 日完工；之后又陆续增添了附属建筑物和设备，包括培训区、辐射同位素楼、研究实验室、蒸汽动力厂等，1946 年 12 月 31 日建造工程全部完工，总耗资约 1304.1 万美元。

出于保密考虑，钚生产试厂（X-10）自 1943 年破土动工开始命名为克林顿实验室，作为芝加哥大学冶金实验室的一个部门来运行，管理合约归芝加哥大学，芝加哥大学冶金实验室派驻了克林顿实验室所需的大部分运营人员。第一批 11 名人员于 1943 年 4 月 1 日到达橡树岭，8 月 1 日克林顿实验室运营团队基本建立起来，此时共有 236 人，马丁·杜威·惠特科尔（Martin Dewey Whitaker）担任实验室主任。1945 年 6 月 1 日实验室管理移交孟山都化学公司（Monsanto Chemical Company）[④]，惠特科尔依然担任实验室主任，基本承袭了芝加哥大学管理时期建立的运行体系[⑤]。

① 用作汉福德区（Hanford Site）更大生产设备的中试或实验厂。服务于原子弹核材料研发和制造的历史使命铸就了 ORNL 的根基性研究领域，即核化学和核物理研究。

② 由杜邦公司（DuPont）承建基建任务，此公司参与了“曼哈顿工程”的多处基建工作。其他公司也发挥了重要作用，例如美国铝业公司（Aluminum Company of America）为反应堆提供了 60000 个铀块铝制包装。钚分离试厂是“小男孩”（Little Boy）和“胖子”（Fat Man）两枚原子弹钚材料的重要供给单位。

③ 康普顿、费米、维格纳等参与了石墨堆建造及其初期实验性运行。

④ 现在的孟山都公司（Monsanto Company），世界 500 强企业。当时承接管理合同的原因包括：一是公司本身从事化学和化工技术；二是公司对核反应堆研发具有浓厚兴趣；三是公司成立的代顿实验室（Dayton Laboratory）参与了“曼哈顿计划”，积累了丰富的管理经验（Johnson 等，1992）。

⑤ 同时积极与田纳西大学开展合作，例如 1945 年惠特科尔与田纳西大学（University of Tennessee）协商后建立了“科学—教育伙伴关系”，即允许年轻研究人员在克林顿实验室工作的同时在该校完成研究生学业，自此开启了延续至今的实验室与田纳西大学联合培养研究生的人才培养合作机制。

1946 年惠特科尔卸任①，孟山都化学公司副总裁查尔斯·托马斯（Charles Thomas）趁此重组了实验室管理体系：从孟山都化学公司调集 60 名员工入住克林顿实验室，任命新管理者，招募新科学家和工程师，并采用实验室双主任领导体系——实验室行政主任及其副手由来自孟山都化学公司的詹姆斯·H. 垆坶（James H. Lum）和普雷斯科特·桑迪格（Prescott Sandidge）担任，并直接向托马斯汇报实验室运行情况；实验室研发主任由来自普林斯顿大学的威格纳担任②，研发管理副手由曾在曼哈顿工兵局担任陆军少校的埃德加·墨菲（Edgar Murphy）出任③。在托马斯、威格纳和垆坶的共同努力下实验室在 1946 年重组了实验室组织结构：托马斯以项目主任的方式负责实验室整体运行，下设实验室研发主任（威格纳担任）和实验室行政执行主任（垆坶担任）；研发部门下设物理部、化学部、冶金部、生物部、反应堆部、技术部、培训项目部 7 个部门，此外还配备了一位研发主任助理，负责实验室档案和图书馆管理；行政执行部下设工厂管理部、健康物理学部、健康部、采购与存储部、服务部、会计部 6 个部门，会计部同时接受实验室独立审计的领导。

二 ORNL 形成期的资源供给④

威格纳上任后积极扩大实验室服务范围，以便为实验室与外界搭建更多联系，也为拓展实验室所需资源来源提供条件，例如积极推动实验

---

① 至 1946 年 12 月 31 日，克林顿实验室运行支出累计达到 2225 万美元，其中芝加哥大学自 1943 年 3 月 1 日至 1945 年 6 月 30 日耗用 1232.5 万美元，1945 年 7 月 1 日至 1946 年 12 月 31 日孟山都化学公司耗用 992.5 万美元（Department of Energy，2013）。

② 推动克林顿实验室成为建造美国第一个和平时期研究反应堆和第一个发电反应堆组织的强烈愿望使托马斯把目光投向了威格纳，威格纳是在托马斯极力劝说下于 1946 年出任实验室研发主任，且答应了威格纳提出的不负责实验室行政事务的要求，这也是此时实验室采取双领导制的主要原因（Johnson 等，1992）。

③ Carolyn Krause，et al.，“Oak Ridge National Laboratory：The First Fifty Years”，*Oak Ridge National Laboratory Review*，Vol. 25，No. 3/4，1992，pp. 1-281.

④ 此阶段，ORNL 运行着或运行过实验室历史上 13 个反应堆中的 10 个，形成了以核科学为核心，以反应堆科学与技术、物理学、化学、生物学、计算与计算机科学、生态学、材料学等为辅助的多元化研究领域，拥有大约 1450 名科学家，年度经费支出达到 5576.3 万美元，在多个领域产出了影响深远的科技创新成果，建构了影响至今的管理体系，并在满足国家战略所需方面做出了突出贡献，其“国家实验室”属性真正确立起来。时间约为 1947 年至 1959 年。

室反应堆的大学化改进，以促进反应堆在大学中的常态化使用[①]；1946—1947年负责运营克林顿培训学校，为军队、学术界和工业界提供核科学技术培训[②]；1946年参与空军“航空器核动力推进项目”（Nuclear Energy for the Propulsion of Aircraft Project，NEAP），着力从事航空器反应堆及其辐射屏蔽、热传导、冶金、材料、辐射损伤等方面的研究。此外，威格纳上任后力推实验室非核领域研究[③]，以不断壮大实验室综合研究能力，以便为后续更大范围内的资源扩张奠定基础。

1947年5月孟山都公司决定终止管理合约[④]，之后因对实验室过度军事化和官僚化管理的强烈不满威格纳于同年夏辞去研发主任一职回到普林斯顿大学，垆姆于同年8月也辞掉执行主任一职离开了实验室，然而实验室的下一个合约托管者却尚未确定，实验室主任处于悬空状态，在此背景下托马斯要求墨菲协调实验室研究工作直到选出新的承包商和实验室主任[⑤]。同年AEC将实验室更名为克林顿国家实验室（Clinton National Laboratory）[⑥]，但同年12月AEC做出了与这一称谓极不相符的决定，将ORNL材料测试反应堆转移至爱达荷国家实验室建设，实验室所有反应堆研发工作移交阿贡国家实验室，ORNL仅留下同位素生产和放射性化学元素分离工作，与材料生产工厂无异，ORNL实质上发生了“降级”[⑦]。与此同时，AEC积极与联合碳化物公司（Union Carbide Corp）协商以完成实验室托管合约的交接，1947年12月双方正式签署

---

① 同时也积极倡导实验室与大学开展广泛合作，以便实验室从中获得充足的知识补给。

② 此后又于1950年与美国海军展开合作，成立橡树岭反应堆技术学校（Oak Ridge School of Reactor Technology，ORSORT），每年约100人毕业，其中许多人成为后来美国核工业的重要领导者。

③ 包括增设冶金研究、聚态物理研究，增强生物学和医学研究实力等。

④ 提出终止合同的原因包括：一是增加合同履行服务费未被批准；二是在代顿实验室或孟山都公司总部附近建设MTF的要求未获批准；三是费米等科学家和AEC等部门趋于边缘化ORNL（Krause等，1992）。

⑤ 孟山都公司与AEC商定，在实验室未找到新合约者前暂由孟山都公司代管。

⑥ 此时AEC并没有形成准确的“国家实验室”概念，但实践中形成了基本认知，即那些参与广泛基础科学研究、拥有开放实验室设备且与大学间存在紧密科学教育合作关系的实验室（Krause等，1992）。

⑦ Sybil Wyatt，et al.，*Swords to Plowshares*：*A Short History of Oak Ridge National Laboratory*（1943-1993），Oak Ridge National Laboratory，1993.

托管协议[①]，历经跌宕后 ORNL 终于完成了第二次运营商交替。

1948 年 1 月 AEC 将实验室名称修改为橡树岭国家实验室，同时联合碳化物公司积极着手解决实验室主任悬置问题，在劝说温伯格无果的情况下依然延续了双实验室主任联合主持实验室工作的管理格局，其中温伯格任实验室研发主任，尼尔森·洛克（Nelson Rucker）任实验室行政主任，ORNL 主任的最终确定成为此时实验室风雨飘摇困境中的“压舱石”。至此，从实验室自身来看 ORNL 混乱局面开始转向有序。此外，当时已然承接海军反应堆、民用电力项目和增殖反应堆研发任务的阿贡国家实验室已无剩余资源支撑 ORNL 移交后的反应堆研发任务，于是阿贡国家实验室支持 ORNL 继续从事反应堆研发工作，ORNL 利用这一时机施压 AEC 开展 MTF 工作，在此背景下 AEC 决定将 MTF 建设地点选在爱达荷国家实验室，但由于 ORNL 全程负责 MTF 预研工作，AEC 最终决定将 MTF 反应堆研究工作依旧留在 ORNL 进行，实验室借此机会高效建造了 MTF 仿真模型并于 1949 年向 AEC 提议在模型内部安装铀燃料板以测试临界条件下反应堆设计的科学性。AEC 担心实验室借此重启反应堆计划，在温伯格保证“无意于将测试实验转化为反应堆”后 AEC 最终同意这一提议，1950 年 ORNL 成功实施测试实验[②]——实质诞生了 ORNL 历史上第二座反应堆，即低强度反应堆。同年实验室参与的海军核动力潜艇计划又协助 ORNL 建造了第三座反应堆整体屏蔽反应堆（Bulk Shielding Reactor，BSR）[③]。至此，AEC 已然事实上放弃了 1947 年提出的将 ORNL 反应堆研发工作集中至阿贡国家实验室的计划。

---

① 公司同意托管原因包括：一是公司拥有化学工程领域内的相关产业，与实验室契合度较高；二是公司在此之前已经运行着 AEC 在橡树岭的两个设施，且经常与实验室开展交流与合作，对实验室较为熟悉；三是化解当时公司面临的工会罢工压力（Krause 等，1992；Wyatt，1993）。

② Carolyn Krause，et al.，“Oak Ridge National Laboratory：The First Fifty Years”，*Oak Ridge National Laboratory Review*，Vol. 25，No. 3/4，1992，pp. 1-281.

③ 建设目标是解决如何屏蔽反应堆辐射问题，促进了实验室材料科学（防辐射材料）的发展。

1948年实验室各项工作步入正轨，ORNL开始承接新任务[①]、开设新部门、添置新设备、招录新员工，实验室呈现快速发展趋势，实验室已有硬件条件已无法满足实验室发展所需。在此背景下AEC改变了原先“削减”ORNL的策略转而大力扶持实验室发展——1949年向ORNL注资2000万美元用以改善实验室硬件设施。实验室利用这笔资金升级改造ORNL硬件环境，包括铺设街道、美化地面和翻新旧建筑，并兴建了大约25万平方英尺的新办公室和实验室，其中3座建筑物对ORNL日后发展产生了重大影响：实验室行政总部和主要研究工作所在地4500号楼、由10栋建筑物构成的放射性同位素综合体以及一个用于化学加工的试验工厂[②]。可见，1949年成为ORNL在依托自身研发实力基础上整合各方资源扭转实验室发展不利局势的拐点，自此ORNL逐步走出1947年中期陷入的实验室停滞甚至倒退“泥潭”。

20世纪50年代是ORNL在AEC支持下摆脱困境积蓄“国家实验室”实力的10年，且反应堆建设与运营依然是实验室实力形成的中坚力量——如表3-3所示ORNL历史上13座反应堆中的9座建造或运行于这一时期，这些反应堆带动了ORNL研究实力的全面升级：LITR确定了冷水堆的可行性（成为后续商业核电站的设计原型之一），推进了ORNL在医学成像、乏燃料棒评估、检测和示踪手段等方面的研发工作；HRE和HRT论证了循环燃料反应堆（circulating-fuel reactor）的可行性，验证了高放射性反应堆系统和部件可以在没有人员过度暴露的情况下得到修复和更换；ARE促使ORNL在化学、材料、高温传感器、屏蔽设计等领域开展广泛研究，助力实验室扩展了对熔盐化学及其技术的认知，据此诱发ORNL建造了MSRE；BSR、TSR-Ⅰ、TSR-Ⅱ推进了ORNL辐射屏蔽领域的研究（BSR聚焦水下辐射屏蔽、TSR-Ⅰ/Ⅱ关

① 1949年9月实验室在AEC的支持下加入空军“航空器核推进计划”（Aircraft Nuclear Propulsion，ANP），该计划是1946年NEAP计划的延伸，直至1961年结束，前后总投资10多亿美元，其中空军投入5.18亿美元，AEC投入5.08亿美元，海军投入1400万美元（U. S. Government Accountability Office，1963）。这项计划不仅为ORNL带来了充足的研究经费，还直接辅助实验室建设了ARE、TSR-Ⅰ、TSR-Ⅱ三个反应堆，此外还帮助实验室接收了第一台高速数字计算机和第一个用于核物理的粒子加速器。

② Carolyn Krause，et al.，“Oak Ridge National Laboratory：The First Fifty Years”，*Oak Ridge National Laboratory Review*，Vol. 25，No. 3/4，1992，pp. 1-281.

注空中辐射屏蔽），也提升了实验室防辐射材料研究实力；ORR 巩固、拓展了 ORNL 中子散射、反应堆燃料元件和聚变装置材料（金属和陶瓷等）领域的研究和测试能力，也辅助实验室成为全球放射性同位素的重要供应商①。基于反应堆的快速建设，ORNL 衍生或交叉研究也取

表 3-3　在 AEC 支持下 ORNL 建造与运行的 13 个反应堆概况

名称	运行时间	类型	关停原因
橡树岭石墨反应堆[A]	1943-63	空气冷却	资金不足；其他先进反应堆的替代
低强度实验反应堆[B]	1950-68	水冷却	
均质反应堆实验	1952-54	水均质	实验目标完成且无其他用途
均质反应堆测试	1957-61	水均质	
航空器反应堆实验	1954-55	熔盐	
熔盐反应堆实验	1965-69	熔盐	
塔屏蔽反应堆 Ⅰ	1954-58	水冷却	
塔屏蔽反应堆 Ⅱ	1958-92	水冷却	
健康物理学研究反应堆	1963-87	快速脉冲	能源部对核反应堆和浓缩铀安全性的担忧[C]
整体屏蔽反应堆	1950-87	水冷却	
橡树岭研究反应堆	1958-87	水冷却	
高通量同位素反应堆	1965-当前	水冷却	没有关停
日内瓦会议反应堆[D]	1955-94	水冷却	其他先进反应堆的替代

注：A. 也称为“橡树岭桩”（Oak Ridge Pile）或“X-10 桩”（X-10 Pile）。B. 是 1952 年在爱达荷国家实验室建设的材料测试堆（Material Test Reactor）原型，用于机械和压力运行检测，并为反应堆操作员提供培训。C. 1986 年，苏联切尔诺贝利核电站的灾难性事故引发人们对核设施安全性的深度担忧。随后能源部开始大规模复查反应堆安全性，在此基础上 1987 年 3 月下令关闭 ORNL 尚在运行中的大部分反应堆。D. 在 ORNL 建造完成后空运至在瑞士日内瓦召开的原子能和平利用国际会议会场用以实物展示，之后卖给瑞士政府，瑞士政府将其转移至维伦林根地区（Würenlingen）的一个研究机构用做研究之用，重新命名为“Saphir”。表中自上而下各实验室的英文对应名称为 Oak Ridge Graphite Reactor、Low-Intensity Test Reactor（LITR）、Homogeneous Reactor Experiment（HRE）、Homogeneous Reactor Test（HRT）、Aircraft Reactor Experiment（ARE）、Molten Salt Reactor Experiment（MSRE）、Tower Shielding Reactor Ⅰ（TSR-Ⅰ）、Tower Shielding Reactor Ⅱ（TSR-Ⅱ）、Health Physics Research Reactor（HPRR）、Bulk Shielding Reactor（BSR）、Oak Ridge Research Reactor（ORR）、High Flux Isotope Reactor（HFIR）、Geneva Conference Reactor。

资料来源：笔者根据 Murray（2009）的研究成果整理所得。

① Murray W. Rosenthal, *An Account of Oak Ridge National Laboratory's Thirteen Nuclear Reactors*, Oak Ridge National Laboratory ORNL/TM-2009/181, August 2009.

得了快速进步：计算与计算机科学领域，通过 ANP 计划获得 ORNL 历史上第一台高速计算机，自此实验室计算和计算机科学正式起步，发展至 1954 年 ORNL 研发出了当时世界上最快、最大的数据存储计算机橡树岭自动计算机与逻辑引擎（Oak Ridge Automatic Computer and Logical Engine，ORACLE），在世界超级计算领域开始崭露头角。生命与生物科学领域，启动了一项研究辐射对哺乳动物遗传影响的大规模小鼠遗传学项目，研究发现产前接触放射线会伤害人类胚胎和胎儿，据此提出了一系列规避风险的具体建议；在优化离子交换分离法的基础上开发了核酸成分分析、分离法，为随后实验室 DNA 和 RNA 生物化学、分子遗传学的快速发展奠定了基础。生态科学领域，启动了研究辐射对森林昆虫的影响以及实验室裂变产物生化作用的生态项目，之后该项目重新定向为生态科学背景下放射性废物处理和污染问题研究，为后续 ORNL 生物科学与环境科学的快速发展奠定了基础。材料科学领域，深化了反铁磁性认知，为研发先进信息处理、存储材料及技术提供了支撑；发现“等离子体激元共振”，为纳米级材料性能变化测度提供了新方法。

在此时期 ORNL 的实力积蓄是实验室整合所有可用资源的结果，不仅包括对 AEC、国防部、海军、空军、陆军所供给的外部资源整合，还包括 ORNL 对承运单位联合碳化物公司内部资源的整合，例如 1950 年在联合碳化公司支持下 ORNL 合并了 Y-12 场区的同位素研究与生产、电磁研究和化学研究三个研究部门，夯实、扩充了 ORNL 在粒子加速器、高能物理学等方面的研究实力。同时，此时期 ORNL 重塑了实验室管理体系：顶层领导体系由“双元领导”转变为“一元领导”——1950 年洛克调离实验室后，克拉伦斯·拉森（Clarence Larson）成为实验室新主任，并由其负责实验室整体运行，温伯格继续担任研究主任一职，但需要向拉森实时汇报实验室科研情况；建构了沿用至今的线性责任管理体系——1955 年温伯格接替拉森出任 ORNL 主任一职后推行了下设实验室副主任分类管理实验室事务的策略（共设置了 8 个实验室副主任），形成了从个人到小组组长、科长、部门主任、助理主任再到实验室主任的线性责任管理体系①。

---

① Carolyn Krause, et al., “Oak Ridge National Laboratory: The First Fifty Years”, *Oak Ridge National Laboratory Review*, Vol. 25, No. 3/4, 1992, pp. 1-281.

三　ORNL 发展期的资源供给[①]

1959 年隶属国会的原子能联合委员会要求 AEC 提交一份关于国家实验室在未来发展中扮演何种角色的报告，1960 年 2 月 AEC 完成并提交报告，报告在论述多项目型国家实验室（multiprogram laboratories）时指出了“综合性”（integrated）和“平衡性”（balance）的重要性，即实验室应在多学科、多领域、多项目、长短发展规划等“综合性”的基础上实现系统“平衡性”。面对“综合性”和“平衡性”要求，1961 年温伯格组织了一次讨论实验室未来发展的研讨会，商讨中温伯格认为实验室未来所从事的大部分科研活动“不会落在核能领域”，“因为从很长一段时间来看 ORNL 很可能不会只在核能领域”中徘徊不前[②]，之后实验室 30 年发展历程证实了这一判断——研究领域不断拓展，相互之间的实力对比日趋平衡。研究领域的“综合性”“平衡性”设计进一步倒逼 ORNL 在开拓资源供给来源中遵循了主体多元、渠道开放的基本原则。

受 AEC（或能源部）政策调整影响，ORNL 核科学研究呈现深度调整。如表 3-3 所示，20 世纪 60 年代 ORNL 受 AEC 资金供给不足和其他先进反应堆替代影响关停石墨反应堆、低强度反应堆，并停止了油气冷反应堆（Gas Cooled Reactor）的研发工作；70 年代 AEC 削减实验室熔盐热增值反应堆计划的 2/3 资金[③]；80 年代受能源部对核反应堆和浓缩铀安全性担忧的影响关停健康物理学反应堆、整体屏蔽反应堆和橡树岭研究反应堆。其他核设施具体情况为：在 AEC 支持下分别于 1963 年和 1969 年启动了橡树岭同步回旋加速器（ORIC）和橡树岭电子直线加速器（ORELA）；1971 年和 1977 年在能源部支持下分别建造了用于核聚变研究的橡树岭托卡马克设施（Oak Ridge Tokamak）和杂质研究

---

① 此阶段，ORNL 综合实力得到极大巩固和提升，很好地适应了作为一个多项目国家实验室的角色，这不仅体现于实验室人力资源增加并稳定在 5000 人左右，财政预算由“千万美元”进入“亿美元”，拥有一批国家重大科研设施，研究范围涵盖部分社会科学和几乎所有自然科学且在多个领域中占据主导地位，研究成果起到了支撑国家战略布局、提振社会和经济发展、满足公众需求的作用，还体现于实验室历经和跨越多次困局时积累的丰富应变经验，形成了较为成熟的管理体系等。时间约为 1960—1989 年。

② Carolyn Krause, et al., “Oak Ridge National Laboratory: The First Fifty Years”, *Oak Ridge National Laboratory Review*, Vol. 25, No. 3/4, 1992, pp. 1-281.

③ 1976 年实验室将反应堆部门更名为工程技术部门，致力于核设施和非核设施开发工程或技术系统开发，不再涉及反应堆设计（Krause et al., 1992）。

实验室（Impurity Study Experiment），1973 年能源部否决重元素物理和化学加速器（Accelerator for Physics and Chemistry of Heavy Elements，APACHE）建造计划；在国家科学基金会支持下于 1980 年建设用于中子散射实验的小角中子散射设施（Small-Angle Neutron Scattering facility，SANS），1987 年建造用于核聚变研究的“高级环形设施”（Advanced Toroidal Facility，ATF）①。由此 30 年核科学设施建造历程可得，ORNL 核科学总体趋于缩减，且内部构成呈现新变化②。同时，为回应国家和公众对核废料处置、核电站事故、核辐射对环境和健康影响的担忧，在能源部支持下 ORNL 核安全研究取得长足发展，包括运营核安全试验厂以测试核裂变产品的放射性及其安全运输，开发用于测试快中子增殖反应堆燃料束的模拟设备，设计事故中容纳放射性碘的过滤器和以防止反应堆熔毁的辅助冷却系统，研发重型钢（Heavy-Section Steel）以确保反应堆安全运行等。

生物科学③、环境科学④和能源科学等边缘研究领域在多元化资源供给主体的合力支持下逐步成为 ORNL 发展支柱。例如，生物科学领域，在国家癌症研究所支持下开设生物物理分离实验室和致癌联合研究

① ATF 成为实验室最后一次独立的大规模核聚变实验研究载体，之后步入国际合作阶段，例如积极参与国际聚变超导磁体测试设施（International Fusion Superconducting Magnet Test Facility，IFSMTF）和国际热核聚变实验反应堆（International Thermonuclear Experimental Reactor，ITER）的研发与建造中。

② 即核裂变研究规模锐减而核聚变研究规模保持稳定，其原因包括：一是越南战争和石油危机等国际事件影响国家科学预算规模和流向；二是“切尔诺贝利核爆炸事故”和“三哩岛核泄漏事故”使得联邦政府在大型核反应堆上的投入日趋保守；三是实验室领导权的“核裂变专家→核燃料再处理专家→核聚变能源专家”的三次转移；四是 ERDA 希望核聚变研究能够为国家能源问题提供可能解决方案（Krause et al.，1992）；五是核聚变相较核裂变其燃料获取更具可持续性、成本更低，产生的能量却更大（Wyatt，1993）；六是核聚变研究是当时国际核科学研究热点，且当时苏联于 1968 年已经完成托克马克建造，为在此领域与苏联抗衡并占据领先地位 AEC 予以重点持续支持。

③ 20 世纪 60 年代是 ORNL 生物科学的鼎盛时期，研究人员达到 450 人，是当时 ORNL 最大研究部门。

④ 实验室环境科学自 20 世纪 70 年代起步并快速发展的背景包括：一是 1967 年国会修订《原子能法案》，进一步鼓励 AEC 实验室为其他机构工作；二是全国对生态破坏和污染威胁的认识不断提高，国会议员也敦促实验室着手研究环境污染问题；三是联邦政府愿意提供充足科研资金；四是 ORNL 已有研究实力的支撑，例如脱盐研究形成的技术可用于改善污水处理，分析化学积累的方法可应用于大气污染调查，生物学研究成果可用于化学制剂对生物的影响分析等（Krause et al.，1992）。

实验室，前者在AEC和NIH联合赞助下设计了被广泛应用于疫苗制造的便携式离心分析仪，后者聚焦于研究复杂生化引致癌症的形成机理，例如杀虫剂、二氧化硫、城市烟雾或香草烟雾等诱发癌症或恶性肿瘤的内在机理；与大学开展合作交流，创建了田纳西大学—橡树岭国家实验室生物医学科学研究生院（University of Tennessee-Oak Ridge National Laboratory Graduate School of Biomedical Science）[①]。环境科学领域[②]，与内政部盐水办公室（Office of Saline Water）合作从事海水淡化处理技术研究，每年从办公室和AEC获得60万美元经费资助，1965年约翰逊总统宣布"以水换和平"计划（Water for Peace），进一步激发了实验室从事此领域研究的积极性；1967年AEC批准建设沃克布兰奇流域研究设施（Walker Branch Watershed research facility），用于研究陆生和水生生态系统之间的关系，标志实验室开始开展大规模环境问题研究；同年国家基金委员会任命实验室生态学家奥尔巴赫（Auerbach）担任美国东部国际生物项目生态系统部分主任，这是基金会在AEC资助的第一个大型科研项目，为期8年，每年资助100万美元；1970年众议院向国家科学基金会预算追加400万美元，指定用于ORNL污水超滤、空气污染、废物管理和化学毒性研究，同时实验室又向国家科学基金会提请了一项用于环境研究的议案，得到基金会批准后，实验室借此研究了国家环境所面临的挑战，这是实验室首次尝试从宏观层面研究国家环境问题，这些问题后来演变成了由实验室管理的各类环境科研项目[③]；与Norton公司签约合建实验性ANFLOW生物反应器（bioreactor），用以探索废弃物处理的生物解决方案[④]；1980年ORNL参与"国家酸雨沉降评估计划"（National Acid Precipitation Assessment Program，NAPAP），启

---

① 1967年成立，获得田纳西大学、ORNL、国立卫生研究院、福特基金会、联合碳化合物公司以及州政府的共同协助。

② ORNL于1973年设立环境科学部，背景包括1970年美国政府颁布了《国家环境政策法案》，成立环境保护局，并举行第一个地球日庆祝活动，这些外围环境刺激了ORNL在更大范围内开展环境研究。

③ 几年后这些环境项目又衍生出ORNL节能和可再生能源项目。

④ 后来在橡树岭贝尔溪开展的实验表明，微生物能够消化污染物和降解有毒物质，此研究发现引发了ORNL对细菌消化和转化其他有毒物质的研究。

动了实验室酸雨方面的系统研究。能源科学领域①，参与“国家存储计划”并利用ERDA、国家科学基金会等部门提供的资金启动了一整套节能项目，涉及家庭绝缘、先进加热和冷却系统等研究②；在能源部年度预算2000万美元的支持下积极探索煤炭转化或合成液体或气体燃料技术，包括实验碳氢化物反应堆模型和生物反应堆、研发减少煤炭产生二氧化硫的方法等，此外还引入生物科学以创新煤炭转化技术；卡特政府对节能和“软”能源比核能更感兴趣，受此驱使ORNL开始强化地热能和太阳能研究。

材料科学、机器人科学等辅助研究领域在多元资源供给主体的合力支持下蓬勃发展。例如，在联邦政府强调开发非核能源背景下ORNL材料科学自20世纪70年代进入快速发展阶段，使实验室成为新型合金、高温材料、特种陶瓷、复合材料研发领域内的先行者，其中1987年启动的高温材料实验室（HTML）为ORNL材料科学在20世纪90年代取得更高水平发展奠定了基础③。机器人学以ORNL于20世纪80年代中期成立的远程机器人任务小组为起步标志④，之后在NASA支持下开发了用于卫星燃料补给和空间站建设的人用遥控机器人；在美国能源部民用放射性废物管理办公室（Office of Civil Radioactive Waste Management）资助下评估了机器人技术和远程技术应用于可监测、可回收储存设施的可行性，基于这些实践所需ORNL工程物理和数学部门扩大

---

① 1974年ORNL在整合实验室环境影响报告小组、国家科学基金会环境项目、一个城市研究小组以及反应堆部门非核研究的基础上成立能源部。ORNL能源科学取得快速发展的背景是：能源危机将能源安全推至国家战略需求最前沿，并于1973年形成《国家能源的未来》报告，报告在倡导节约能源以减少需求的同时鼓励研究新技术和新策略以增加供应，并呼吁国家实验室积极参与国家能源战略，于是在联邦政府支持下“开发安全、清洁、丰富的经济能源系统”成为ORNL研发活动的中心议题。此外，ERDA为重组AEC遗留资产并迅速应对国家能源战略所需成立了一个委员会，ORNL主任波斯特马是其中成员，从中了解到ERDA的能源研究需求极其迫切，这为ORNL快速对接国家战略并针对性地开展能源科学研究提供了重要参考（Krause et al.，1992）。

② 这些研究项目为20世纪80年代ORNL从事阁楼隔热、热水器保温、屋顶结构、家电节能等以房屋和居家为中心的节能技术研发奠定了基础。

③ HTML于1977年首次提出概念设计，1983年获得能源部节能项目资助，1987年完工并对外开放，总耗资约2000万美元（Krause et al.，1992）。

④ ORNL机械人学可追溯至实验室的辐射屏蔽研究，研究积累为20世纪80年代实验室正式开启机器人学奠定了坚实基础。

了在机器人和人工智能领域的研究力量，最终产生了 ORNL 机器人和自动化委员会（Robotics and Automation Council），并在 1985 年研发、测试了一种马达驱动机器人。

四 ORNL 成熟期的资源供给①

在维护和持续拓展资源供给来源、扩大资源供给基数的有力支撑下，ORNL 核科学、生物与生命科学、能源科学、环境科学、材料科学、计算与计算机科学各研究领域呈现“齐头并进”的发展状态。

生物与生命科学领域，积极参与美国能源部和美国国立卫生研究院发起的“人类基因组计划”（Human Genome Initiative）等。核科学领域，在能源部支持下重启和升级大型核科研设施，包括重启塔屏蔽反应堆Ⅱ和高通量辐射同位素反应堆，升级改造 ATF 和霍利菲尔德重型离子研究加速器等；能源科学领域，1993 年 ORNL 在能源部支持下设立建筑技术研究与集成中心（Building Technologies Research and Integration Center，BTRIC），致力于早期建筑技术研发，研究成果基准测试法于 1999 年被环境保护署使用，并据此发布了首个建筑物能源绩效评估工具；依托国家酸雨沉降评估计划，建造造雨模拟室以研究硫和氮氧化物等污染雨水对生态系统的影响；1997 年 ORNL 在能源部支持下设立环境与生命科学综合体（Environmental，Life Sciences Complex），由环境科学大楼、水生生态实验室、生命科学数据分析设施、植物科学实验室、水文办公楼、生理生态大楼和橡树岭国家环境研究公园（一部分）构成，致力于结构生物学、生物技术、人类基因组、全球环境研究、风险评估和管理、环境恢复、发展中国家的能源技术、能源效率和运输系统等领域的综合性研究。材料科学领域，依托能源部共享研究设施项目（Shared Research Equipment Program），ORNL 新建了一批用于金属、陶瓷、半导体、磁性、纳米和复合材料研究的显微镜（Oak Ridge National Laboratory，1997）②。计算与计算机科学领域，ORNL 依托自身已有强

---

① 此阶段，ORNL 总体呈现成熟且稳步拓展发展状态，与之对应管理方面也呈现实验室主任和承运单位顺利交替、实验室管理体系不断完善的局面。时间约为 1990 年至 2000 年。

② 1 台原子探针场离子显微镜（Atom Probe Field Ion Microscopy）、2 台机械性能微探针设施（Mechanical Properties Microprobe）、4 台分析电子显微镜（Analytical Electron Microscopy）。

大计算与计算机研发实力于 1992 年获得计算科学中心（Center for Computational Sciences，CCS）建设资格①，成为美国国内两大国家级计算中心之一。

此外，在承运组织选择上 ORNL 也体现出整合多元主体优势资源的思想：1999 年马丁玛丽埃塔能源系统公司宣布不再托管 ORNL，依据实验室已经建立的成熟承运商选择程序，经过一系列竞争与筛选后，2000 年 UT-Battelle 有限责任公司获得承运合同，此公司是一个由田纳西大学和巴特尔纪念研究学院合作组建的非营利机构，选择此类承运组织的原因包括：一是田纳西大学是 ORNL 最大的科研合作伙伴，且两者在生物科学、计算科学、中子科学、重离子研究和交通运输等领域共建了多个联合研究中心，两者可以在教育方面展开更高水平的合作，此外还有利于实验室通过田纳西大学与联邦政府、州和地区利益相关者建立更为紧密有利的合作伙伴关系。二是巴特尔纪念研究学院曾承运西北太平洋国家实验室、布鲁克海文国家实验室和国家可再生能源实验室，具有丰富的国家实验室管理经验。三是采用非营利性组织更有利于 ORNL 在科学研究与技术市场化之间获得平衡。

---

① CCS 设立的背景是：1991 年科技政策办公室提交《大挑战：高性能计算与通信》（*Grand Challenges: High-Performance Computing and Communications*）报告，概述了高性能计算研发战略，提出了多部门协调开展高性能计算研发框架，目的在于为美国研究人员和教育工作者提供所需计算机和信息资源，同时为所有美国人提供包含先进计算机、网络和电子数据库的高水平信息基础设施。国会商讨后通过《1991 年高性能计算法案》（*High Performance Computing Act of 1991*）力图实现这些目标，确保美国在高性能计算及其应用领域持续保持全球领先地位。法案提出了一系列具体支撑项目，也列出了能源部等主要资金供给机构及其未来 5 年的投资金额——国家科学基金会 15.47 亿美元、能源部 6.67 亿美元、国家航空航天局 6.09 亿美元、环保局 3000 万美元、国家标准与技术研究所 2500 万美元、国家海洋与大气管理署 1750 万美元、教育部 950 万美元，还要求能源部成立由其下辖国家实验室领导的高性能计算研发协作联盟（High-Performance Computing Research and Development Collaborative Consortia）以具体执行计算、计算机和网络通信等领域的科学研究。在此背景下 ORNL 在联合其他 3 所国家实验室和 7 所高校的基础上提交了“计算科学伙伴关系”提案（Partnerships in Computational Science，PICS），获得了能源部认可和支持，为 ORNL 最终获得 CCS 铺平了道路。CCS 致力于向科学界提供强大运算能力的超级计算机，同时也为 ORNL 计算与计算机科学更高水平的发展奠定了基础。

五　ORNL 迁跃期的资源供给①

步入 21 世纪，ORNL 呈现打破固化模式、聚焦优化发展的新趋势，资源供给规模方面表现出超常规增加特征，如图 3-6 所示，1988—2000 年 ORNL 经费增加了 2 亿美元（年均增加约 0.15 亿美元），2000—2019 年 ORNL 经费增加了 13 亿美元（年均增加约 0.68 亿美元），即进入 2000 年后 ORNL 年度经费呈现跳跃式增加趋势。此种资源规模增加状况来源于 ORNL 各研究领域资源供给的叠加成效。

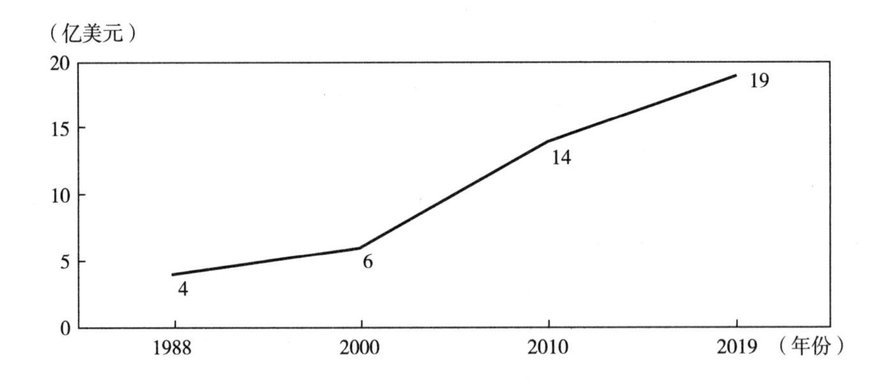

图 3-6　ORNL 经费增长趋势

注：重要背景是 2019 年美国《国家量子倡议法》和《美国 AI 倡议——美国人工智能国家战略》生效，为计算与计算机科学发展提供了政策支持。

资料来源：笔者根据 ORNL 官方网站（https：//www.ornl.gov/）公布的资料整理所得。

计算与计算机科学领域，在能源部支持下 ORNL 于量子信息科学和人工智能领域发力，并继续维持超级计算机性能全球领先地位——不断启动超级计算机性能提升工程，例如 ORNL 的捷豹（Jaguar）、泰坦（Titan）、顶峰（Summit）、开拓者（Frontier）先后在 2009 年、2012 年、2018 年、2022 年成为全球运行最快的超级计算机②；2004 年经能源部《高端计算振兴法案（2004）》批准，在 ORNL 设立橡树岭领导

① 此阶段，ORNL 不仅积累了更为雄厚的人力、财力、物力、知识等资源，而且形成了多元、开放、合作、竞争、自由的科研氛围，据此铸就了 ORNL 强大的科技研发能力——在能源部最新公布的 24 项国家实验室核心能力中 ORNL 占据 23 项，成为拥有核心能力数量最多的国家实验室，这为 ORNL 集成多元核心能力“解决大问题”提供了有力支撑。时间约为 2001 年至今。

② 根据 TOP500 List 网站（https：//www.top500.org/）公布的资料整理所得。

力计算设施（Oak Ridge eadership Computing Facility，OLCF），从事建造运算性能是当时领先系统100倍的超级计算机；2007年ORNL与田纳西大学合作成立国家计算机科学研究所（National Institute for Computational Sciences，NICS），并于当年获得美国国家科学基金会6500万美元资助，支持实验室从事计算、计算机和网络通信研究；2016年能源部设立Exascale计算项目（Exascale Computing Project，ECP），在ORNL设立项目办公室，致力于开发是当时最快运算性能50倍至100倍的超级计算机，第一轮融资总额为3980万美元；2017年ORNL与陆军研究实验室合作开展"超密编码传输信息"实验，证明了量子通信技术与传统网络技术集成的可能性。

材料科学领域，在能源部支持下ORNL于2006年耗资约6300万美元建设并启用纳米相材料科学中心（Center for Nanophase Materials Sciences，CNMS），同年启用耗资约13.6亿美元的散裂中子源（Spallation Neutron Source，SNS）[①]；2012年启动制造示范设施（Manufacturing Demonstration Facility），与工业合作伙伴（包括材料供应商、设备供应商、增值制造和碳纤维技术用户）建立了26项谅解备忘录；与辛辛那提公司（Clincinnati Incorporated）合作研发了"增材制造技术"（Addictive Manufacturing Technology），并据此于2014年联合制作了世界上第一款3D打印可驾驶汽车；在能源部连续纤维陶瓷复合材料计划（Continuous Fiber Ceramic Composite Program）支持下，与通用电气公司合作开发了用作新型飞机发动机的高温、轻质陶瓷基复合材料（Ceramic Matrix Composites，CMC）；与田纳西大学诺克斯维尔分校（Knoxville）、范德比尔特大学（Vanderbilt University）和俄罗斯核研究联合研究所（Joint Institute for Nuclear Research）合作发现了新元素117并将其命名为"tennessine"。

能源科学领域，能源部总投资约4000万美元的生物能源创新中心（Center for Bioenergy Innovation，CBI）于2017年在ORNL启用，成为实

---

① 资金由能源部提供，具体建设由6个能源部国家实验室合作完成：劳伦斯伯克利国家实验室负责研发质子束前端系统，洛斯阿拉莫斯国家实验室和托马斯·杰斐逊国家加速器设施负责设计并建造直线加速器超导体，布鲁克海文国家实验室负责设计蓄能器环，阿贡国家实验室负责研制科学仪器套件，ORNL负责设计、建造目标站并运营SNS。SNS将作为国家级用户设施运行，为国内外2000多名研究人员提供科研服务。之后不断升级改造，并于2008年成为世界上最强大的脉冲中子源。

验室能源科学领域内的最大设施更新项目。环境科学领域，在能源部支持下ORNL于2008年启动“云杉和泥炭地对环境变化的反映”实验，实验场地由奇佩瓦国家森林（Chippewa National Forest）泥炭地中约7英亩沼泽区组成，在此之上建设了10个直径12米、高8米，用于评估泥炭地生态系统对温度和二氧化碳浓度升高反应的实验室；在能源部生物与环境研究计划（BER）支持下，ORNL于2012年在北极地区开启了一项为期十年的“下一代生态系统实验”（Next-Generation Ecosystem Experiment，EGEE），旨在通过了解北极陆地生态系统的结构和功能来提高地球系统模型预测能力①。生物与生命科学领域，在能源部支持下ORNL于2017年成立生物能源创新中心（也是生物与生命科学领域的重要研究基础设施）；ORNL参与了一项由比利时、韩国、芬兰、奥地利、德国和以色列等国联合参与的胡杨树基因组测序工作，此工作由美国能源部科学办公室“生物与环境研究计划”支持，资助金额1200万美元，为后续基于该树种的能源生产和环境恢复研究提供了前期研究基础；和圣裘德儿童研究院研究神经细胞发育机理，为预测、预防癌症、老年痴呆症、帕金森提供了支撑；和田纳西大学医学中心合作使用中子首次成功表征了导致亨廷顿舞蹈病的病变蛋白质早期结构类型；与比尔和梅琳达·盖茨基金会合作协助发展中国家推进小儿麻痹症疫苗接种工作等。

核科学领域，2014年在能源部支持下运行材料等离子体暴露实验式样设施（Prototype-Material Plasma Exposure eXperiment，Proto-MPEX），为MPEX设施设计提供概念测试②；2015年依托HFIR重启钚-238生产③，恢复了美国处于30年沉寂状态的放射性同位素生产能力④；2019

① 其他主要参与单位包括洛斯阿拉莫斯国家实验室、布鲁克海文国家实验室、劳伦斯伯克利国家实验室、阿拉斯加费尔班克斯大学（University of Alaska Fairbanks）等。

② 2020年6月MPEX已完成能源部重大项目CD1决策环节，此设备将为未来研发各类聚变反应设备组件材料提供一流服务。

③ 2007年ORNL系统性改造升级HFIR，2017年HFIR被国际原子能机构指定为国际研发中心，2018年ORNL决定未来几年再次升级HFIR，同步升级SNS（主要包括质子功率升级和建立第三中子源），以确保美国在中子研究中的世界领先地位。

④ 2018年ORNL开始生产锕-227以满足癌症治疗中对Xofigo（一种治癌高效药物）的需求，这项工作是美国能源部同位素计划（Isotope Program）中能源部与拜耳公司（Bayer）间为期10年协议的一部分。同时ORNL是能源部国家同位素开发中心（National Isotope Development Center）的托管单位，协调并管理全国同位素生产、分配和销售业务。

年启动转型挑战反应堆示范计划（Transformational Challenge Reactor Demonstration Program，TCR），力争建设ORNL历史上第14座技术更可靠、运行“成本—效益”更高的新一代反应堆①；ORNL于2006年参与国际热核聚变实验反应堆（ITER）项目，并成为此项目美国项目办公室的设置单位，以统筹美国方面的相关工作②。

此外，ORNL还致力于丰富资源供给主体和强化供给关系，例如马迪亚上任后出台资产私有化等管理措施，力求进一步吸引、巩固和强化实验室与大学、产业界间的“战略合作伙伴”关系，据此为ORNL后续发展提供更为广阔和雄厚的资源来源和支撑；沃兹沃思任职实验室主任后，将注意力放在实验室科技成果转化方面，重点强调企业家精神、风险投资与私有资产投资在ORNL资源来源中的适度嵌入③，以激发市场在供给ORNL所需资源中的应有功效④。

第五节 青岛海洋科学与技术试点国家实验室

青岛海洋科学与技术试点国家实验室（Qingdao National Laboratory for Marine Science and Technology，ONLM）于2013年获得科技部正式批复与立项，2015年试点运行。海洋动力过程与气候变化、海洋生命过程与资源利用、海底过程与油气资源、深远海和极地极端环境与战略资

---

① TCR项目设立的背景是2018年国会通过了《核能创新能力法案》（*Nuclear Energy Innovation Capabilities Act*）和《核能创新与商业化法案》（*Nuclear Energy Innovation and Modernization Act*）两项旨在推动先进核反应堆技术研发和商业化的法律。据此ORNL于2019年启动TCR项目，并在当年获得国会划拨的3000万美元财政支持。TCR项目将融合先进制造、反应堆设计、高级仿真、机器学习、材料科学等领域的最新研究成果予以设计、建造与运行，同时还获得了阿贡国家实验室和爱达荷国家实验室的协助，计划于2023年完工并投入运行。

② ITER是当今世界最雄心勃勃的能源项目之一，研究与建设ITER为推进核聚变科学发展和开发商业化核聚变电厂奠定了基础。1985年首次提出ITER设想，2005年项目选址法国，2006年签署ITER协议，成员国包括中国、欧盟、印度、日本、韩国、俄罗斯和美国，目前总合作国家或地区达到35个，计划于2025年建成。根据ITER网站（https：//www. iter. org/）公布的资料整理所得。

③ Carolyn Krause，et al.，“Breaking the Mold to a New Laboratory”，*Oak Ridge National Laboratory Review*，Vol. 36，No. 2，2003，pp. 2-7.

④ 为了进一步推进科技成果有效转化，2006年ORNL启动橡树岭科技园（Oak Ridge Science & Technology Park）建设项目。

源、海洋生态环境演变与保护、海洋技术与装备是QNLM的6个核心研究领域，据此为“国家海洋发展战略”提供科技支撑。科技部为宏观管理者，依托24个理事单位联合建设，具体由青岛海洋科学与技术国家实验室发展中心负责运行①。2015—2021年QNLM的代表性科技论文8716篇②，主要涉及海洋地质、海洋气候、海洋生物、海洋能源、海洋动力、海洋生态与环境、海洋工程与设备等领域，形成了海洋研究引领下的物理、化学、生物、数学、医学、计算机科学等跨学科研究集群。此外，近五年来QNLM也获得了一系列重要科技成果，例如建构了光滑海底俯冲导致弱断层并易引发大地震的新理论，开发了一种利用外源糖基转移酶对细胞表面进行原位糖链编辑新方法，提出了自由生活类型海洋细菌在进化过程中基因组大小缩减与其营养类型特化的相关假说等。

尽管目前QNLM尚处于形成期③，但可以从已有实践中窥见资源支撑对于QNLM发展的重要所用，以下将梳理实验室从2000年概念提出至今的发展过程，并据此为中国国家实验室建设中资源供给境况做一资料支撑。2000年9月，时任青岛海洋大学（目前的中国海洋大学）校长管华诗、中国水产科学研究院黄海水产研究所所长唐启升、国家海洋局第一海洋研究所（目前的自然资源部第一海洋研究所）所长袁业立和中国科学院海洋研究所所长相建海研究员共同发起，首次向科技部提

---

① 其职能是配合实验室承担科技项目的组织与实施，从事相关科学研究，负责科研平台的规划建设、科研仪器设备采购及运行维护，承担实验室人、财、物管理以及综合后勤保障服务，承担QNLM和市委、市政府交办的其他事项。

② 数据来源于WOS数据库，检索方式为“Qingdao Natl Lab Marine Sci & Technol”－“所属机构”。

③ QNLM目前尚处于形成阶段，实验室“试运行”特征明显：一是实验室对国内外国家实验室成功实践经验的反思、继承和集成效果需要时间和实践检验，例如QNLM运行中大量吸收和借鉴了国外国家实验室和国内已有6个筹建国家实验室运行实践中积累的“独立法人”“三会治理”“学科融合”“人才培养”等实践经验，然而这些“他者”成功经验如何嵌入实验室，以及能否真正契合QNLM发展仍须时间和实践检验；二是实验室自主创新与探索也须在实践中检验、调整和完善，例如人员双聘制度、功能导向下的科研单元设置体系、虚实结合但统一管理的资源体系等创新举措必须接受实践检验；三是实验室预设科研体系仍处于形成阶段，最终科研体系以何种主导质态呈现尚未定论。此外，实验室“自上而下”的“设计性”也需要与实践中“自下而上”的“经验性”相磨合，逐步形成一套更为成熟的运行体系——这也决定了当前QNLM“设计”的科研体系在未来有可能存在较大创新和调整余地。

出建设“青岛国家海洋科学研究中心”的建议[①]。2003 年 10 月在科技部基础司协调下首次提出将研究中心建成国家实验室的方案，得到山东省和青岛市政府的大力支持，由此开始着手方案准备工作。2004 年 6 月，中国海洋大学、中国科学院海洋研究所、国家海洋局第一海洋研究所、中国水产科学研究院黄海水产研究所和国土资源部青岛海洋地质研究所（目前的中国地质调查局青岛海洋地质研究所）共同签署《关于共建“海洋科学与技术国家实验室”（青岛国家海洋科学研究中心）的意见》，同年 11 月，科技部派遣国家实验室评估专家组现场评估已有建设工作，据此提出了若干改进意见[②]。2005 年，科技部、教育部、农业部、国土资源部、中国科学院、国家海洋局以及山东省、青岛市人民政府联合启动共建国家海洋科学研究中心。2006 年科技部正式启动“青岛海洋科学与技术国家实验室”建设申请工作，QNLM 申请建设进入实质推进阶段[③]。

进入申请阶段后，科技部没有立即做出批复，而是保持谨慎态度，在历经 6 年充分论证后于 2013 年正式批复 QNLM 建设。6 年中 QNLM 建设集中于各项筹备工作：2007 年教育部和科技部研究探讨 QNLM 建设工作，同年 9 月科技部在青岛市召开 QNLM 建设方案论证会，会议同意青岛海洋国家实验室建设方案，并建议尽快批准实施[④]。2008 年 QNLM 确定基建方案，一期建设重点是高性能科学计算与系统仿真平台、国家实验室综合办公楼，同年山东省政府第九次常务会议决定省、市政府先期各投入 5000 万元用于启动基础设施建设，之后 2011 年省市新增

---

① 彭利军：《发展特色 整合资源 提升海洋科技创新能力——青岛海洋科学与技术国家实验室建设回顾与展望》，《中国高校科技与产业化》2007 年第 9 期。

② 彭利军：《发展特色 整合资源 提升海洋科技创新能力——青岛海洋科学与技术国家实验室建设回顾与展望》，《中国高校科技与产业化》2007 年第 9 期。

③ 正式申请启动的背景是 2006 年《国家中长期科学和技术发展规划纲要（2006—2020 年）》颁布，其中明确提出了建设国家实验室的战略部署，同时海洋领域在《纲要》中的“重点研究领域”“重大专项”“前沿技术”“基础研究”四大模块中均有涉及。

④ 论证专家组由我国海洋领域 18 名知名专家组成（巢纪平院士任组长），管华诗院士任实验室筹备组负责人，会议先后审议了三份报告：关于青岛海洋国家实验室建设方案的总报告、8 个功能实验室的分报告和公共实验平台及技术支撑体系的综合报告。

投资3亿元用于QNLM二期建设[①]。2012年山东省科技工作规划中明确提出年底完成QNLM基础设施建设，并力争国家有关部门正式批准实验室建设的工作安排，同年山东科技厅成立QNLM建设调研小组，对各项建设工作现状开展系统调研，为实验室后续发展提供参考，同时青岛市新增投资9亿元用于QNLM基建工作[②]。2013年省政府向科技部上报《关于申请设立青岛海洋科学与技术国家实验室的函》，同年12月18日科技部正式复函山东省政府同意试点建设海洋国家实验室，至此，QNLM获得筹建正式批复。2014年开始筹建实验室指导协调委员会、理事会、学术委员会，并面向全球公开招聘实验室主任，同时将青岛国家海洋科学研究中心承担的建设任务及资金全部移交青岛市，省政府与国家自然科学基金委联合启动4项重点项目支持QNLM建设。

2015年QNLM步入国家实验室实质试点运行。2015年2月成立青岛海洋科学与技术国家实验室第一届理事会，理事单位包括科技部、教育部、农业部、财政部、国土资源部、工业和信息化部、国务院国有资产监督管理委员会、山东省人民政府、青岛市人民政府、国家自然科学基金委员会、中国工程院、中国科学院、中国海洋大学、山东大学、天津大学、中国水产科学研究院黄海水产研究所、国家海洋局第一海洋研究所、中国科学院海洋研究所、国家深海基地管理中心、中国船舶重工集团公司[③]，6月24日科技部正式批复QNLM运行，6月29日在北京组织召开第一次常务理事会会议，确定了实验室“三会”治理架构[④]，QNLM正式进入试点运行阶段[⑤]，10月21日第一届学术委员会成立，10月30日举行QNLM启用仪式。

---

① 陈珂：《青岛海洋国家实验室：力争5—10年跻身世界前五》，《青岛早报》2016年3月12日第A10版。

② 陈珂：《青岛海洋国家实验室：力争5—10年跻身世界前五》，《青岛早报》2016年3月12日第A10版。

③ 至2020年理事单位增加了哈尔滨工程大学、中国石油大学（华东）、中国科学院大学海洋学院、中国地质调查局青岛海洋地质研究所4所单位。

④ 是指理事会管理、学术委员会指导、主任委员会负责的“三会”治理模式。

⑤ 崔文静：《18载 国家海洋实验室初长成》，2018.12.23，http://news.qingdaonews.com/wap/2018-12/23/content_20263472.htm，2020.6.16.

自2016年至今QNLM进入全方位快速建设时期，不仅体现在如前所述的人力、财力[①]、物力资源的持续积累上，还体现在关乎QNLM长远发展的核心研究领域的持续形成上：海洋动力过程与气候变化领域，代表性成果包括解析南大洋增暖机制、热带—亚热带太平洋海洋上层混合子午向分布特征和驱动机制，发现流经冰岛海盆的北大西洋翻转流经向热输运变化、晚第四纪东亚冬季风具有空间差异演化特点，揭示全球平均海洋环流在过去20多年以来的加速现象及其能量来源、物理机制以及人类温室气体排放在其中产生的重要影响等；海洋生命过程与资源利用领域，代表性成果包括完成扇贝、鞍带石斑鱼（龙胆石斑）、凡纳滨对虾、花鲈的基因组破译或精细图谱绘制，揭示长寿基因SIRT1活性调控新机制、病毒对寄主微生物某些代谢通路的补偿作用等，研发黄条鰤人工繁育技术、利用外源糖基转移酶对细胞表面进行原位糖链编辑新方法，培育脊尾白虾"黄育1号"、中国对虾"黄海5号"、刺参"参优1号"、南美白对虾"壬海1号"和"海兴农2号"等新品种；海底过程与油气资源领域，代表性成果包括论证在上地幔底部存在一层"碳酸岩化的地幔橄榄岩"，揭示古太平洋板块中生代俯冲过程及其东亚洋陆过渡带构造—岩浆响应机制，研发面向天然气水合物开发环境监测的海床基多点原位长期观测系统和静探复合式地球化学微电极探针原创技术等；海洋生态环境演变与保护领域，代表性成果包括揭示酸化条件下的大型海洋藻类响应机制，发现胶州湾大气沉降带入的营养物质不仅加重了胶州湾富营养化程度而且使其水体营养盐结构更趋失调，首次确认北太平洋存在千年尺度淡水事件，从鞭毛运动和再生能力角度分析水体酸化对微藻运动能力的负面影响及机制；海洋技术与装备领域，代表性成果包括自主研发白龙浮标、海洋可控源电磁勘探系统、南海及周边海域风浪流耦合同化精细化数值预报与信息服务系统等；深远海和极地极端环境与战略资源，代表性成果包括揭示氧逸度与斑岩铜矿成矿关系，首次于东南太平洋海盆发现大面积富稀土沉积并提出"底流驱动—吸附富集"的深海稀土成矿假说等。

---

① 2017年山东省追加8亿元财政资金，青岛市预留2000亩土地用以支持QNLM发展（崔文静，2018）。

这些科研成果主要依托一系列国家、省级重大科技战略计划或项目支撑，包括“透明海洋”计划[①]、“海底发现”计划[②]、“蓝色开发”计划[③]、“西太平洋地球系统多圈层相互作用”计划[④]等。此外，为积极推动相关科研成果转化，QNLM在“青岛蓝谷”成立“海洋试点国家实验室成果转化基地”[⑤]，逐步完善科技成果转化链条，为QNLM搭建更加多样化的资源供给渠道提供了条件，例如与青岛国信集团合作启动全球首艘10万吨级智慧渔业养殖工船“国信一号”项目，完成的5大类别、17大领域海洋大数据库带动了海洋药物研发、海洋环境业务化预测与预报、海洋牧场规划等相关产业发展。

此外，国内外国家实验室运行实践为QNLM管理领域提供了弥足珍贵的经验借鉴，也为QNLM在此基础上的进一步创新提供了条件，主要包括：一是建立独立法人地位，QNLM不是依托单位的内设或附属机构，而是青岛海洋科学与技术国家实验室发展中心独立法人条件下的国家级科研平台——“小法人、大平台”[⑥]。二是建立三会治理结构——理事会、学术委员会和主任委员会领导下的主任负责制，其中理事会是实验室的最高决策机构，学术委员会是实验室的咨询机构，受理事会管理，主任委员会是实验室的执行机构，受理事会管理、学术委员

① 包括海洋星簇、海气界面、深海星空、海底透视、海洋模拟器5个子计划，研究领域涉及海洋观测系统建设、海洋过程与机理研究、海洋现象预测、海洋信息服务4个方面（王建高，2016）。

② 致力于揭示海底关键地质过程和演化规律，支撑海底战略性矿产资源和能源开发利用，助力实现国家资源能源安全目标，开展海洋沉积与物质输运、深海海盆演化与洋底构造、海底油气与水合物成藏及勘探、洋底金属与稀土成矿机理及评价等方面的协同创新和技术攻关（王娉，2020）。

③ 聚焦于蓝色解码、蓝色药库、蓝色蛋白、健康海洋的科研攻关（王娉，2020），且取得了一系列重大科研成果，例如完成人类已知170个药物靶点与35000个海洋化合物的全部对接等。

④ 由国家自然科学基金设立，实施周期8年，直接经费2亿元。

⑤ 青岛蓝色硅谷包括青岛市墨区鳌山卫、温泉两个街道办事处，规划总面积约443平方公里，发展定位于“中国青岛蓝谷，海洋科技新城”，集中布局海洋科研、海洋教育、海洋成果转化等重大平台项目，集聚国内外海洋高科技资源、高科技产业和服务机构，提高我国海洋领域自主创新、成果转化和产业培育能力，成为我国连接全球海洋科研资源的创新平台。截至目前，包括青岛海洋科学与技术试点国家实验室在内的一大批聚焦海洋科技发展的高校、科研院所、企业入驻此地，例如国家深海国家管理中心、山东大学青岛校区、武汉理工大学青岛研究院、西北工业大学青岛研究院、北京航空航天大学青岛科技新城等。

⑥ 尹怀仙等：《青岛海洋科学与技术国家实验室的特色创新机制探讨》，《实验室研究与探索》2019年第5期。

会指导。三是建立“去行政化”“扁平化”组织管理框架——在主任委员会下设行政管理、科研体系和公共平台三大功能模块，每个功能模块内部根据具体需要设立下级单元，尽可能能压缩管理层级，同时每个科研单元突出“专家治理”和“科研自主”原则。四是根据现实情况建立分类管理方法——科研人员实行“双聘”制（考核采用同行专家评议制）[①]，管理服务人员实行“职员制”（考核采用目标责任考核制），实验技术人员相对固定、全职聘用（服务对象评价制）。五是实行虚实结合的资源整合方法——不进行部门撤并转和集中搬迁，按照科研实体统一管理[②]。六是实行分类管理，例如根据实验室行政事务所需设置行政管理部门，根据实验室科研内容设计科研体系[③]，根据科研支撑和服务需要搭建公共平台。七是全球化尺度下的科研合作，例如不仅强调与国内海洋科技组织开展合作，例如共建联合实验室和公共平台，还强调与全球海洋科技组织开展合作，例如与海外科研机构签订合作协议[④]、建立海外联合研究中心等。八是实行专款管理，在建立联合共建资金的基础上建立专款管理机制，做到专款专用。九是围绕国家战略所需设置核心研究领域，并紧紧围绕这些研究领域推动实验室高效运行。

总之，作为我国首个尝试全方位对接国家实验室建设“标准”的实验室，QNLM 在科技部、理事单位等各方共同支持下具有了更强综合性（共建单位、工作人员、支撑学科、科研内容与目标等）和创新性（科研、管理等整体性、系统性创新），这也成为当前 QNLM 拥有充分

---

① 被聘进入 QNLM 的理事单位人员经实验室和原单位同意后实行双聘制，人员隶属关系不变，被聘进入 QNLM 的非理事单位人员且属于短期聘任的无须改变原有人员隶属关系，若长期聘任则将人事关系落户理事单位（主要是初始的五个科研单位）（彭利军，2007）。

② 彭利军：《发展特色 整合资源 提升海洋科技创新能力——青岛海洋科学与技术国家实验室建设回顾与展望》，《中国高校科技与产业化》2007 年第 9 期。

③ 科研体系又根据不同科研内容划分出不同科研单元，目前主要包括聚焦基础研究前沿和国家长远目标及其重大战略需求的功能实验室（8 个），在国家战略需求导向下结合海洋战略性前沿技术体系以装备自主研制及产业化为目标的联合实验室（已建成 5 个，在建 3 个），瞄准国际科技前沿、率先形成先发优势的开放工作室，领导和参与国际重大科研活动的海外联合研究中心（已建 2 个，在建 2 个）。

④ 目前已与英国国家海洋研究中心、俄罗斯科学院希尔绍夫海洋研究所、欧洲海洋能中心、澳大利亚新南威尔士大学、美国国家大气研究中心、德国阿尔弗雷德—魏格纳极地与海洋研究所等建立了合作关系。

发展动力和活力的根源。立基于形成“国家海洋战略科技力量”服务于“建设海洋强国”的根本目标，充分尊重和激发实验室发展自主性，有效集聚和整合多方资源供给实力，QNLM 必将通过“先行先试”探索出一条独具中国特色的国家实验室发展之路。

第四章

国家实验室资源协同供给模式的框架析出

从资源视角看，中美 5 个国家实验室的发展历史是资源供给、累积、分配和再生产的历史，其中蕴藏了国家实验室资源协同供给的一系列重要实践，在深度铺陈其历史实践的基础上结合国家实验室已有研究成果和资源基础理论、协同创新理论和创新网路理论启发，析出了如图 4-1 所示的国家实验室资源协同供给模式立体框架分析图谱，其中立体框架由情境、主体、行动、过程和规则五大组分构成，而静态/结构维度—构成、动态/时间维度—演化、动静和合/功能维度—整合三大维度则构成了刻画这一立体框架的具体切入视角。

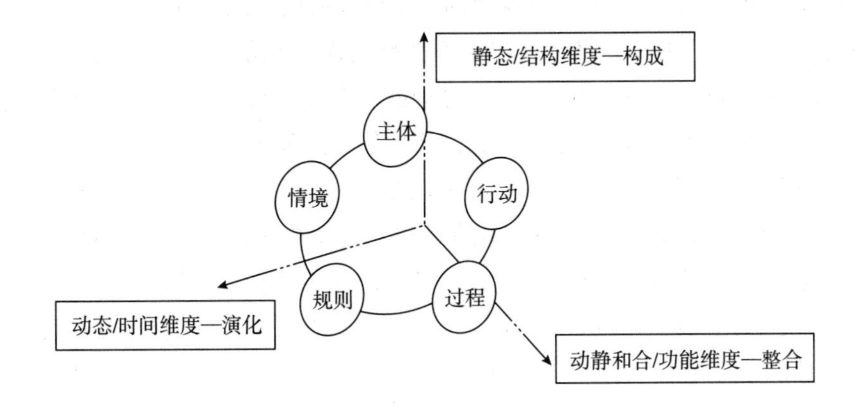

图 4-1　国家实验室资源协同供给模式立体框架的分析逻辑

资料来源：笔者根据研究结论整理所得。

如表 2-4 所示，资源基础理论、创新网络理论和协同创新理论三大理论基础在“合力供给”“‘整体—区位—破缺’的结构特性”“役使结构”等方面启发了国家实验室资源协同供给模式的结构性切入维度，即国家实验室资源协同供给模式是一个系统，是由层层可细分的组分或模块构成，也正是这些组分和模块的具体组合构成了国家实验室资源协同供给模式的具体质态，前述 5 个国家实验室资源供给主体及其结构等方面的差异验证了此论断，而对此论断的深度剖析是基于结构能够保持相对稳定为前提条件（正如 5 个国家实验室在某个发展阶段有其主要特征一般），总之静态/结构维度将为国家实验室资源协同供给模式具体“构成”提供了强有力的解析视角；在“资源有机体”“流动性嵌入”“互塑”等方面的启发则突出了国家实验室资源协同供给模式的动态演化特征，这直接体现在时间尺度上 5 个国家实验室孕育、形成、发展、成熟和迁跃（优化）不同发展阶段上的模式结构变迁，从动态演化维度赋予了国家实验室资源协同供给模式的发展性，总之动态/时间维度将为国家实验室资源协同供给模式的动态“演化”提供深刻分析视角；在“资源有机体”“价值生产”以及如图 1-9 所示的已有文献研究源流中无不昭示国家实验室资源协同供给模式的功能指向，即形成何种国家实验室资源协同供给模式及其如何具体运行是对实验室内外一系列具体诉求的回应，这需要前述静态和动态维度分析的有效整合，以整体性视角揭示国家实验室资源协同供给模式所嵌功能的内在机理，正如前述 5 个国家实验室服务于“国家战略所需”功能是其所有结构与动态调整目标的同一指向一样，总之动静和合/功能维度将为国家实验室资源协同供给模式的“整合”化剖析提供有力分析视角。

综上所述，基于 5 个国家实验室实践案例、三大理论启发及已有国家实验室研究成果的综合考量，国家实验资源协同供给模式的具体构成将依托静态/结构维度—构成、动态/时间维度—演化、动静和合/功能维度—整合三大切入视角，主要从协同环境、协同主体、协同行动、协同规则和协同过程五个方面展开深入分析，其主体框架析出如表 4-1 所示。

总之，在什么样的情境下由谁以何种行动根据何种规则通过怎样的过程实现国家实验室资源有效供给是国家实验室资源协同供给模式需要

回答的5个核心问题，以下将以静态/结构维度—构成、动态/时间维度—演化、动静和合/功能维度—整合维度为分析视角，以前述铺陈的5个案例为实践和资料支撑，结合已有理论研究成果和启发系统、深入地解析这些问题，尝试搭建国家实验室资源协同供给模式的立体框架。

表4-1 模式主体框架结构的理论与经验解析

理论启发举例	案例支撑举例	主体框架解析
“资源—主体—关系—环境”的流动性嵌入、时空嵌入等	环境变化对国家实验室资源供给主体等方面产生了系统影响	协同环境
多元参与、协同主体等	政府、企业、高校、科研院所、非政府组织等多元化的参与主体	协同主体
合力、协同、役使等	政府主导型的资源供给	协同行动
制度安排与回应（如领导、组织、控制）等	运行或管理规则的建立及其持续完善	协同规则
生产或管理流程等	自搜寻至调整的连续、多阶段协同供给过程	协同过程

资料来源：笔者根据研究结论整理所得。

第一节 协同环境

如案例铺陈所述，第二次世界大战德国核武器威胁直接引致美国启动“曼哈顿计划”，成为LBNL、ORNL和SANDIA孕育和形成的主要推动力，支撑孕育和形成的资源供给模式也因“国家使命”形成了“政府为主+其他参与主体为辅”的“中心—边缘”型资源协同供给模式。虽然FERMI和QNLM没有如“曼哈顿计划”如此“关键事件”的驱动，但源于战后国际科技竞争压力、学习路径依赖以及“科技战略”上升为“国家战略”等环境影响，依然使得以政府为中心的国家实验室资源协同供给模式成为战后国家实验室资源供给的主导模式。总之，5个案例交互验证可得：协同环境以内化方式构成了国家实验室资源协同供给模式的重要模块。厘清协同环境结构，剖析协同环境演化规律，挖掘协同环境作用机理成为析出国家实验室资源协同供给模式的重要一环。

一　协同环境的构成

基于协同理论“层次”思路启发，结合前述5个案例的经验凝练，研究发现由协同环境层次（level）和协同环境领域（field）复合构成的LF协同环境结构矩阵构成了国家实验室资源协同供给模式环境维度的具体内容，其中协同环境层次是指协同环境纵向维度上的多层次性，具体包括宏观环境、中观环境与微观环境；协同环境领域是指协同环境横向维度上的多领域性，具体包括经济环境、政治环境、制度环境、文化环境、科技环境等。具体来看，宏观环境依据国家边界又可分为国际环境和国内环境，例如国际环境，第二次世界大战、“冷战”、“石油危机”等对LBNL、FERMI、SANDIA和ORNL资源协同供给产生的直接或间接影响——政府资金占据主导地位并在多种压力和需求刺激下定向投放资源等；国内环境，总统竞选、环境保护意识觉醒、科技生活化需求、政府财政局限等有力地促进了5个国家实验室资源协同供给主体的多元化发展，资源供给呈现社会化扩张趋势。中观环境主要依据组织化程度分为组织环境和个人环境，其中组织环境主要体现为政府机构、非政府组织、企业等对国家实验室资源协同供给的结构性影响，例如美国“原子能委员会—能源研究与发展管理局—能源部”变迁对美国4个国家实验室资源供给来源和结构的直接影响，中国则体现为政府、高校和科研机构构成（各主体内部及其相互间）及其具体职责对QNLM建设的核心支撑作用；个人环境主要体现为个人科技素质和诉求通过个人捐赠对国家实验室资源供给产生影响，例如LBNL孕育期个人捐赠对实验室发展的重要作用最具代表性，后来个人捐赠延续下来但影响力与政府相比式微。微观环境以实验室边界为依据主要分为单体国家实验室环境和群体国家实验室群落环境——单体国家实验室环境实质为微观领域中的国家实验室内部环境，主要体现为实验室本身属性等对实验室资源协同供给的影响，例如FERMI作为基础物理学领域的单目标国家实验室，其资金呈现更强政府主导型，但知识资源供给却呈现更大范围内的协同供给[①]；SANDIA作为美国核武器和国家安全实验室更侧重应用基础研

① 例如，FERMI各类大型项目基本都是世界范围内各类参与主体供给知识资源，尽管其他4个国家实验室也呈现此种趋势，但与FERMI相比无论在规模还是层次上都不可同日而语。

究，政府资源供给占比相对减弱，例如作为其所需资源核心供给主体的能源部在所有总预算中占 67%——作为基础研究和应用基础研究综合性较强的 LBNL 则达到 85%；此外，5 个国家实验室内部均形成了相对独立的研究单元，实质构成了实验室内部环境基础框架，并据此影响实验室外部各类主体的资源供给方式，例如 QNLM 内部侧重基础研究的"8 个功能实验室"所需资源主要来源于政府、高校和科研机构，侧重应用基础研究的"5 个联合实验室"所需资源则更多依靠企业、高校和科研院所。实验室群落主要体现为国家实验室组建的各种合作联盟，例如在计算机领域 ORNL 和阿贡国家实验室经常以合作方式联合承接政府、企业等主体的联合资源供给，更为直接的是各国家实验室联合形成联盟甚至大型联盟实体，以承接多元主体协同供给的资源，例如美国能源部倡导成立的各类大型项目导向性研究中心等。

经济环境，例如第二次世界大战中及第二次世界大战后美国经济扩张为 LBNL、ORNL、FERMI 和 SANDIA 快速发展奠定了扎实经济基础，甚至出现资金支持量"无限增加"局面；20 世纪 70 年代能源危机拖累美国经济，LBNL、ORNL、FERMI 和 SANDIA 的年度预算也因此出现停滞。政治环境，例如美苏国际政治关系、美国不同党派总统当选、中央和地方的政治博弈、美国国会等都对美国国家实验室资源协同供给产生了深刻影响；QNLM 自建设开始即受中央和地方政治互动影响。制度环境，例如美国出台的各类法律、法规直接或间接影响美国 4 所国家实验室资源协同供给具体形式，其中尤以 1980—1989 年出台的《合作研发协议》（*Cooperative Research and Development Agreement*，CRADA）等一系列技术转移法案最为典型，这些法案鼓励企业、非营利性组织等非政府组织积极参与国家实验室技术研发活动，包括按照法规约定向实验室注入资源，即以制度方式推进美国国家实验室资源协同供给模式的形成；QNLM 的资源供给方式主要受到附录"16 项关涉国家实验室建设的主要政策及其内容"中各项政策引导和规约。文化环境，显著体现于美国尊崇市场和个性对国家实验室资源协同供给的影响——人才供给中的个性彰显与自由流动，物力资源供给中的市场化竞争，资金和知识资源供给中的多元合作等。科技环境，体现为先行国家实验室资源协同供给经验累积对后续国家实验室的直接影响——FERMI 和 QNLM 多元主体资源协同供给的大部分关系结构、运行规则等是对先行国家实验室已有经验的继承、集成和创新。

协同环境的纵向层次与横向领域共同构成了如表 4-2 所示的国家实验室资源协同供给模式 LF 协同环境结构矩阵，协同环境结构矩阵是对前述 5 个案例实践的高度凝练和反映，例如 INP 中华约与北约对峙及其消解、NAE 中 GDP 波动、OI 中实验室委托单位交接规则、PC 中个人独立与平权诉求、SLS 中实验室已有研究领域或知识积累、LCP 中美国国会对美国国家实验室的支持或质疑等都对国家实验室资源协同供给模式产生了重要影响。总之，LF 协同环境结构矩阵深刻反映了国家实验室资源协同供给模式环境维度的“复合性”特征——两个维度及其各自内部的组分化构成。

表 4-2　LF 协同环境结构矩阵

分层/领域	环境					
	宏观环境		中观环境		微观环境	
	国际环境	国内环境	组织环境	个人环境	单体实验室环境	实验室群落环境
政治环境	INP	NAP	OP	PP	SLP	LCP
经济环境	INE	NAE	OE	PE	SLE	LCE
制度环境	INI	NAI	OI	PI	SLI	LCI
文化环境	INC	NAC	OC	PC	SLC	LCC
科技环境	INS	NAS	OS	PS	SLS	LCS

资料来源：笔者根据研究结论整理所得。

二　协同环境的演化

时间维度上 5 个国家实验室都表现出明显的孕育、形成、发展、成熟和优化（或迁跃）五个阶段演进性，协同环境也在这五个阶段中呈现出不同具体质态，并对国家实验室资源协同供给模式产生直接影响。以下将以 LF 环境结构矩阵中的国家实验室自身环境、政府机构和国际形势局部模块为代表细致梳理国家实验室资源协同供给所嵌入环境的演化规律。

（一）国家实验室自身环境的演化

依据国家实验室定义，结合前述 5 个国家实验室孕育、形成、发展、成熟和优化（迁越）五个阶段近90年的演进历程，梳理出国家实验室自身环境演化概况如下①：孕育期，核心科学家和已有研究积累②、必要资金支持③和已有实验室建设经验④成为国家实验室孕育期资源协同供给的主要环境框架，至于国家实验室政治氛围⑤、制度建构和文化则因实验室处于孕育、探试期尚未形成⑥；形成期，此时包括科技人才、科技知识等在内的各类资源环境较为优越，利于动员要素流动、凝聚的管理方法和制度也迅速建立，包含合作、开放等抽象原则的文化理念开始反作用于国家实验室⑦，总之当历经形成期后，具备“国家实验室”真正属性的实验室自身环境基本形成；发展期，优势研究领域不断巩固的同时总体研究领域结构推陈出新，支撑科研推进的资源量级不断跃升助推国家实验室规模持续扩大，各种成熟规章制度和价值理念逐渐形成并根据形势发展不断完善，历经发展期后国家实验室的战略性、综合性等特征显著呈现；成熟期，此阶段国家实验室自身环境趋于稳定，例如支撑国家实验室运行的资源存量达到较高规模且增量以小幅增加或波动为主，形成完善和成熟实验室制度体系和文化氛围，研究领域也趋于稳定；优化或迁跃期，此阶段国家实验室自身环境因革新原因呈现新发展动向，例如国家实验室服务国家战略基本定位的进一步明确、强调，各种规章制度的创设、调整与改革，多项目或研究领域结构的重组，通

---

① 以下各论点佐证请详见第三章各国家实验室对应阶段的详细论述。

② LBNL的欧内斯特·奥兰多·劳伦斯，FERMI的一系列专家组，ORNL的尤金·维格纳，QNLM的管华诗均为各自实验室的孕育起步做出了重要贡献，同时大学和科研院所为实验室孕育期奠基性研究领域的形成提供了知识储备——LBNL的核物理学和加速器科学，SANDIA的武器研发、测试与组装，FERMI的高能物理学和加速器科学，ORNL的中子科学和反应堆科学，QNLM的海洋科学与技术均受益于相关院校（尤其是实验室核心合作院校和科研机构）形成的充沛知识积累。

③ 此时的资金支持不一定充分但基本能够满足正常实验所需，其中尤以LBNL为典型——主要依靠个人和基金会捐赠支撑实验室科研活动，与之相比SANDIA、FERMI、ORNL和QNLM则因政府高度介入而使得实验室的经费环境较为宽松。

④ 主要体现在洛斯阿拉莫斯国家实验室对SANDIA、LBNL对FERMI、国内外已有国家实验室（包括筹建）对QNLM的影响上。

⑤ 5个国家实验室资源协同供给实践反映出实验室内部政治环境对其影响较小，但依然存在，例如女性平权运动对实验室内部工作人员供给结构的影响。

⑥ 但已步入形成过程，例如LBNL的跨学科、SANDIA的应用、FERMI的开放、ORNL的合作、QNLM的分类管理等成为各实验室孕育起步阶段的核心指导思想。

⑦ 例如，LBNL多学科和跨学科科研理念孕育了实验室“大科学”科研模式。

过改造升级仪器设备、优化人员结构等提升国家实验室资源环境品质等。

此外，实验室内设研究机构演化也直观反映了国家实验室自身环境尤其是知识环境的主要变迁[①]，如附录“LBNL 研究部门的演化”所示 LBNL 近 90 年发展历程中实验室内设科研机构的持续调整，准确、全面反映了 LBNL 知识环境的演化，且蕴含两个重要演化规律[②]：一是协同演化，即各研究领域（知识环境）并非均等，而是 LBNL 根据已有环境约束条件有差别、有重点地发展研究领域（知识环境），例如物理科学、能源与环境科学、材料科学、计算科学、生物科学分别在 LBNL 五个不同演进环节中发挥了各自核心引领作用。二是自我累进，即 LBNL 研究领域（知识环境）演进路径是以“旧研究领域（旧知识环境）”与“新研究领域（新知识环境）”间的持续迭代为表征——旧研究领域（旧知识环境）为新研究领域（新知识环境）提供产生基础，新研究领域（新知识环境）为旧研究领域（旧知识环境）提供增量更新，例如 LBNL 加速器研究领域（知识环境）的表现：孕育期个人实验性加速器到 8 英寸回旋加速器再到 60 英寸回旋加速器的不断扩容，形成期 184 英寸回旋加速器与新型电子加速器的建造，发展期回旋加速器、同步加速器、直线加速器、质子加速器等多种类加速器研发齐头并进，成熟期 ALS 加速器的建造，优化期 ALS 加速器的改造升级以及加速器小型化研究等。

（二）政府机构和国际形势的变迁

从政府机构和科技管理关系看，包括国家实验室管理在内的科技管理职能在长时间实践后逐步成为政府机构重要职能。能源部是与前述 4 个美国国家实验室发展有着最紧密关系的美国联邦政府机构，其历史变迁具体如下：1930—1941 年，联邦政府机构与孕育期的国家实验室几乎没有关联，例如作为加利福尼亚大学物理系附属机构，LBNL 多通过“教育”与联邦政府发生资源间接连接，且此时美国教育体系“分权制”特征极其明显——联邦政府不干预地方教育（直接性资金支持也极为稀少），仅在相关部门（例如，内政部、联邦安全局）下设教育办

① 原因在于内设研究机构一般以核心研究领域命名。

② 这两个演化规律同样适用于其他 4 个国家实验室，具体见第三章 4 个国家实验室每个发展阶段中研究领域的具体变化。

公室，职能也仅限于统计与发布教育信息[①]，所以与联邦政府相比地方州政府通过教育影响 LBNL 更为直接和明显。1942—1945 年，与 LBNL 转型、SANDIA 和 ORNL 建设有重要关联的联邦机构是 MED。MED 由联邦政府根据需要从相关部门抽调组成，军力部分来自当时的陆军部、战争部、海军部等，其中 MED 总负责人莱斯利·理查德·格罗夫斯（Leslie Richard Groves）中将即从陆军工程兵团（United States Army Corps of Engineers，USACE）中选调而来。此阶段，1941 年联邦政府成立科学研究与发展办公室（Office of Scientific Research and Development，OSRD）以便整合分散研发力量，并于 1942 年成立 S-I 执行委员会（前身为铀顾问团，Advisory Committee on Uranium）监督 OSRD，其中一些成员也是当时相关国家实验室的核心管理者或科学家，例如时任 LBNL 主任的劳伦斯即为 S-I 执行委员会的 6 个成员之一[②]。1946—1974 年，与 4 个美国国家实验室直接相关的联邦政府机构是 AEC，致力于接管和推进第二次世界大战结束后的核战争遗留资产和战后核能和平利用，包括接管国家实验室。AEC 中的一些委员同时在国家实验室中担任重要职位，例如 1961—1971 年 AEC 主席一职由 LBNL 科学家西博格担任，1968 年 FERMI 科学家拉姆齐任职于 AEC 首席咨询委员会主席。1974—1977 年，AEC 于 1974 年拆分为能源研究开发署（Energy Research and Development Administration，ERDA）和核管理委员会（Nuclear Regulatory Commission，NRC），其中 ERDA 承接 AEC 核能研究管理工作，还集成了美国其他能源研究管理工作——首次实现美国能源研究集中管理，例如当时管理的主要研发项目涉及化石能源、原子能、太阳能、地热能、先进能源、节能、环境与安全、国家安全等领域，其中化石能源、原子能、太阳能、地热能、先进能源研发预算占 ERDA 绝大部分财政预算[③④]。

① 根据美国教育部网站（https://www.ed.gov/）公布的资料整理所得。

② 根据 Atomic Heritage Foundation 网站（https://www.atomicheritage.org/）公布的资料整理所得；Department of Energy，*The Manhattan Project: An Interactive History*，2005.7，https://www.osti.gov/opennet/manhattan-project-history/index.htm，2020.5.12.

③ Alice Buck，*A History of the Energy Research and Development Administration*，1982.3，https://www.energy.gov/sites/default/files/ERDA%20History.pdf，2020.3.30.

④ J. Samuel Walker and Thomas R. Wellock，*A Short History of Nuclear Regulation*，1946-2009，2010.10，https://www.nrc.gov/docs/ML1029/ML102980443.pdf，2020.3.30.

1977 年至目前，1997 年 8 月卡特总统签署《能源部重组法案》（*Department of Energy Reorganization Act*），美国能源部成立，ERDA 并入能源部成为下设机构能源研究办公室（1977—1998），同时能源部接管国家实验室，截至目前能源部没有重大改变，与国家实验室有关的细微调整主要包括成立能源部核办公室（Office of Nuclear）——支持和管理国家各种核能项目，目前管理爱达荷国家实验室；1979 年成立能源部化石能源办公室（Office of Fossil Energy），主要开展从传统化石燃料中获取清洁、价格可承受能源以及先进发电研究、开发和示范工作，目前下辖国家能源技术实验室；1989 年成立能源部环境管理办公室（Office of Environmental Management），从事解决美国核武器生产和核能研究引发的环境污染问题，目前掌管萨凡纳河国家实验室；1993 年经调整后更名的能源部能源效率和可再生能源办公室（Office of Energy Efficiency and Renewable Energy，EERE）专注清洁能源和能源效率研究，负责监督国家可再生能源实验室的管理和运营；1998 年能源部能源研究办公室改组为科学办公室，主要职能是通过科学发现与研发先进科学工具加深对自然的理解，并为美国能源安全、经济安全和国家安全提供保障，掌管能源部 17 个国家实验室中的 10 个；1999 年成立能源部国家核安全管理局（National Nuclear Security Administration，NNSA），致力于通过核科学军事化应用确保国家安全，掌管 3 个国家实验室。与中国 QNLM 发展密切相关的政府机构是中华人民共和国科学技术部，1998 年由国家科学技术委员会调整而来，其内设机构“基础研究司”负责国家实验室宏观管理与监督工作。

如案例研究所述，4 个美国国家实验室所需资源供给情势都与国际形势有着紧密关系：1929—1933 年爆发第一次世界经济危机，美国整体陷入萧条境况，1933 年罗斯福上任美国第 32 任总统后推行“罗斯福新政”，至 1936 年其任期结束时美国走出低谷，1937 年连任成功并继续实施一系列美国复苏计划，至 1939 年美国基本上摆脱了经济危机的主要影响[①]，正是美国经济复苏及当时第二次工业革命产生的积极成

① 此时期美国主要奉行包含“孤立主义”的“新政外交”，以自身利益为中心对外采取亲疏有别的外交措施（吴忠超，2001）。

果，为美国国家实验室的产生奠定了扎实资源基础。1939 年第二次世界大战爆发，战争初期美国没有参战，但开始将国家战略重点转移至扩军备战。1941 年 3 月和 8 月先后签署《租借法案》《大西洋宪章》，美国开始为“同盟国”提供物质协助，1941 年 12 月“珍珠港事件”爆发后美国正式宣布参战①。为应对“轴心国”核武器威胁，1942—1945 年以美国为核心、英国与加拿大积极配合的“曼哈顿计划”启动，科技竞争首次以直面冲突的方式在世界范围内受到重视，自此科技创新成为后续各国解决各类国际关系冲突的重要战略力量，也正是在此背景下以军事化资源供给方式建设了若干国家实验室（见表 1-4）。随着 1945—1946 年期间解决第二次世界大战战败国管控问题，苏美矛盾浮出水面并于 1947 年全面进入“冷战”时期直至 1991 年苏联解体，其间科技创新支撑下的各类军备竞赛和区域战争成为苏美两国角力的主战场②，于是无限量资源投放成为当时国家实验室所需资源供给的基本状况。同时，局部战争动荡依然存在，但世界总体局势趋于稳定，在此背景下各国开始着力发展国内经济，支撑经济快速发展的能源安全也随之成为各国核心战略之一，加之 1973 年、1979 年以及 1990 年爆发的三次石油危机进一步凸显了此问题的严重性与紧迫性③，也正是在这些危机刺激下美国开始了“向科技要能源”的战略布局，随之能源科研管理体系不断建立、健全，一系列重大科研计划或项目落地生根，以项目为依托实现资源投向国家实验室成为此时期国家实验室所需资源供给的另一重要特征，据此国家实验室相应做出调整和扩充能源研究领域的反映，国家可再生能源实验室等专门从事能源研究的组织也应运而生。美国开始依靠其强大且领先科技创新能力支撑下的综合国力推行更为直接和强悍的“新干预主义”外交战略，其中鉴于国家实验室体系在其中

---

① 1939 年至 1941 年美国已经获得德国研发核武器的信息并迅速组织国内和国际力量开展研发（Department of Energy，2005）。

② “冷战”时期美国外交政策由“孤立主义”转向“干预主义”，美国开始通过政治、经济、军事等各种途径积极干预世界事务（王立新，2005）。

③ 其中因“伊朗伊斯兰革命”（1978 年至 1979 年）、“两伊战争”（1980 年至 1988 年）造成的 1979 年石油危机对美国造成的影响最为严重，例如 1979 年美国当年原油进口 23.795 亿桶，危机爆发后进口量持续萎缩至 1985 年的 11.683 亿桶。根据美国能源信息署网站（https：//www.eia.gov/）公布的资料整理所得。

发挥的不可低估的作用，其所需资源供给量一直处于高位徘徊。

（三）LFL 环境矩阵

国家实验室自身环境、政府机构和国际形势的演变过程深刻体现于LF 环境结构矩阵内环境模块间的系统联动，且这种联动贯穿于国家实验室发展的整个过程，如案例铺陈 4 个美国国家实验室的具体发展境况所述：第二次工业革命催生了大量科研实验室，也产生了大量工业企业，更是培育了许多科技人才，为孕育美国国家实验室积累了先进科技知识和优秀科技人才，也提供了诸多科研实验室建设与管理经验。同时，第二次工业革命在助推世界经济快速增长的同时也助长了市场无序扩张，为 1929 年经济危机爆发埋下了伏笔。第一次世界经济危机爆发后，美国为应对危机推行“罗斯福新政”，联邦政府也因此在规模和影响力上依循“凯恩斯主义”不断扩张，以增强政府对市场、社会的干预力度，这为后续教育与科技活动成为联邦政府重要职能奠定了基础。尽管 1930—1939 年美国联邦政府对孕育国家实验室产生的作用微乎其微，但并没有影响国家实验室这一新兴创新模式的萌芽，例如 1931 年LBNL 的自发孕育，这说明国家实验室孕育并非必然通过政府介入才能实现，市场或社会同样可以成为国家实验室孕育的重要力量——也成为LBNL 孕育期资金和物力资源协同供给主体以个人和基金会捐赠为主的重要原因。此外，“罗斯福新政”不仅使美国逐步摆脱经济危机，也为英国等其他国家应对这一危机提供了经验参考，然而其他一些同样遭受重创的国家开始寻求与之不同的解决之道，所以 1929 年的经济危机成为第二次世界大战爆发的重要诱因。

第二次世界大战爆发后美国联邦政府为应对战争威胁做出相应战备调整与布局，包括应对“轴心国”核战争威胁启动的“曼哈顿计划”①，美国联邦政府据此成立“曼哈顿特区”以统一领导和管理相应科研机构和活动，借助此国家战略科技计划美国国家实验室建设步入快车道。例如，LBNL 借此计划历经 5 年时间便完成了由单纯从事学术研究的校内组织向与国家战略需求紧密对接的国家级科研组织的成功转变，迅速成长为“国家实验室”；SANDIA、ORNL、阿贡国家实验室、

① “曼哈顿计划”因有英国、加拿大等国家参与使其具有广泛国际影响力。

洛斯阿拉莫斯国家实验室、埃姆斯国家实验室借此孕育，且相较于LBNL这些国家实验室孕育周期更短①；国家实验室“国有资产”属性由此奠定，直接强化了政府对教育、科技重视程度，为后续政府在教育、科技领域内的职能扩张奠定了基础。总之，一方面，对美国国家实验室发展而言，由第二次世界大战引致的“曼哈顿计划”不仅加速了其发展历程，更为重要的是为其赋予了独特和根本性发展使命——满足国家科技战略所需、执行国家科技发展意志。另一方面，“国际环境—国家科技机构—国家实验室”间的联动关系初步建构起来，此联动关系实质上经典且具体反映了国家实验室资源协同供给模式中宏观环境、中观环境和微观环境间的联动关系，再辅以每个层次上的环境领域，最终形成了环境结构矩阵内的系统联动关系——环境结构矩阵中某个环境模块的变化会对其他环境模块直至整个环境系统产生联动影响，也成为国家实验室资源协同供给模式环境维度最为深刻的功能性表达。第二次世界大战结束后“冷战”接踵而至，核武器军备竞赛和核能和平利用成为此时期同等重要的主题，为应对这些挑战，美国联邦政府成立原子能委员会，以统筹核能领域相关管理工作，以政府常设职能机构方式巩固了“国际环境—国家科技机构—国家实验室”间的联动关系，也正式明确了政府职能中的科技发展职能，确保了国家实验室发展所需资源充分和稳定供给。

综上所述，协同环境演化体现了偏于静态表达的LF协同环境结构矩阵所无法呈现的动态内涵，而这一动态性是以前述结构矩阵中各环境模块间的系统联动为具象呈现，所以将这一内涵并入LF协同环境结构矩阵才能真正体现国家实验室资源协同供给模式环境维度所应包括的完整内容，即由环境层次（level）、环境领域（field）和环境联动（linkage）三者叠加形成的融合静态结构、动态演化和整体性功能的环境系统“LFL协同环境矩阵”，其不仅具有LF协同环境结构矩阵内嵌的复

① 如前所述LBNL的孕育期自1931—1940年共计10年左右，SANDIA和ORNL孕育期为5年左右。孕育周期缩短的主要原因包括：一是国家安全面临重大威胁，必须在尽可能短的时间内建构起应对威胁的科技力量；二是美国联邦政府以其绝对主导角色统揽国家实验室孕育期所需各类资源的供给和配置，几近实现了国家实验室发展所需资源投入“几乎不受约束”的条件。

合型特征，还具有动态性添加后形成的复杂性特征——结构矩阵中各模块间的相互联动及其联动作用驱使下环境系统的整体性演化，其内部逻辑如图 4-2 中的 A 部分所示，联动性主要体现于以下几个方面：

一是单向联动，不仅包括前述“国际环境—国家科技职能设置”“联邦政府扩军备战—LBNL 军事化管理”等两两环境模块间的单向牵引，还体现在更为复杂的多环境模块间的单向牵引上，例如 LBNL、ORNL 的“石油危机—国家能源战略—政府能源机构改革—公民对科技生活化的诉求—国家实验室联合能源研究中心的成立—实验室内部能源研究部门的成立和实力提升”的联动过程；“切尔诺贝利核爆炸事故”和“三哩岛核泄漏事故”致使政府对核反应堆研究趋于保守并最终致使 ORNL 关停大部分反应堆；为应对全球和国内能源和环境安全问题，联邦政府机构根据形势发展先后设置专门联邦政府机构（原子能委员会、能源研究与开发署和能源部）予以回应，传递至国家实验室层面上即是相关实验室研究领域的调整，例如 LBNL、SANDIA 和 ORNL 在材料、能源、环境、计算机等领域实现了快速发展并陆续成为各实验室的支柱研究领域；20 世纪后期至今“科技是第一生产力”共识使科技竞争成为各国参与国际竞争的核心领域，满足国家战略已不仅体现在获得先进科技成果，还体现于成果转化，于是中美两国政府和 5 个国家实验室均设置了专门机构负责科技成果转化。

二是双向联动，例如除了宏观和中观环境对实验室自身环境施加影响外，实验室自身环境也会通过改善自身境况反作用于中观和宏观环境，实现环境模块间的相互重塑——LBNL、SANDIA 和 ORNL 除以其科技能力支撑美国政府参与“军备竞赛”影响国际政治、军事格局外，也开始以知识生产方式直接影响世界科技格局，包括在加速器、反应堆、核科学、计算机、材料、生物、环境、能源等研究领域内的突出成就使 3 个国家实验室在世界范围内享有盛誉，并引领相应科技前沿；QNLM 在承接“国家实验室战略布局”任务的同时，也以其发展持续改变着中国海洋科技创新能力及世界海洋科技创新领域内的力量格局；随着基础研究所需资源规模持续扩大，国家实验室主动探索国际科技合作以改变资源供给结构，力图为实验室发展提供雄厚资源基础。

三是多向非线性联动，例如前述 5 所国家实验室在研究领域、政府战略需求、国际环境三者间的同时、多向、非线性交互作用，其中非线性主要体现为环境层次上的跨层次性，即宏观环境与微观环境间直接产生相互影响，例如欧洲大型强子对撞机对 FERMI 新科学实验和新设备的直接影响等。

四是系统性演化，即 LF 环境结构矩阵的整体性演进，如表 4-3 所示 ORNL 演进阶段中实验室研究领域、政府管理机构与主要国际环境的整体性迁移。

表 4-3　　ORNL 的 LF 环境结构矩阵整体性迁移举例

阶段	主要国际环境	政府管理机构	实验室研究领域
孕育期	第二次世界大战	曼哈顿工程特区	反应堆技术、放射性同位素、辐射防护、核材料和元素的提炼和提纯工艺
形成期	“冷战”初期	原子能委员会	以核科学为核心，以反应堆科学与技术、物理学、化学、生物学、计算与计算机科学、生态学、材料学等为辅助的多元化研究领域
发展期	冷战中后期；能源危机；环境问题	原子能委员会—能源研究与发展管理局—能源部	传统核心研究领域核科学的相对重要性下降；生物科学、环境科学和能源科学等边缘研究领域成为 ORNL 发展支柱；材料科学、计算和计算机科学、机器人科学等辅助研究领域蓬勃发展；研究范围涵盖部分社会科学
成熟期	一超多强	能源部	核科学、生物与生命科学、能源科学、环境科学、材料科学、计算与计算机科学“齐头并进”
迁跃期	科技驱动发展共识的形成及激烈的国际科技竞争	能源部	呈现单领域规模各自扩张、升级和多领域高度融合发展的趋势

资料来源：笔者根据研究结论整理所得，更为翔实、全面的论述详见第三章。

三　协同环境的功能

LFL 协同环境矩阵以依托功能、限定功能、激发功能作用于国家实验室资源协同供给模式运行。

（一）依托功能

LEF 协同环境矩阵为国家实验室资源协同供给的发生提供了先有基础，主要包括三个方面：一是资源依托，为国家实验室所需资源提供资源存量基础，如 5 个案例所述国家实验室的每个发展历史阶段都以特定时期的资源存量为基础，包括国家发展情况及其经济体量、科技发展情况及其形成的科技积累、教育发展程度及其高端人才培养质量等都是国家实验室所需资源的先有储备池，也正是这些先有资源储备池成为国家实验室资源协同供给发生的物质基础。二是主体依托，为国家实验室资源协同供给提供行动主体，正如 LFL 协同环境矩阵演变所示，资源协同供给主体不是临时造就，而是来源于已有环境储备，例如科技革命产生了大量科技公司，重塑政府职能，提升高校和科研院所数量和质量等，都为国家实验室资源协同供给主体参与及其协同关系缔结提供了主体条件。三是经验依托，为落实国家实验室资源协同供给提供经验借鉴，即使 20 世纪 30 年代国家实验室尚处于孕育期，已有类似科研实验室的运行依然为国家实验室资源协同供给提供了经验借鉴，之后直接经验借鉴更为明显和充分。

（二）限定功能

LEF 协同环境矩阵在为国家实验室资源协同供给提供依托的同时也起到了限定功能，这种限定主要体现在某种维度（如资源、主体等）上的外部边界限定和内部结构限定两方面：一是外部边界限定，侧重作为一类事物的整体性存量边界，例如 GDP 总量、人力资源总量、专利数目、高校或科研院所总数目、政府财政总预算等，这些边界从总体上限定了资源协同供给极端情况的上线或下线，进而设定国家实验室资源协同供给中资源供给总量、供给主体等各方面的极端边界。二是内部结构限定，侧重作为一类事物内部构成比例或各构成单位权重所衍生的一种限定，如政府总财政预算中的科技创新预算占比情况、政府划拨至国家实验室的财政预算占比情况等；将环境视为一类事物，其内部构成的经济、文化、政治、社会、军事、科技等权重变化也会形成限定力量，例如第二次世界大战时期军事权重增加致使国家实验室资源协同供给主体、资源调配方式、管理等方面均呈现军事化倾向。此外，两种限定的划分具有相对性且限定功效是两者综合作用的结果，例如从国际层面看国家层面的外部边界限定成为内部结构限定，每年政府向国家实验室划拨的资金既受国家整体经济发展形势影响也受国家预算结构调整影响。

（三）激发作用

LFL 协同环境矩阵借助“关键事件”激发国家实验室资源协同供

给各层面（包括环境本身）发生系统变化甚至变革。此效能的发生往往以两种范式发生：一是源于国家实验室外部环境关键事件的激发作用，其发生机理常以“刺激—反应”为主，例如战争（第二次世界大战和各种局部战争）、政治对峙（“冷战”）、能源危机、总统改选等关键事件发生后致使原有国家实验室资源协同供给主体、协作方式、管理方式等各层面发生重大改变，这种激发作用“压迫性”特征明显。二是源于国家实验室内部环境关键事件的激发作用，其发生机理常以“自主发生—稳步协调”为主，例如更替国家实验室主任或承运单位、建造重大科研仪器设备、形成重大科研成果等关键事件发生后，首先引发实验室内部环境发生变化（如人员调整、研究领域调整等），进而逐渐波及外围环境，并最终引致国家实验室资源协同供给各层面做出相应调整。此外，两种方式有可能同时发挥作用，以更为剧烈的方式激发国家实验室资源协同供给发生系统性变革，例如安德鲁·马里安霍夫·塞斯勒接替埃德温·麦克米伦担任 LBNL 新主任时能源危机爆发，两大“关键性事件”的叠加影响促使 LBNL 资源协同供给产生了系统性变化。此外，关键事件实质上发挥了“激发窗口”作用，即为国家实验室资源协同供给模式打开调整或变革窗口。

综上所述，国家实验室资源协同供给环境已然形成了如图 4-2 所示的逻辑结构，即协同供给环境本身（LFL 协同环境矩阵）及其产生的功能以“环境维”成为国家实验室资源协同供给模式的重要构成部分。

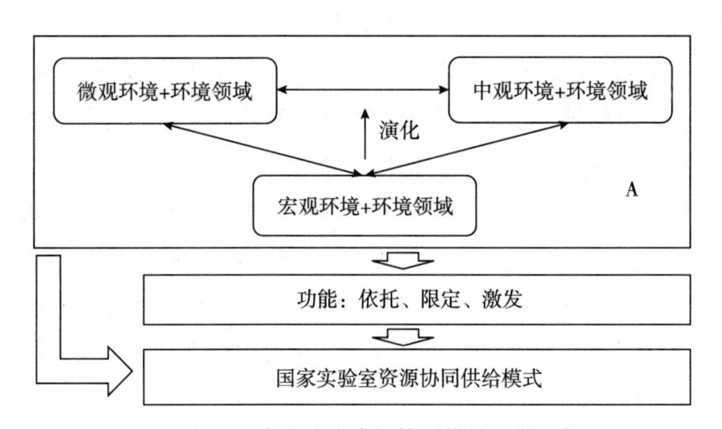

图 4-2 国家实验室资源协同供给环境逻辑

资料来源：笔者根据研究结论整理所得。

第二节　协同主体

作为资源供给的具体执行者，供给主体构成了国家实验室资源协同供给模式的核心模块之一，并在不同时期以不同供给主体结构直接影响国家实验室资源协同供给模式的具体形态，如前所述第二次世界大战之前的LBNL资金供给主体以个人和基金会捐赠为主，第二次世界大战时及之后资金核心供给主体转变为“政府”。SANDIA、FERMI、ORNL自孕育期开始即形成以政府为中心的资金协同供给模式，但之后各供给主体间的资金供给结构也因国内外或实验室内外环境的变化处于持续调整之中；目前尚处于形成期的QNLM资金供给基本由政府承担。然而，这仅是资金供给结构概况，内部具体构成是什么，人力资源、物力资源以及知识资源的供给结构如何，这些结构呈现出何种演化规律，这些结构又是通过何种功能作用于资源供给成效都是国家实验室资源协同供给模式主体维度必须解答的问题。

一　协同主体的构成

从国家实验室资源供给实践看，不同类型资源具有不同供给结构，据此将分别探究资金（财力资源）、仪器设备（物力资源）、实验室工作人员（人力资源）和论文（知识资源）4种资源供给主体的结构情况，进而总览国家实验室资源协同供给模式主体构成的总体状况。

（一）国家实验室资金供给主体结构

2019年LBNL新获10.87亿美元资助，主要由“能源部资助”和“其他来源”两部分构成：能源部资助9.31亿美元占实验室总资助额度的85.65%，其中能源部下设机构科学办公室资助7.59亿美元，在能源部资助份额中占81.53%，在实验室总资助金额中占69.82%；“其他来源”供给主体结构如表4-4所示。2019年SANDIA获得38.11亿美元资助，同样主要由“能源部资助”和“其他来源”两部分构成：能源部资助25.51亿美元，占总资助额度的67%，其中能源部下设机构国家核安全局资助22.73亿美元，占能源部总资助份额的89%左右，占实验室总资助金额的60%左右；“其他来源”供给主体结构如表4-5所示。

表 4-4　　2019 年 LBNL 资金“其他来源”详情　单位：万美元,%

部门	M&O	CRADA	UI	SLN	FG	IN	FEG
金额	4708	202	1241	2427	84	2405	4496
占比*	30	1	8	16	1	15	32

注：* 四舍五入，最后合计有可能大于或小于 100%；M&Q 指 LBNL 从能源部获得管理与运行合同性资金；UI 是指大学和科研院所；SLN 是指州政府、地方政府与非政府组织；FG 是指国外政府；IN 是指国内外企业；FEG 是指其他联邦政府，其中 2019 年尤以国家健康研究所（NIH）和国防部投入居多，分别达到 2529 万美元和 1324 万美元，两者之和占 FEG 总额的 86%。

资料来源：笔者根据调研数据整理所得。

表 4-5　　2019 年 SANDIA 资金“其他来源”详情

单位：百万美元,%

部门	DOD	DHS	OFA	CRADA	M&O	NFG
金额	1000	63	115	13	84	25
占比*	77	5	9	1	6	2

注：* 四舍五入，最后合计有可能大于或小于 100%；DOD 指美国国防部，DHS 指美国国土安全部，OFA 指其他联邦政府机构，NFG 指非联邦政府。

资料来源：笔者根据调研数据整理所得。

基于表 4-4 和表 4-5 及其他实验室数据可获得国家实验室资金供给主体如下结构特征：首先，政府是国家实验室资金供给的绝对主体，例如 LBNL 和 SANDIA 来自联邦政府机构的总资金分别占实验室总资助额度的 95%和 99%左右，2016 年 ORNL 总资助金额占比中能源部和国土安全部两部门累计占 84%①，QNLM 虽然没有提供年度资金来源具体信息，但从其孕育至今的经费获取渠道看，中央和地方相关科技部门是其主要来源渠道。其次，中央（联邦）政府部门中的具体供给主体也各有不同，这主要受实验室对应中央（联邦）政府主管部门和实验室主要研究活动两方面影响，例如 LBNL 和 FERMI 的主要资助主体是能源部科学办公室，SANDIA 的主要资助主体是能源部国家核安全局，

① 根据 ORNL 网站（https：//www. ornl. gov/）公布的资料整理所得。其中国家安全局总投入 11 亿美元，占实验室总金额的 82%。

QNLM 的主要资助主体是科技部，ORNL 的主要资助主体虽然是能源部国家核安全局，但研究活动主要集中于“科学发现”类基础研究领域，所以其仍由能源部科学办公室管辖。最后，中央与地方政府协同参与，4 个美国国家实验室绝大部分资金来源于联邦政府，地方州政府起到辅助作用；QNLM 初始资金主要来源于地方政府，当前主要由中央政府承担（但地方政府的配套资金支持也极为庞大，几乎与中央财政持平）。

（二）国家实验室人力资源和知识资源供给结构

其中人力资源供给结构呈现如下特点：首先，高校是国家实验室人力资源供给的绝对主体，例如 2019 年 LBNL 主任、6 个研究领域主任、21 个分部主任博士教育背景均是高校，实验室下设的分子铸造部 40 名科学家和工程师的博士教育经历中仅有 1 人来自科研院所，其余全部来自高校，SANDIA、FERMI、ORNL 和 QNLM 呈现出相同结构状态①。其次，人力资源供给高校呈现离散分布特征，同时也间或呈现一定集中性（即使剔除高校工作人员在实验室兼职的因素），前者体现于实验室科学家和工程师博士毕业高校分布广泛，例如 ORNL 实验室主任、副主任及科学研究和项目部门负责人约 32 人组成的领导团队中博士毕业高校涉及 26 所②；后者体现于某一高校人员供给占比较高，例如前述 28 人构成的 LBNL 领导团队中加利福尼亚大学伯克利分校博士毕业人员以 8 人占据首位（占 28.57%）③。知识资源供给呈现如下特点：首先，高校依然是协同供给主体中的核心，例如近 5 年与 LBNL、FERMI、SANDIA、ORNL 和 QNLM 联合刊文的合作对象中合作累积次数由高到低排序后前 100 个合作单位分别包括 66 所高校、31 所科研机构，76 所高校、22 所科研机构，77 所高校、17 所科研机构、3 个政府部门（不包括能

① 因为 QNLM 目前实行“人员双聘制”，所以从人力资源直接供给来看高校和科研院所的供给能力旗鼓相当，但从博士学位获得角度看高校依然是绝对主体。

② 其中田纳西大学和加利福尼亚大学分别供给 3 人，成为 ORNL 领导团队中供给人数最多的高校，普渡大学和密歇根大学分别供给 2 人。

③ 国家实验室长时间由某一大学作为承运者的状态对这一现象产生了一定影响，但力度不大，因为通过对阿贡国家实验室（芝加哥大学）、埃姆斯国家实验室（爱荷华州立大学）、普林斯顿等离子体物理实验室（普林斯顿大学）、SLAC 国家加速器实验室（斯坦福大学）相对应情况统计后发现，其情况与 ORNL 结构相似，更多呈现离散化倾向，而非集中化倾向。

源部）、1 所企业，58 所高校、37 所科研机构、1 个政府部门（不包括能源部）、1 个企业，65 所高校、25 所科研机构、6 个政府部门和 3 个企业[①]。其次，所有供给主体中存在重点供给主体，例如 LBNL 知识协同供给中加利福尼亚大学（尤其是伯克利分校）论文合作占 57%，FERMI 为芝加哥大学占 100%，SANDIA 为加利福尼亚大学和新墨西哥大学各占 8%和 7%，ORNL 为田纳西大学占 30%，QNLM 为中国科学院和中国海洋大学分别占 39%和 34%[②]——据此还发现，通过合作方式向实验室直接或间接供给人力资源和知识资源的主体中占据“协同中心”地位的主体一般与实验室地理距离较近[③]，同时也反映出实验室与核心高校合作力度会因实验室科研活动偏重不同而有所差异，例如能源部科学办公室下辖偏重基础研究的国家实验室与核心高校合作刊文率高于 30%，能源部其他下辖机构的偏重应用基础研究的国家实验室与核心高校合作刊文率低于 30%。

国家实验室物力资源供给结构[④]。如第三章所述，5 个国家实验室物力资源供给大部分以企业为主体，这也反映在各国家实验室年度采购支出中，例如 2019 年 LBNL 各项采购支出约 4.64 亿美元，其中小型企业供应商占 57.93%；2018 年 FERMI 在伊利诺伊州采购支出约 6300 万美元，其中小型企业供应商占 54%；2019 年 SANDIA 采购支出 14.1 亿美元，其中小型企业供应商占 55.6%。此外，尽管中小型企业在国家实验室物力资源供给中占据重要地位，但涉及实验室重大工程时大型企

---

① 分别以 Lawrence Berkeley National Laboratory、Fermi National Accelerator Laboratory、Sandia National Laboratory、Oak Ridge National Laboratory、Qingdao Natl Lab Marine Sci & Technol 为“所属机构”检索词在 WOS 中检索，时间设定为近 5 年，检索结果按照“所属机构”生成统计报告，统计报告中排除能源部、实验室本身，并合并分校。检索时间为 2020 年 7 月 16 日。

② 合作对象出现文献/检索结果文献。

③ 对洛斯阿拉莫斯国家实验室（加利福尼亚大学，11%）、阿贡国家实验室（芝加哥大学，100%）、埃姆斯国家实验室（爱荷华州立大学，90%）、布鲁克海文国家实验室（纽约州立大学，约 28%）、西北太平洋国家实验室（加利福尼亚大学，9%；华盛顿州立大学，7%）、普林斯顿等离子物理实验室（普林斯顿大学，100%）、SLAC 国家加速器实验室（斯坦福大学，100%）、托马斯·杰斐逊国家加速器装置（欧道明大学，31%）、爱达荷国家实验室（橡树岭国家实验室，7%）、萨凡纳河国家实验室（乔治亚大学，45%）、劳伦斯利弗莫尔国家实验室（加利福尼亚大学，33%）、国家可再生能源实验室（科罗拉多大学，12%）、国家能源技术实验室（AECOM，18%；宾夕法尼亚州立高等教育，13%）统计后发现了同样供给结构。

④ 主要包括基建、仪器设备升级改造、研发原材料购买等。

业（包括跨国公司）将扮演更重要的角色，例如 FERMI 自孕育至今的各项重大基建工程均由大型公司承担，包括尔丁工程公司、西芝加哥工厂、Corbetta 建筑公司等。

综上所述，国家实验室协同供给主体呈现如下特点：一是多样性，国家实验室资源供给主体由政府、高校、科研机构、企业、非政府组织、个人等多元化主体构成[①]。二是协同性，“中心—边缘”型协同供给结构构成了国家实验室资源供给主体间的基本结构，且包括两个层面的协同：不同资源供给领域内不同核心协同供给主体的“分类协同”，例如人力资源和知识资源供给以高校（和科研机构）为主，财力资源供给以政府为主，物力资源供给以企业为主；因财力资源特殊性而赋予政府在所有供给主体中“协同中心”的特殊地位——人力资源、物力资源、知识资源都是财力资源的衍生性资源[②]，政府在国家实验室财力资源供给中占据绝对主导地位，最终从整体上赋予政府在国家实验室资源供给中所扮演的主导性角色[③]。三是国际化，国家实验室资源供给主体突破国家界限已拓展至国际范围，例如第二次世界大战时期英国、加拿大等国家的资源供给，当下各类跨国科研项目、全球优秀人才、国际访问学者等向国家实验室的聚集等。

二 协同主体的演化

如案例研究所述，美国 4 个国家实验室历时较久，所以将以 FERMI、LBNL、SANDIA、ORNL 为例窥探国家实验室资源协同供给主体演化规律。总体来看，第二次世界大战是 FERMI、LBNL、SANDIA、ORNL 资源协同供给主体演化的重要分水岭，以下将从第二次世界大战之前、之中和之后三个阶段系统梳理 4 所美国国家实验室资源协同供给主体演化的主要表现。

第二次世界大战之前国家实验室资源供给主体结构特点如下[④]：一

---

① 截至目前个人捐赠依然是美国国家实验室资金来源渠道之一，相关国家实验室网站页面基本都有个人捐赠渠道。个人捐赠的重要影响主要体现在 LBNL 孕育期。

② 例如，每当政府预算削减时，LBNL 人力资源、物力资源和知识资源都会随之削减，例如第二次世界大战结束时 LBNL 规模大幅缩减。

③ 此外，从国家实验室本身即为“国有资产”角度来讲，政府在整体性资源供给中扮演主导角色也是对实践运行的合理回应。

④ 因此时仅有 LBNL 一所国家实验室，所以详细佐证见第三章 LBNL 相关材料。

是多元供给格局已经形成，即此时已经形成政府、高校、科研机构、企业、非政府组织、个人的多元化供给主体格局。二是已形成不同资源对应不同供给核心的多元主体协同供给网络——人力资源与知识资源对应以高校为中心的协同供给网络，物力资源对应以企业或高校为中心的协同供给网络[①]，财力资源对应以基金会和个人捐赠为中心的协同供给网络。三是基于财力资源衍生性功能，基金会和个人成为此时期国家实验室主导型资源供给主体；四是源于基金会和个人捐赠偶发性，国家实验室资源多元主体协同供给网络稳定性极差，资源短缺成为此时期国家实验室发展面临的主要风险，也成为第二次世界大战后 LBNL 主任劳伦斯由"抵触政府接手"实验室到"依靠政府"发展实验室转变的主要原因。

第二次世界大战之时国家实验室资源协同供给主体结构发生诸多变化，主要包括：一是资源供给主体细分类型进一步扩充，主要是政府主体中军事机构广泛参与，例如 LBNL、SANDIA 和 ORNL 一系列科研活动均有美国陆军、空军和海军积极参与和支持，其中尤以 ORNL 和 SANDIA 最为典型——两所实验室多数重要科研仪器、设备和重大工程均在军事机构支持下建成。二是成立 MED 组织，实现政府机构（联邦与地方）与军事机构联动，便于军事化管理人、财、物和知识资源供给[②]，极端如 SANDIA 某些部门的成立直接源于军人抽调。三是如 MED 所示，政府（包括军队）成为此时期国家实验室资源协同供给中的绝对核心主体。四是多元主体协同供给网络稳定性增强，且资助力度相较战前跃升至新水平，例如国家实验室能够稳定、持续获得来自政府千万美元量级的资金支持。五是供给主体涉及国外主体，例如"同盟国"的支持。

第二次世界大战后国家实验室资源协同供给主体又发生了一些显著变化，主要包括：一是资源供给"大一统"格局结束，不同资源对应不同多元主体协同供给网络的局面再次出现，但与战前存在较大差异——人力资源和知识资源对应高校主导的多元主体协同供给网络，物力资源对应企业主导的多元主体协同供给网络，财力资源则对应政府主

① 高校作为此时国家实验室物力资源供给的主导型供给主体主要体现于实验室场地供给。

② 科学家和工程师由 MED 统一调配和管理，知识资源采用严密军事化保密措施，物力资源中的基建主要由大型企业承担。

导的多元主体协同供给网络；二是政府依然是国家实验室资源协同供给主体的核心，且多元主体中军事机构重要性快速降低，其功能基本被先后设立的AEC、ERDA和DOE承接，这些专业管理机构提高了落实政府支持政策的能力，进一步巩固和提升了国家实验室资源协同供给网络的稳定性和供给水平；三是非政府组织影响力不断上升，尤其一系列技术转移政策实施后企业（市场）在国家实验室所需资源供给中的地位日益突出；四是供给主体国际化趋势愈加明显，例如国外政府注资LBNL呈现可持续而非偶发状态，ORNL工作人员来自51个国家或地区等。截至目前，以政府为中心的国家实验室资源协同供给主体结构没有发生实质改变，只存在不同主体间关系强度调整，例如知识资源多元主体协同供给网络中各国家实验室与不同高校或科研机构合作频次的变化或协同网络规模调整。

综上所述，国家实验室资源协同供给主体演化呈现如下特点：一是资源协同供给主体多样性愈加丰富，例如仅政府即可分为联邦政府（中央政府）、州政府和基层政府（地方政府），联邦政府（中央政府）层面又有繁多分支机构，而每一个分支机构内部又可再行细分[①]。二是多元主体协同供给网络的协同性越发显著，例如美国科学办公室、国家核安全局分别以超过80%的投入占比成为能源部下设机构中供给LBNL、SANDIA财力资源的绝对核心主体，政府在国家实验室自孕育至今的绝大部分时期内始终占据资源协同供给主体核心地位。三是协同供给主体兼具宏观稳定性与微观调整性，即一方面国家实验室资源协同供给主体在宏观层面上形成的“政府核心供给”和“不同资源对应不同协同供给主体结构”的总体格局在历史沿革中保持稳定，另一方面国家实验室资源协同供给主体在微观层面上表现出相当程度的动态调整性，例如从FERMI知识资源协同供给主体来看，1990—1999年与实验室合作累计频次由高到低排名前十位的单位依次是芝加哥大学、加利福尼亚大学、劳伦斯伯克利国家实验室、罗彻斯特大学、得克萨斯农工大学、密歇根大学、威斯康星大学、伊利诺伊州大学、普渡大学、宾夕法

① 例如，2019年能源部下设机构中注资LBNL的办公室或秘书处达到18个。QNLM财政资金来源于科技部、国家发改委等多部委，其中以科技部为核心，地方政府则以实验室所在地山东省省政府和青岛市市政府为核心。

尼亚州立高等教育体系，2000—2010年依次是芝加哥大学、加利福尼亚大学、伊利诺伊州立大学、劳伦斯伯克利国家实验室、密歇根州立大学、佛罗里达州立大学、罗彻斯特大学、西北大学、国家核物理研究所（意大利）、威斯康星大学，2011—2019年依次是芝加哥大学、加利福尼亚大学、伊利诺伊州立大学、法国国家科学研究中心、西班牙高等科学理事会、俄亥俄州立大学、国家核物理研究所（意大利）、联合核研究所（俄罗斯）、库尔恰托夫研究所（俄罗斯）、亥姆霍兹联合会（德国）①。四是协同供给网络空间持续延展，具体体现在地理空间和虚拟空间两个方面，其中地理空间呈现国际合作范围不断拓展、国际合作强度不断增强和国际合作关系不断调整三大特点，例如1990—2019年FERMI知识资源协同供给主体空间变化如下②：1990—1999年（243篇文章）涉及36个国家或地区，其中与实验室合作累计频次由高到低排列前十位的国家依次是意大利（35）、德国（34）、日本（34）、瑞士（33）、墨西哥（30）、巴西（27）、俄罗斯（27）、加拿大（24）、法国（24）、韩国（21）；2001—2010年（3119篇文章）涉及68个国家或地区，其中与实验室合作累计频次由高到低排列前十位的国家依次是英国（927）、德国（906）、俄罗斯（766）、韩国（694）、意大利（687）、瑞士（679）、法国（647）、加拿大（643）、日本（630）、西班牙（514）；2011—2019年（3984篇文章）涉及93个国家或地区，其中与实验室合作累计频次由高到低排列前十位的国家依次是英国（2029）、德国（1942）、西班牙（1892）、法国（1759）、瑞士（1725）、巴西（1649）、意大利（1617）、俄罗斯（1557）、中国（1358）、韩国（1341）。虚拟空间主要体现于国家实验室以各类网络平台为依托建构庞大虚拟空间，例如LBNL的ESnet，自1973年的7个美国国内用户服务中心发展到目前覆盖美国全境直至延伸至英国、法国、德国、意大利、俄罗斯、中国、日本、加拿大、澳大利亚、欧洲核子研究中心

---

① 以Fermi National Accelerator Laboratory为“所属机构”检索词在WOS中检索。对其他4个国家实验室进行了类似统计，统计结构同样呈现微观合作主体调整性。

② 以Fermi National Accelerator Laboratory为“所属机构”检索词在WOS中检索，括号内的数字为累计合作频次，合作强度以英国为例自1990—1999年的14.4%（英国累计频次/总发文量）上升到了2011—2019年的50.9%。对其他4个国家实验室进行了类似统计，统计结果也呈现出类似演化特征。

(CERN)等16个国家、地区或国际组织，同时还连接其他地区虚拟网络，包括欧洲的GéANT；FERMI的开放科学网络（Open Science Grid），由遍布美国100多个独立站点中的计算和存储元素组成，同时通过网络连接技术实现了实验室、地方、国家直至国际粒子物理数据的交互传输、存储和处理；QNLM的高性能科学计算与系统仿真平台，目前形成了包括国家超算济南中心、国家超算无锡中心和海洋试点国家实验室超算中心在内的跨地域超算系统，在全球海洋科研领域内协同计算能力占据首位。

三　协同主体的功能

多元参与主体，协同结构关系，虚实结合、动态调整的网络质态为国家实验室资源协同供给主体实现竞合功能、协同功能、裙带功能、自组织与他组织功能、协同有界功能奠定了基础，进而为充分、高质、安全地协同供给国家实验室所需资源提供了可能。

（一）竞合功能

以竞合方式供给资源成为国家实验室资源供给中多主体间互动的重要特点：竞争性主要体现于同类供给主体之间，例如各高校与科研院所以其人力资源与知识资源的独有性供给展开竞争，企业间以市场竞争方式为国家实验室提供优质物力资源；合作主要体现于不同类供给主体间，例如政府、高校、企业以各自优势合力供给国家实验室所需资源——尤其供给财力资源时，基本形成了以政府为中心的多主体协同供给格局。

（二）协同功能

以政府为中心的国家实验室资源协同供给主体结构既解决了单一主体资源供给能力不足、稳定性较差的问题，也规避了失缺协同中心而使多元供给主体合力溃散的风险，更保障并巩固了国家实验室通过满足国家战略需求增益公共利益的功能定位，真正产生了多元主体间“1+1>2”的协同效应，由此从资源维度上决定了国家实验室具有一系列特有属性：一是政府资金投向决定国家实验室研究活动的主要内容，例如倾向基础研究投向的美国能源部科学办公室资助金额占主导地位时，国家实验室一般侧重基础研究；其他倾向应用基础研究投向的能源部下辖机构资助资金占主导地位时，国家实验室侧重从事应用基础研究或共性关键技术研究。二是政府协同中心地位决定国家实验室首要目标是满足国家战略需求，并以国家实验室在基础研究、应用基础研究和关键共性技术方面的重大科技突破具体支撑国家战略目标实现。三是国家实验室具备复合性功能，尤其一系列技术转移法律、法规颁布及实验室与市场连通性更加顺畅后，其复合性功效更加明显——不仅停留于储备国家级科技创新能力，还在于将国家创新能力切实作用于国家安全、经济发展、社会进步、人民日常生活等方方面面。

（三）裙带功能

多元主体协同供给结构在为国家实验室提供实在、可观所需资源的同时，也为其增量发展预留了广阔空间和更多可能性，例如创新网络蕴含的“强关系”和“弱关系”——协同供给主体间“强关系”（例如，能源部与加利福尼亚大学、芝加哥大学等主体维持的强合作关系）在为国家实验室提供稳健资源协同供给的同时，“弱关系”（例如，在现有资源供给主体结构基础上拓展的国际合作，典型表现为实验室运行中形成的大规模访问学者和设施用户群体）也为国家实验室更大规模、更高质量以及更强稳定性的资源协同供给提供了可能性。同时，随着现代信息技术嵌入，虚拟空间为国家实验室资源协同供给的增量发展开辟了新领域，且具有低成本、高回报特点，如前所述 LBNL 和 FERMI 可以充分利用虚拟网络撬动相关研究领域世界级数据资源。此外，随着各供给主体之间系统、稳定关系的形成，资源协同供给已不限于直接向国家实验室投放、交割具有排他性的“所有权”资源，而是以更为隐性方式建构国家实验室更为庞大的基于共享“使用权”的资源网络，这为国家实验室开辟更高量级的资源规模提供了可能。总之，无论“强—弱”关系、虚拟空间还是资源网络实质都是不同资源供给主体于实践互动中累积的链接簇，以一衣带水的裙带关系彼此连通，最终形成了国家实验室所需资源地方级、国家级直至世界级的庞大供给主体网路[①]。

（四）自组织与他组织功能

国家实验室资源协同供给是各供给主体自组织与他组织混合作用的结果。自组织体现为资源以契约方式连接供需，实现资源由各供给主体

① 例如，5 个国家实验室的访问学者或国内外设备用户数量都达到数千甚至上万量级，这些用户遍布全球各地，无疑为国家实验室资源协同供给提供了范围更广、数量更多、级别更高的供给主体。

向国家实验室需求方自由、自主流动，即使政府“直接投入”也以严格的项目合同方式按需划拨；他组织主要体现为政府引导，包括通过调整国家战略需求系统影响国家实验室所需资源供给格局，例如国家对材料、能源、环境等战略问题关注度的变化引致 LBNL、ORNL 供给主体资源供给侧重点相应调整；通过政策规约、引导资源协同供给主体间的不同组合，例如通过“合作研究与开发协议”激发企业供给国家实验室所需资源积极性，以支持实验室从事既符合能源部要求又具有市场化前景的科技创新活动。

（五）协同有界功能

协同有界功能主要体现为协同供给主体供给不同资源时体现出明显优势差异，并据此划定了各供给主体的优势边界，例如人力资源、物力资源和知识资源供给以非政府组织为核心形成的协同供给主体网络，财力资源供给以政府为核心形成的协同供给主体网络，不同协同供给主体网络也对应实验室内部不同承接体系，例如人力资源、物力资源和知识资源更多由实验室内部各委员会统筹和安排①，财力资源更多以无缝对接的行政官僚组织向实验室所需领域划拨。这种差异化“供—接”体系实现了国家实验室资源协同供给主体功能的有界划分，使国家实验室资源协同供给呈现明显针对性和专业化特点。

综上所述，国家实验室资源协同供给主体已然形成了如图 4-3 所示的逻辑结构，其蕴含的主要内容包括：一是形成了以不同主体为中心的资源协同供给网络，既包括不同主体间的子网络 A 至 F，也包括各类主体内部子网络 G_{A-F}；二是不同网络间具有层次性，即协同供给主体网络 A 是整个网络的核心网络，且以政府为协同中心，5 个案例中主要体现为资金资源协同供给主体网络，并凭借“购买”能力驱动知识和人力资源协同供给网络 B（以高校为协同中心）和 C（以科研院所为协同中心）、物力资源协同供给网络 D（以企业为协同中心）的形成，此

---

① 例如，国家实验室在各科研单元建立起的各种学术委员会或仪器设备用户委员会，用以评估科研仪器建造与运行、实验室未来发展方向及研发计划的科学性与合理性。FERMI 较为典型——委员会设置细化到重大科研项目，例如加速器咨询委员会、DUNE 资源审查委员会、长基线中微子委员会、物理咨询委员会、PIP-Ⅱ咨询委员会以及社区顾问委员会等，这些委员会均由所在领域著名科学家组成。

外资源协同供给网络 E（以非营利性机构为协同中心）和 F（以个人为协同中心）虽然在实践中也会出现，但偶发性、临时性特征明显，例如仅在 LBNL 孕育期出现过①，临时性主要体现于实验室各类临时公益类项目运行中②，且这些投入也往往伴随着政府的各种税收优惠政策或直接配套资金；三是网络间存在互动关系，即存在如前所述的核心网络 A 对其他网络的引领作用，也存在其他网络对核心网络 A 的反作用，例如子网络 B 或 D 的扩张对核心网络 A 的作用，还存在子网路间的叠加关系，例如子网络 B 和子网络 C 在人力资源和知识资源供给上的双重叠加；四是，如协同主体演化所示，多元主体协同供给网络动态调整特征明显；最后，以“超网络”为显著特征的协同供给主体本身及其产生的功能以“主体维”成为国家实验室资源协同供给模式的重要构成部分。

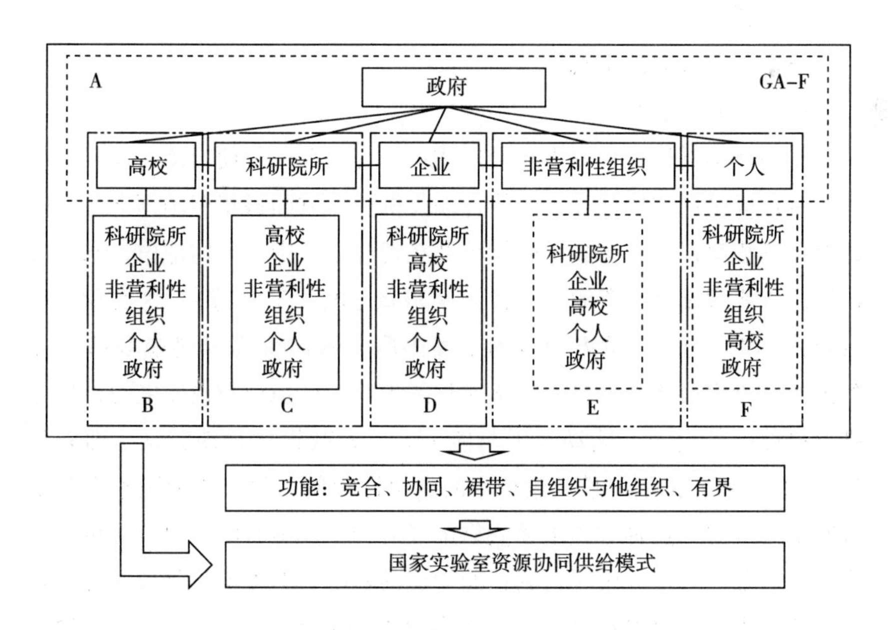

图 4-3 国家实验室资源协同供给主体逻辑结构

资料来源：笔者根据研究结论整理所得。

---

① 剩余的能源部 16 个国家实验室均没有出现此种情况。

② 例如，比尔和梅琳达·盖茨基金会、WM 凯克基金会等各类基金会支持的国家实验室科研项目。

第三节 协同行动

协同供给的实现是以执行行动为前提，基于前述5个案例的分析与归结，国家实验室资源协同供给模式中的协同行动主要分为役使行动和应使行动两类。役使行动是协同力量的使动行动，是协同“中心—边缘”结构“中心”发出的行动，例如5个案例中政府通过法律等途径役使其他参与主体；应使行动是协同力量的受动行动，是协同“中心—边缘”结构“边缘”实施的行动，例如5个案例中企业等参与主体通过市场实施的应使行动。这两种行动是对5个案例中协同供给主体间协同行动的概括，各自对应哪些具体形态，存在何种演化规律，又以怎样的功能作用于资源供给都是解析国家实验室资源协同供给模式需要澄清的问题。

一　协同行动的构成

（一）役使行动

役使行动具体包括以下几种形式：一是法令性役使行动，即根据相关法令形成役使主体并发动役使行动，例如一方面每年美国国会通过能源部预算法案以法令方式明确能源部在资金投入中的主体地位，同时也以法定方式规定企业资源投入各国家实验室的固定渠道[①]，这实际上从“准许”和“否定”两方面巩固了美国联邦政府（尤其是能源部）在各国家实验室科研经费投入中绝对且强大的役使地位与役使能力；反之则严格控制着企业的能动范围与能力。二是政策性役使行动，即联邦（中央）政府借助引导性政策衍生的竞争性役使其他主体为国家实验室协同供给资源，这种方式主要依靠市场展开，其中有的以政府提供资助为交易基础，有的以市场营利预期为交易基础，但无论何种政策都是建立在市场平等交易基础之上，控制仅体现在联邦（中央）政府通过竞争性选择对参与主体进行筛选，例如美国小型企业创新研究计划（SBIR）每年发布的相关研究项目只提供技术商业化前两个阶段的资

① 即企业商业性或市场性科研资金投入不是任意进入，必须依据成文规章制度和合作机制实现，例如通过《合作研究与开发协议》等。

助，甚至有的研究项目不提供资助，但能源部依然可以通过相关竞争措施筛选出能力较好的企业参与国家实验室相关科技创新活动，并由这些企业提供国家实验室所需资源。三是信息性役使行动，即政府借助具体参与行动释放信号以役使其他主体协同供给相应资源，其中政府参与行动实际上起到政府背书作用，例如第二次世界大战结束后 AEC 对 LBNL 核医学、生物学的支持和对其电磁型同位素分离器提议的否决，均引致实验室资源供给主体侧重点的较大调整；20 世纪 70 年代，美国能源部对能源领域的大规模直接干预释放国家强化能源研究的信号，引导实验室所需资源供给主体在能源领域大规模投入；美国国会决然否决 SSC 项目表明其对高能物理研究过度投入、经费使用效能不高的担忧，释放要求能源部严格管控 FEIMI 新建主注入器经费投入的信号。四是资源性役使行动，即如前所述政府借助资金“购买能力”驱动其他主体参与人力、物力和知识资源的协同供给。五是科研导向性役使行动，此役使行动以科研方向把控作用于国家实验室所需资源协同供给，协会、学会、咨询会等学术性组织是此行动的主体，其行为发挥主要包括战略性或计划性报告的专业性引导，人际动员和咨询建议的直接干预，这些方式在前述 5 个国家实验室中均有不同程度表现，其中尤以 FERMI 最为典型，例如战略性或计划性报告引导方面，高能物理咨询委员会（High Energy Physics Advisory Panel，HEPAP）发布的 2008 年和 2014 年 P5 报告中对 Tevatron、Muon program、HL-LHC 以及 PIP-Ⅱ的优先级排序成为后来 FERMI 资源协同供给主体聚焦实验室全面升级加速器复合体以及建造各类新科研仪器的主要诱因；人际动员方面，FERMI 时任主任莱德曼借助学会形成的各种人际学术关系召开了 3 次外部专家讨论，为 Tevatron 建造方案论证提供了扎实智力支持，此外 FERMI 用户执行委员会更是在 FERMI “裙带资源”供给中起到了独特作用；咨询建议直接干预方面，FERMI 物理咨询委员会由来自世界各地的 14 位著名粒子物理学家组成，主要负责评估、审查 FEEMI 实验计划并据此提出优化建议，反映到资源领域即相关咨询建议直接影响 FERMI 资源供给来源、供给规模及其后续的分配与使用。

（二）应使行动

与前述役使行动对应，国家实验室资源协同供给实践中的应使行动主要包括以下三种：一是法令性应使行动，对应前述法令性役使行动，即根据相关法令规章与役使主体合作供给国家实验室所需资源，例如美国联邦政府中的能源部、国防部、国土安全局、农业部等部门根据政府预算法案等向相应国家实验室注入资金，企业主要体现于必须按照《合作研究与开发协议》等法规条约提供与国家实验室合作研发时所需的各类资源。二是市场性应使行动，对应前述政策性、信息性和资源性役使行动，即按照市场规则开展役使关系中的合作，例如政府借助政策或资金工具引导其他主体参与国家实验室所需资源协同供给，其中以物力资源供给最为明显，即政府以审批项目通过与否的方式划拨资金至各国家实验室，之后各国家实验室据此落实市场采购，以企业为主的供给主体则应需供给，这实质是政府借助市场手段间接役使企业，与之对应，企业实施了应使行动①。三是公益性应使行动，主要对应前述科研导向性役使活动——既没有法令或规章制度的硬性要求，也不存在市场间接性役使，大多以补充性应使行动存在，例如 LNBL 合成生物学的发展主要依附联邦政府资金支持，同时也得到了其他公益类组织的补充性辅助——2005 年从比尔及梅琳达·盖茨基金会获得 4260 万美元捐赠，用于疟疾治疗方法的公益性研究；CERN 每年向 FERMI 派送科学家和工程师，以开展大型对撞机性能升级所需材料或技术的研发合作。

此外，国家实验室资源协同供给行动尽管可分解为役使行动和应使行动，但实践运作中两者整体性发挥作用——失去应使主体，役使主体不复存在，反之亦然。同时，从役使—应使行动的形成动力来看主要分为两种：一是自组织型役使—应使行动，即不是通过强制方式而是源于各主体在实践中自主、自发和自愿互动逐步建构起的役使—应使行动，主要涉及政策性、信息性、资源性与公益性役使行动和与之对应的市场性、公益性应使行动。二是源于政府行政计划“自上而下”的计划建构型役使—应使行动，如法令性役使行动和法令性应使行动②。

① 例如，在 FERMI 数次科研设施建造、升级中，核心企业根据市场原则与 FERMI 签订协议或合同以总揽相关工程，之后再以市场分包方式与其他企业签订分包协议，从而形成了“实验室—核心企业—分包企业”的市场化应使结构，成为 FERMI 大型科研仪器设备升级改造的一种重要方式。

② 第二次世界大战期间美国 LBNL、SANDIA 和 ORNL 资源协同供给主体间的互动典型且系统的体现为政府自上而下的计划建构型役使—应使行动。

二 协同行动的演化

以演化历史 90 余年的 LBNL 为例，自孕育期发展至今没有发生实质性变化，发生异动的仅是役使—应使行动框架中的具体行动主体及其役使—应使行动形成类型。其中具体行动主体方面可从如图 4-3 所示的两个层面上细分协同供给主体间的役使—应使行动演变：从超网络整体层次来看，役使—应使行动主体主要以第二次世界大战为分界线，第二次世界大战之前国家实验室资源协同供给主导性役使主体为个人和非营利性组织，其他参与组织为应使主体；第二次世界大战之时和之后政府是主导型役使主体，其他参与主体为应使主体；从超网络包含的各子网络分解层次看，经历了不同资源对应不同协同中心的役使—应使互动关系到政府军事化管理为特征的一元化役使—应使互动关系，再到不同资源对应不同协同中心的役使—应使互动关系的演变过程。

从行动形成类型看，主要分为三个演进时期：一是第二次世界大战之前的自组织型役使—应使行动，且关键人物发挥举足轻重的作用——参与各方以劳伦斯为中介、以自愿和共识为依据自发建构互动关系网络，同时不同核心的资源协同供给主体结构同样形成于各参与主体自组织型役使—应使行动。二是第二次世界大战之时，无论从协同供给主体的宏观层面还是微观层面，主体间役使—应使行动趋同，都形成了以政府军事化管控、其他参与主体应使配合为鲜明特征的计划建构型役使—应使行动。三是第二次世界大战之后，役使—应使行动呈现显著分层—混合特点，即宏观层面役使—应使行动由政府计划或引导支配并辅以自组织——政府计划或引导支配性体现于政府以“主资单位”牢牢保有国家实验室国有资产属性，自组织辅助性体现于其他供给主体自愿、自发和自觉参与配合；微观层面役使—应使行动则由自组织支配并辅以计划——自组织支配性体现在各供给主体在自主互动中依据各自所占优势形成了以不同主体为核心的协同供给网络，计划辅助性体现在政府借助法令限定资源供给主体介入程度。

此外，国家实验室资源协同供给役使—应使行动在演化过程中形成了如下经验性共识：一是“中心—边缘”型役使—应使行动是国家实验室资源协同供给的主导性行动方式，此方式不是某一时期内的临时呈现而是发展过程中经受住了实践检验的长期存在，不是局部或部分的运用而是国家实验室资源协同供给行为的系统性内生——无论是宏观层面的政府役使，还是微观层面人力与知识协同供给中的高校或科研院所役使，物力协同供给中的企业役使[①]。二是蕴含于役使—应使行动中的支配力具有分层—混合性，这是国家实验室资源协同供给役使—应使行动实践探索的累积性经验——第二次世界大战之前自组织型役使—应使行动的实践，第二次世界大战中政府计划建构型役使—应使行动的推行，第二次世界大战后在吸收已有实践经验基础上结合进一步实践探索逐步形成延续至今的分层—混合型役使—应使行动。三是政府以图 4-3 超网络中的特殊地位在资源协同供给役使—应使行动中占据役使地位。四是政府的役使行为具有组合性，既包括法律、规章等强硬指令，各种倾斜性、引导性温和政策工具，还包括基于自主、自愿和自发的市场手段。

三　协同行动的功能

在实践及历史演进中役使—应使行动主要形成了执行功能、合力功能、调试功能、经验累进功能和创新功能，并据此具体作用于国家实验室资源协同供给模式的有效运行。

（一）执行功能

协同供给各构成要素汇集于并通过执行行动发挥各自和整体性应有作用，也正是通过具体协同行动，主体间预先达成的各类协同供给目标和合约才能真正转为现实成果，才能真正实现国家实验室所需资源的有效供给，所以从某种程度上讲，执行功能是国家实验室资源协同供给行动的首要功能。例如 5 个案例中只有政府依法、及时、充分拨付资金，企业依据国家实验室需求高质、足量供给相应资源，高校及科研机构提供优秀人才和前沿知识才能为国家实验室高效运转提供切实资源保障。任何主体尤其是作为协同中心的政府如果执行力出现问题都会给国家实验室所需资源供给带来不利影响[②]，其中较具代表性的反证例子是

---

① 理论层面的“伺服原理”揭示和支持了此行动持续存在且能够发挥重要功效的客观性和必然性。

② 由于国家实验室严重依赖政府资金，政府资金拨付的任何波动都会对国家实验室正常运行产生影响，例如，第二次世界大战后随着军事任务大量剥离，LBNL 资金流入大量缩减，不得不迫使劳伦斯压缩实验室规模并积极开拓新资金来源，20 世纪 80 年代联邦政府削减基础研究经费后也使得 LBNL 出现了类似情况。

ORNL 实验室主任或承运单位供给执行力度不到位，致使实验室过渡过程中产生极大损耗，严重影响了 ORNL 发展的连续性①。

（二）合力功能

国家实验室资源协同供给行动实施过程也是不断产生多元主体合力的过程，而无论这种合力是具体至某类供给主体内部还是不同类供给主体之间，且即使从役使—应使行动本身而言，协同行动实现过程实质是役使行动和应使行动的连接过程。正如 5 个国家实验室资源协同供给所示的那样，役使—应使主体正是在具体行动中完成对接，进而完成了多元供给主体分散力量的聚合——第二次世界大战时期，政府在国家实验室资源协同供给中以军控方式占据绝对役使地位，即便如此政府也必须依靠其他参与主体积极应使予以配合，包括高校和科研机构在人才和知识资源方面的富足应征，企业在建设和产品生产方面的高效供给。和平时期，尽管多元供给主体之间存在激烈竞争，但基于役使—应使行动的合作依然是资源协同供给的应有要旨，更是盘活一切可用资源服务于国家实验室健康发展的必然选择。此外，役使—应使行动实施过程中实时、连续释放的增益信号成为多元主体形成资源供给合力的重要介质，例如加州大学和加州理工学院在役使—应使协同供给 LBNL 人力资源、知识资源和物力资源过程中自身也在这些资源方面持续得到更优补充②，这种增益性协同供给效果产生的信号会对其他高校或科研院所积极参与后续资源役使—应使协同供给产生刺激，进而为 LBNL 所需资源更高水平的协同供给奠定基础。

（三）调试功能

国家实验室资源协同供给行动的演变过程说明，多元主体之间的协同供给关系和效能并非一成不变，而是在多元主体具体役使—应使行动、不断互动调整过程中得以持续改进和优化，这种持续调试功能突破了国家实验室资源协同供给主体间可能存在的惰性与僵化，为多元主体协同供给保持应有活力和弹性提供了可能。例如，LBNL 不同发展阶段

---

① 其中以 1947—1949 年 ORNL 三年艰难过渡最为典型，详见第三章第四节内容。

② 以加利福尼亚大学伯克利分校为例：在 LBNL 兼职的加利福尼亚大学伯克利分校教职员工不断获得知识更新和升级；加利福尼亚大学伯克利分校还能持续获得来自 LBNL 的高端人才补充（如博士后等人才培养项目）。

中的役使—应使主体转变说明，国家实验室可以借助不同类型的协同行动实现资源有效供给；5 个国家实验室在知识资源和物力资源领域内以各类学术学会或用户协会为核心的役使—应使行动说明，实验室资源协同供给行动的“虚拟化”“间接化”甚至“无成本化”为未来革新国家实验室资源协同供给行动提供了新思路①。此外，正是通过协同行动的可调试性才有助于维持协同供给质态与 LFL 环境矩阵之间的良性互动，例如无论是第二次世界大战中政府建构型役使—应使行动，还是第二次世界大战后分层—混合型役使—应使行动都是对各自特定环境的具体回应，只有这样才能确保资源协同供给与实验室战略任务的对接，才能切实发挥资源协同供给的应有效能②。

（四）经验累进功能

行动是经验产生的前提，资源协同供给经验、规章制度、价值理念和文化氛围的形成无不是各主体在国家实验室资源协同供给行动中逐步探索、累积而来。例如，LBNL 历经孕育期、形成期后发现偶发性基金会和个人捐赠难以支撑基础研究所需资源，联邦政府通过公共财政可以很好解决这一问题，所以第二次世界大战结束后 LBNL 没有复归战前靠非政府组织或私人捐赠资源的供给模式，而是基本延续了第二次世界大战期间联邦政府主导的资源供给模式——辅助或补充由此成为其他资源供给主体在 LBNL 资源协同供给框架中的基本定位；CERN 等国际科研机构或学术组织有效供给 FERMI 知识资源（包括管理经验）、人力资源的实践成效，进一步强化了实验室所需“资源”国际化汲取的经验共识；市场主体在 5 个国家实验室发展历史中高效供给实验室所需资源的实践效能为市场主体在国家实验室资源协同供给中占据重要地位奠定了基础；在国家实验室内部设置相对独立的研究单位为多元主体协同供给资源提供实体依托，成为当前多元主体协同供给国家实验室所需资源的一种新尝试，例如 QNLM 中的联合实验室，ORNL、LBNL、FERMI 中分别设立的生物能源创新中心、分子铸造研究中心、伊利诺伊州加速

---

① 目前实践中的“无成本化”表现为人力资源、物力资源和知识资源的公益性共享。

② 更为具体和显著的例证是 ORNL、FERMI 发展历程中研究领域演化或重大仪器设备升级中所深刻反映的协同供给行动对环境系统变化做出的及时、系统反映（详见第三章的第三节和第四节内容）。

器研究中心等。

（五）创新功能

协同供给预设与现实实践之间总会存在差距，也正是这些差距为协同供给行动推进各类规章制度的持续创新提供了可能，例如协同供给主体之间“人员所有”与“人员使用”分离的人事探索为建立“人员双聘制”和访问学者制度奠定了基础，大型科学仪器设备建设、运行资金的交易化补偿实践为建立使用者制度提供了经验支撑，承运单位之间的竞争实践为建立国家实验室运营管理权竞争制度提供了条件，国家实验室资源国际化试探为完善跨国组织参与实验室资源供给相关制度做好了铺垫。同时，即使没有预设和已有实践经验的“捆绑”，协同行动本身也蕴藏丰富创新机会——只有在协同供给行动实施过程中才能形成新理解、新认知，例如各协同供给主体步入以计算机技术为基础的虚拟空间后才真正体会到“虚拟化”协同供给行动的发生机理，才能切实感知虚拟空间为更新、开辟国家实验室资源协同供给行动、规则等带来的变革机遇和挑战。总之，协同供给行动不仅揭示了经验与现实差距，蕴含着识别和实施创新的机会，还以切实行动推动创新实现，形成了自“势差催生动力”至“机会孕育可能”再至“行动推动可行”的全链条创新支持功能，这为国家实验室资源协同供给各个层面和领域的系统性创新提供了不竭动力和行动保障。

此外，从国家实验室资源协同供给行动演化及其功能梳理来看，“易变—稳定—方向”构成了资源协同供给行动的主要特征，既确保了国家实验室发展中所需资源供给的稳定性、弹性和方向性，也成为国家实验室面对重大危机时转危为安的重要支撑——易变侧重协同供给行动的具体层面，包括具体行动主体、具体行动方式、具体行动空间等；稳定侧重行动的抽象层面，包括行动主体多样性、行动关系协作性、行动力量势差性等；方向侧重供给行动、供给主体等的资源投向及其目的。正是基于复含“易变—稳定—方向”的役使—应使行动最终成就了国家实验室资源协同供给的可持续效能发挥——稳定在为国家实验室资源协同供给行动发挥其应有功效提供前提的同时，易变为其动态调整、优化、升级行为策略提供了窗口，方向则为基于稳定和易变基础上的役使—应使行动变革、演进及其更优功能的实现提供了指南。

综上所述，国家实验室资源协同供给行动形成了如图 4-4 所示的逻辑结构：一是国家实验室资源协同供给行动主要由役使—应使行动构成，并基于自组织和计划建构的原生驱动力付诸实践运行，据此形成了多元主体供给国家实验室所需资源的协同效应。二是“自组织—计划建构”所具有的组合调整性或创新性为倒逼役使—应使行动多样化提供了可能和动力，也为资源供给协同效应向更高水平跃迁奠定了基础。三是资源供给协同效应的结果性产出为役使—应使行动再创新及“自组织—计划建构”组合的再优化提供了空间。四是协同供给行动本身及其功能以“行动维”成为国家实验室资源协同供给模式的重要构成部分。

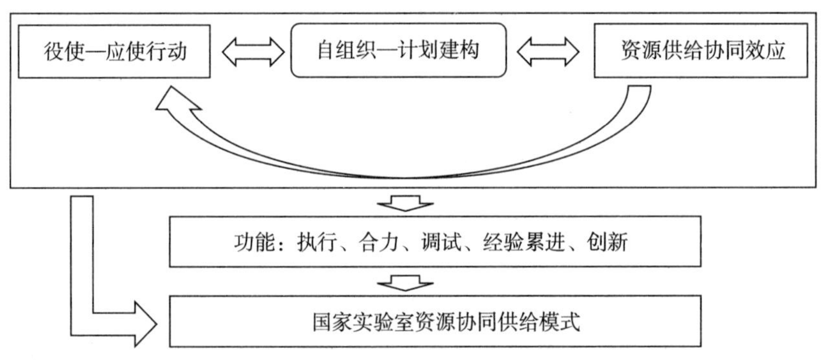

图 4-4　国家实验室资源协同供给行动的内在逻辑

资料来源：笔者根据研究结论整理所得。

第四节　协同规则

国家实验室资源协同供给模式的制度化过程是各项规则逐步形成和完善的过程，也是协同供给模式成为常规建制而非偶发现象的保障，正如 5 个案例所表明的那样，国家实验室与各资源供给主体间的关联原发于实践而定型于制度，始发于偶然而进化至常规，原本散乱无章的多元主体资源供给现象借以规则导入制度化轨道，最终形成了可持续运行的国家实验室资源协同供给模式。基于 5 个案例的实践梳理与总结，正式规则和非正式规则构成了当前国家实验室资源协同供给模式规则体系的基本结构，并以各自具体形式为协同供给活动提供规约和遵循。协同规则的构成、形成与演化规律，以及这些规则又以何种方式作用于国家实验室资源协同供给是需要进一步重点回应和解析的内容。

一 协同规则的构成

（一）正式规则

正式规则主要包括以下具体形式：一是法令规章，例如美国每年经由政府划拨的经费必须先由国家实验室提交财政预算[①]，之后历经国会审议、预算雾化（Budget Atomization）等环节最终划拨至各国家实验室，整个过程宏观上由《拨款法案》（*Appropriations Bill*）、《授权法案》（*Authorization Act*）、《2007 年美国卓越技术、教育和科学有效增进机会创造法案》（*America Creating Opportunities to Meaningfully Promote Excellence in Technology*, *Education*, *and Science Act of* 2007）[②] 和《1921 预算与会计法案》（*Budget and Accounting Act of* 1921）等法案予以规制，在此之下微观、具体的资金预算编制还需要参考其他法律条文，例如实验室国家工作人员人数以及员工工资预算编制必须以《联邦法典》（*Code of Federal Regulations*）[③] 美国劳工部（U. S. Department of Labor）、美国人事管理办公室（The U. S. Office of Personnel Management，OPM）等部门公布的《工资与公平劳动标准法》（*Wages and the Fair Labor Standards Act*，FLSA）等各项劳工法为基础[④]；其中牵扯资源多元供给主体较为典型的法规是《合作研究与开发协议》，其明确规定联邦实验室可以“从合作各方接受、保留和使用资金、人员、服务和财产”，这为各主体协同供给实验室所需资源提供了依据[⑤]。二是各类政策、部门性指

① 申请流程在能源部层面有详细、完备的《能源部年度预算编制指南》（*DOE Annual Budget Formulation Desk Guide*），在国家实验室层面一般会成立首席财务人员办公室（Office of Chief Financial Officer，OCFO），办公室根据能源部、国家实验室等部门的预算和申报要求指导和辅助实验室工作人员开展每年的预算填报与项目申报。

② 也称为《美国竞争法案》（*America COMPETES Act*）。

③ 其中的第五卷“行政人员”（Administrative Personnel）。

④ 根据工种和职级支付基本工资，例如 LBNL 实验室工作人员一般参考的工种包括 GS1300 物质科学组、1500 数学科学组、0400 自然资源管理与生物学组等。职级根据每个人的具体情况划分为 15 个等级，正常员工最低工资不得低于 7. 25 美元/小时。

⑤ 《合作与研究开发协议》是《1986 年联邦技术转移法》（*Federal Technology Transfer Act of* 1986）中的重要内容，主要目的是允许政府所有和政府经营的实验室可以与其他组织以签订技术转让合作协议的方式实现实验室技术转移，详细内容参见《1986 年联邦技术转移法》。

导意见或临时性合作协议，例如美国能源部和其他联邦机构单独或联合发布的重点建设或研发项目，以合约方式向国家实验室注入资金，例如LBNL分别以合约方式在2017年获得来自能源部执行周期4年共计4000万美元的联合生物能源研究所建设与运营资金，2019年获得能源部“技术商业化基金”中的68.5万美元资助等；QNLM主要采用科技部提出的“统一领导、分级管理、集中核算、权责结合”财务管理策略，以中国海洋大学为依托内设QNLM专门账户，单独核算、专款专用[①]。

与正式规则的显性表达方式相比，非正式规则主要以缄默方式呈现，主要包括两种：一是以实验室核心人物为中介形成的资源协同供给缄默人际规则，人际互动在形成这一规则过程中起着决定性作用，这在5个国家实验室资源供给中都有体现，其中尤以LBNL为显著，例如LBNL主任对增加和黏合资金供给主体数量及其关系的强大影响[②]：第二次世界大战即将结束时实验室创立者劳伦斯发现LBNL要想获得持续、稳定经费支持必须依靠政府，所以改变了自己原先对实验室战后经费主要依靠个人或基金会捐赠的设想，开始在华盛顿积极奔走，在其积极游说下AEC为LBNL放射药物研究提供项目资助（开创了现代核医学研究领域），一些国家级重大研发项目也在其积极倡议下设立（例如，高性能加速器建造），总之劳伦斯凭借其“娴熟的谈判和推销技巧”为LBNL找到了强大的资金供给主体；麦克米伦更是充分发挥与华盛顿（国会）、AEC之间的友好关系，进一步巩固与LBNL资金已有核心供给主体AEC关系的同时，通过改善与国会间的关系进一步提升了实验室得到AEC等联邦政府部门更多资金供给审议通过的可能性[③]，而雪莉任职经历更是从正反两方面验证了通过人际互动建立实验室与华盛

---

① 彭利军：《发展特色　整合资源　提升海洋科技创新能力——青岛海洋科学与技术国家实验室建设回顾与展望》，《中国高校科技与产业化》2007年第9期。

② 成为联合实验室资源供给主体的桥梁，也决定了实验室主任对实验室发展势必产生重要影响。

③ 其中与AEC的紧密、友好关系主要以麦克米伦在AEC总咨询委员会的任职经历和实验室科研人员西博格兼任1961年至1971年AEC主任为依托，这也充分说明拥有、培养在科学、工程、管理等相关领域影响力较大的工作人员同样可以为实验室各类资源供给提供更为多样化的连接和来源。

顿之间良好关系的重要性——任职初期雪莉对政治考虑疏漏致使实验室提出的许多科研计划遭到国会和 AEC 拒绝[①]，之后随着对华盛顿了解逐步深入，他聘请“国会山”富有经验的玛莎·克雷布斯（Martha Krebs，后来成为美国能源部科学办公室任职时间最长的负责人）为其提供咨询，终使实验室资金危机于 1982 年得以平息。总之，多元供给主体以实验室关键人物为中介人展开的人际互动为国家实验室资源协同供给缄默规则的形成提供了空间。二是受社会活动影响产生的缄默倾向性规则，其中的“倾向性”主要指对社会活动焦点的倾向，例如第二次世界大战时期面对“轴心国”威胁，抗战成为美国社会关注焦点，在此背景下一切与抗战有关的活动都会以服务国家抗战胜利为首要目标，具体到国家实验室资源供给表现为除政府通过执行明确法令统筹资源供给外，各参与主体也积极、自觉、自发地以缄默倾向性规则配合国家调度，例如高校和科研机构在科学家方面的大力支持，企业在基础设施和重大仪器设施建设上的鼎力配合（甚至不计成本）；20 世纪 70 年代随着能源危机和公众对科技创新“日常化”诉求高涨，美国 ORNL、LBNL 开始将技术转移提上重要议事日程，在此背景下实验室资源供给各方对强化国家实验室技术转移能力达成共识，并据此重新协调实验室资源协同供给主体之间的力量对比关系[②]——政府力量相对下降，市场力量相对上升。

尽管非正式规则在国家实验室资源协同供给中起到重要作用，但正式规则依然是国家实验室资源协同供给主体所遵循的核心规则——在“正式—非正式”规则二元关系中正式规则占据中心地位，体现在人、财、物及知识等各类资源供给中建构的完备制度体系，例如即使 4 个美国国家实验室拥有通过实验室工作人员人际关系获取非联邦政府资源的强大能力，但是相关法律、规章或政策也会控制此部分资源的流入强度，以防止非联邦政府资源（主要是资助资金）过多对国家实验室有

---

① ORNL 于 1947 年进入“泥潭期”，FERMI 于 1975—1978 年能量倍增器研发与建设资金投入受限，都说明实验室关键人物与华盛顿政府、国会关系恶化会对实验室所需资源供给产生不利影响。

② 正式规则方面体现为颁布《合作与研究开发协议》等法令。

可能产生的负面影响[①]。非正式规则主要发挥辅助正式规则的作用，既体现于正式规则的形成基本上以已有非正式规则达成一定共识为基础，也体现于非正式规则对正式规则执行中相关矛盾的化解及其明确条文的隐形配合，例如技术转移共识与《合作研究与开发协议》间的相互关系。

二　协同规则的演化

国家实验室资源协同供给规则的历史演化主要呈现如下规律：一是量上趋于繁杂，主要源于规则的历史累积性，例如仅美国联邦层面关涉国家实验室知识资源供给的法律即达到十余部；多元协同供给主体之间缄默人际规则持续强调实验室主任应具备较强人际沟通能力[②]。二是内容趋于全面和专业，从开始关注实验室研究经费投入至目前涉及实验室运行的方方面面，例如从社会捐赠、政府资助直至市场交易都有相应规则予以指导；专业化体现于各类专门规则对资源供给的规范，例如涉及人力资源的劳工法规，物力资源的采购法规，知识资源的知识产权法规，财力资源的预决算法规等，且这些法律、法规在国家实验室资源协同供给中以相互补充与协调的方式发挥作用。三是形成和修订趋于程序化和专业化，例如从实验室至联邦政府各个层面关涉资源协同供给规则的周期性修订，以及 OCFO 等专门管理机构的产生。四是结构体系愈加系统，表现为各类规则不断完善及其有序衔接，例如图 3-4 中各类资源供给主体参与过程均有相应规章制度予以引导——包括资源投放、资源监控与评估等。五是从正式规则和非正式规则间的役使关系看，正式规则主导地位愈加巩固，集中体现于国家实验室各类资源协同供给繁杂的协议备案。

此外，国家实验室资源协同供给规则历史演变逐步累积了契约、博

---

① 例如，1967 年联邦科学技术委员会（Federal Council for Science and Technology）备忘录中的 FFRDCs 标准包括“通常从一个机构获得联邦政府的主要财政支持（70%或更多）”的明确规定，之后《联邦采购条例》（Federal Acquisition Regulations）等相关法律、法规承袭了类似规定，并明确限定了国家实验室的科研范围，目的在于保障国家实验室不受其他因素干扰，以集中精力服务于国家战略所需，同时防止国家实验室借助其特殊科研能力与企业等其他组织展开不正当竞争。

② 体现为 5 个国家实验室主任全部具有承接、领导和组织国家、国际重大科研项目的经历。

弈、开放三种内生理念。契约理念，即所有规则的建立以契约为逻辑起点——在自主、自觉、自发的基础上达成共识性协约，为各资源供给主体在协同供给国家实验室所需资源过程中确定了“合法”的义务—权利结构，为据此建立的各类协同供给规则奠定了最为根本的“法理”依据，为各供给主体在协同供给规则中明确各自权责规范提供了支撑，也为各供给主体基于契约绩效的“奖惩”提供了依据，所以充分尊重各供给主体意愿基础上（主体自律）融入“他者”合约（他者他律）的契约理念构成了国家实验室资源协同供给规则“内外兼修”的基本精神，更成为各主体理性参与国家实验室资源协同供给的根本遵循。此理念在5个案例中均体现明显，例如国家实验室往往以项目合同方式与政府签订各项协议，或以绩效管理方式承接资金注入，物力资源、人力资源和知识资源供给更是以市场化契约交易方式由各供给主体直接供给①。

博弈理念，即国家实验室资源协同供给规则是基于主体协同行为选择、执行基础上的经验累积及其制度化，其中的行为选择与执行在实践中如“协同行动构成”所示具有多样性，此多样性根源在于多元供给主体在役使—应使行动基本框架下展开的策略性互动博弈——多元主体在协同供给行动中的灵活、策略性互动博弈使协同规则具有多样性、调整性和创新性，这在包括资源协同供给的美国国家实验室各类政策、法令持续更新中得以充分彰显，而更为显性的表现是围绕这些政策、法令由资源供给主体（或形成的集团）在国会中发动的激烈博弈交锋，内容涉及各类资源的规模、构成、划拨方式、供给主体定位等，并成为美国不断推进这些政令持续改革或创新的重要动力②。可见，博弈最重要

---

① 其中中国国家实验室建设历程从正反两方面论证了“契约—资源协同供给规则—实验室发展”间的重要关联：反面论证为2017年之前6个筹建国家实验室资源协同供给严重依赖“计划”，终使实验室发展难以有所突破——6个国家实验室的筹建从资源视角审视，即为对原有数个独立组织的计划性资源重组，且重组并不彻底，致使合力难成，最终阻滞了国家实验室的发展；正面佐证为QNLM的契约与计划融合策略，QNLM不仅借此盘活了5个初始筹建组织自愿、合力供给实验室所需资源的积极性，还通过创新契约规则不断吸引更多优质组织加入实验室所需资源供给主体行列——例如，QNLM内设的“联合实验室”即一种通过合约方式与资源供给优质主体建立资源协同供给关系的科研组织（详见第三章第五节内容）。

② 强化国家实验室技术转移功能，建立、健全国家实验室评估制度以及联邦政府资助经费增减等都与国会中的激烈博弈直接相关，这也成为美国各国家实验室与华盛顿保持良好沟通的重要原因。

的功能在于为制定、调整、创新国家实验室资源协同供给规则提供机会和想象空间，并由此成为持续优化规则体系的内生动力。至于博弈方式，5 个案例中主要包括竞争、合作两类。竞争在物力资源（各企业、企业和其他主体间的竞争）、人力资源（各高校、科研院所间的竞争）、知识资源（各知识生产主体间的竞争）供给中体现明显，基本采取彻底市场化竞争方式；经费供给主要采取有限竞争策略，即以制度化方式首先确立政府主导供给地位，在此前提下在各供给主体之间展开竞争①。于是基于竞争实践形成的各类竞争规则成为国家实验室资源协同供给规则体系的重要构成部分，其中关乎国家实验室整体运行（供给管理知识资源）且极具代表性的竞争规则是 20 世纪 60 年代左右开始孕育的美国国家实验室承运单位竞争制度或法规②。竞争规则的最大作用在于为国家实验室筛选出了优质资源供给主体，但问题是随着国家实验室规模不断扩张，单体或少量供给主体已难以负荷国家实验室发展所需巨额资源，这需要更多优质供给主体通力合作，于是基于多元合作供给实践基础上的合作规则逐步成为国家实验室资源协同供给规则体系的另一重要构成部分，且《研究与开发协议》等相关规则中已有明确的多主体合作供给资源引导规范。

开放理念，即国家实验室资源协同供给规则是多元主体突破组织边界，实现要素自由流动并据此合力促成实验室资源协同供给能力形成的制度化表达，并以规则形成的开放、规则内容的开放和规则价值的开放全面体现国家实验室资源协同供给规则的系统开放性：协同规则形成的开放性主要体现于协同主体和协同行动的开放，前者以各供给主体突破各自组织边界为表征，例如前述 5 个国家实验室内部组建各类合作平台

① 政府部门并非必然拥有资源供给资质：一是受相关法令和国会审议的限制；二是受实验室是否承接资金的限制——影响因素包括实验室有无承接能力，政府部门按合约持续供给所承诺资金的能力等。

② 在这之前实验室承运组织（包括企业）基本上由政府与相关组织协商后由政府委派，然后签订承运合同，即使企业承运目的也多以承担“为国家服务”的社会责任为中心，附带“获取社会声望”（Bin-Nun 等，2017），然而，随着对国家实验室服务经济、社会功能的强调，有限使用国家实验室科技创新能力成为实践所需，也成为越来越多非政府组织竞相参与国家实验室承运的重要诱因，竞争规则由此逐步孕育、形成，直至在《能源与水开发拨款法》等相关法规中明确出现通过竞争确定国家实验室承运组织的法条。

时所需资源即源于企业、高校、政府等主体突破各自边界实现资源自由流动与集结基础上的合力供给，并据此形成了一系列用于规范组织适度开放和资源合理流动的规则[①]；后者反映至规则层面是以协同供给单位间签署的各类合作协议或相关法规对协同主体间资源供给比例的指导性规定为典型表征，例如 QNLM 中联合实验室组建单位间签署共建协议，美国规定国家实验室“主资单位”金额占比（占实验室总资助金额的70%），美国对中小企业在国家实验室物力资源供给中给予特殊政策倾斜等。规则内容的开放性体现于调整与完善涉及国家实验室资源协同供给的政策、法规等，例如规则构成中各具体规则在时间维度上的产生、发展、完善与丰富。规则价值的开放性主要体现于“开放”在国家实验室资源协同供给主体中已然上升为价值理念，并据此指导各供给主体实施协同行动或制定协同规则，也为协同供给规则空白领域具体行动的决策与实施提供合理“自由裁量”依据，例如国会议员以保密为由提出对国外参与 FERMI 科研活动施加更为严格限定条件时，FERMI“主资单位”能源部提出了明确反对意见及理由[②]，即通过维护开放性确保 FERMI 从全球范围内笼络国家实验室所需资源优质供给主体，进而为 FERMI 获取大规模、高质量、可持续的国际化资源奠定了基础。

此外，演化趋势及累积的契约、博弈、开放三大理念都反映了国家实验室资源协同供给规则形成、发展中的如下规律：一是协同供给规则的形成是一个渐进和累积的过程，是协同供给“实践共识”的制度化过程，即使可以吸收借鉴已有协同供给规则成果，但是这些成果是否适合、是否有效、如何融合等都需要实践及时间检验，所以建制协同供给规则是融合实践和时间的过程，两者缺一不可。二是协同供给规则兼具一般性和特殊性，一般性以发展趋势和三大理念的方式构成了协同供给规则抽象层面，特殊性则以各国家实验室具体情境为依托形成了各具特色的协同供给具体规则，构成了协同供给规则具象层面。例如，QNLM 资源协同供给规则的建构实践——尽管可以借助后发优势充分吸收国内

---

① 具体如 QNLM 人力资源供给中的“双聘制”，资金供给中的专款专用、分级管理、集中核算等。

② Mike Perricone, “A Banner Day for the Main Injector”, *Fermi News*, Vol. 22, No. 12, June 1999, pp. 2-5.

外已有成熟资源协同供给规则实践成果，但更为重要的是这些成果至于QNLM是否得当、是否有效仍需历经时间和实践检验，也正是在此前提下相关供给主体在尊重一般规律的前提下，充分考虑特有因素借助创新不断建构起复合“抽象+具象”结构的实验室资源协同供给规则。

三 协同规则的功能

协同规则以秩序功能、控制功能、成本功能、强化功能的发挥为国家实验室资源协同供给模式的高效运行提供制度支撑。

（一）秩序功能

正式规则和非正式规则为国家实验室资源协同供给的有序开展提供了行为遵循和制度保障，使各主体资源协同供给行动有章可循。例如，如图3-4所示，在国家实验室项目推进过程中能源部能够根据项目管理既有规范依规行事，确保资金及时且精准地投放至既定建设项目中，此外项目管理的四阶段划分及其任务重点为其他参与主体针对性参与项目建设提供了依据，总之严密而清晰的管理规范为各参与主体有序、精准和高效地协同供给实验室所需资源奠定了基础；美国国家实验室严格遵循“驻地办公室征集、制定总预算—国会审议—资助单位和运行单位雾化预算分配资金—国会委托审计署评估绩效—反馈评估结果确定下一周期拨款金额”的经费运行规则①，为各供给主体尤其是联邦政府间协同参与资金供给提供了明确指南；QNLM的《青岛海洋科学与技术国家实验室联合实验室建设与运行管理办法（试行）》规定了联合实验室“共建单位”在资源供给方面的投入渠道、类型等内容，为各主体有序参与资源协同供给提供了依据。

（二）控制功能

协同规则将国家实验室资源协同供给各方及其行为纳入制度化轨道，不仅提供了国家实验室资源协同供给实践效能评估依据，还使协同供给具备可预测性，为各供给主体掌控资源总体协同格局并据此做出相应调整提供了条件。评估依据体现于协同供给过程中或完成后根据先前达成的各项规则核对供给效能，这不仅为问题查找、责任分摊、奖惩实

---

① 寇明婷等：《国家实验室经费配置与管理机制研究——美国的经验与启示》，《科研管理》2020年第6期。

施提供了依据，还为控制协同供给过程中可能发生的重大失误提供了纠偏机会①，图 3-4 与美国国家实验室资金划拨规范体现了这些功能；可预测性体现于各供给主体执行各类协议而衍生的未来确定性，例如国家实验室根据人力资源供给主体相关供给规则的调整（例如，高校教学流程、毕业年限、毕业条件等规则的变更）适时变更供给主体间的优先次序或范围，根据资金准入规则的变化预测各供给主体资源投入的规模、结构等。

（三）成本功能

建立、健全各项规则利于减少谈判重复率，为资源协同供给主体降低谈判成本提供了条件。例如，《合作研究与开发协议》以法律条文明确规定了国家实验室资源协同供给各方的投入和获利方式，免除了协同供给主体在这些领域内的谈判内耗；激励和惩罚措施的“正反”双向规制利于降低协同供给违约风险，例如美国设立的“R&D 100”奖为多元主体在资源供给侧的通力协同提供了重要激励；通过制度化衍生的一般化信息无障碍流通利于降低协同供给中的沟通成本，例如各供给主体尤其是联邦政府依据信息公开条例发布的各类信息，为国家实验室资源协同供给主体间的协同沟通免除了冗余繁杂的谈判领域、内容和过程。此外，尽管非正式规则难有明确、显性成本削减表征，但也确实发挥成本控制功能，例如各方资源供给主体借助人际互动可以以较低成本获得彼此真实资源供给能力等信息。

（四）强化功能

秩序功能、控制功能和成本功能的发挥凸显了协同规则促进国家实验室资源协同供给有效运行的积极作用，提升了各供给主体重视、遵循规则的程度，进而利于激发各供给主体在后续实践中进一步完善与优化规则的积极性，最终形成“主体实践—规则认同—不断优化”的规则强化路径。此外，随着国家实验室资源协同供给国际化，原先强调对国内其他机构开放的相关规则开始拓展至国际层面，集中体现于 5 个国家实验室人、财、物及知识资源供给主体的国际化拓展及国际化规则的

① 典型反例是超导超大型加速器（SSC）科研项目，详见第三章第三节内容。

形成①。

协同规则体系产生上述功用的同时也带来了一系列负面影响，以规则冗余和规则官僚化最为突出。规则冗余体现为资源协同供给中繁杂规则的束缚，以美国国家实验室资金供给主体需要对接的财政预算编制过程为例，从提出预算申报至预算项目立项并形成代码要经过准备、负责人及合作伙伴举证（Principal Investigator Approval）、部门评审（Division Review）、等待与填报所需表格（Awaiting Requested Forms）、预算办公室评审能源部预算（BO Review DOE）、提交预算（Proposal Submitted to SC Electronic）、财务系统拨付（Project Pending in PS）、立项（Project Created in FMS）8个主要环节，同时在相应环节还要登录“研究管理电子系统”（Electronic System for Research Administration，eSRA）等网上系统填报信息②，此过程耗费巨大精力；官僚化体现在政府行政命令对协同供给行动的过度干扰，例如美国联邦政府往往借助其“主资”地位以项目合同方式向国家实验室隐性输送行政命令，而国家实验室不得不抽调专门资源应对这些行政指令，同时联邦政府还派驻专门人员入驻国家实验室实施监督，并要求实验室配合完成各种审计工作，致使审计成为国家实验室一项极耗成本的日常行政工作③，甚至行政权力延伸到了科学领域内的科学决策——“应该由实验室科学家做出的决定可能需要几周时间才能通过中层管理”④，总之，过度官僚化不仅阻滞了各供给主体协力供给实验室所需资源的积极性，模糊了资源供给预期，还折损了资源协同供给速率。尽管美国国会等相关部门认识到了这些问题带来的严重不利影响，并采取了一系列改革措施，但目前来看收效甚微。

综上所述，国家实验室资源协同供给规则形成了如图4-5所示的逻辑结构，核心内容如下：一是协同规则主要由正式规则和非正式规则

---

① 例如，PIP-Ⅱ项目的国际化运作，详见第三章的第三节相关内容。

② 详见美国能源部每年发布的预算编制指导手册“DOE Direct Annual Budget Formulation”。

③ Robert W. Galvin，“Forging a World-Class Future for the National Laboratories”，*Issues in Science & Technolog*，Vol. 11，No. 1，Fall 1995，pp. 67-72.

④ David Malakoff，“As Budgets Tighten，Washington Talks of Shaking Up DOE Labs”，*Science*，Vol. 341，No. 6142，July 2013，p. 119.

构成，且正式规则占据核心地位，非正式规则发挥辅助作用。二是协同规则的建立过程实质是协同供给行动的制度化过程，此过程中“显性+缄默”“抽象+具象”“实践+时间”分别构成了规则表征、层次及其形成维度的核心基质，并据此系统支撑制度化过程顺利推进。三是制度化产生的功能及其累积的契约、博弈和开放理念为协同规则向更优层次的迁跃提供了核心驱动力，但与此同时制度化过程中也产生了规则冗余、规则官僚化等规则异化问题，所以两者之间的力量对比关系将直接决定协同规则的迁跃状态。四是协同规则具有动态调整性，并通过此特性维持协同规则的灵活性、针对性和创新性。五是协同规则本身及其功能以“规则维”成为国家实验室资源协同供给模式的重要构成部分。

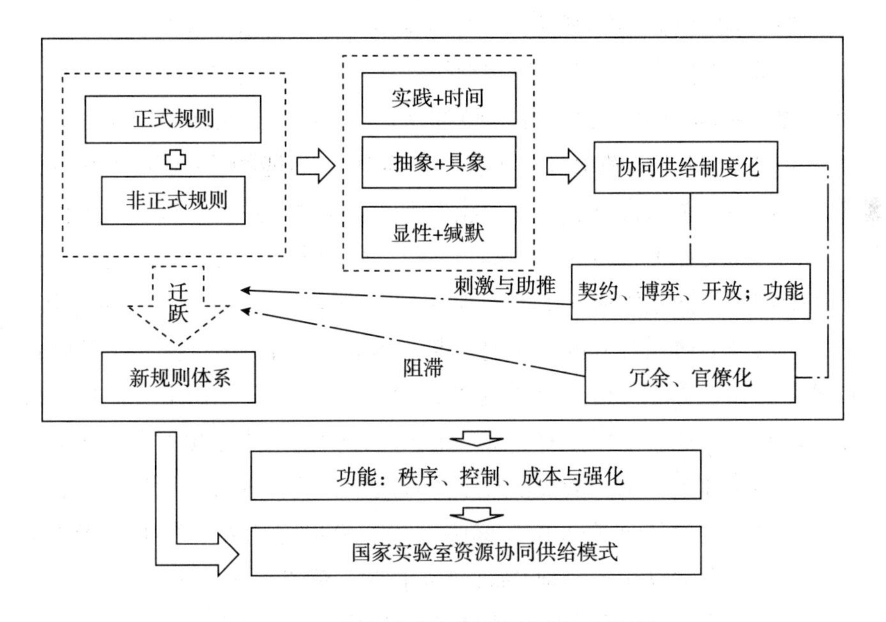

图 4-5 国家实验室资源协同供给规则逻辑

资料来源：笔者根据研究结论整理所得。

第五节 协同程序

协同程序是国家实验室资源协同供给环境、主体、行动和规则发挥复合作用的载体，即不同主体在协同供给不同环节上依据具体环境、遵循相关规则采取针对性具体供给行动以实现国家实验室所需资源的有效供给，所以协同供给程序也是构成国家实验室资源协同供给模式不可或缺的重要部分。如5个案例所示，与何种协同对象协同、以怎样的方式协同、又是如何确保协同供给可持续等问题都是不同协同供给主体在不同协同供给环节中各有侧重的加以解决。综合案例实践和理论启发，国家实验室资源协同供给基本程序主要包括搜寻、筛选、黏连、供给、评估、调整6个环节，并与负载的核心任务、支撑策略、作用功效和历史流变等共同构成了国家实验室资源协同供给模式中的协同程序模块。

一 协同程序的构成

（一）阶段一：搜寻

搜寻协同供给主体成为此阶段的主要目的——尽可能多地搜寻协同主体，建立协同主体选择框以便后续筛选，搜寻方法主要包括：一是合作历史，例如LBNL在核医学和核物理、ORNL在反应堆制造和放射性元素生产、SANDIA在核武器研发、FERMI在高能物理、QNLM在海洋科学领域中的国家甚至国际一流能力吸引了相关主体在这些领域中投放资源，进而为相关主体的首次耦合性资源协同供给打开窗口，之后随着合作推进各协同主体彼此了解逐步深入，协同经验不断累积，由此形成的正向激励为协同各方成为彼此长期合作伙伴奠定了基础[①]。二是同行声誉，在知识资源供给方面体现显著，例如从与LBNL论文合作单位来看，加利福尼亚大学伯克利分校、加州理工学院、华盛顿大学、斯坦福大学、麻省理工学院、剑桥大学、东京大学、俄亥俄州立大学、芝加哥大学、牛津大学位列前十位，这些大学的科研能力在LBNL涉及的物理、化学、生物等相关领域内都处于世界一流水平[②]。三是公共信息，包括政府等各类组织发布的各类教育、科研、商业评估排名以及各单位披露的内部信息；各类合作平台公布的集成信息，例如联邦实验室技术转移联盟（Federal Laboratory Consortium for Technology Transfer）可查找300多个联邦实验室、设施和研究中心的相关信息，还能查找世界知名科学家、工程师、发明家、企业家、实验室人员和T2专业人士的相关

① 例如，美国能源部与国家健康研究所、国防部、海洋局等部门的长期合作，中国科技部与国土资源部等部门的可持续协同。

② 在SANDIA、FERMI、ORNL和QNLM也是如此。

信息等，这无疑为寻找协同主体提供了优良条件①。四是人际关系，人力资源和知识资源体现于师生关系或学术关系方面（LBNL、ORNL 和 FERMI 表现明显），财力资源主要体现于行政人员因政务关系形成的人际网络（例如，“曼哈顿工程”中形成的人际网络对国家实验室资源供给的影响），物力资源体现为企业间因交易发生的商业关系。

（二）阶段二：筛选

搜寻阶段仅提供了选择协同主体的选择框，至于可以与哪些主体实际协同还需要谨慎筛选，即为筛选阶段的主要任务——确定国家实验室所需资源的协同供给主体，5 个案例中的主要考量标准如下：一是具有相同或相似研究目标，例如能源部、国防部、国土安全局等部门在核技术和平利用方面的共同目标，能源部、国家健康研究所等部门在医学癌症诊治方面的一致目标，科技部与国土资源部、国家自然科学基金委员会等在海洋科技方面的共同愿景。二是具备可靠的资源协同供给能力，如表 4-6 所示，2005—2019 年，国防部年均经费投入在 1300 万美元上下浮动，产业界年均经费投入在 1600 万美元上下浮动且总体呈现增长趋势，国家健康研究所 2010—2015 年经费投入持续走低，但自 2015 年以来趋于稳定，且 2015—2019 年年均经费投入在 2400 万美元上下徘徊。三是符合参与规范要求，主要体现于研究内容保密级别及参与法律规范限定，例如 LBNL 核物理研究、SANDIA 核武器研发等领域经费协同供给主体主要为国防部和国土安全局等联邦政府机构，隐性体现了研究内容保密因素对选择协同主体的限定作用；《合作研究与开发协议》直接以法律条文规定了从事此法律框架下合作研发时的资源协同供给各方资质及其应然协同方式。

表 4-6　国防部、企业与国家健康研究所在 LBNL 中的经费投入　单位：万美元

年份	DOD	IND	NIS
2005	805	1134	4362

① 根据美国联邦实验室技术转移联盟网站（https://federallabs.org/）公布的资料整理所得。

续表

年份	DOD	IND	NIS
2006	785	1433	3456
2007	1563	1158	5503
2008	747	1275	4084
2009	971	1235	3480
2010	1240	1323	4253
2011	944	1379	4143
2012	1080	1516	3211
2013	1626	1466	3051
2014	1217	1820	2714
2015	1939	1960	2198
2016	1607	2166	2238
2017	876	2273	2613
2018	971	2141	2745
2019	1324	2405	2529

注：DOD 指国防部，IND 指企业，NIS 指国家健康研究所。

资料来源：笔者根据劳伦斯伯克利国家实验室网站（https：//www. lbl. gov/）公布的资料整理所得。

（三）阶段三：粘连

通过第二阶段确定下初步协同主体后进入协同关系建构阶段，即形成国家实验室资源协同供给网络，实践中粘连协同供给关系主要依托契约性研究项目，主要包括两种类型：一是实体型契约研究项目，即整个项目以一个完整的科研实体为依托，各供给主体根据协议要求联合、协同供给所需资源，例如 LBNL 的联合基因组研究所是由能源部和国家健康研究所筹资共建，其人力资源、知识资源则以 LBNL 为核心，以劳伦斯利弗莫尔国家实验室、洛斯阿拉莫斯国家实验室、橡树岭国家实验室、西北太平洋国家实验室以及斯坦福人类基因组中心为辅助协同供给；联合生物能源研究所的研究经费来源于能源部科学办公室下设的“基因组科学项目”，人员、知识、物力的供给则在 LBNL 领导下集成了阿贡国家实验室、劳伦斯利弗莫尔国家实验室、布鲁克海文国家实验室、西北太平洋国家实验室、桑迪亚国家实验室5个国家实验室，爱荷华州立大学、加州大学伯克利分校、戴维斯分校、圣地亚哥分校、圣塔芭芭拉分校、农业与自然资源部6所高校，以及TeselaGen生物技术有限公司1家公司的相应资源[①]；AMES的CMI（关键材料研究中心）更具代表性，由4所国家实验室（AEMS、橡树岭国家实验室、劳伦斯利弗莫尔国家实验室及爱达荷国家实验室）、6所世界知名高校（加利福尼亚大学戴维斯分校、普渡大学、爱荷华州立大学、罗格斯新泽西州立大学、布朗大学和科罗拉多矿业大学）、9家知名跨国企业（力拓集团、通用电气、Symbol Materials股份有限公司、Eck Industries股份有限公司、氰特工业股份有限公司、OLI股份有限公司、Infinium有限责任公司、Advanced Recovery股份有限责任公司、联合技术研究中心）联合共建[②]；二是课题型契约研究项目，这种方式是国家实验室资源协同供给各方的主要粘连方式，又可分为两类：一类是常规性项目申报，主要以每年国家实验室形成的年度预算方式形成，如前所述经费主要来源于联邦政府（中央政府）；另一类是非常规性项目申报，以联邦政府（中央政府）临时发布的各类重大科研支撑计划为典型，例如美国能源部发布了一项共计770万美元的临时性研发计划用以支持燃料电池电动汽车储氢技术研发，LBNL与美国国家标准技术研究院、通用汽车公司联合申报并获批了其中的210万美元。此外，还包括一些临时或短期合作型资源粘连方式，主要用于人力资源和知识资源的协同供给，包括全球范围内的访问学者交流、重大仪器设备的国内外用户共享等。

（四）阶段四：供给

通过契约方式建构起协同关系后进入实质性资源供给阶段，这一阶段主要表现为各类资源按照契约或合作约定由供给各方实施协同供给行动，其中因财力资源主要来源于政府供给，所以财力资源协同供给行动的实现主要以财政划拨方式为主，例如美国国会通过联邦政府年度预算后，相关部门根据对应预算划拨资金，例如LBNL和FERMI年度经费

---

① 美国能源部下辖的17所国家实验室都有类似研究实体。QNLM主要体现为联合实验室。总体来看，此种研究实体一般承接具有国家战略意义的科研活动。

② 聂继凯：《基于联合研究实体的国家实验室网络化规律研究》，《科技进步与对策》2018年第1期。

中的95%和99%由能源部依据联邦政府通过的年度预算划拨供给。人力资源协同供给较为多样，包括以高校和科研院所为供给主体的供给单位主要依据长期聘任和临时合作两种方式协同供给国家实验室所需人力资源，其中长期聘任针对国家实验室全职、固定型人力资源供给（主要包括实验室正式员工和博士后两类），临时合作针对国家实验室兼职、临时或流动型的人力资源供给（主要包括访问学者、设备用户和学生研习三类）①。以人力资源为载体的知识资源补给、项目合作中的知识交流以及借助虚拟空间调用各类数据库等成为国家实验室知识资源协同供给的主要方式，其中高校和科研院所是这些资源供给中的核心供给主体。物力资源供给主要以市场合约为依据由企业提供相应产品和服务，也包括由高校或科研机构提供的研发产品，例如国家实验室重大科研仪器设备升级改造中所需的各种原创性研发产品。

（五）阶段五：评估

各主体基于资源协同供给实践加深了彼此认知，通过详尽评估已有合作形成累积性经验认知是此阶段的主要任务。目前国家实验室资源协同供给实践中并没有形成专门用于测度协同供给各方协同成效的评估体系，但存在分散化的间接性评估措施，包括实验室年度汇报，例如各实验室年度报告中会详细、直接公布协同供给主体的实际资助金额、实际执行金额、剩余或负债情况，以及近年来协同供给主体的经费支持状态（见表4-6），这实际上起到了评估协同供给成效及各供给主体供给能力的作用；评估承运主体，美国能源部推行国家实验室运营权竞争改革后开始评估承运主体的承运效能，起到了激发承运方提升资源供给管理水平的积极性②；政府公布“资质名单”，例如美国能源部在公布某些临时性科研计划时会公布一份“合作伙伴名单”，为实验室项目申请者提供可能建立合作伙伴关系的合作对象，这份名单实质反映了联邦政府

① 美国国家实验室没有授予学位资质，主要通过与各高校或科研院所深度合作实现人力资源（尤其是兼职、临时或流动型人力资源）补给。例如联合培养项目覆盖自本科生至博士生培养所有阶段，其中实验室承担委派指导教师和提供先进科研仪器设备的责任，学生则一般将研究领域锁定在实验室科研活动范围内以助力实验室相关科研任务的推进与实现。

② 例如，加利福尼亚大学伯克利分校在LBNL人力资源、知识资源供给方面占据主导地位，这种基于评估的竞争增加了加利福尼亚大学伯克利分校危机意识，利于督促其持续改善实验室所需资源供给能力，以确保加利福尼亚大学在下一轮LBNL承运竞争中占据有利地位。

或学术界对学科领域内相关组织综合能力的评价①，例如能源部2020年发布的“海洋能源基础研究和测试基础设施升级”研发项目中公布了一份合作伙伴名单，为申请者选择优质合作对象提供了参考（或称潜在的资源协同供给优质对象）。

（六）阶段六：调整

基于协同主体评估结果做出后续调整，包括效果较好则继续维持和巩固，例如加利福尼亚大学伯克利分校竞标成功后继续承接LBNL的运行权；如表4-6所示，国防部、企业在LBNL经费投入中总体上处于高位徘徊状态，且企业还呈现较为明显的持续增加趋势，都为主体继续参与LBNL资源供给并据此形成稳定、可靠的资源协同供给结构奠定了基础。效果一般或不理想则逐步改善、削减或取消协同合作，例如尽管目前国家健康研究所在LBNL非能源部经费投入中依然占比最多，但如表4-3所示其在近几年的LBNL经费投入总体上趋于减少，说明在某些研究领域国家健康研究所压缩了投入份额；2000年ORNL承运单位由马丁玛丽埃塔能源系统公司改换为UT-Battelle有限责任公司，实验室管理、知识资源协同供给也随之发生重要改变。

二 协同程序的演化

整体来看，第二次世界大战依然是国家实验室资源协同供给程序演变的分水岭。第二次世界大战之前尚未形成较为严格的程序概念，且国家实验室尚属新兴事物，资源协同供给主体主要以实验室关键人物为中介实现协同，所以协同供给过程较为简单且随意性较强，例如此时LBNL主要通过劳伦斯个人关系及其游说能力获取基金会或个人捐赠，由于基金会或个人捐赠偶发性较强，国家实验室资源协同供给程序很难形成，进而协同供给程序及其各环节所应发挥的作用很弱甚至可以忽略不计。总之，第二次世界大战之前，国家实验室资源协同供给程序化程度较低。

第二次世界大战时期，出于战备需求，提升创新速率成为国家实验室运行中的重要目标，反映到国家实验室资源协同供给领域即维持高水平协同供给效率，于是“统一调配”成为此时国家实验室资源协同供

① 从资源视角讲，即指相关组织在资源储备及其资源供给能力方面的综合水平。

给的显著特征，与之相契合的协同过程也呈现高度程序化特征，具体表现为联邦政府以MED为组织中枢在全国范围内筛选企业、高校、科研院所等优质资源供给主体，之后以军事化统筹方式实现各供给单位间的资源整合，并在其统一协调下实施资源协同供给，在此程序化供给过程中逐步形成了较为务实的供给主体资质、资源规模、供给时间、供给方式等内容的具体要求，同时也倒逼资源供给各方按照项目统筹和既定程序有计划、有步骤地协同供给国家实验室所需资源①；此外，由于科研任务紧迫，尽快选拔可靠资源供给主体（尤其是科研人员和知识资源供给）成为项目成败的关键，由此产生了一系列简略的程序化评估规则或指标，例如供给主体在相关研究领域内的综合研究实力及其声誉等，但这些程序化评估规则或指标主要用于筛选资源协同供给主体，至于项目结束后的效能评价等衍生性事务不在考虑范围之内。可见，第二次世界大战时期国家实验室资源协同供给程序化进程驶入快车道，此时包含搜寻、筛选、粘连、供给4个主要环节的协同供给程序基本形成，且初步形成的较为简略的程序化评估策略为战后进一步完善国家实验室资源协同供给程序奠定了基础。

第二次世界大战后，整体形势的改变为完善国家实验室资源协同供给程序提供了条件：一是国家实验室属性正式定位为国有资产，据此完善国家实验室资源协同供给程序成为国家实验室管理规范化的必然要求，于是基于第二次世界大战实践及战后反思的一系列关涉协同供给程序的规则体系或指导性意见逐步建立起来②，国家实验室资源协同供给程序趋于制度化；二是第三次工业革命拉开序幕，科技创新驱动发展成为社会共识，投资科技创新成为各类组织谋求自身发展的普遍选择，在此背景下如何在众多组织中选择优质且可持续性强的资源协同供给主体成为现实问题，为回应此问题，除进一步优化筛选环节外，在吸收已有

① 为尽可能理顺资源流动渠道，实现资源调配高度程序化衔接，LBNL在内部设置了大学关系办公室、企业关系办公室、科研院所关系部、承包商管理处等机构进行庞杂部门间的专门协调与衔接，这些部门的设置无疑为国家实验室资源协同供给各方程序化参与奠定了基础。

② 例如，FFRDCs规则中对国家实验室资源投入方式、比例与程序的规定与修正（Office of the Federal Register，1984，1990），对多元主体协同助力实验室发展的强调等（Joint Committee on Atomic Energy，1960）。

实践经验基础上评估及调整环节补入已有程序，终使国家实验室资源协同供给程序得以完善。

综上所述，国家实验室资源协同供给程序演变过程内含如下规律：一是形成和优化协同供给程序是对特定历史情境的具体回应，是一个逐步累积和完善的过程，正如协同供给程序于第二次世界大战前仅有供给环节，第二次世界大战时补入搜寻、筛选和整合环节，第二次世界大战后进一步增补评估和调整环节一样；二是评估不仅构成了协同供给程序的重要一环，而且其梳理现状、对标探因、及时纠偏的基本思想贯穿至整个协同供给程序，成为完善、优化协同供给程序的重要依据；三是完善协同供给程序的过程往往伴随着制度化过程，制度化为协同供给程序优化与完善提供了遵循和指南，为协同供给程序的一般化应用提供了条件。

三 协同程序的功能

协同程序的建立、优化与完善为国家实验室资源协同供给的程序化、常规化和规范化运作奠定了基础，并以其具象功能、串联功能、有序功能作用于国家实验室资源协同供给效能的有效实现。

（一）具象功能

协同环境、协同主体、协同行动、协同规则只有通过具象化才能转化为实践中拥有其具体属性和发挥其应有功效的对应样态，协同程序即以流程化方式推动了协同环境、主体、行动、规则的具象化实现——协同环境借助协同程序具象化为每个环节对应的具象情境，协同主体通过协同程序具象化为不同适用性的协同主体结构，协同行动依据协同程序具象化为环节性核心行动，协同规则嵌入协同程序具象化为与所在环节核心行动相对应的具体规则，进而呈现出与所在环节相契合的具象样态。例如，在筛选环节中协同环境具象化为由潜在供给主体形成的具体情境，协同主体结构具象化为“去中心化”供给网络[①]，协同行动具象化为以估量主体资源协同供给能力为核心的行动，而协同规则即具体化为与这一核心行动相对应的对等性互动规则；进入供给环节，协同环境具象化为各主体差异化能力建构起的具体情境，协同主体结构具象化为

① 基于筛选评估视角的机会均等，即所有主体都有可能成为“中心”。

多样化的“中心—边缘”协同网络，协同行动具象化为由某一具体协同中心役使下的协同供给行动，协同规则即具体化为与之对应的非对等性的役使—应使互动规则。

（二）串联功能

协同供给程序在促进协同环境、主体、行动、规则实现具象化的同时，以“轴线”角色实现了四大具象化模块间的串联与融汇，进而使基于5大模块具象化串联联动基础上的国家实验室资源协同供给模式运行成为现实。例如，筛选环节设定了此环节上的具体情境、“去中心化”供给主体构成以及以估计和测评主体资源协同供给能力为核心的行动，并据此以筛选出优质协同主体为目标导向实现了“去中心化”供给主体在具体情境中依据对等性互动规则估计和测评主体资源协同供给能力的整体性串联功能；进入供给环节则转变为由供给环节设定的具体情境、“中心—边缘”型供给主体构成以及以资源协同供给为核心的行动，并据此以实现资源协同注入国家实验室为目标导向实现了“中心—边缘”型供给主体在具体情境中依据役使—应使互动规则实现资源协同注入国家实验室的整体性串联功能。此外，串联功能还衍生了目标定向功能，即串联的着力方向始终以足量、优质、高效和安全完成国家实验室所需资源供给为目标，任何串联具体形态的变化均服务于此目标更高水平的实现。

（三）有序功能

协同程序提供了包括搜寻、筛选、粘连、供给、评估和调整在内的6个清晰化、梯次进阶的协同供给环节，这为协同供给各方据此有序供给国家实验室所需资源提供了程序化保障，并以简化、精准和规制3个细化功能支撑此总体性功能的实现：简化功能体现于，将原先杂乱无章的协同供给过程简化为几个关键、有序步骤，不仅利于协同各方清晰、快速掌握协同供给核心流程以提升沟通效率，还有利于降低因协同流程环节缺失而带来的风险，例如通过审慎筛选可有效降低贸然缔结协同主体引致的协同供给网络不稳定风险；精准功能体现于，通过掌握协同过程利于实现精准化资源协同供给目标，例如通过清晰化资源协同供给流程为国家实验室协同各方在资源供给过程中解决与谁协同、何时协同、如何协同以及达到何种供给成效等问题提供了指南；规制功能体现于，根据协同供给不同环节所应完成具体任务的情况及时、准确判断协同供给主体履约状况，为采取相应规制措施提供依据，例如国家实验室年报公布的各供给主体阶段性或总经费投入情况，能够反映各供给主体遵循协同供给流程的程度（例如，时间及时性及金额充分性等），为后续利益分配和折损追责提供依据。

综上所述，国家实验室资源协同供给程序形成了如图 4-6 所示的逻辑结构，主要内容包括：一是协同供给程序在抽象层面以框架状态存在，“抽象层面”表明此框架结构是总结和提炼于实践层面，而“框架”表明此抽象层面的协同供给程序构成具有包容性，即前述基于 5 个案例实践经验和相关理论启发基础上规整的包括 6 个环节的协同供给程序是方向性和可调整的。二是动态调整遵循三个重要原则，即契合历史——在不同历史阶段对应不同的协同供给程序，基于评估——任何增减或调整协同供给程序都是对现状、问题及其原因的准确把握，借助制度化——协同供给程序调整及其功能的可持续发挥必须以制度化为依托，而无论这种制度化是以正式制度为主还是以非正式制度为主。三是通过调整与创新形成了丰富多样的协同供给程序，为修正抽象层面的框架性协同供给程序提供不竭动力。四是协同供给程序本身及其功能以“程序维”成为国家实验室资源协同供给模式的重要构成部分。

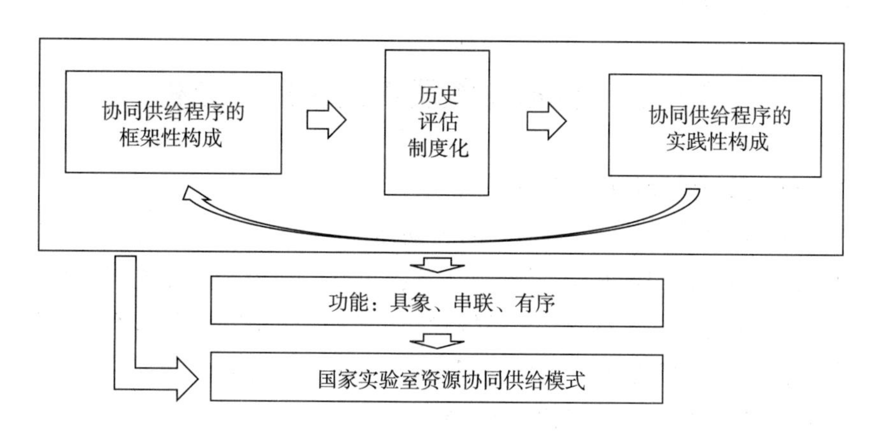

图 4-6　国家实验室资源协同供给程序逻辑

资料来源：笔者根据研究结论整理所得。

第五章

国家实验室资源协同供给模式实证检验及影响因素探究

涵盖协同环境、协同主体、协同行动、协同规则与协同程序五个模块的国家实验室资源协同供给模式是一般化的规律认知还是仅限于前述五个案例的有限归结有待进一步验证，本章的核心目标之一即在于经验验证此模式的普适性。此外，国家实验室资源协同供给模式有效运行势必受多种因素综合影响，所以析出和厘定这些影响因素成为模式研究的应有之义，此为本章预解决的第二个核心问题。运用调查问卷收集相关数据，定量检验国家实验室资源协同供给模式和析出影响因素即为本章核心研究内容。

第一节　数据收集及描述性统计分析

一　问卷设计及调查实施

明确调查目标是问卷设计的首要问题，本次问卷调查核心目标包括两个：一是验证国家实验室资源协同供给模式。二是厘定影响国家实验室资源协同供给模式有效运行的因素。与之对应，调查问卷核心内容包括两部分，即国家实验室资源协同供给模式构成模块的一般性判断，国家实验室资源协同供给模式有效运行影响因素析出。调查问卷设计步骤主要包括：首先，根据第三章、第四章研究结论初步拟定国家实验室资源协同供给模式及其影响因素主要变量。其次，大量研读国内外相关研究文献基础上优化问卷。再次，2021 年 5 月实施问卷预调研，邀请 12

名专家填写问卷并提出修改意见。最后，根据预调查回收结果和建议进一步修改和完善问卷，终成调查使用问卷，详见附录“国家实验室资源协同供给模式调研问卷”。

基于已有研究经验、较熟悉调查对象和出于样本代表性考虑，本次调研样本选择以立意抽样为主，同时辅以分层抽样。出于科学严谨性考虑，问卷发放总抽样框框定在青岛海洋科学与技术试点国家实验室和美国能源部下辖的 17 个国家实验室范围之内。因案例铺陈部分已经使用 QNLM、SANDIA、FERMI、ORNL 和 LBNL，为规避循环论证风险，问卷发放理应不再涉及这些实验室，但考虑到国内国家实验室仅剩 QNLM 的现实境况，QNLM 依然保留为本次问卷调查实施对象，其余 4 所国家实验室则不再列入问卷发放范围。

采用邮件问卷发放方式。根据以往国家（重点）实验室问卷发放经验，因国家实验室本身的敏感性，国家实验室工作人员为规避风险大概率会婉拒问卷填写，所以正式大规模发放问卷前，在准备调查的 13 个美国国家实验室中实施了问卷回应性测试（每所国家实验室均等发放 50 份问卷），测试后洛斯阿拉莫斯国家实验室、萨瓦纳河国家实验室、托马斯杰斐逊国家加速器设施、国家能源技术实验室、西北太平洋国家实验室 5 个国家实验室没有回复，埃姆斯国家实验室、爱达荷国家实验室、国家可再生能源国家实验室、阿贡国家实验室、普林斯顿等离子体物理实验室、SLAC 国家加速器实验室、布鲁克海文国家实验室、劳伦斯利弗莫尔国家实验室 8 个国家实验室至少回复了一份问卷，所以这 8 个国家实验室被选定为问卷发放对象。

9 所国家实验室结构特征如下：研究侧重点包括侧重基础研发（阿贡国家实验室、普林斯顿等离子体物理实验室、SLAC 国家加速器实验室、布鲁克海文国家实验室）和侧重应用研发（埃姆斯国家实验室、爱达荷国家实验室、劳伦斯利弗莫尔国家实验室、国家可再生能源国家实验室和青岛海洋科学与技术试点国家实验室）两类实验室，实验室目标多样性包括单目标类（普林斯顿等离子体物理实验室、SLAC 国家加速器实验室、青岛海洋科学与技术试点国家实验室）和多目标类（阿贡国家实验室、布鲁克海文国家实验室、劳伦斯利弗莫尔国家实验室）两类实验室，实验室承运单位包括大学（普林斯顿等离子体物理实验室、SLAC 国家加速器实验室）、政府（青岛海洋科学与技术试点国家实验室）、企业（爱达荷国家实验室、劳伦斯利弗莫尔国家实验室）和非营利组织（阿贡国家实验室、布鲁克海文国家实验室、国家可再生能源国家实验室）四类，实验室规模包括较小（埃姆斯国家实验室、普林斯顿等离子体物理实验室、SLAC 国家加速器实验室、青岛海洋科学与技术试点国家实验室）、中等（爱达荷国家实验室、阿贡国家实验室、布鲁克海文国家实验室、国家可再生能源国家实验室）和较大（劳伦斯利弗莫尔国家实验室）规模三类实验室，详见附录“18 个国家实验室规模情况一览”①。可见，劳伦斯利弗莫尔国家实验室、青岛海洋科学与技术试点国家实验室、埃姆斯国家实验室、爱达荷国家实验室、国家可再生能源国家实验室、阿贡国家实验室、普林斯顿等离子体物理实验室、SLAC 国家加速器实验室、布鲁克海文国家实验室 9 个国家实验室基本涵盖了目前世界一流国家实验室的基本属性，代表性较好，所以最终确定这 9 个国家实验室为调查问卷发放对象。同时，为确保问卷填写人熟悉国家实验室运行情况，将问卷填写人员确定为实验室全职人员，具体填写人员抽样采用随机抽样方法。

问卷发放数量。考虑数据充分性，采用有限总样本量情况下的样本量计算公式［如式（5-1）所示］，其中 N 是总体样本数，P 通常设为 0.5，α 是显著水平，一般为 $\alpha=0.05$，k 为分位数，在显著性水平 0.05（置信区间为 0.95）情况下，$k=1.96$，最终计算结果为 378 份，即最终有效回收问卷至少为 378 份。根据各实验室实际全职人员数目采取按比例分层抽样选取样本，理论样本数量如表 5-1 所示。

$$n \geqslant \frac{N}{\left(\frac{\alpha}{k}\right)^2 \frac{N-1}{P(1-P)}+1} \tag{5-1}$$

表 5-1　　9 个国家实验室问卷理论发放数量

实验室△	全职人员（人）	占比（%）	拟发放数量（份）
AMES	300	1	5

① 聂继凯：《国家重点实验室创新资源捕获过程研究》，中国社会科学出版社 2021 年版，第 151—153 页。

续表

实验室△	全职人员（人）	占比（%）	拟发放数量（份）
BNL	2421	10	39
INL	4888	21	77
ANL	3448	15	56
NREL	2265	10	36
PPPL	531	2	9
SLAC	1620	7	27
QNLM	658	3	11
LLNL	7378	31	119
合计	23509	100	379*

注：△AMES 指美国埃姆斯国家实验室，BNL 指美国布鲁克海文国家实验室，INL 指美国爱达荷国家实验室，ANL 指美国阿贡国家实验室，NREL 指美国国家可再生能源实验室，PPPL 指美国普林斯顿托马斯等离子实验室，SLAC 指美国 SLAC 国家加速器实验室，QNLM 指中国青岛海洋科学与技术试点国家实验室，LLNL 指美国劳伦斯利弗莫尔国家实验室。* 小数全部取整数，所以总量大于 378。

资料来源：笔者根据附录“18 个国家实验室规模情况一览”整理及计算所得。

根据已有实务问卷回收经验，采用邮件发放回收比率一般维持在20%—30%，所以本次问卷发放为确保有效问卷充分，问卷发放数量按其理论发放量的 6 倍发放，实际总共发放问卷 2250 份。

二　有效调查问卷的描述性统计分析

实际回收问卷 391 份，剔除 23 份无效问卷，最终获得有效问卷 368 份问卷，虽然问卷总量少于理论总量要求，但相差不大，此外，如图 5-1 所示，从有效问卷在各实验室的分布结构来看也与理论分布要求基本保持一致。总之，无论从有效问卷总回收量还是其结构代表性来看，都可信、可靠。

（一）国家实验室资源协同供给模式的描述性统计分析

问卷中国家实验室资源协同供给模式验证部分各题回答情况如表 5-2 所示。第 1—3 题回答结果与预设基本一致，即国家实验室协同供给需要开放式的内外协同环境支持，但也存在一些与预想不太一致的统计结果和新发现：一是第 1 题“较不符合”和“很不符合”的选择占比仍有 15%，这与“几乎没有”的原始设想有所出入，深入分析选择“较不符合”和“很不符合”个案后发现，共计 46 个个案中 6 个归属 QNLM，10 个归属 SLAC，剩余零散分布于其他实验室，即选择“较不符合”和“很不符合”的个案主要源于 QNLM 和 SLAC —— QNLM 的可能原因是实验室运行周期较短，尚未顾及建立对外联系；SLAC 的可能原因是大型基础设施型实验室的单目标专用性较强，较难获得外力支持，进而主要依靠本国政府大规模资源投放。二是选择“较符合”和“很符合”的累计比例在第 1 题至第 3 题中呈现有序上升现象，即“外环境”题目选择“较符合”和“很符合”的累计比例为 47%，“内环境”题目选择“较符合”和“很符合”的累计比例为 65%，“实验室支持”题目选择“较符合”和“很符合”的累计比例为 89%，这说明“邻近性”对国家实验室资源的可获性产生了重要影响。

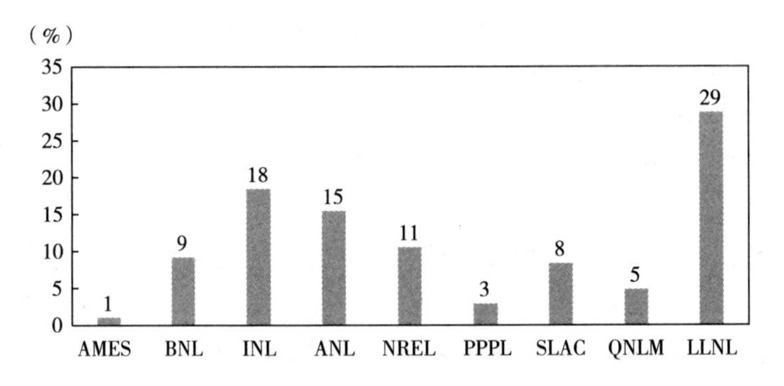

图 5-1 368 份有效问卷在 9 个国家实验室中的分布情况

注：AMES 指美国埃姆斯国家实验室，BNL 指美国布鲁克海文国家实验室，INL 指美国爱达荷国家实验室，ANL 指美国阿贡国家实验室，NREL 指美国国家可再生能源实验室，PPPL 指美国普林斯顿托马斯等离子实验室，SLAC 指美国 SLAC 国家加速器实验室，QNLM 指中国青岛海洋科学与技术试点国家实验室，LLNL 指美国劳伦斯利弗莫尔国家实验室。

资料来源：笔者根据调研资料统计分析所得。

表 5-2 国家实验室资源协同供给模式验证性题目回答情况

编号	题项	回答比例（%）				
		很符合	较符合	一般	较不符合	很不符合
1	外环境	26	21	38	13	2

续表

编号	题项	回答比例（%）				
		很符合	较符合	一般	较不符合	很不符合
2	内环境	40	25	30	4	1
3	实验室支持	61	28	8	2	1
4	政治役使	60	37	3	0	0
5	政府役使	57	43	0	0	0
6	学术役使	8	40	50	2	0
7	正式关系	51	48	1	0	0
8	非正式关系	1	10	47	38	4
9	正式政策	18	48	33	3	0
10	选择程序	27	49	20	3	1
11	执行程序	23	54	23	0	0
12	调整程序	47	42	9	1	1

资料来源：笔者根据调研资料统计分析所得。

第 4 题和第 5 题回答结果与原有设想一致，其中第 4 题充分说明国家实验室具有较强政治属性而非单纯科技实体，第 5 题进一步凸显了政府在国家实验室资源协同供给中的“核心”角色。第 6 题的回答出乎预设，基于科研组织考虑的原有预设以回答“较符合”为主，表 5-2 结果显示“一般”占绝对主导地位，即原有预设过高估计了学术组织对国家实验室资源协同供给的影响，可能的解释是政治和政府“中介”干扰了学术组织的影响。

第 7 题至第 9 题回答结果与预设一致。前述案例研究发现，非正式关系构成了国家实验室资源协同供给模式“规则维度”的重要内容，但并不居主导地位，第 8 题统计结果验证了此结论——明确支持比率低于明确反对比率，中间模糊回答占比最高，此回答结果分布高度契合非正式关系“有而居其次”的基本定位。同时，第 9 题回答结果校验和夯实了第 7 题的调查结论。第 10 题至第 12 题的回答结果与预设一致，但第 12 题回答“很符合”的比例超乎预设，说明“重复博弈”为约束国家实验室资源协同供给中的多元主体违约风险提供了契机。问卷第二部分 Z1 题至 Z5 题供给主体类型统计结果如图 5-2 所示，即国家实验室资源协同供给主体多样性特征显著，其中 3 种或 4 种主体类型的累计比率近 90%。

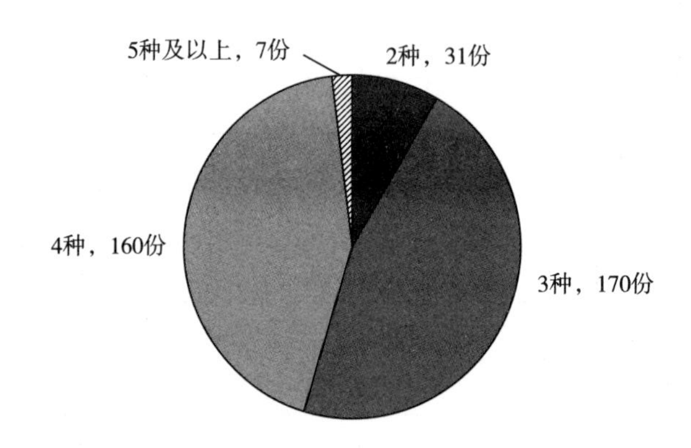

图 5-2　协同供给主体种类数量分布

资料来源：笔者根据调研资料统计分析所得。

综上所述，描述性统计分析发现，问卷回答大体偏向“肯定”，暗示国家实验室资源协同供给模式的客观存在性得到了初步验证。

（二）国家实验室资源协同供给主体的描述性统计分析

图 5-2 描述了国家实验室资源协同供给主体的总体状况，下面将按照资源类型具体分析每种资源的最主要供给主体情况：如图 5-3 所示，高校是国家实验室人力资源的最主要供给主体；如图 5-4 所示，企业是国家实验室仪器设备的最主要供给主体；如图 5-5 所示，政府是国家实验室场地的最主要供给主体；如图 5-6 所示，高校是国家实验室知识资源的最主要供给主体；国家实验室财力资源的最主要供给主体为政府，且高度一致为 100%的“政府”选项。可见，不同资源的最主要供给主体有所差异，也解释了国家实验室资源供给主体多样化的主要原因，即每种资源供给需要最优的主体予以提供。只有这样，才能实现国家实验室资源供给整体效能最大化。

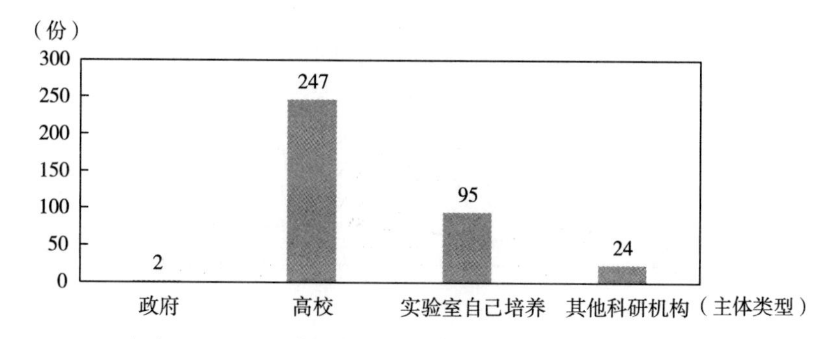

图 5-3 国家实验室人力资源的最主要供给主体分布情况

资料来源：笔者根据调研资料统计分析所得。

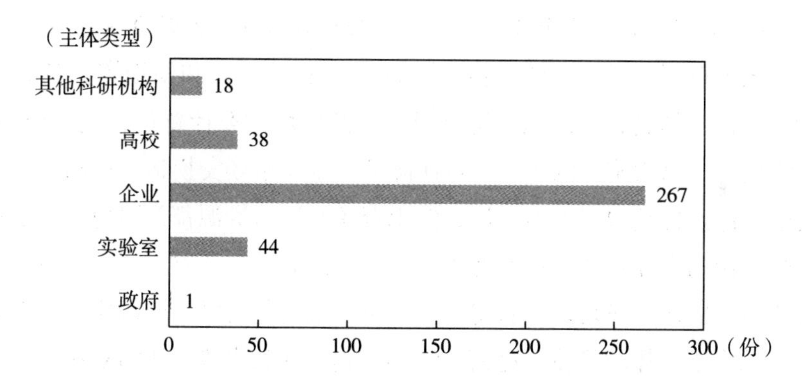

图 5-4 国家实验室仪器设备的最主要供给主体分布情况

资料来源：笔者根据调研资料统计分析所得。

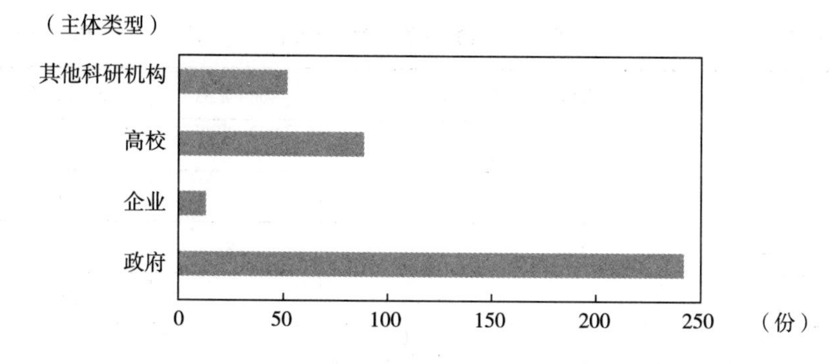

图 5-5 国家实验室场地的最主要供给主体分布情况

资料来源：笔者根据调研资料统计分析所得。

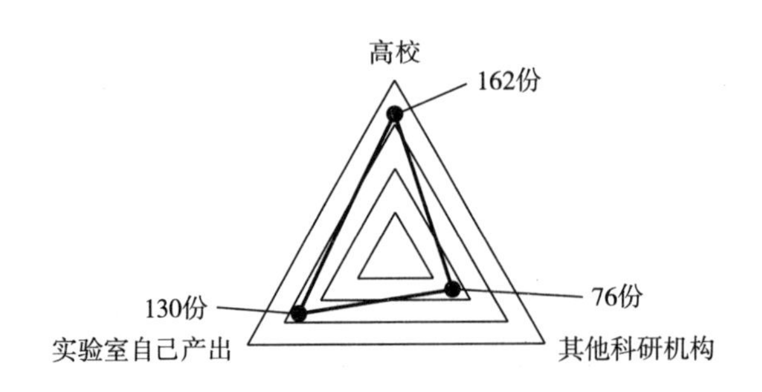

图 5-6　国家实验室知识资源的最主要供给主体分布情况

资料来源：笔者根据调研资料统计分析所得。

（三）国家实验室所需资源的重要性排序描述性统计分析

人力资源、财力资源、物力资源（仪器设备）和知识资源的重要性排序情况如表 5-3 所示，可见财力资源位居重要性首位，人力资源、知识资源、物力资源的重要性依次降低，基于市场交换运行逻辑，此重要性排序隐性反映了人力资源、知识资源和物力资源都是财力资源的衍生性资源的内在意蕴。在此背景下，结合前有政府是财力资源绝对主要供给主体的研究发现，可获得如下结论：政府借助财力资源实现了对其他资源供给主体的役使，进而最终架构起了国家实验室所需资源供给中以政府为中心、其他供给主体为辅助的“中心—边缘”性多元主体协同供给格局，进一步证实了前述案例研究的相关结论。

表 5-3　四种资源的重要性排序情况　单位:%

重要性位次	人力资源	财力资源	物力资源	知识资源
第一位	39	55	0	6
第二位	47	35	4	10
第三位	12	10	18	63
第四位	2	0	78	21

注：数值表示各种资源在不同重要位次上被选中的概率。

资料来源：笔者根据调研资料统计分析所得。

第二节 国家实验室资源协同供给模式的实证检验

一 实证检验模型的提出

通过第三章案例铺陈以及第四章多案例比较研究，最终获得了国家实验室资源协同供给模式的协同环境、协同主体、协同行动、协同过程和协同规则五大基本构成模块。然而，此研究结论是否具备一般性或规律性，是否真切推动了国家实验室所需资源积累都需要基于数理统计得以进一步实证检验，所以根据第三章、第四章已有研究结论，结合第二章理论指引，最终建构起如图 5-7 所示的国家实验室资源协同供给模式验证概念框架。

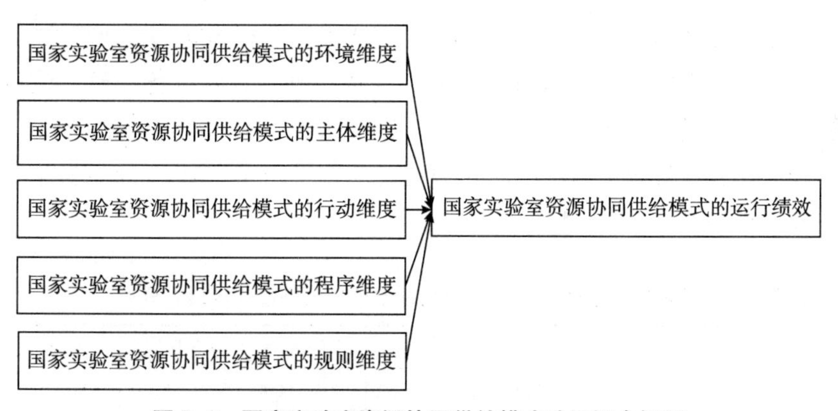

图 5-7 国家实验室资源协同供给模式验证概念框架

资料来源：笔者根据研究结论整理所得。

根据图 5-7 国家实验室资源协同供给模式验证概念框架，提出如下初始假设：

H1：协同环境对国家实验室资源协同供给模式运行绩效产生了显著影响。

H2：协同主体对国家实验室资源协同供给模式运行绩效产生了显著影响。

H3：协同行动对国家实验室资源协同供给模式运行绩效产生了显著影响。

H4：协同规则对国家实验室资源协同供给模式运行绩效产生了显著影响。

H5：协同程序对国家实验室资源协同供给模式运行绩效产生了显著影响。

二 变量的定义与测量

（一）因变量的定义与测量

国家实验室资源协同供给模式本身是一个抽象概念，难以用数量化方式直接考察，所以将其操作化为国家实验室资源协同供给模式的实际运行绩效，绩效衡量标准是国家实验室实际拥有的资源规模。

参考已有研究成果，计算国家实验室资源规模采用财力资源、人力资源、物力资源和知识资源无纲量化后的数值加总策略（见表 5-4），例如某国家实验室的全职人员有 2056 个，经费为 12 亿美元，仪器设备 10 台，建筑面积 90 万平方米，论文 2500 篇，专利 3000 个，则此国家实验室资源规模为 20，即人员（2）、经费（3）、仪器设备（3）、建筑面积（5）、论文（4）、专利（3）所在区间对应等级加总，据此计算 9 个国家实验室资源协同供给模式的运行绩效见附录“18 个问卷实验室规模情况一览”。

表 5-4　国家实验室资源熊供给模式绩效指标无纲量化等级划分

指标	1 等区间	2 等区间	3 等区间	4 等区间	5 等区间
全职人员（人）	0—2000	2001—4000	4001—6000	6001—8000	8001 以上
经费（百万美元）	0—600	600—1000	1000—1500	1500—2000	2000 以上
仪器设备（台）	1—4	5—8	9—12	13—16	17 以上
建筑面积（万平方米）	1—20	20—40	40—60	60—80	80 以上
论文（篇）	1—700	701—1400	1401—2100	2101—3000	3001 以上
专利（个）	1—1000	1001—2000	2001—3000	3001—4000	4001 以上

资料来源：笔者根据调研资料统计分析所得。

（二）自变量的定义与测量

1. 协同主体的定义与测量

根据前述研究结论，国家实验室资源协同供给模式的协同主体是指国家实验室资源协同供给过程中的具体参与主体，主要包括政府、高校、科研院所、高校、非营利性组织等。Etzkowitz 和 Leydesdorff①、张妍等②、王耀德等③实证结果都表明，参与主体多样性显著正向影响创新绩效，同时前述研究结论也反复证实国家实验室资源协同供给模式中的协同主体具备鲜明多样化特征。有鉴于此，国家实验室资源协同供给模式的主体维度可操作化为协同主体种类。

2. 协同环境的定义与测量

根据前述研究结论，国家实验室资源协同供给模式的协同环境是指国家实验室资源协同供给所嵌入的由宏观环境、中观环境和微观环境构成的环境系统。可见，从环境层次结构来看国家实验室资源协同供给环境可通过对宏观环境、中观环境和微观环境的操作化予以衡量。具体来看：根据前述案例研究，宏观环境主要涉及国际或国外环境中的资源供给现状可能对国家实验室资源协同供给模式运行绩效产生影响，尽管没有直接相关研究成果支撑，但贺俊等④类似研究结果表明国外环境的确能够影响国内组织运行绩效；中观环境主要涉及政府等各类组织愿意且能够供给国家实验室所需资源的现状，正如前述研究结论所示，各类组织以各自不同的优势为国家实验室供给相应资源，且政府在资源供给主体结构中居于核心地位；微观环境主要涉及组织邻近环境对国家实验室资源协同供给模式运行绩效有可能产生影响，例如聂继凯⑤研究表明埃姆斯国家实验室基于关键材料研究中心而连接的科研网络就包括橡树岭国家实验室、劳伦斯利弗莫尔国家实验室及爱达荷国家实验室 3 个国家实验室，这隐性表明相似组织更有可能共享（协同供给）资源。综上所述，国家实验室资源协同供给模式的环境维度可操作化为如表 5-5 所示的测量指标体系。

---

① Henry Etzkowitz and Loet Leydesdorff, "The Triple Helix—University-Industry-Government Relations: A Laboratory for Knowledge-Based Economic Development", *Glycoconjugate Journal*, Vol. 14, No. 1, February 1995, pp. 14-19.

② 张妍等：《战略导向、研发伙伴多样性与创新绩效》，《科学学研究》2016 年第 3 期。

③ 王耀德等：《协同创新网络成员多样性如何影响企业探索式创新——技术多元化的中介效应》，《科技进步与对策》2021 年第 22 期。

④ 贺俊等：《市场开放、组织变迁与产业绩效——以中国家用电器业的发展为例》，《经济评论》2002 年第 6 期。

⑤ 聂继凯：《基于联合研究实体的国家实验室网络化规律研究》，《科技进步与对策》2018 年第 1 期。

表 5-5　　协同环境维度的测量指标

测量指标	问卷题目	主要参考来源
宏观环境	实验室能从国外获得资源	贺俊等（2002）、聂继凯（2018）、案例研究与调研
中观环境	实验室能从国内非实验室组织获得资源	
微观环境	实验室能从其他国家（重点）实验室获得资源	

资料来源：笔者根据研究结论整理所得。

3. 协同行动的定义与测量

根据前述研究结论，国家实验室资源协同供给模式的协同行动是指参与主体为完成向国家实验室供给所需资源目标，相互之间发生协同合作供给行为，主要包括役使行动和应使行动。如资源重要性排序研究发现所示，役使—应使行动逻辑主要借助财力资源发生，而与财力发生紧密联系的最主要供给主体是政府，所以通过测量政府资源投放对其他主体资源投放的影响程度可以很好地测度役使—应使行动的发生。同时，如案例研究所示，政治力量（国内的人民代表大会、美国的国会）一方面借助预决算表决权对国家实验室资源供给产生显著影响，另一方面经由政治力量决断的一些重大科技战略直接引导相关供给主体定向供给资源，所以通过测度政治力量决议相关科技战略对相关主体供给资源的影响程度也可以很好测度役使—应使行动的发生。此外，作为一种重要参考依据，学术组织对国家实验室发展做出的评估报告势必会对相关主体的协同供给行动产生重要影响，诚如案例研究中所示一些学术组织的评估结果直接决定了政府资金的投放领域和方向。综上所述，国家实验室重要协同供给模式的协同行动可操作化为如表 5-6 所示的测量指标体系。

表 5-6　　协同行动维度的测量指标

测量指标	问卷题目	主要参考来源
政治力量役使—其他主体应使	党中央（国会）的相关科技战略决议会对实验室所需资源供给主体的资源供给量产生影响	Haken（1980，1984，1988，1993，1996）、案例研究、实地调研
政府役使—其他主体应使	政府在实验室中的资源供给投向变化会对其他实验室所需资源供给主体的资源供给投向产生影响	
学术组织役使—其他主体应使	相关学术组织提供的实验室发展评估报告是实验室所需资源多元供给主体做出不同供给决策的重要依据	

资料来源：笔者根据研究结论整理所得。

4. 协同规则的定义与测量

根据前述研究结论，国家实验室资源协同供给模式的协同规则是指国家实验室资源协同供给行动中所遵循的正式和非正式规章制度。诚如已有类似研究所示，“正式制度支持和非正式制度支持”均对“科技型企业创新绩效”产生了重要影响①，但又如孙泽宇等②指出，非正式制度具有“有限激励作用”，国家实验室资源协同供给规则也有可能会对模式运行绩效产生类似影响。同时，前述案例研究也有类似研究发现。综上所述，国家实验室作用协同供给模式的协同规则可操作化为如表5-7所示的测量指标体系。

表5-7　协同规则维度的测量指标

测量指标	问卷题目	主要参考来源
正式规则	协同供给实验室某一研究项目所需资源的多元主体间存在规范契约关系	孙泽宇等（2020）、吕兴群（2021）、案例研究
	存在引导多元主体协同供给实验室所需资源的相关政策	
非正式规则	协同供给实验室某一研究项目所需资源的多元主体间存在私人关系	

资料来源：根据研究结论整理所得。

5. 协同程序的定义与测量

根据前述研究结论，国家实验室资源协同供给模式的协同程序是指国家实验室资源协同供给过程中各参与主体间的搜寻、筛选、粘连、供给、评估和调整过程。出于验证协同程序而又尽可能压缩问卷填写时间的考虑，仅选择其中较具代表性的筛选、供给和调整3个环节作为测度指标。这3个指标一方面析出于前述案例研究，另一方面也在已有类似研究中得到过校验，例如冉从敬等③研究发现在科研合作中存在成熟合作对象筛选过程和机制，蒋兴华等④基于合作博弈理论探讨了跨组织技

---

① 吕兴群：《正式制度支持对科技型新企业创新绩效的影响——兼论创业团队信任的调节作用》，《求是学刊》2021年第6期。

② 孙泽宇等：《资本市场开放与高管在职消费——基于沪深港通交易制度的准自然实验》，《会计研究》2021年第4期。

③ 冉从敬等：《合作什么，去哪合作，与谁合作？——专利视角下的校企合作对象选择系统构建》，《图书馆论坛》2020年第8期。

④ 蒋兴华等：《基于合作博弈的跨组织技术创新利益分配机制》，《科技管理研究》2021年第16期。

术创新合作过程中的相机行动、后果及其对后续合作行为的影响。综上所述，国家实验室资源协同供给模式的协同程序可操作化为如表 5-8 所示的测量指标体系。

表 5-8　　协同程序维度的测量指标

测量指标	问卷题目	主要参考来源
筛选	协同供给实验室某一研究项目所需资源的多元主体（不包括政府）往往比较知名	冉从敬等（2020）、蒋兴华等（2021）、案例研究、实地调研
执行（供给）	协同供给实验室某一研究项目所需资源的多元主体都能切实履行各自供给责任	
调整	协同供给实验室所需资源的经历会对这些多元主体后续的协同供给产生影响	

资料来源：笔者根据研究结论整理所得。

（三）测度量表的信度和效度分析

量表为李克特五级量表而非二分类题目，所以选择 Cronbach α 系数测度量表内部一致性，测度结果如表 5-9、表 5-10、表 5-11 和表 5-12 所示。可见，4 个量表中 Cronbach α 系数均位于可接受界限以上①，CITC 系数也高于 0.35 的警戒线②，同时各量表内具体指标的“删除该题项后的 Cronbach α 系数”也都小于各量表总 Cronbach α 系数。总之，国家实验室资源协同供给模式调查问卷中的 4 个测度量表均通过信度检验。

表 5-9　　国家实验室资源协同供给模式的协同环境测度量表信度分析结果

题项	CITC 系数	删除该题项后的 Cronbach α 系数	Cronbach α 系数
实验室能从国外获得资源	0.63	0.77	0.81
实验室能从国内非实验室组织获得资源	0.74	0.63	
实验室能从其他国家（重点）实验室获得资源	0.61	0.78	

资料来源：笔者根据调研资料统计分析所得。

---

① Cronbach α 系数判断的一般经验法则为：大于 0.9 为非常好，0.8—0.9 为较好，0.7—0.8 为可接受，0.6—0.7 为可疑，0.5—0.6 为较差，小于 0.5 为不可接受。

② 为“矫正的题项—总体相关系数”，用于辅助 Cronbach α 系数测量，经验值应大于 0.35。

表 5-10 国家实验室资源协同供给模式的协同行动测度量表信度分析结果

题项	CITC 系数	删除该题项后的 Cronbach α 系数	Cronbach α 系数
党中央的相关科技战略决议会对实验室所需资源供给主体的资源供给量产生影响	0. 71	0. 71	0. 80
政府在实验室中的资源供给投向变化会对其他实验室所需资源供给主体的资源供给投向产生影响	0. 73	0. 67	
相关学术组织提供的实验室发展评估报告是实验室所需资源多元供给主体做出不同供给决策的重要依据	0. 66	0. 78	

资料来源：笔者根据调研资料统计分析所得。

表 5-11 国家实验室资源协同供给模式的协同规则测度量表信度分析结果

题项	CITC 系数	删除该题项后的 Cronbach α 系数	Cronbach α 系数
协同供给实验室某一研究项目所需资源的多元主体间存在规范契约关系	0. 74	0. 72	0. 79
协同供给实验室某一研究项目所需资源的多元主体间存在私人关系	0. 78	0. 75	
存在引导多元主体协同供给实验室所需资源的相关政策	0. 75	0. 70	

资料来源：笔者根据调研资料统计分析所得。

表 5-12 国家实验室资源协同供给模式的协同程序测度量表信度分析结果

题项	CITC 系数	删除该题项后的 Cronbach α 系数	Cronbach α 系数
协同供给实验室某一研究项目所需资源的多元主体（不包括政府）往往比较知名	0. 82	0. 80	0. 84

续表

题项	CITC 系数	删除该题项后的 Cronbach α 系数	Cronbach α 系数
协同供给实验室某一研究项目所需资源的多元主体都能切实履行各自供给责任	0.82	0.81	0.84
协同供给实验室所需资源的经历会对这些多元主体后续的协同供给产生影响	0.79	0.79	

资料来源：笔者根据调研资料统计分析所得。

基于已有文献研究成果、前述案例研究和实地调研建构起测度量表，确保了测度量表的内容效度。同时采用探索性因子分析测度量表的构念效度①，统计结果如表 5-13、表 5-14 和表 5-15 所示。如表 5-13 所示，KMO 检验值为 0.80，大于 0.7 的统计要求，且 Bartlett 球形检验结果为 0.00，处于显著水平，说明数据适合做因子分析。因子分析结果如表 5-14 所示，4 个因子被识别出来，且对应的“因子负荷量”都大于 0.6（最小值为 0.61），即各题项都较好归属到了预期测量因子类属内，据此将因子 1 命名为协同环境，因子 2 命名为协同行动，因子 3 命名为协同规则，因子 4 命名为协同程序。如表 5-15 所示，因子特征根累计解释了总样本方差的 83.07%，解释效果较高。总之，量表构念效度通过检验。

表 5-13　　　　KMO 和 Bartlett 球形检验

KMO 测量取样适当性	0.80	
Bartlett 球形检验	近似卡方分布	748.68
	df（自由度）	66
	显著性	0.00

资料来源：笔者根据调研资料统计分析所得。

① 利用探索性因子检验中的 Bartlett 球形检验（是否显著）、KMO 检验（大于 0.7）和各题负荷量参数（大于 0.3）三个指标予以判断，需同时满足这三个指标。

表 5-14 因子分析结果

题项	因子负荷量			
	1	2	3	4
实验室能从国外获得资源	0.71	0.38	0.17	0.05
实验室能从国内非实验室组织获得资源	0.80	0.37	0.05	0.05
实验室能从其他国家（重点）实验室获得资源	0.81	0.03	0.18	0.01
党中央的相关科技战略决议会对实验室所需资源供给主体的资源供给量产生影响	0.07	0.65	0.12	0.06
政府在实验室中的资源供给投向变化会对其他实验室所需资源供给主体的资源供给投向产生影响	0.32	0.79	0.34	0.32
相关学术组织提供的实验室发展评估报告是实验室所需资源多元供给主体做出不同供给决策的重要依据	0.08	0.71	0.02	0.16
协同供给实验室某一研究项目所需资源的多元主体间存在规范契约关系	0.24	0.23	0.81	0.05
协同供给实验室某一研究项目所需资源的多元主体间存在私人关系	0.22	0.36	0.72	0.20
存在引导多元主体协同供给实验室所需资源的相关政策	0.21	0.19	0.77	0.17
协同供给实验室某一研究项目所需资源的多元主体（不包括政府）往往比较知名	0.27	0.15	0.09	0.76
协同供给实验室某一研究项目所需资源的多元主体都能切实履行各自供给责任	0.34	0.24	0.08	0.81
协同供给实验室所需资源的经历会对这些多元主体后续的协同供给产生影响	0.25	0.26	0.02	0.61

注：提取方式为主成分分析；旋转方法为具有 Kaiser 标准正交旋转法；12 次后收敛。

资料来源：笔者根据调研资料统计分析所得。

表 5-15 因子分析方差解释

成分	初始特征根			旋转平法和载入		
	合计	方差百分比	累计百分比	合计	方差百分比	累计百分比
1	3.80	31.63	31.63	2.795	23.29	23.29
2	2.63	21.90	53.53	2.728	22.73	46.02
3	1.97	16.55	70.08	2.486	20.72	66.74
4	1.56	12.99	83.07	1.959	16.33	83.07
5	0.49	4.08	87.15	—	—	—

续表

成分	初始特征根			旋转平法和载入		
	合计	方差百分比	累计百分比	合计	方差百分比	累计百分比
6	0.47	3.95	91.10	—	—	—
7	0.30	2.53	93.63	—	—	—
8	0.23	1.95	95.58	—	—	—
9	0.20	1.68	97.26	—	—	—
10	0.18	1.53	98.79	—	—	—
11	0.08	0.66	99.45	—	—	—
12	0.07	0.55	100.00	—	—	—

注：提取方法为主成分分析。

资料来源：笔者根据调研资料统计分析所得。

综上所述，国家实验室资源协同供给模式测度量表具备较好信度和效度，据此回收的数据科学性较高，进而为后续数理统计和实证检验奠定了扎实基础。

三 实证检验

（一）回归模型的确定

采用何种分析模型需要根据数据特性选择，所以首先分析数据特征。尽管问卷采用李克特五级量表，但自变量和因变量数值均是加总后的连续数值，所以可以采用 Pearson 简单相关系数检验数据特性，统计结果如表 5-16 所示。可见，因变量（资源规模）和自变量（五个维度）之间存在显著相关性，说明两者之间存在较为显著的线性关系，所以可采用线性回归方程模型验证国家实验室资源协同供给模式的客观存在性，并建构数学模型如式（5-2）所示。

$$y = \beta_0 + \beta_1 x_1 + \beta_2 x_2 + \beta_3 x_3 + \beta_4 x_4 + \beta_5 x_5 + \varepsilon \quad (5-2)$$

其中，y 是指因变量国家实验室资源协同供给模式的运行绩效（资源规模），x_1、x_2、x_3、x_4、x_5 分别表示自变量国家实验室资源协同供给模式中的协同环境、协同行动、协同规则、系统程序和协同主体；β_0 表示常数，β_1—β_5 表示回归系数，ε 表示引起 y 变化的其他随机因素。

表 5-16　　Pearson 系数分析结构

变量	资源规模	协同环境	协同主体	协同行动	协同规则	协同程序
资源规模	1	0.72**	0.65**	0.61*	0.75**	0.88**
显著性	—	0.01	0.00	0.03	0.00	0.00
N	368	368	368	368	368	368
协同环境	—	1	0.72*	0.76*	0.89**	0.90**
显著性	—	—	0.02	0.02	0.00	0.00
N	—	368	368	368	368	368
协同主体	—	—	1	0.72*	0.70*	0.80*
显著性	—	—	—	0.01	0.02	0.03
N	—	—	368	368	368	368
协同行动	—	—	—	1	0.88**	0.93**
显著性	—	—	—	—	0.00	0.00
N	—	—	—	368	368	368
协同规则	—	—	—	—	1	0.83**
显著性	—	—	—	—	—	0.00
N	—	—	—	—	368	368
协同程序	—	—	—	—	—	1
显著性	—	—	—	—	—	—
N	—	—	—	—	—	368

注：采用双尾检验，* 表示在 0.05 水平下显著相关，** 表示在 0.01 水平下显著相关。

资料来源：笔者根据调研资料统计分析所得。

（二）回归统计结果

为确保回归过程严谨，回归方法采用逐步回归法。因有 5 个自变量，所以逐步回归分析共计 5 次模型拟合，最后输出的模型即为最终模型，具体情况如表 5-17 所示。

表 5-17　　式（5-2）最后一个模型的数据统计分析结果

模型	回归系数	T 值	显著性	共线性检验	
				容差	VIF
常量	—	4.45	0.00	—	—

续表

模型	回归系数	T 值	显著性	共线性检验	
				容差	VIF
协同环境	0.55	8.29	0.00	0.97	1.03
协同规则	0.45	7.51	0.00	0.92	1.08
协同程序	0.47	7.28	0.00	0.88	1.13
协同主体	0.51	7.90	0.01	0.88	1.14

注：因变量是国家实验室资源规模。

资料来源：笔者根据调研资料统计分析所得。

由表 5-17 可知，与预设模型式（5-2）相比，协同环境、协同规则、协同程序和协同主体通过实证检验，但协同行动变量被剔除，这与预设产生了一定分歧，原因探讨如下：一是在简单相关性检验步骤分析相关显著性时发现，协同行动变量与资源规模相关性在 0.05 的显著性水平下发生显著相关，这与其他要素在 0.01 显著性水平下显著相关相比已经出现条件松动迹象。二是描述性统计分析不同资源规模上的协同行动题设回答，统计结果如表 5-18 所示，虽然在国家实验室资源不同规模上政治役使、政府役使、学术役使的符合程度具体数值有所差异，但数值整体结构一致性较高，这决定了数值加总后的最终结果在国家实验室不同资源规模上的分布差异已基本消失，即已失去统计区分度作用，所以出现了协同行动变量与资源规模变量之间于简单相关性检验时就已出现显著性水平降低前提下的关系显著性现象，也有力解释了协同行动变量为何从预设模型中被剔除的缘由。换句话说，协同行动变量的剔除并非证明此变量不重要，恰恰说明极其重要，因为此变量无论在哪种国家实验室资源规模上都具有同等重要的地位——如表 5-18 统计结果所示，“政治役使”和“政府役使”题设中选择“较符合”和“很符合”的累计比率均超过 90%，“学术役使”题设中选择“一般”及以上的累计比率也超过 90%，这说明政治力量和政府力量的参与和支持无论在哪种国家实验室资源规模上都发挥着极其重要的作用，而学术组织的引导同样无论在哪种国家实验室资源规模上也发挥着比较重要的作用。

表 5-18　　协同行动变量题设回答结果的描述性统计分析

资源规模		7	8	13	17	23
指标	选项	占比（%）	占比（%）	占比（%）	占比（%）	占比（%）
政治役使	很符合	67	61	57	60	59
政府役使	很符合	59	58	60	58	53
学术役使	很符合	3	9	11	11	9
政治役使	较符合	24	36	43	40.0	41
政府役使	较符合	41	42	40	42	47
学术役使	较符合	46	37	38	42	37
政治役使	一般	9	3	0	0	0
政府役使	一般	0	0	0	0	0
学术役使	一般	49	52	50	46	52
政治役使	较不符合	0	0	0	0	0
政府役使	较不符合	0	0	0	0	0
学术役使	较不符合	2	2	1	1	2
政治役使	很不符合	0	0	0	0	0
政府役使	很不符合	0	0	0	0	0
学术役使	很不符合	0	0	0	0	0

资料来源：笔者根据调研资料统计分析所得。

综上所述，通过实证检验，国家实验室资源协同供给模式客观存在，且主要由协同环境、协同主体、协同规则、协同行动和协同程序构成，其中协同行动以基本前提条件方式嵌入国家实验室资源协同供给模式，而协同环境（0.55）、协同主体（0.51）、协同程序（0.47）和协同规则（0.45）以各自不同的重要性程度成为国家实验室资源协同供给模式的基本构成模块。

为了更深入地分析各细分测量指标对国家实验室资源协同供给模式运行绩效的影响，同样历经判断数据是否符合线性回归分析（见表 5-19）、建构模型［见式（5-3）］和统计分析（见表 5-20）三步实现了各细分变量对国家实验室资源协同供给模式运行绩效（资源规模）影响的实证检验。

表 5-19　资源规模与各细分变量之间关系的 Pearson 显著性检验

变量	资源规模
外环境	0.51**
显著性	0.00
N	368
内环境	0.61**
显著性	0.00
N	368
实验室支持	0.55**
显著性	0.00
N	368
政治役使	0.50*
显著性	0.05
N	368
政府役使	0.44*
显著性	0.03
N	368
学术役使	0.31*
显著性	0.04
N	368
正式关系	0.51**
显著性	0.00
N	368
非正式关系	0.21**
显著性	0.00
N	368
正式政策	0.49**
显著性	0.00
N	368
选择程序	0.51**
显著性	0.00
N	368
执行程序	0.40**

续表

变量	资源规模
显著性	0.00
N	368
调整程序	0.77**
显著性	0.00
N	368

注：采用双尾检验，* 表示在 0.05 水平下显著相关，** 表示在 0.01 水平下显著相关。

资料来源：笔者根据调研资料统计分析所得。

由表 5-19 可知，各细分自变量与因变量之间关系显著，可进行线性回归方程分析，进而建构式（5-3）：

$$y = \beta_0 + \beta_1 x_1 + \beta_2 x_2 + \beta_3 x_3 + \cdots + \beta_{12} x_{12} + \varepsilon \tag{5-3}$$

其中，y 是指因变量国家实验室资源协同供给模式运行绩效（资源规模），x_1，x_2，x_3，…，x_{12} 分别表示自变量协同环境、协同行动、协同规则、协同程序的细分变量；β_0 表示常数，β_1—β_{12} 表示回归系数，ε 表示引起 y 变化的其他随机因素。因协同主体在式（5-2）中得以检验，所以此模型中不再包括此变量。

表 5-20　式（5-3）逐步回归分析后的模型数据情况

模型	测量指标	回归系数	T 值	显著性	共线性检验	
					容差	VIF
常量	—	—	9.69	0.00	—	—
协同环境	外环境	0.13	2.83	0.01	0.96	1.04
	内环境	0.22	4.19	0.00	0.99	1.01
	实验室支持	0.18	3.68	0.00	0.81	1.23
协同规则	正式政策	0.19	6.14	0.00	0.99	1.01
	非正式关系	0.12	4.50	0.00	0.90	1.11
协同过程	调整程序	0.21	5.09	0.00	0.96	1.04
	选择程序	0.13	3.07	0.00	0.94	1.06

注：因变量是国家实验室资源协同供给模式运行绩效（资源规模）。

资料来源：笔者根据调研资料统计分析所得。

由表5-20所得，协同行动变量下的所有细分变量全部剔除，与式（5-2）的分析结果（见表5-17）形成交叉验证，进一步证实：国家实验室资源协同供给模式的多元主体中，政府占据绝对“中心”地位。

1. 协同环境方面

3个细分变量全部通过检验，但影响系数有所差异，其中“内环境”以0.22居首位，说明“内环境”较之“外环境”和“实验室支持”对国家实验室资源协同供给模式运行绩效的影响更为深刻，可能原因是“内环境”中包括政府资金支撑能力；“实验室支持”以0.18居次位，说明组织邻近性的确有助于国家实验室所需资源供给；“外环境”以0.13居第三位，说明外部环境也对国家实验室资源协同供给模式绩效产生了影响，但有可能因为地理距离过大、国家实验室对敏感研究领域实行限制措施等原因而使其效能有所折损。总体来看，3个细分环境均产生了显著影响，这也充分说明开放式资源环境已成为当前国家实验室资源协同供给模式中环境构建的基本特征，这也与Chesbrough[①]提出的开放式创新及相关研究结论不谋而合。

2. 协同规则方面

“正式政策”和“非正式关系”通过检验，其中“正式政策”以0.19居首位，充分说明“正式政策”在引导各主体协同供给国家实验室所需资源中发挥了重要作用；“非正式关系”以0.12居次位，一方面证实了“非正式关系”的确在国家实验室资源协同供给中产生了重要影响，另一方面也说明更大规模的国家实验室有可能建构起更大范围的非正式关系，进而为攫取更多资源提供了潜在机会——实验室规模、非正式关系、资源之间产生了螺旋式上升的相互牵引关系。“正式关系”在检验中被剔除，描述性统计发现（见表5-21）其与协同行动变量被剔除的原因一致，此结论在企业等其他组织的“关系—绩效”研究中也得到了印证[②]。此外，正式制度（正式关系、政策等）与非正式制度（非正式关系等）均对国家实验室资源规模产生了重要影响，

① Henry Chesbrough，“The Era of Open Innovation”，*MIT Sloan Management Review*，Vol. 44，No. 3，Spring 2003，pp. 35-41.

② 张怀英等：《正式关系网络、企业家精神对中小企业绩效的影响机制研究》，《管理学报》2021年第3期。

但影响程度存在主次之分，此研究结论也得到了已有类似研究的复证，例如罗明忠①研究发现，正式契约和关系契约均在农业企业资源获取方面发挥着重要作用，但正式契约是“基础”，关系契约是有力“补充”。

表 5-21　　正式关系题设回答结果的描述性统计分析

资源规模		7	8	13	17	23
指标	选项	占比（%）	占比（%）	占比（%）	占比（%）	占比（%）
正式关系	很符合	52	48	55	50	49
	较符合	46	50	45	50	51
	一般	2	2	0	0	0
	较不符合	0	0	0	0	0
	很不符合	0	0	0	0	0

资料来源：笔者根据调研资料统计分析所得。

3. 协同程序方面

“调整程序”和“选择程序”通过检验，其中“调整程序”以0.21居首位，说明参与主体之间高质量的协同关系可以通过动态调整衍生的奖惩机制得以实现（多次博弈发挥功效）；“选择程序”以0.13居第二位，说明选择高质量协同主体亦是确保国家实验室资源协同供给模式有效运行的重要条件，这与聂继凯②在国家实验室“网络化相态”中发现其构成节点均是“优质网络节点”的研究结论高度契合。“执行程序”未通过检验，描述性统计发现（见表5-22）其亦成为了国家实验室资源协同供给模式有效运行的必备条件。

① 罗明忠：《契约、关系与农业企业的资源获取与维持——基于广东东进农牧有限公司的案例研究》，《农村经济》2010年第8期。

② 聂继凯：《基于联合研究实体的国家实验室网络化规律研究》，《科技进步与对策》2018年第1期。

表 5-22　　执行程序题设回答结果的描述性统计分析

资源规模		7	8	13	17	23
指标	选项	占比（%）	占比（%）	占比（%）	占比（%）	占比（%）
执行程序	很符合	24	26	23	18	22
	较符合	54	48	56	58	53
	一般	22	26	21	24	23
	较不符合	0	0	0	0	1
	很不符合	0	0	0	0	1

资料来源：笔者根据调研资料统计分析所得。

（三）回归统计检验

为确保研究结果科学性，以下分别从回归方程的拟合优度检验、显著性和共线性分析、残差分析 3 个方面展开结果检验。

1. 回归方程的拟合优度检验

采用“调整的判定系数 R^2”衡量回归方程拟合优度情况，其系数越接近 1 表明拟合优度越高。统计结果如表 5-23 和表 2-24 所示，可见式（5-2）和式（5-3）的拟合优度系数都达到 0.92，说明式（5-2）和式（5-3）的拟合优度都非常好。

表 5-23　　式（5-2）的拟合优度分析结果

模型[e]	R	R^2	调整的 R^2	Drubin-Watson
1	0.91[a]	0.83	0.82	1.97
2	0.95[b]	0.87	0.86	
3	0.97[c]	0.92	0.91	
4	0.97[d]	0.92	0.92	

注：a. 预测变量：协同环境；b. 预测变量：协同环境、协同规则；c. 预测变量：协同环境、协同规则、协同程序；d. 预测变量：协同环境、协同规则、协同程序、协同主体；e. 因变量：资源规模。

资料来源：笔者根据调研资料统计分析所得。

表 5-24 式（5-3）的拟合优度分析结果

模型[h]	R	R^2	调整的 R^2	Drubin-Watson
1	0.81[a]	0.77	0.77	1.94
2	0.85[b]	0.82	0.81	
3	0.86[c]	0.83	0.83	
4	0.82[d]	0.88	0.87	
5	0.91[e]	0.90	0.90	
6	0.94[f]	0.91	0.91	
7	0.95[g]	0.93	0.92	

注：a. 预测变量：内环境；b. 预测变量：内环境，实验室支持；c. 预测变量：内环境，实验室支持，外环境；d. 预测变量：内环境，实验室支持，外环境，正式政策；e. 预测变量：内环境，实验室支持，外环境，正式政策，非正式关系；f. 预测变量：内环境，实验室支持，外环境，正式政策，非正式关系，调整程序；g. 预测变量：内环境，实验室支持，外环境，正式政策，非正式关系，调整程序，选择程序；h. 因变量：资源规模。

资料来源：笔者根据调研资料统计分析所得。

2. 显著性和共线性分析

显著性使用P值是否小于给定显著水平检验，共线性采用方差膨胀因子系数（VIF）和容忍度系数检验①。具体统计结果见表5-17和表5-20：式（5-2）的显著性最高值为0.01，容差范围在0.88—0.97，VIF范围在1.03—1.14，两者均接近1，说明式（5-2）显著且不存在共线性问题；式（5-3）的显著性最高值为0.01，容差范围在0.81—0.99，VIF范围在1.01—1.23，两者均接近1，说明式（5-3）显著且不存在共线性问题。总之，两个回归方程都通过了显著性和共线性检验。

3. 残差分析

实务操作中一般采用Durbin-Watson（DW）和异方差实施检验，其中DW值在2附近说明残差序列无自相关②，异方差分析主要通过绘制残差图揭示回归方程是否存在异方差现象（散点图呈现无序状态则

① 容忍度在0—1，越接近1说明共线性越弱；VIF越接近1，共线性越弱，最大值一般不超过10。

② 0—2表示存在残差序列正自相关；2—4表示存在残差序列负自相关。

表示不存在异方差问题；反之则相反）。式（5-2）和式（5-3）的DW值分别见表5-23和表5-24，均接近2，说明两个方程的残差序列自相关程度很低。式（5-2）和式（5-3）的残差图分别见图5-8和图5-9，两图中的散点均呈现无序状态，说明两方程均不存在异方差问题。

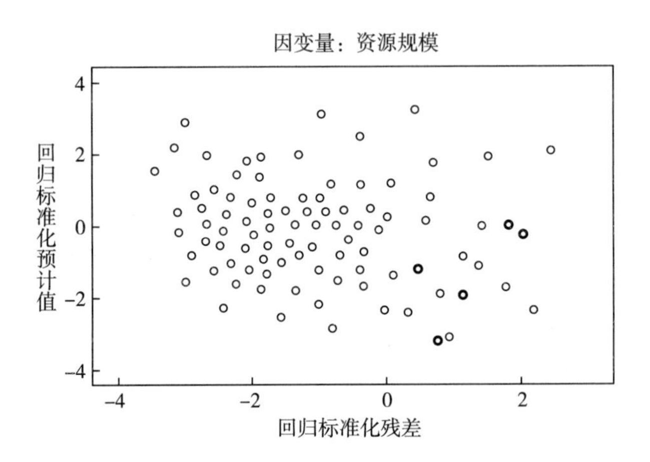

图5-8　式（5-2）残差

资料来源：笔者根据调研资料统计分析所得。

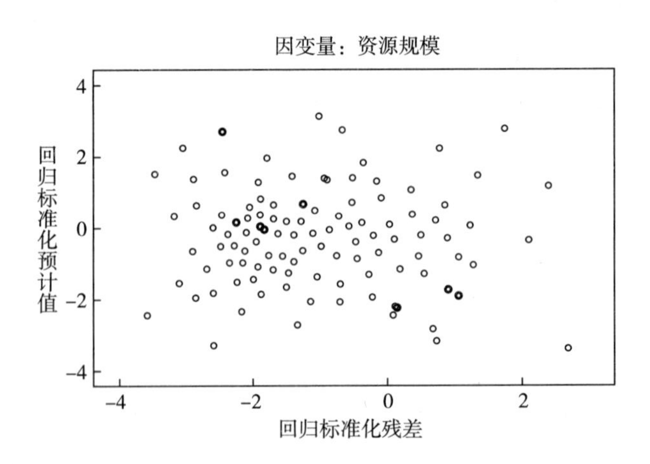

图5-9　式（5-3）残差

资料来源：笔者根据调研资料统计分析所得。

第三节 国家实验室资源协同供给模式的影响因素探究

通过案例分析和实证检验发现国家实验室资源协同供给模式客观存在，运行效率问题便成为紧随其后急需解决的问题。以下依托扎根理论，结合文本分析，并借助质性分析工具 Nvivo 逐步析出影响国家实验室资源协同供给模式有效运行的主要因素。分析文本来源于问卷调查中设置的开放性问题：您认为影响政府、企业和高校等主体高效协同供给您所在实验室所需资源的因素有哪些？

一 初始编码

初始编码是扎根理论编码的第一步，核心内容是依据原始资料凝练关键概念进而形成范畴，所以初始编码的基本逻辑过程是“原始资料→概念→范畴”（原始资料的概念化和范畴化过程）。此过程分三步实现：运用 Nvivo 软件统计词频，初步掌握文本核心词汇及其分布结构，统计结果如表 5-25 和图 5-10 所示，可见词频统计能够粗略呈现一些影响因素，例如“政策”“需求”等，但命名较为粗放，无法精准表达相关概念的确切含义，进而需要进一步凝练和精准化概念；依据 Nvivo 词频统计，结合“逐词编码”和“逐行编码”方法，凝练确切概念；归类、合并相似概念形成范畴。编码过程及结果见附录“国家实验室资源协同供给模式影响因素的开放式编码”，可见初始编码最终形成了 59 个概念、29 个范畴。

表 5-25 国家实验室资源协同供给模式影响因素的词频分布（节选）

关键词（出现频次）	出现频次
实验室（89）△、国家（50）、企业（37）、政府（36）、高校（36）、科研（33）、研究（28）、发展（23）、政策（21）、成果（20）、项目（20）、主要（19）、需求（18）、资源（17）	17 次以上
主体、产出、影响、机制	15 次
单位、技术、支持、科学、问题※	13 次
人员、合作、因素、科技、领域	11 次

续表

关键词（出现频次）	出现频次
供给☆、基础☆、协同、地方、实验、战略、能力	9 次
之间、导向、服务、目前、经济、运行	8 次
创新、市场、方向、美国、规划、需要	7 次
人才、促进、投入、相关、程度、经费、能源部、行业、解决、资金、进行、重要	6 次
一个、一定、不同、专业、共享、分配、包括、培养、定位、建设、培养、定位、建设、支撑、方面、机构、知识、社会、获取、装置、评价、财力、部分、高效	5 次
一致、不够、产权、产生、作用、关系、基本、学术、归属、形成、提供、没有、特别、知名度、能否、贡献、进入、长期、领导	4 次
ITER、一些、人力、优先、优势、保障、共同体、关心、具备、具有、决策、前沿、参与、团队、国际、地位、对接、应用、引导、影响力、持续、推动、提升、方式、明确、模式、正常、每年、水平、沟通、环境、申请、研发、稳定、竞争、管理、经济效益、给予、考核、能够、要求、设计、课题、负责人、运转、长远、院所、鼓励	3 次

注：△括号内数值为此词的出现频次；※是指“问题”出现 12 次；☆是指“供给”和“基础”分别出现 10 次。

资料来源：笔者根据调研资料统计分析所得。

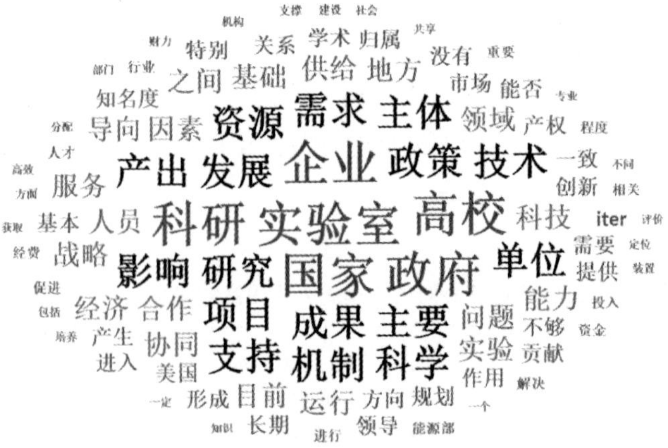

图 5-10　国家实验室资源协同供给模式影响因素词频云

资料来源：笔者根据调研资料统计分析所得。

二 轴心编码

轴心编码是扎根理论编码程序第二步，其核心目标是获得一系列主范畴——根据相似性合并、归类开放式编码获得的范畴。结合原始资料，参考附录“国家实验室资源协同供给模式影响因素的开放式编码”，最终获得如表5-26所示的“资源产出”“主体属性”“主体关系”“协同行动”“协同机制”“协同环境”“政策系统”“人员境况”“协同程序”9个国家实验室资源协同供给模式影响因素轴心编码（主范畴）。同时，梳理和分析9个主范畴后发现，其中主体属性主范畴和主体关系主范畴对应国家实验室资源协同供给模式中的协同主体模块，协同环境主范畴、协同行动主范畴和协同程序主范畴分别直接对应国家实验室资源协同供给模式中的协同环境模块、协同行动模块和协同程序模块，协同机制主范畴和政策系统主范畴对应国家实验室资源协同供给模式中的协同规则模块，这说明模式各模块的完备性及其衍生性成为影响国家实验室资源协同供给模式有效运行的重要因素，所以可将原先的9个主范畴进一步提炼为“资源产出”“模式完备性”“人员境况”3大影响因素。

表5-26 国家实验室资源协同供给模式影响因素的轴心编码及其结果

主范畴	对应范畴	对应范畴内涵
资源产出	产出质量	协同供给资源产出数量和质量会影响各主体协同供给资源的积极性
	产出贡献度	协同供给资源产出能够解决协同供给主体相关问题的强度会影响各主体协同供给资源的积极性
	产出归属	协同供给资源的产出归属（知识产权清晰度或利益分配合理程度）会影响各主体协同供给资源的积极性
主体属性	政府属性	政府层级、政府财力、政府积极性等政府属性会影响政府参与资源协同供给的积极性
	高校属性	高校知名度、高校与政府关系、高校强势学科等高校属性会影响高校参与资源协同供给的积极性
	企业属性	企业规模、企业主要业务、企业盈利情况等企业属性会影响企业参与资源协同供给的积极性
	实验室属性	实验室影响力、实验室基础条件、实验室发展定位等实验室属性影响实验室吸引其他参与主体协同供给其所需资源的积极性

续表

主范畴	对应范畴	对应范畴内涵
主体关系	主体间供需关系	政府、高校、企业、科研院所等主体供给资源与实验室利用资源所获成果能够满足各参与主体预期所需影响各主体协同供给资源的积极性
	独立法人资格及其关系	各参与主体是否具有独立法人资格及其关系（平等还是较高依附）影响各主体协同供给资源的积极性
	主体邻近性	各主体间的研究领域相似性、地理距离、目标相似性等影响各主体协同供给资源的积极性
协同行动	履职	各主体能够切实履行各自资源供给责任会影响各主体协同供给资源的积极性
	沟通	各主体间的沟通广度、深度和流畅度影响各主体协同供给资源的积极性
	财力支持	是否有专门用于各主体间进行协商的经费影响各主体协同供给资源的积极性
协同机制	协商机制	各主体投入和实验室成果产出归属的协商机制会影响各主体协同供给资源的积极性
	长效机制	各主体协同供给资源的积极性需要相应长效支持机制予以维持
	互动机制	各主体间长期有效互动有利于形成信任与合作经验
	管理机制	审批、评估等管理机制的完善程度影响各主体协同供给资源的有效性
协同环境	人文环境	优良实验室文化软实力会吸引其他主体协同供给实验室所需资源
	需求环境	国家、行业等科技创新需求会激发各主体协同供给实验室所需资源
	国际环境	国际科技竞争和开放状态会影响供给主体的数量及其资源供给质量
政策系统	规划	国家长期战略规划会影响各主体协同供给资源的质量及投入方向
	政策	国家科技政策影响协同供给主体构成及资源投向
	顶层设计	完善的资源协同供给顶层设计会影响各主体协同供给资源的有序性和积极性
人员境况	领导人支持	各主体领导人物（尤其是主要领导）的重视和支持程度会影响各主体协同供给资源的积极性
	管理人员	实验室管理人员的知名度和任职情况会影响其他主体协同供给资源的信心及积极性

续表

主范畴	对应范畴	对应范畴内涵
人员境况	科研人员	实验室首席科学家、团队成员知名度会影响其他主体协同供给资源的信心及积极性
	人员流动	各主体间的人员流动可以增加主体间的了解进而有助于增加协同供给机会
	人际关系	各主体在职人员间的人际关系情况会影响资源协同供给的发生概率及其可持续性
协同程序	协同程序	通过筛选、供给和评估等环节实现协同的高效运行

资料来源：笔者根据调研资料整理所得。

三 选择性编码

选择性编码是扎根理论编码的第三步，目的是从主轴编码提炼出的主范畴中挖掘出核心范畴，并具体化主范畴之间存在的可能关系，以便把“支离破碎的故事重新聚拢在一起”形成一个完整的“故事”①。尽管“模式完备性”可以高度涵盖7个因素的共性，但也因过度概括而使其难以细致刻画这7个因素之间以及与资源产出和人员境况之间到底存在何种典型关系，所以深描主范畴之间典型关系时依然采用9个主范畴的范畴结构，在此基础上依据初始核心问题和编码结果，结合原始资料，析出核心范畴为“影响国家实验室资源协同供给模式有效运行的因素”，主范畴之间的显著典型关系如表5-27所示。

表5-27　　主范畴之间的显著典型关系

典型关系	代表性材料（节选）
主范畴均对模式产生影响	国家实验室资源协同供给模式影响因素的开放式编码及表5-25呈现的材料及编码过程
主体属性影响主体关系	国家实验室定位、研究方向、成果转化等与主体单位的契合。一些传统的行业院校，如地矿油高校等能够更容易与三大石油公司形成合作关系

① 凯西·卡麦滋：《构建扎根理论：质性研究时间指南》，边国英译，重庆大学出版社2009年版，第80页。

续表

典型关系	代表性材料（节选）
协同机制影响协同行动	资源协同供给不是一时兴起，而应该建立相应机制以长期、可持续地支持此行动的进行
人员境况影响主体关系和协同行动	增强政府、企业和高校间的人员流动性，让各个主体的实际工作者互相了解和学习，为合作发展提供良好的基础
政策影响其余因素	政策、国家经济和外交形势对协同供给影响较大
主体属性影响协同行动	政府、企业和高校在产学研链条上的定位要明确和清晰，各个主体有自己的主要职责，比如政府主要是政策引导，企业主要是市场牵引，高校主要是人才培养等
协同环境影响其余因素	外交形势对协同供给影响较大。每年国会要重新审批一次，资金有时不到位，会影响项目进度，特别是国际 ITER 项目
资源产出影响主体关系及协同行动	保证科研产出，从而回馈政府和企业的投资，形成良性循环
主体属性与人员境况之间存在交互影响	实验室负责人及团队成员在本领域的知名度，直接影响项目申报、实验室发展等，具有风向标作用。高校对员工的信任和支持
协同机制影响协同关系	逐步形成政府、企业和高校间的互动机制，让不同主体间优势互补，形成合力
协同程序影响其余因素	成果的归属和业绩评价方式。美国能源部制定的评价机制。成果认定与评价政策以及实验室的发展模式等

资料来源：笔者根据研究结论和调研资料整理所得。依据突出重点原则只关注材料中析出的显著典型关系。

由表 5-27 可知，以“影响国家实验室资源协同供给模式因素”为核心范畴展开“故事”叙事，其中内含几条典型故事“线索”：一是协同环境和政策系统交互影响，并以两者近乎“背景”嵌入方式对其余所有主范畴产生影响。二是人员境况和主体属性之间存在交互影响，且人员境况以具象人员及其流动为载体对主体关系和协同行动产生影响，主体属性则以知名度等中介条件影响主体构成、依附关系及其行动方式，进而对主体关系和协同行动产生影响。三是协同机制通过各类具体机制作用于主体构成及其行为方式，进而对主体关系和协同行动产生影响。四是资源产出通过产出激励实效影响后续主体构成及其履职情况，进而对主体关系和协同行动产生影响。五是协同程序以评估的渗透性对其余所有因素产生影响。具体逻辑线索如图 5-11 所示。

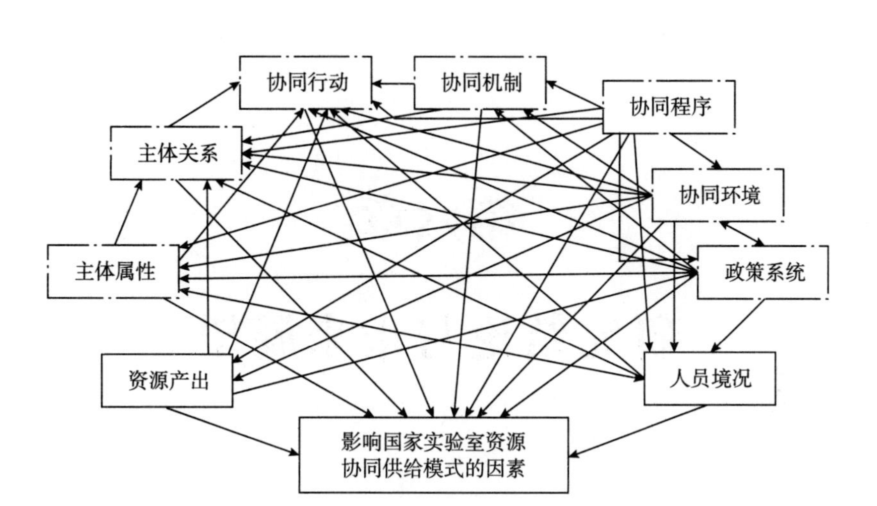

图 5-11 核心范畴—主范畴关系

注：虚线方框表示可整合入“模式完备性”因素的子影响因素。

资料来源：笔者根据研究结论整理所得。

第六章

研究结论与未来展望

第一节　主要研究结论与发现

以回答国家实验室资源协同供给模式的构成及其影响要素是什么为问题导向，结合资源基础理论、协同创新理论和创新网路理论，综合运用多案例比较、问卷调查、数理统计等多种研究方法，获得了以下主要研究结论和发现。

一　国家实验室内涵再认知

系统梳理已有理论研究和政策实践后认为，国家实验室是指为了满足以国家战略需求为统领目标的一系列国家级发展目标，在政府主导，企业、高校、科研院所等组织协同参与下，依托国家或国际重大科技工程、任务、项目等，综合运用计划与市场手段，从事有严格条件限定的基础科学与应用研究、重大（关键或共性）技术创新、社会公益性研究等科技创新活动的一种科技组织。具有综合性、开放性、战略性、国际性、独立性、政治性等特点，且类型划分多样。

具体来看：一是主体，以政府为中心，以大学、产业界、科研机构、非政府组织等为辅助的“政府+”多元主体协同格局是现有国家实验室建设和运营主体的基本结构，且参与主体多元化不仅表现在不同主体间，还体现在同一主体内部的不同层级或部门间；多主体间是相互关联的“中心—边缘”型网状结构，且宏微观协同中心各有不同；协助主体需具备一定参与资质。二是客体，以基础研究和应用基础研究为核心，有限兼顾技术创新是国家实验室的作用客体，且活动内容限定较强。三是手段，“计划—市场”二元性是国家实验室科技活动推进手段的重要特征；重大科技工程、科技任务、科技项目是国家实验室建设与运行手段的具体呈现或承载方式；运行手段可持续发挥效能的制度与机制建设呈现系统、开放、流动、合作、竞争、控制、创新等特征；运行手段具体实现技术在宏观上具有广覆盖性，微观上具有多样性。四是目标，满足国家战略所需是国家实验室的首要目标，且目标体系兼具任务性、复合型、体系性、引领性、动态性和明确性特点。五是本质，“组织”可以更丰富、更全面地表达国家实验室的本质特性。分类方面发现，国家实验室分类呈现多样性和复杂性特征。

二 国家实验室资源协同供给模式的构成

基于对 LBNL、SANDIA、FERMI、ORNL 和 QNLM 单案例解析和跨案例比较，结合 368 份有效问卷实证检验，最终获得了包括协同环境、协同主体、协同规则、协同行动和协同程序 5 大构成模块在内的国家实验室资源协同供给模式，且各构成模块的重要性程度有所差异——其中协同行动因其在所有规模国家实验室中无区分度而成为国家实验室资源协同供给模式的必备模块，协同环境（0.55）、协同主体（0.51）、协同程序（0.47）和协同规则（0.45）则以各自不同的重要性程度成为国家实验室资源协同供给模式的基本构成部分。

实证检验中还获得了如下发现：协同环境模块中，因测度指标“内环境”中包括政府资金支撑能力（且政府所发挥的功效在所有供给主体中占据核心地位）促使“内环境”在 3 个测度指标重要性中以 0.22 贡献率居首，“实验室支持”和“外环境”分别以 0.18、0.13 贡献率位居其后，3 个协同环境测度指标均通过检验充分说明，开放式资源环境已成为当前国家实验室资源协同供给模式中协同环境的基本特征。协同规则模块中，测度指标“正式政策”和“非正式关系”通过检验且分别以 0.19 和 0.12 贡献率分列首位和次位，其中“非正式关系”通过检验隐含更大规模国家实验室有可能建构起更大范围非正式关系，进而为攫取更多资源提供潜在机会的意蕴（实验室规模、非正式关系、资源之间产生了螺旋式上升的相互牵引关系）；“正式关系”指标在检验中被剔除，然而分析后发现其并非不重要，而是已转化为国家实验室资源协同供给模式有效运行的必备条件。协同过程模块中，测度指标“调整程序”和“选择程序”通过检验且分别以 0.21 和 0.13 贡献率依次排序——前者说明各主体之间的高质量协同关系可以通过动态调整衍生的奖惩机制得以实现（多次博弈发挥功效），后者说明选择高质量的协同主体亦是确保国家实验室资源协同供给模式有效运行的重要条件；“执行程序”没有通过检验的原因类似“正式关系”未通过的原因。协同行动模块中，所有测度指标均未通过检验，这与此模块从显著角度上整体性被剔除的实证结果保持一致，深究 3 个测度指标“政治役使”“政府役使”“学术役使”被剔除的原因发现（具体见表 5-18），政治力量、政府力量、学术组织的参与和支持无论在哪种国家实验室资源规模上都发挥着重要作用，即三者已失去统计区分度作用，成为国家实验室资源协同供给模式的必备模块。协同主体模块中，主体间关系形成了政府占据“中心”、其他主体位居相对“边缘”的“中心—边缘”结构，同时各类资源微观供给中“中心”占据者存在明显差异。

三　协同环境的 LFL 环境矩阵

国家实验室资源协同供给模式的协同环境形成了一种由环境层次（level）、环境领域（field）、环境联动（linkage）三者叠加且融合了静态结构、动态演化和整体性功能的“LFL 环境矩阵”。环境层次是指纵向维度上的环境多层次性，主要包括宏观环境（内部分为国际环境和国内环境）、中观环境（内部分为组织环境和个人环境）与微观环境（内部分为单体国家实验室环境和群体国家实验室群落环境）；环境领域是指横向维度上的环境多领域性，主要包括经济环境、政治环境、制度环境、文化环境、科技环境等；环境联动是指结构矩阵中各环境模块间的系统联动，具体联动主要表现为单向联动、双向联动、多向非线性联动和系统性演化。此外，LFL 环境矩阵以依托功能（资源依托、主体依托、经验依托）、限定功能（外部边界限定、内部结构限定）、激发功能（国家实验室内外部环境中关键事件的激发）具体作用于国家实验室资源协同供给模式的运行。

四　协同主体的网络化结构

国家实验室资源协同供给主体以多样性、协同性、国际化特征建构起一种多元主体协同供给网络，并具有以下特征：持续动态调整和“超网络”特征；包含丰富子网络；不同子网络间具有层次性且存在互动关系。从动态演化角度看，国家实验室资源协同供给主体呈现如下特点：一是主体多样性愈加丰富；二是协同供给网络中的协同性始终显著；三是主体结构的宏观稳定性与微观调整性并存；四是协同供给网络在地理空间和虚拟空间两个维度上呈现持续延展趋势。此外，网络化的协同主体结构为国家实验室资源协同供给主体实现竞合功能、协同功能、裙带功能、自组织与他组织功能、协同有界功能奠定了基础，进而为充分、高质、安全地供给国家实验室所需资源提供了可能。

五　协同行动中的役使—应使行动

国家实验室资源协同供给行动主要由役使行动和应使行动构成，其中役使行动主要包括法令性役使行动、政策性役使行动、信息性役使行动、资源性役使行动和科研导向性役使行动，应使行动主要包括法令性应使行动、市场性应使行动和公益性应使行动。尽管可分解为役使行动和应使行动，但实践中两者一般整体性发挥作用。依据形成动力，役使—应使行动还可分为自组织型役使—应使行动和计划建构型役使—应使行动。从动态演化角度看，役使—应使行动在实践中形成了如下规律：一是“中心—边缘”型役使—应使行动是主导型行动方式。二是蕴含于役使—应使行动中的支配力演化至今具有“分层—混合”特性。三是政府在国家实验室所需资源协同供给役使—应使行动中占据绝对役使地位。四是政府役使行动具有组合性。五是“易变—稳定—方向”构成了协同供给行动的主要特征。此外，历史演进中役使—应使行动主要形成了执行功能、合力功能、调试功能、经验累进功能和创新功能，并据此作用于国家实验室资源协同供给模式的有效运行。

六　协同规则中的正式—非正式规则

正式规则和非正式规则构成了目前国家实验室资源协同规则的主要内容，其中正式规则主要包括法令规章、各类政策、部门性指导意见或临时性合作协议，非正式规则主要包括以实验室核心人物为中介形成的资源协同供给缄默人际规则和受社会活动影响产生的缄默倾向性规则。尽管非正式规则在国家实验室资源协同供给中发挥着重要作用，但正式规则依然是国家实验室资源协同供给主体在实践中遵循的核心规则。从动态演化视角看，协同规则呈现如下规律：一是量上趋于繁杂，二是内容趋于全面和专业，三是形成和修订趋于程序化和专业化，四是结构体系愈加系统，五是正式规则的主导地位愈加巩固。同时，在协同规则历史演变中逐步累积了契约、博弈、开放三种内生理念，并发现协同规则的形成是一个渐进和累积过程，是协同供给“实践共识”的制度化过程，并兼具一般性和特殊性。建立协同规则为国家实验室资源协同供给的高效运行提供了重要制度支撑，并在实践中以秩序功能、控制功能、成本功能、强化功能支撑国家实验室资源协同供给规则发挥作用。此外，协同规则产生正向功用的同时，也带来了规则冗余和规则官僚化等负向影响。

七　协同程序的六个环节

搜寻、筛选、粘连、供给、评估、调整6个环节构成了国家实验室资源协同供给模式中协同程序的主体框架。其中搜寻方法主要包括既往合作经验、同行声誉、公共信息、人际关系；筛选协同主体的主要考量标准包括具有相同或相似研究目标、具备可靠资源协同供给能力、符合一定参与资质等；协同供给关系粘连以合同方式为主，具体依托于实体型契约研究项目和课题型契约研究项目，并以后者为主；根据不同资源类型采取不同协同供给方式；通过详尽评估已有合作以形成累积性经验认知成为评估阶段的主要任务，实践中的评估措施主要包括实验室年度汇报、政府公布的“资质名单”等；调整策略包括协同供给效果较好则继续维持和巩固，协同供给效果一般或不理想则逐步改善、削减或取消协同合作。从动态演化角度看，协同程序演变存在以下规律：一是协同程序的形成和优化是对特定历史情境的具体回应，是一个逐步累积和完善的过程。二是评估不仅构成了协同程序的重要一环，而且其基本思想渗透至其他环节，成为优化、完善协同程序的重要工具。三是协同程序的完善过程往往伴随着制度化进程。此外，协同程序的建立、健全、优化与完善为国家实验室资源协同供给的程序化、常规化和规范化运作奠定了基础，并以具象功能、串联功能、有序功能作用于国家实验室资源协同供给模式的有效运行。

八　国家实验室资源协同供给模式运行的影响因素

“资源产出”“模式完备性”“人员境况”3个核心因素影响国家实验室资源协同供给模式的有效运行，若将高度概括的“模式完备性”因素降维，则其内部包括“主体属性”“主体关系”“协同行动”“协同机制”“协同环境”“政策系统”“人员境况”“协同程序”7个子影响因素。

若深入、细致刻画9个影响因素之间的典型关系，可获得如下发现：协同环境和政策系统之间存在交互影响，且以两者近乎“背景”的方式影响其余所有因素；人员境况和主体属性之间存在交互影响，且人员境况以具象人员及其流动为载体影响主体关系和协同行动，主体属性则以知名度等中介条件影响着主体构成、依附关系及其行动方式，进而对主体关系和协同行动产生影响；协同机制通过各类机制作用于主体构成及其行为方式，进而对主体关系和协同行动产生影响；资源产出通过产出激励实效影响后续主体构成及其履职情况，进而对主体关系和协同行动产生影响；协同程序以评估的渗透性对其余所有因素产生影响。

九　其他主要研究结论和发现

对比中美两国国家实验室发展历程发现，两者共同点包括满足国家战略需求是国家实验室的首要目标，体现国家意志是国家实验室的内在要求，在实践探索中逐步前行是国家实验室建设的基本路径，环境嵌入是国家实验室建设的约束条件，政府是国家实验室建设的中坚主体，战略综合性功能输出是国家实验室的应有功用；不同点包括国家实验室所处环境及其由此衍生的具体建设缘由、国家实验室组建方式、建设数量等方面。

调研发现财力资源、人力资源、知识资源、物力资源在国家实验室建设、运营中的重要性依次降低，基于市场交换逻辑，此排序隐性反映了人力资源、知识资源和物力资源都是财力资源的衍生性资源的内在意蕴，进而结合政府是国家实验室财力资源绝对主要供给主体的研究结论，可获得如下发现：政府借助财力资源实现了对其他资源供给主体的役使，最终架构起了以政府为中心、其他供给主体为辅助的“中心—边缘”型国家实验室所需资源多元主体协同供给格局。

第二节　主要政策启示

主要研究结论和发现可为我国更高水平的国家实验室所需资源协同供给提供一系列有益理论指导和政策启示。

一　准确认知国家实验室

准确了解国家实验室基本内涵是实现国家实验室资源协同供给模式正常运转的基本前提，可以为其实务运作提供最为基础并具方向性的启发和指导，具体包括：借助各种政策工具始终保持国家实验室资源协同供给模式的高规格、高效能运行，以确保国家实验室不负引领“国家战略科技力量”的角色担当；创新运用多种思路和方法推进国家实验室资源协同供给模式的高效运行，而非单一模式的标准化操作；政府在国家实验室资源协同供给模式宏观层面理应也必须占据主导地位，以确保模式整体稳定、可持续运作，同时微观层面尽可能“去行政化”以激发各资源供给主体的主动性和积极性；国家实验室资源协同供给模式应建立、健全导向明确、结构清晰、逻辑严密、动态可控且以满足国家战略需要为统领性目标的资源协同供给目标体系，以引领国家实验室各资源供给主体遵照国家“战略科技力量”的基本定位协同供给国家实验室所需资源；各主体应依托国家重大科技工程、科技任务、科技项目，结合计划与市场二轮驱动，整合多种具体技术，在制度可持续支撑下协同供给国家实验室所需资源；各主体应紧紧围绕国家实验室界定出的科技活动应有范围精准协同供给资源，并在此基础上逐步构建起重点优先、兼具弹性的资源协同供给格局，规避资源“撒胡椒面”式和重复供给问题的出现。

二　完善和精细化国家实验室资源协同供给模式

研究发现，国家实验室资源协同供给模式客观存在，且主要由协同环境、协同主体、协同行动、协同规则和协同程序五部分构成，同时影响因素研究结论显示“模式完备性”成为影响国家实验室资源协同供给模式有效运行的重要因素，可见进一步完善和精细化国家实验室资源协同供给模式具有重要意义。具体措施包括：借助各种调研手段厘清当前国家实验室资源协同供给模式的基本运行现状，以精准了解国家实验室资源协同供给模式各构成模块的完备性，从中吸取成功经验，锚定问题所在，剖析原因症结，提出整改与优化策略；采用标杆策略，在深度解析国际著名国家实验室资源协同供给模式成功运行经验的基础上，通过标杆比对，发现差距，设计优化策略；建构科学完善的评估体系，为开展国家实验室资源协同供给模式的过程性和结果性评估提供依据，进而为及时、准确掌握模式运行情况，进而优化运行水平提供重要参考；设置专职、专员和专门机构为国家实验室资源协同供给常态化和可持续运行提供精准和稳定支持。

三　系统把控国家实验室资源协同供给模式的运行环境

研究发现，无论作为模式本身的构成模块还是作为影响模式高效运行的重要因素，动态、精准并全面把控环境境况对完善和提升国家实验室资源协同供给模式运行水平都具有重要意义，具体措施包括：分层且针对性地把控宏观、中观和微观环境，尤其在全球化背景及国内资源供给相对稳定的前提下，不失时机地争取国际资源具有特殊意义，所以理应把洞悉国际环境境况放在突出地位；分领域且针对性地把控经济、政治（尤其是外交）、科技环境等，为精准定位特定环境领域变化，了解由此对国家实验室资源协同供给模式产生的可能影响，并据此做出及时反应提供可靠依据；充分借助 LFL 环境矩阵把控协同环境整体境况，借助现代技术手段增强协同环境可模拟性与可预测性，为国家实验室资源协同供给模式的实时、精准调整奠定基础；通过合作或市场方式充分调动和发挥高校、科研院所、企业等组织在信息收集、处理等方面的优势，实现协同环境的高质量、高精度、高速率信息处理，为增强国家实验室资源协同供给模式的环境适应性提供信息支撑。

四　建构与完善协同主体生态网络

研究发现，国家实验室所需资源协同供给主体网络基本形成，并切实影响着国家实验室资源协同供给模式的有效运转，所以进一步赋予现有协同主体网络“生态性”对优化升级国家实验室资源协同供给模式具有重要意义，具体措施包括：注重协同主体数量的同时，应逐步提升主体类属结构和质量要求，为构建生态型协同主体网络提供优质主体节点；丰富主体间协同关系类型及构建方式的同时，合理调整强弱关系之间的平衡，为建构稳定且灵活的生态型协同主体网络提供关系准备；在关注子网络缔结质量的同时，搭建更高水平的网络间关系，实现多重网络之间的有效互动，充分发挥“超网络”应有叠加、复合功效，推动协同主体生态网络真正形成；突出重点主体节点、关系和子网络的关键甚至决定地位，充分发挥其协同运行中的“役使”作用，以促进整个协同主体生态网络有序演进；继续强化、拓展地理空间协同主体网络的同时，充分借助现代计算机技术实现虚拟空间协同主体网络健康、快速发展，在两者交互促进中为协同主体生态网络运行搭建更高平台。

五 促进役使与应使行动的双螺旋驱动功效

研究发现，役使与应使行动构成了国家实验室资源“有序”协同供给的行动基础，所以激发役使行动和应使行动各自及其交互作用的双螺旋驱动功效将有利于助推国家实验室资源协同供给模式的高效运行，具体措施包括：夯实政府在国家实验室资源协同供给模式宏观层面的主导性役使地位，并借助各类政策组合确保政府役使行动符合其基本定位；借助市场等手段促进非政府主体在国家实验室资源协同供给模式宏观层面积极落实应使行动，在微观细分层次中和领域内积极实施役使行动，并借助多种政策工具培育和调动非政府主体创新役使—应使行动的主动性和积极性；在融合计划建构和自组织双重理念基础上，建立健全各主体间的沟通、协商渠道，丰富和创新役使—应使行动的交互渠道、方式，实现役使—应使行动更高层次、更高水平的合约性规划、对接及交互促进，以更稳健和更有效的合力状态驱动国家实验室资源协同供给模式优化升级。

六 激发正式规则与非正式规则的叠加规范与引导作用

研究发现，尽管正式规则相较于非正式规则更为重要，但非正式规则在国家实验室资源协同供给模式有效运行中依然发挥不可替代的重要作用，所以激发两者叠加规范、引导作用对推进国家实验室资源协同供给模式有效运行意义非凡，具体措施包括：基于已有实践经验，积极、及时推动规范化进程，不断建立、健全各类规章制度和运行机制体制，不断建构起系统、完善的正式规则体系，为国家实验室资源协同供给模式高效运行奠定正规化制度支撑；积极推动各主体互动，在实践场域中引导、培育正向缄默规则，同时规约、剔除负向缄默规则，逐步建构起有益于协同供给有效实现的非正式规则体系；借助政策工具，为正式规则和非正式规则有效互动提供渠道、平台，充分发挥正式规则对非正式规则的引领作用，非正式规则对于正式规则的涵养和辅助作用，为两者叠加规范、引导功效的发挥提供条件；正式规则和非正式规则的建构、完善、优化、交互、整合及其作用的可持续发挥都来源于并反馈于各主体协同供给的运行实践，所以“规则—实践”交互塑造是建构和发挥国家实验室资源协同供给规则及其叠加规范、引导功效的核心逻辑，而促进“规则—实践”交互及功效水平的螺旋式上升势必依附规则和实践两方面的系统创新，所以应积极倡导创新精神，推动创新行动，培育试错、容错文化氛围，为创新的发生提供条件。

七 建立健全协同供给程序

研究发现，包含搜寻、筛选、粘连、供给、评估、调整 6 大环节的协同程序是确保国家实验室资源协同供给模式有效运行的前提条件，所以建立、健全并适时优化此程序具有重要意义，主要举措包括：通过主体协商，尽快建立共识度较高的协同程序指南，引导各供给主体结合各自实际情况创新性应用，以逐步实现协同程序正规化；建立健全协同程序评估体系，推行协同程序全流程检测和评估，以实时掌握协同程序运行现状，为及时发现及解决相关问题提供参考；适时推动协同程序成功经验制度化，为协同程序的可持续和高水平运行提供制度保障；根据国家实验室不同发展阶段中的具体情况，针对性地动态调整协同程序具体构成环节，以协同程序灵活性支撑其有效性实现；引入现代信息技术，为协同程序各环节及其整体性功能有序、高效实现提供技术支撑，同时借力技术重塑功能，推动协同程序的智慧化流程再造，实现协同程序优化升级。

其他政策启发还包括获得各协同主体相关领导（尤其是主要领导）的持续关注和支持，鼓励不同协同主体间保持人员流动，确保国家意志始终在场，引入循序渐进的时间观念，充分借助项目化运作方式，以开放性视阈聚焦全球资源等。此外，值得注意的是，不仅需要上述政策切实发挥各自应有效能，还需要形成政策有机体系以产生合力状态下的协同效应，只有这样才能真正实现国家实验室资源协同供给模式的建立、健全、优化及高效运行。

第三节 未来研究展望

前述研究解答了国家实验室资源协同供给模式的基本构成及其影响因素是什么的问题，获得了一系列重要发现，并据此提出了一揽子推进国家实验室资源协同供给模式高效运行的政策建议，实现了预设研究目标。同时，研究过程中也获得了一系列后续急需和继续推进的研究方向，主要包括以下几个方面。

一　更为多样化的多案例比较研究

尽管5个研究案例代表性较好，但主要集中于美国，案例选择面偏窄。后续研究可在前述国家实验室内涵厘定研究成果的基础上提炼测度指标，助力解决何种组织可归为国家实验室的难题，以回应国家实验室在各国因称谓不同而导致总体案例抽样框过小的问题，从根本上突破难以选择多样化案例的“瓶颈”。在此基础上，切实采用全球视角，从更多国家选择更为多样化的案例开展比较研究，以进一步验证、补充、修正乃至革新已有研究结论。

二　各构成模块间及影响因素间交互机理的实证研究

已有研究提炼并实证了国家实验室资源协同供给模式各构成模块的客观存在，深度剖析了各构成模块内部微观运行机理，也通过扎根理论获得了影响国家实验室资源协同供给模式有效运行的主要因素及其相互间存在的典型关系，但尚未对各构成模块间的交互机理为何及其数理化实证、影响因素间交互机理的数理化实证展开更为翔实的探讨和论证，然而两个问题的探讨与解决切实有利于助推国家实验室协同供给资源模式跃迁至更高运行水平，据此可将实证分析各构成模块间的交互机理为何及影响因素间交互机理作为后续国家实验室资源协同供给模式纵深研究的重点推进方向。

三　国家实验室资源网络的形成与演化路径研究

已有研究发现，国家实验室资源协同供给模式已然深度嵌入多样化资源网络系统，包括前述研究重点提及的人、财、物以及知识网络，更为重要的是这些网络牵动了更为广泛的网络，包括资源供给主体网络、资源流动网络等，可见，资源网络化能力将成为决定国家实验室当前及今后资源丰盈度的关键所在，所以如何建构国家实验室资源网络并实现其有序演化将成为国家实验室资源研究领域中极赋研究价值的重要命题。

四　国家战略科技力量引领角色下的国家实验室资源富集路径研究

研究发现，仅从资源规模角度看国家实验室即有其特殊性，例如美国能源部所辖17所国家实验室2020年度预算支出均值为10.29亿美元，其中桑迪亚国家实验室达到38.11亿美元，所以从资源视角看如果没有高质量、稳健、安全的资源基础，国家实验室难以发挥应有功效。2021 年我国通过的《中华人民共和国国民经济和社会发展第十四个五年规划和二〇三五年远景目标纲要》明确提出了“加快构建以国家实验室为引领的战略科技力量”的总体布局，明确了国家实验室在整个国家创新体系中的角色定位，在此背景下如何建构起与之角色匹配或支撑起角色有效实现的资源基础成为中国国家实验室后续建设、运营、优化、发展中急需解决的问题。可见，国家战略科技力量引领角色下的国家实验室资源富集路径研究亦将成为国家实验室资源研究领域中另一急需研究的重要命题。

附　录

16 项关涉国家实验室建设的主要政策及其内容

2003 年

A《批准北京凝聚态物理等 5 个国家实验室筹建的通知》A1 国科发基字〔2003〕389 号，$A2_0$ 教育部、$A2_1$ 中国科学院：你们 $A3_0$ 上报 $A3_1$ 拟组建的 $A3_2$ 北京凝聚态物理国家实验室、合肥微尺度物质科学国家实验室、武汉光电国家实验室、清华信息科学与技术国家实验室、北京分子科学国家实验室 $A3_3$ 具有很好的基础和条件，A4 经研究，$A5_0$ 决定批准这 5 个国家实验室 $A5_1$ 开始筹建。A6 现将有关事项通知如下：1. A7 接此通知后，$A8_0$ 请你们尽快组织 $A8_1$ 相关实验室开始筹建工作。A9 各筹建实验室可挂牌“××国家实验室（筹）”。2. $A10_0$ 请你们根据 $A10_1$《国家实验室总体要求》$A10_2$ 抓紧组织制订国家实验室建设计划，A11 主要内容包括：A12 凝练科学发展目标，A13 明确主要研究方向和重点；A14 招聘和引进优秀人才，A15 组织科研队伍；A16 多渠道筹集建设经费，A17 完善和提升实验研究平台（含实验大楼）；A18 探索实行新型管理体制，A19 建立健全“开放、流动、联合、竞争”的运行机制等。3. 请 $A20_0$ 你们于 12 月 31 日前将审查通过的 $A20_1$《国家实验室建设计划任务书》（以下简称《任务书》）初稿一式 5 份（简装、勿用塑料封皮）$A20_2$ 报送我部，A21 我部将择期组织专家进行建设计划可行性论证。A22 填写《任务书》，A23 应有明确的目标和进度安排，A24 内容具体，A25 措施可行，A26 操作性强。$A27_0$ 根据专家论证意见修改完善的《任务书》正式稿（$A27_1$ 部发文上报、加盖公章）$A27_2$ 将成为建设计划实施的指南和建成验收的依据。4. 国家实验室实行 $A28_0$ 国家相关部门、$A28_1$ 地方乃至 $A28_2$ 社会力量 $A28_3$ 共同建设、$A28_4$ 共同支持、$A28_5$ 共同管理的 $A28_6$ 新体制。A29 科技部将积极筹措经费，A30 支持国家实验室建设。A31 教育部“211 工程”、“985 工程”，A32 中科院“知识创新工程”等要对国家实验室建设予以重点支持。鼓励地方、$A33_0$ 企业等以 $A33_1$ 多种方式参与国家实验室建设。5. 国家实验室在 $A34_0$ 原有国家重点实验室等 $A34_1$ 相关实验室的基础上 $A34_2$ 整合重组相关资源建设，A35 筹建期间，A36 原有国家重点实验室、部门重点实验室等实验室名称可继续使用。A37 国家实验室建成验收后，A38 原有国家重点实验室、部门重点实验室等实验室建制将撤销。A39 抄送：$A40_0$ 北京大学、清华大学、华中科技大学、中国科技大学、$A40_1$ 中科院物理研究所、中科院化学研究所。A41 附件 1 批准筹建的 5 个国

续表

家实验室名单①。A42 附件 2：A43 国家实验室总体要求 1. 建设国家实验室要以培育 A44 国际一流实验室为目标。国家实验室 $A45_0$ 依托基础好、实力强、水平高的 $A45_1$ 研究型大学和 $A45_2$ 科研院所，在现有国家重点实验室和其他相关实验室的基础上 A46 高起点建设，发展目标是 $A47_0$ 规模较大、$A47_1$ 学科交叉、$A47_2$ 人才汇聚、$A47_3$ 管理创新的 $A47_4$ 国际一流实验室。2. 国家实验室的主要任务是组织开展 $A48_0$ 与国家发展密切相关的 $A48_1$ 基础性、$A48_2$ 前瞻性、$A48_3$ 战略性 $A48_4$ 科技创新活动。$A49_0$ 国家实验室以国家现代化建设和 $A49_1$ 社会发展的重大需求为导向，$A50_0$ 开展基础研究、$A50_1$ 竞争前高技术研究和 $A50_2$ 社会公益研究，A51 积极承担国家重大科研任务，$A52_0$ 产生具有原始创新和 $A52_1$ 自主知识产权的 $A52_2$ 重大科研成果，$A53_0$ 为经济建设、$A53_1$ 社会发展和 $A53_2$ 国家安全提供 $A53_4$ 科技支撑，A54 对相关行业的技术进步做出突出贡献。A55 国家实验室要面向国际科技前沿，A56 凝练发展目标和研究方向，$A57_0$ 开展原创性、$A57_1$ 系统性 $A57_2$ 科学研究，A58 攀登世界科学高峰。3. A59 国家实验室要建立全新的运行机制。国家实验室 A60 依托一级法人单位建设，是 $A61_0$ 具有相对独立的 $A61_1$ 人事权、$A61_2$ 财务权的 $A61_3$ 科研实体。A62 实行实验室主任负责制，$A63_0$ 以围绕重大科技问题组成的 $A63_1$ 若干科学研究单元和 $A63_2$ 公共技术支撑平台为基本 $A63_3$ 组织结构。$A64_0$ 实行国际接轨的 $A64_1$ 学术管理制度，$A65_0$ 以竞争和 $A65_1$ 流动为核心的 $A65_2$ 人事管理制度及 $A65_3$ 科学合理的 $A65_4$ 分配 $A65_5$ 激励制度。$A66_0$ 实行岗位聘任制和 $A66_1$ 任期制。A67 要有效整合科技资源，$A68_0$ 把科技创新的精华力量和 $A68_1$ 高水平实验平台纳入国家实验室。A69 依托研究型大学建设的国家实验室，A70 一般应建在校园之内，$A71_0$ 充分发挥高校人才资源丰富、$A71_1$ 学科门类齐全、$A71_2$ 科研与教学相结合的优势，$A72_0$ 成为学校相对集中的科研区和 $A72_1$ 高层次实验研究平台；A73 依托科研院所建设的国家实验室，A74 要与基础类科研院所的体制改革有机结合，A75 为建设新型国立科研机构奠定基础。A76 国家实验室要有一定的规模，A77 但同时也要实事求是，A78 不搞拼凑和拼盘。$A79_0$ 要围绕主要发展方向，$A79_1$ 依托现有基础，A80 对现有相关实验室进行有机整合，A81 逐步发展。4. A82 国家实验室实行理事会管理制度。A83 国家实验室实行国家相关部门、地方乃至社会力量共同建设、共同支持、共同管理的新体制。$A84_0$ 由国家相关部门、$A84_1$ 地方政府代表和 $A84_2$ 本领域著名科学家组成的理事会 $A84_3$ 决策国家实验室 $A84_4$ 重大事宜。A85 科技部将积极筹措经费，A86 支持国家实验室建设。A87 教育部“211 工程”“985 工程”，A88 中科院“知识创新工程”等要对国家实验室建设予以重点支持。A89 鼓励地方、企业等以多种方式参与国家实验室建设。A90 多方支持，A91 共建共管。A92 国家实验室实行国际专家评估制度。5. A 93_0 国家实验室要把吸引、$A93_1$ 聚集和 $A93_2$ 培养 $A93_3$ 国际一流人才作为重要任务。A94 国家实验室要把吸引、聚集和培养国际一流人才作为重要任务，A95 积极参与国际人才竞争，A96 千方百计吸引和选拔一流人才到国家实验室工作。$A97_0$ 国家实验室主任和 $A97_1$ 主要学科带头人实行 $A97_2$ 国际公开招聘。A98 要注重科研团队的培育，$A99_0$ 努力形成一批规模大，$A99_1$ 年龄和 $A99_2$ 知识结构合理，$A100_0$ 有凝聚力、$A100_1$ 有活力的创新团队。$A101_0$ 要制定有针对性的聘任、$A101_1$ 考评、激励制度与机制，$A102_0$ 培养和稳定 $A102_1$ 一批高水平实验技术人员。6. $A103_0$ 国家实验室应成为开放的 $A103_1$ 国家公共实验研究平台。$A104_0$ 国家实验室应拥有先进 $A104_1$ 完善的实验研究平台，A105 为多学科交叉提供支撑。A106 科研仪器统一管理，A107 对国内外开放使用。$A108_0$ 鼓励国家实验室自主研制先进仪器设备和 $A108_1$ 研发测量分析方法。A109 国家实验室

续表

内部应注重学术交流；$A110_0$ 并以先进的装备和 $A110_1$ 良好的学术气氛、$A110_2$ 学术地位吸引 $A110_3$ 国内外优秀科学家 $A110_4$ 来实验室开展 $A110_5$ 独立或 $A110_6$ 合作研究，A111 努力建立“以我为主，$A112_0$ 广泛合作”的 $A112_1$ 国际合作新模式，$A113_0$ 成为在国际相关领域 $A113_1$ 有重要影响的 $A113_2$ 研究基地

2006 年

B《国家中长期科学和技术发展规划纲要（2006—2020 年）》[2] B1 国务院（发布机构）：B2 根据国家重大战略需求，$B3_0$ 在新兴前沿交叉领域和具有 $B3_1$ 我国特色和优势的领域，B4 主要依托国家科研院所和研究型大学，$B5_0$ 建设若干队伍强、$B5_1$ 水平高、$B5_2$ 学科综合交叉的国家实验室

C《国家“十一五”科学技术发展规划》C1 科学技术部（发布机构）：C2 到 2010 年，$C3_0$ 重点建设一批 $C3_1$ 高水平的国家实验室。……C4 面向国家重大战略需求，C5 根据《纲要》提出的目标和任务，$C6_0$ 在新兴和 $C6_1$ 交叉学科方面 $C6_2$ 填补空白，$C7_0$ 建设若干学科交叉、$C7_1$ 综合集成、$C7_2$ 机制创新的国家实验室

D《国家“十一五”基础研究发展规划》D1 国科发计字〔2006〕436 号：D2 稳步推进国家实验室建设。……$D3_0$ 按照“高标准、$D3_1$ 高起点”和“$D3_2$ 顶层设计，$D3_3$ 竞争择优”的原则，D4 围绕国家重大战略需求，D5 突出重点，D6 建设一批国家实验室。D7 国家实验室主要依托国家科研院所和研究型大学，$D8_0$ 以学科交叉、$D8_1$ 综合集成、$D8_2$ 机制创新为核心特征，$D9_0$ 开展前瞻性、$D9_1$ 创新性、$D9_2$ 综合性研究。$D10_0$ 国家实验室在具有明确的国家目标领域、$D10_1$ 新兴前沿交叉领域，$D11_0$ 以及具有我国特色和 $D11_1$ 优势的领域布局建设，D12 如能源、资源环境、人口与健康、化工、农业、海洋、船舶、航空航天等

2011 年

E《中华人民共和国国民经济和社会发展第十二个五年规划纲要》E1 国务院（发布机构）：$E1_0$ 在重点学科和 $E1_1$ 战略高技术领域新建若干国家科学中心、国家（重点）实验室，E2 构建国家科技基础条件平台

F《“十二五”科学和技术发展规划》F1 科学技术部（发布机构）：F2 促进军民共建国家实验室建设；$F3_0$ 围绕重大科学工程和 $F3_1$ 重大战略科技任务，建设若干国家实验室

2012 年

G《国家基础研究发展“十二五”专项规划》[2] $G1_0$ 科学技术部、$G1_1$ 国家自然科学基金委员会（发布机构）：$G2_0$ 各省、$G2_1$ 自治区、$G2_2$ 直辖市、$G2_3$ 计划单列市科技厅（委、局），$G2_4$ 新疆生产建设兵团科技局，$G2_5$ 国务院有关部门科技主管单位：$G3_0$ 围绕重大科学方向、$G3_1$ 结合重大科学工程和 $G3_2$ 重大科技任务，G4 自上而下地布局建设若干国家实验室。G5 国家实验室整合国内一流科技力量，G6 通过机制创新，G7 优化科技资源配置，G8 实现基地、人才和项目的有机结合，G9 实现科学、技术和工程的有机结合，G10 显著提升我国在若干关键领域的持续创新能力

2015 年

H《深化科技体制改革实施方案》$H1_0$ 中共中央办公厅、$H1_1$ 国务院办公厅（发布机构）：H2 优化国家实验室、重点实验室、工程实验室、工程（技术）研究中心布局，H3 按功能定位分类整合，$H4_0$ 构建开放 $H4_1$ 共享 $H4_2$ 互动的 $H4_3$ 创新网络。$H5_0$ 制定国家实验室发展规划、$H5_1$ 运行规则和 $H5_2$ 管理办法，$H6_0$ 探索新型治理结构和 $H6_1$ 运行机制

续表

2016 年
I《国家创新驱动发展战略纲要》$I1_0$ 中共中央、$I1_1$ 国务院（发布机构）：I2 适应大科学时代创新活动的特点，I3 针对国家重大战略需求，$I4_0$ 建设一批具有国际水平、$I4_1$ 突出学科交叉和 $I4_2$ 协同创新的国家实验室 J《中华人民共和国国民经济和社会发展第十三个五年规划纲要》J1 国务院（发布机构）：J2 瞄准国际科技前沿，J3 以国家目标和战略需求为导向，布局一批高水平国家实验室 K《“十三五”国家科技创新规划》K1 国务院（发布机构）：$K2_0$ 各省、$K2_1$ 自治区、$K2_2$ 直辖市人民政府，$K2_3$ 国务院各部委、$K2_4$ 各直属机构：$K3_0$ 完善以国家实验室为引领的 $K3_1$ 创新基地建设，$K4_0$ 按功能定位分类推进科研基地的 $K4_1$ 优化整合。……$K5_0$ 瞄准世界科技前沿和 $K5_1$ 产业变革趋势，K6 聚焦国家战略需求，$K7_0$ 按照创新链、$K7_1$ 产业链加强 $K7_2$ 系统整合布局，K8 以国家实验室为引领，$K9_0$ 形成功能完备、$K9_1$ 相互衔接的 $K9_2$ 创新基地，K10 充分聚集一流人才，K11 增强创新储备，K12 提升创新全链条支撑能力，$K13_0$ 为实现重大创新突破、$K13_1$ 培育高端产业奠定重要基础。……K14 加强运行管理，K15 推动大科学装置等重大科技基础设施与国家实验室等紧密结合。……K16 战略综合类主要是国家实验室。……K17 在重大创新领域布局建设国家实验室。$K18_0$ 聚焦国家目标和 $K18_1$ 战略需求，$K19_0$ 优先在具有明确国家目标和 $K19_1$ 紧迫战略需求的重大领域，K20 在有望引领未来发展的战略制高点，$K21_0$ 面向未来、$K21_1$ 统筹部署，$K22_0$ 布局建设一批突破型、$K22_1$ 引领型、$K22_2$ 平台型一体的国家实验室。$K23_0$ 以重大科技任务攻关和 $K23_1$ 国家大型科技基础设施为主线，K24 依托最有优势的创新单元，K25 整合全国创新资源，K26 聚集国内外一流人才，$K27_0$ 探索建立符合大科学时代科研规律的 $K27_1$ 科学研究组织形式、$K27_2$ 学术和 $K27_3$ 人事管理制度，$K28_0$ 建立目标导向、$K28_1$ 绩效管理、$K28_2$ 协同攻关、$K28_3$ 开放共享的新型 $K28_4$ 运行机制，$K29_0$ 同其他各类科研机构、$K29_1$ 大学、$K29_2$ 企业研发机构形成 $K29_3$ 功能互补、$K29_4$ 良性互动的 $K29_5$ 协同创新新格局。K30 加大持续稳定支持强度，$K31_0$ 开展具有重大引领作用的 $K31_1$ 跨学科、$K31_2$ 大协同的 $K31_3$ 创新攻关，$K32_0$ 打造体现国家意志、$K32_1$ 具有世界一流水平、$K32_2$ 引领发展的 $K32_3$ 重要战略科技力量
2017 年
L《“十三五”国家基础研究专项规划》$L1_0$ 国科发基〔2017〕162 号（科学技术部、$L1_1$ 教育部、$L1_2$ 中国科学院、$L1_3$ 国家自然科学基金委员会）：$L2_0$ 各省、$L2_1$ 自治区、$L2_2$ 直辖市及 $L2_3$ 计划单列市、$L2_4$ 新疆生产建设兵团科技、$L2_5$ 教育厅（委、局），$L2_6$ 国务院各有关部门科技、$L2_7$ 教育主管司（局），$L2_8$ 中科院各分院：L3 建设国家实验室，$L4_0$ 加强国家重大战略性 $L4_1$ 基础研究能力。$L5_0$ 国家实验室是体现国家意志、$L5_1$ 实现国家使命、$L5_2$ 代表国家水平的 $L5_3$ 战略科技力量，$L6_0$ 是突破型、$L6_1$ 引领型、$L6_2$ 平台型一体化的 $L6_3$ 大型综合性 $L6_4$ 研究基地。L7 主要任务是突破世界前沿的重大科学问题，$L8_0$ 攻克事关国家核心竞争力和 $L8_1$ 经济社会可持续发展的核心技术，$L9_0$ 率先掌握能够形成先发优势、$L9_1$ 引领未来发展的颠覆性技术，L10 确保国家重要安全领域技术领先、安全、自主、可控。……$L11_0$ 推进国家实验室、国家重点实验室等基础研究基地的对外开放与 $L11_1$ 共享，L12 完善开放共享机制，L13 加大开放力度，$L14_0$ 强化面向科学研究和 $L14_1$ 创新创业的 $L14_2$ 高水平服务，L15 提高全社会利用基础研究资源的效率和效益

续表

M《"十三五"国家科技创新基地与条件保障能力建设专项规划》$M1_0$ 国科发基〔2017〕322号（科技部、$M1_1$ 国家发展改革委、$M1_2$ 财政部）：$M2_0$ 各省、$M2_1$ 自治区、$M2_2$ 直辖市及 $M2_3$ 计划单列市科技厅（委、局）、$M2_4$ 发展改革委、$M2_5$ 财政厅（局），$M2_6$ 新疆生产建设兵团科技局、$M2_7$ 发展改革委、$M2_8$ 财务局，$M2_9$ 国务院各部委、$M2_{10}$ 各直属机构：M_3 以国家实验室为引领，$M4_0$ 推进国家科技创新基地建设向 $M4_1$ 统筹规划、$M4_2$ 系统布局、$M4_3$ 分类管理的 $M4_4$ 国家科技创新基地体系建设转变，$M5_0$ 推进科技基础条件建设 $M5_1$ 向大幅提高基础支撑能力和 $M5_2$ 自我保障能力转变，$M6_0$ 推进科技资源共享服务向 $M6_1$ 大幅提高服务质量和 $M6_2$ 开放程度转变。……$M7_0$ 布局建设若干体现国家意志、$M7_1$ 实现国家使命、$M7_2$ 代表国家水平的国家实验室。……M8 全面推进以国家实验室为引领的国家科技创新基地与科技基础条件保障能力建设，M9 为实施创新驱动发展战略提供有力的支撑和保障。……M10 加强机制创新，M11 推动国家实验室等国家科技创新基地与国家重大科技基础设施的相互衔接和紧密结合，M12 推动设施建设。M13 科学与工程研究类基地定位于瞄准国际前沿，M14 聚焦国家战略目标，$M15_0$ 围绕重大科学前沿、$M15_1$ 重大科技任务和 $M15_2$ 大科学工程，$M16_0$ 开展战略性、$M16_1$ 前沿性、$M16_2$ 前瞻性、$M16_3$ 基础性、$M16_4$ 综合性 $M16_5$ 科技创新活动。M17 主要包括国家实验室、国家重点实验室。……$M18_0$ 国家实验室是体现国家意志、实现国家使命、代表国家水平的 $M18_1$ 战略科技力量，$M19_0$ 是面向国际科技竞争的 $M9_1$ 创新基础平台，M20 是保障国家安全的核心支撑，$M21_0$ 是突破型、$M21_1$ 引领型、$M21_2$ 平台型一体化的 $M21_3$ 大型综合性 $M21_4$ 研究基地。M22 明确国家实验室使命。M23 突破世界前沿的重大科学问题，$M24_0$ 攻克事关国家核心竞争力和 $M24_1$ 经济社会可持续发展的核心技术，$M25_0$ 率先掌握能够形成先发优势、$M25_1$ 引领未来发展的颠覆性技术，M26 确保国家重要安全领域技术领先、安全、自主、可控。M27 推进国家实验室建设。$M28_0$ 按照中央关于在 $M28_1$ 重大创新领域 $M28_2$ 组建一批国家实验室的要求，$M29_0$ 突出国家意志和 $M29_1$ 目标导向，$M30_0$ 采取统筹规划、$M30_1$ 自上而下为主的 $M30_2$ 决策方式，M31 统筹全国优势科技资源整合组建，$M32_0$ 坚持高标准、$M32_1$ 高水平，$M33_0$ 体现引领性、$M33_1$ 唯一性和 $M33_2$ 不可替代性，M34 成熟一个，M35 启动一个
N《国家科技创新基地优化整合方案》③ $N1_0$ 国科发基〔2017〕250号（科技部、$N1_1$ 财政部、$N1_2$ 国家发展改革委）：$N2_0$ 各省、$N2_1$ 自治区、$N2_2$ 直辖市及 $N2_3$ 计划单列市科技厅（委、局）、$N2_4$ 财政厅（局）、$N2_5$ 发展改革委，$N2_6$ 新疆生产建设兵团科技局、$N2_7$ 财务局、$N2_8$ 发展改革委，$N2_9$ 国务院有关部委、$N2_{10}$ 直属机构，$N2_{11}$ 各有关单位：N3 按照国家科技创新基地布局要求，N4 遵循"少而精"的原则，$N5_0$ 择优 $N5_1$ 择需 $N5_2$ 部署新建一批 $N5_3$ 高水平 $N5_4$ 国家级基地，N6 严格遴选标准，N7 严控新建规模。N8 加强与国家重大科技基础设施相互衔接，N9 推动设施建设与国家实验室等国家科技创新基地发展的紧密结合，N10 强化绩效评估，N11 促进开放共享（此文件中还有很多内容与 L、M 文件相同，不再重复罗列）。

续表

2018 年 O《国务院关于全面加强基础科学研究的若干意见》O1 国发〔2018〕4 号：$O2_0$ 各省、$O2_1$ 自治区、$O2_2$ 直辖市人民政府，$O2_3$ 国务院各部委、$O2_4$ 各直属机构：O3 布局建设国家实验室。O4 聚焦国家目标和战略需求，O5 在有望引领未来发展的战略制高点，$O6_0$ 统筹部署和建设 $O6_1$ 突破型、$O6_2$ 引领型、$O6_3$ 平台型一体的国家实验室，O7 给任务、给机制、给条件、给支持，O8 激发其创新活力。$O9_0$ 选择最优秀的团队和 $O9_1$ 最有优势的创新单元，O10 整合全国创新资源，O11 聚集国内外一流人才，O12 探索建立符合大科学时代科研规律的科学研究组织形式。O13 建立国家实验室稳定支持机制，$O14_0$ 开展具有重大引领作用的 $O14_1$ 跨学科、$O14_2$ 大协同的 $O14_3$ 创新攻关，$O15_0$ 打造体现国家意志、$O15_1$ 具有世界一流水平、$O15_2$ 引领发展的 $O15_3$ 重要战略科技力量
2021 年 P《中华人民共和国国民经济和社会发展第十四个五年规划和 2035 年远景目标纲要》P1 中共中央、P2 国务院（发布机构）：以 P3 国家战略性需求为导向推进创新体系优化组合，加快构建以国家实验室为引领的 P4 战略科技力量。聚焦量子信息、光子与微纳电子、网络通信、人工智能、生物医药、现代能源系统等 P5 重大创新领域组建一批国家实验室，重组国家重点实验室，形成结构合理、运行高效的实验室体系

注：①北京凝聚态物理国家实验室（中国科学院物理研究所）、合肥微尺度物质科学国家实验室（中国科技大学）、武汉光电国家实验室（华中科技大学等单位）、清华信息科学与技术国家实验室（清华大学）、北京分子科学国家实验室（北京大学、中国科学院化学研究所）。②还包括如下内容："经过 20 多年的发展，已形成较为完善的实验室体系，目前包括六大类别：国家实验室、依托高校和科研院所建设的国家重点实验室、依托企业建设的国家重点实验室、依托军队院校和科研院所建设的军民共建国家重点实验室、依托港澳地区高校和科研院所建设的国家重点实验室伙伴实验室、省部共建国家重点实验室培育基地。"同时以"国家（重点）实验室"综合性名称的方式说明了建设重点，即"'十二五'期间，国家（重点）实验室体系将在'开放、流动、联合、竞争'运行机制和'共建共享'思路指导下，继续加强顶层设计和布局，规范和完善管理措施，进一步发挥其在科技创新中的骨干和引领作用"。③文件中原有试点国家实验室全部转为国家研究中心，即"在现有试点国家实验室和已形成优势学科群基础上，组建（地名加学科名）国家研究中心，纳入国家重点实验室序列管理"。

资料来源：笔者根据中华人民共和国中央人民政府（https：//www. gov. cn/）、中华人民共和国科技部（https：//www. most. gov. cn/）、新华网（http：//www. news. cn/）公布的相关文件、资料、数据整理所得。

SANDIA 两个“五年战略计划”概述[①]

A. “*Strategic Plan FY16-FY20*”中 SANDIA 的愿景、使命、价值与战略框架

愿景：代表我们的国家预测并解决 21 世纪安全威胁中最具挑战性的问题。

使命：核威慑与更广泛的国家安全使命。

价值：为国家服务；提供卓越品质的服务；彼此尊重；正直行事；安全与健康的生活。

战略框架：主要由“使命区”（Mission Areas）和基础两部分构成，其中基础是指基于人员、研究、设施与工具基础上形成的核心能力；使命区包括以核武器为核心的集成性使命区系统。

B. 战略目标体系比对

“*Strategic Plan FY14-FY18*”[②]

- 战略目标 1：出色地履行实验室对独特核武器使命的承诺

➢ 支撑目标 1：领导力——为在国家层面上形成一个统一的核武器存储愿景提供足够的领导影响力；

➢ 支撑目标 2：关系——启动一项战略性绩效评估计划确保实验室有效形成和执行“履约计划”能力，并据此提升 NNSA 对实验室的信心和信任；

➢ 支撑目标 3：使命空间——巩固作为核武器工程实验室的企业角色；

➢ 支撑目标 4：技术基础管理与应用——确保关键核武器核心能力、产品、脉冲功率使命及其生产任务的实现，为当前和未来库存以及更广泛的国家安全需求提供更加强大的科学和工程支撑；

➢ 支撑目标 5：卓越的项目管理——严格执行成本估计、项目管

---

① 笔者主要根据 Sandia National Laboratories（2013，2015）文献资料整理所得。

② “*Strategic Plan FY14-FY18*”是对“*Strategic Plan FY12-FY16*”的更新，两份战略都在保罗·霍默特（Paul Hommert）任职 SANDIA 主任期间制定，且两个版本的核心内容变动极小（5 个战略目标没有任何改动），所以此处选择最新版本。

理和质量要求，以高水平地满足所有核武器的供需要求；

➢ 支撑目标6：范式转换——识别核武器任务有效实现的变革性方法（相对于渐进性），通过大胆的方法创新以满足实验室在观照现有核武器库存，创建未来核武器库存，开发和维持核武器所需能力和基础设施中对成本效益和灵活方面日益增长的要求和期望。

● 战略目标2：扩大实验室对国家安全的贡献

➢ 支撑目标1：在未来十年培育成熟的使命体系，并清晰划分实验室在这些使命中的不同角色，据此形成实验室层面上支撑这些角色实现的对应能力；

➢ 支撑目标2：为实验室使命和实验室能力的形成制定一个综合性实施计划；

➢ 支撑目标3：提高实验室在国家战略安全计划和政策议题上的参与和贡献。

● 战略目标3：努力将实验室建设成为21世纪国家实验室GOCO运营模式的典范

➢ 支撑目标1：发挥FFRDC在治理改革方面示范性作用，不断优化运营效率和职务体系；

➢ 支撑目标2：支持资本重组和/或投资，同时为客户维持合理成本；

➢ 支撑目标3：有效的管理、创新业务和技术方案及其产出。

● 战略目标4：凸显实验室工程实践优势

➢ 支撑目标1：提高实验室科研创新的能力和嵌入力度以作用于实验室使命的达成，其中增强实验室应对挑战的成熟度和推进实验室高能计算、仿真科研领域的实力水平成为当前重点任务；

➢ 支撑目标2：改善工程环境。我们目前的工作重点是部署我们共同的工程环境、研究质量标准和完善信任体系；

➢ 支撑目标3：凭借外部参与助力实验室能力提升，其中改善研究环境、加强外部合作、增加外部认可成为当前的工作中心。

● 战略目标5：为实验室员工提供一个学习、包容和参与的环境

➢ 支撑目标1：吸引、培育和留住人才；

➢ 支撑目标2：强调多样性和包容性以推动创新；

➢ 支撑目标 3：形成健康、充满活力的员工队伍。

"*Strategic Plan FY16-FY20*"①

● 战略目标 1：扩大实验室对国家安全的贡献

➢ 支撑目标 1：出色地执行实验室核武器任务；

➢ 支撑目标 2：整合实验室核武器、防扩散和情报能力以实现核战略稳定；

➢ 支撑目标 3：预见战略性国家安全威胁，通过创新减轻这些威胁，并将这些创新转化为验证性的使命设计系统；

➢ 支撑目标 4：通过实验室战略框架整合和管理实验室；

➢ 支撑目标 5：充分利用实验室支撑国家安全政策和项目执行的能力不断强化实验室作为 FFRDC 应有影响力；

➢ 支撑目标 6：与赞助商建立可信赖的关系，确保实验室获得持久性基金支持。

● 战略目标 2：夯实实验室基础，支撑实验室最大效能的发挥

➢ 支撑目标 1：整合实验室基础和使命以厘清战略优先级，据此指导决策和投资；

➢ 支撑目标 2：依据特色设施和工具提升实验室的战略聚焦于决策水平，以有效地平衡满足当前使命所需与保持未来灵敏反应弹性间的关系；

➢ 支撑目标 3：吸引和培养人才以完成当前和未来国家安全使命；

➢ 支撑目标 4：通过科学研究产生大量变革性的技术成果以实质性地提高实验室核心竞争力；

➢ 支撑目标 5：通过建构重点战略伙伴关系强化实验室科学、工程基础。

● 战略目标 3：提供一个利于促进和激发员工服务国家战略所需的优越环境

➢ 支撑目标 1：宣传实验室使命的影响，庆祝实验室和个人的成功，向员工灌输一种自豪感和成就感；

➢ 支撑目标 2：在一个简化且基于原则的文化中让员工能够批判

---

① 文献中没有战略目标 4 和战略目标 5 的直接表述，但有这两部分的间接陈述，并将这两部分视为融入性战略目标，即视这两个战略目标渗透于前三个战略目标之中，此处将其独立出来以便查看。

性地思考，并做出合理判断；

➢ 支撑目标3：营造一个激励持续学习、鼓励个性化和专业化发展且具包容性的环境；

➢ 支撑目标4：最大限度地保持实验室区域的安全、健康、福祉和士气；

➢ 支撑目标5：为领导者提供一个高效的运营环境。

- 战略目标4：值得信赖的合作伙伴

  ➢ 支撑目标1：在实验室内部将增加使命与和研究基础的相互联系，以取得更多基于跨学科的科技创新；

  ➢ 支撑目标2：在实验室外部将继续与大学、工业和其他国家实验室合作，引领科学、工程前沿，装备与使用先进设备和工具；

  ➢ 支撑目标3：扩大实验室在本地、国家和国际三个层面上的影响力以吸引最优秀的人才；

  ➢ 支撑目标4：与实验室各管理机构紧密合作以提高效益并获取预期成果；

  ➢ 支撑目标5：与当地社区加强合作，创造更有活力的生活和工作场所；

- 战略目标5：卓越得绩效

  ➢ 支撑目标1：保持实验室的安全、福祉和效益；

  ➢ 支撑目标2：结合实验室的使命和愿景，领导层能够致力于降低不必要的操作复杂性以实现大胆的思考和谨慎的风险管理；

  ➢ 支撑目标3：形成稳固的运营基础和灵活的决策框架以确保实验室获得预期创新成果。

LBNL 研究部门的演化

周期	研究部门设置
孕育期	物理学组、化学组、加速器组、基础研究组（1931—1941 年）
形成期	基础研究组、化学组、生物学组、磁学组、特殊项目组及四个涉及“曼哈顿工程”的用字母代替的研究组（1943 年）
	基础研究组、化学组、磁学组、理论组、绝缘体组、37 回旋加速器运行组（1944 年）
发展期	理论组、回旋加速器组、核化学组、同位素研究组、生物有机化学组、云室组、直线加速器组、放射性物理学组、同步加速器组、健康物理学组（1946 年）
	回旋加速器组、同步加速器组、生物有机化学组、核化学组、基础研究组、健康物理学组、健康化学组、健康医学组、医学物理学（1948 年医学组）、普通物理学组、材料测试加速器组、Whitney 项目组（1955 年）
	化学组、生物有机项目组、健康化学组、健康物理学组、实验物理学组、无机材料组、质子加速器组、60 回旋加速器组、184 回旋加速器组、生物—医学组（1961 年）①
	化学组（88 回旋加速器+重离子加速器）、物理学组（实验物理学+理论研究+184 回旋加速器+质子加速器+数学与计算）、生物—医学组、化学生物动力学组、无机材料组（1969 年）②
	加速器部（质子加速器+先进加速器）、物理学部（184 回旋加速器+数学与计算）、核化学部（重离子加速器+88 回旋加速器）、化学生物动力学实验室、生物—医学部、无机材料部、能源与环境部（1973 年）③
	加速器与核聚变研究部、生物—医学部、化学生物动力学实验室、能源与环境部、核科学部、物理学—计算机与数学部（1976 年设置）、地球科学部、材料与分子研究部（1976 年设置）、国家计算化学资源部；工程与技术服务部（1977 年）④
	加速器与核聚变研究部、核科学部、化学生物动力实验室、地球科学部、生物—医学部、材料与分子研究部、技术与服务部、应用科学部、先进材料研究中心、物理学部、计算科学部（1984 年）⑤
	能源科学：应用科学部、地球科学部、材料与化学部、工程学部；一般科学：加速器与核聚变研究部、核科学部、物理学部、信息与计算科学部；生命科学：医学与射线（辐射）生物物理学部、细胞与分子生物学部、化学生物动力学实验室（1989 年）⑥

续表

周期	研究部门设置
成熟期	能源科学：化学部、地球科学部、能源与环境部、材料科学部；生命科学：细胞与分子生物学部、化学生物动力学实验室、医学与射线（辐射）生物物理学部；一般科学：加速器与核聚变研究部、核科学部、物理学部；工程学部、信息与计算科学划给运营管理性部门（1991 年）
	能源科学：化学部、地球科学部、材料科学部、环境与能源技术部、先进光源部（1993 年增设）；生物科学：生命科学部、物理生物学部；一般科学：加速器与核聚变研究部、核科学部、物理学部；计算科学：信息与计算科学、NERSC；工程学部归属运营管理性部门（1997 年）
优化期	计算科学：计算研究部、NERSC、ESnet；生物科学（1993 年修改）：生命科学部、物理生物学部、基因组学部（1993 年设立人类基因组研究中心）；能源与环境科学：化学部、地球科学部、环境能源技术部、材料科学部；一般科学：加速器与核聚变研究部、核科学部、物理学部、工程学部；图像科学：ALS、NGLS（下一代光源研究部）（2013 年）
	计算科学：计算研究部、NERSC、ESnet；生物科学：生命科学部、物理生物学部、基因组学部；物理科学：加速器技术与应用物理学部、工程学部、核科学部、物理学部；环境与地球科学：气候与生态系统科学部、能源地理科学部；能源科学：ALS、化学部、材料科学部；能源技术：建筑技术与城市系统部、能源分析与环境影响部、能源存储与分配部（2015 年）
	计算科学：计算研究部、NERSC、ESnet；生物科学：生物系统与工程部、能源部基因组联合研究中心、环境基因组学与系统生物学部、分子生物学与生物成像部；物理科学：加速器技术与应用物理学部、工程学部、核科学部、物理学部；环境与地球科学：气候与生态系统科学部、能源地理科学部；能源科学：ALS、化学部、材料科学部、分子铸造部；能源技术：建筑技术与城市系统部、能源分析与环境影响部、能源存储与分配部、Cyclotron Road 项目（2016 年）

注：①利弗莫尔实验室作为 LBNL 的分支机构运行，其设置的研究机构包括武器组、测试组、化学组、内华达测试点、300 基地、理论组、计算组、核动力组、物理学组、种子物理学组、PLOWSHARE 项目组、SHERWOOD 项目组。②利弗莫尔实验室的研究机构包括核武器组、核武器测试组、核武器军事化应用组、化学组（普通化学+辐射化学+无机材料+冶金）、生物—医学组、特殊项目组、先进研究组、PLOWSHARE 项目组、SHERWOOD 项目组。③1971 年利弗莫尔实验室分离出去形成独立的国家实验室。④工程自实验室成立起就发挥着重要作用，尤其是在研发、建造各类加速器方面，但之前不归属研究领域，自此才开始划归研究领域。⑤其中应用科学以能源与环境类研究项目为主。⑥LBNL 从 1987 年开始采用这种“研究领域—具体研究机构”式的科研组织管理方式。

资料来源：笔者根据 LBNL 历年组织框架资料整理所得，其中 2020 年研究部门设置情况与 2016 年一样。

18 个国家实验室规模情况一览

实验室	P[1]	F[2]	M[3]	G[4]	L[5]	P[6]	T[7]
埃姆斯国家实验室	300	54	7	3	336	153	7
阿贡国家实验室	3448	837	6	47	2406	3152	17
布鲁克海文国家实验室	2421	588	4	45	1404	1494	13
费米加速器国家实验室	1810	492	1	22	48	194	7
爱达荷国家实验室	4888	1349	12	31	397	258	13
劳伦斯伯克利国家实验室	3398	907	10	16	3464	2081	16
劳伦斯利弗莫尔国家实验室	7378	2210	10	60	1327	4630	23
洛斯阿拉莫斯国家实验室	9831	2609	19	86	2041	3258	27
国家能源技术实验室	1712	303	11	11	35	912	8
国家可再生能源实验室	2265	492	19	11	839	3550	13
橡树岭国家实验室	4856	1825	10	65	2784	2819	21
西北太平洋国家实验室	4301	938	7	22	1733	1190	14
普林斯顿托马斯等离子实验室	531	97	5	7	233	43	7
桑迪亚国家实验室	12783	3811	5	74	1074	3708	22
萨瓦纳河国家实验室	1000	289	6	8	72	40	7
SLAC 国家加速器实验室	1620	542	7	17	1064	51	8
托马斯杰斐逊国家加速器设施	693	160	1	8	15	21	7
青岛海洋科学与技术试点国家实验室	658	99	7	19	1010		7

注：1 指 2019 年全职人员数目（人）；2 指 2019 年度经费（百万美元）；3 指 2019 年国家独有特殊设备数目（台）；4 指 2019 年建筑面积（万平方米）；5 指 2020 年论文数（篇）；6 指 1974 年至 2022 年 4 月专利数（个）；7 指前述指标等级化后的加总数值（资源规模）。

资料来源：笔者根据美国能源部（2020）、美国专利数据库、WOS 数据库、青岛海洋科学与技术试点国家实验室网站（http：//www. qnlm. ac/index）公布的资料整理所得。

国家实验室资源协同供给模式调研问卷①

尊敬的领导/专家/学者：

您好！首先，非常感谢您在百忙中填写本问卷。您填写本问卷对增进和提升国家实验室资源协同供给模式的理论研究和运行实践都意义非凡。您的回答无所谓对错，只要能如实反映您所在国家实验室的真实情况即可。本次调研采用匿名调查，调查结果仅用于学术研究，同时我们将对您填写的内容进行保密化数据处理。

问卷填写完毕，检查无误后敬请回复至邮箱：e549201940@ 163. com 或 006457@ yzu. edu. cn

国社科项目“国家实验室资源协同供给模式研究”（17CGL001）课题组

问卷联系负责人：×××

联系地址：××××商学院（225127）/联系电话：（+86）××××××

概念说明：本调查问卷中的协同是指，实验室所需资源供给过程中某一主体占据主导地位所形成的“中心—边缘”型多元主体供给结构。

第一部分

填写说明：①=很符合；②=较符合；③=一般；④=较不符合；⑤=很不符合。

请在与自己所在实验室相符的选项上用红色或其他您方便的方式标记出来。

题项	很符合	较符合	一般	较不符合	很不符合
实验室能从国外获得资源	①	②	③	④	⑤
实验室能从国内非实验室组织获得资源	①	②	⑤	⑤	⑤
实验室能从其他国家（重点）实验室获得资源	①	②	③	④	⑤

① 笔者自制，分为中英文两种，英文问卷略。

续表

题项	很符合	较符合	一般	较不符合	很不符合
中央（联邦）政府的相关科技战略决议会对实验室所需资源供给主体的资源供给量产生影响	①	②	③	④	⑤
政府在实验室中的资源供给投向变化会对其他实验室所需资源供给主体的资源供给投向产生影响	①	②	③	④	⑤
相关学术组织提供的实验室发展评估报告是实验室所需资源多元供给主体做出不同供给决策的重要依据	①	②	③	④	⑤
协同供给实验室某一研究项目所需资源的多元主体间存在规范契约关系	①	②	③	④	⑤
协同供给实验室某一研究项目所需资源的多元主体间存在私人关系	①	②	③	④	⑤
存在引导多元主体协同供给实验室所需资源的相关政策	①	②	③	④	⑤
协同供给实验室某一研究项目所需资源的多元主体（不包括政府）往往比较知名	①	②	③	④	⑤
协同供给实验室某一研究项目所需资源的多元主体都能切实履行各自供给责任	①	②	③	④	⑤
协同供给实验室所需资源的经历会对这些多元主体后续的协同供给产生影响	①	②	③	④	⑤

第二部分

填写说明：请在与自己所在实验室相符的选择题所列选项上用红色或其他您方便的方式标记出来，若选择其他，请在“________”上填写具体内容；排序题和问答题按要求在相应位置排序和填写即可。

Z1（单选）实验室财力资源的最主要供给者是（　）

A. 企业　B. 政府　C. 高校

D. 其他科研机构　E. 其他________

Z2（单选）实验室仪器设备的最主要供给者是（　）

A. 政府　B. 实验室自己研发和制造　C. 企业

D. 高校　E. 其他科研机构　F. 其他________

Z3（单选）实验室人力资源的最主要供给者是（ ）

A. 政府 B. 企业 C. 高校

D. 实验室自己培养 E. 其他科研机构

F. 其他________

Z4（单选）实验室知识资源的最主要供给者是（ ）

A. 政府 B. 企业 C. 高校

D. 其他科研机构 E. 实验室自己产出

F. 其他________

Z5（单选）实验室场地的最主要供给者是（ ）

A. 政府 B. 企业 C. 高校

D. 其他科研机构 E. 其他________

W1（排序题）您认为人力资源（A）、财力资源（B）、物力资源（C）和知识资源（D）对实验室发展的重要性由大到小排序是：（ ）>（ ）>（ ）>（ ）。

Q1（问答题）：您认为影响政府、企业和高校等主体高效协同供给您所在实验室所需资源的因素有哪些？（请您务必尽可能多地填写，您此处的回答对课题研究极为重要）

问卷到此结束，如果您有助于本研究的其他资料或信息提供给我们，可以与本问卷一起反馈给我们，再次感谢您的无私帮助！无误后敬请发送到专用邮箱 e549201940@163.com 或 006457@yzu.edu.cn。

国家实验室资源协同供给模式影响因素的开放式编码

范畴	概念	原始语句（节选最具代表性陈述）
产出质量	产出质量	解决“卡脖子”问题的科研成果，解决国家战略需求
	产出数量	研究成果的产出程度
产出贡献度	回馈供给主体	实验室的产出如何服务和反哺这些主体不清楚
	产生实质影响	成果的经济效益，成果的社会影响，成果影响政府、企业和高校等相关单位领导的意见
产出归属	产出共享	最终成果与各主体共享程度
	知识产权	如何区分知识产权产出主体
政府属性	地方政府	地方政府的支持
	政府财力	政府持续的资金支持，特别是基础性和原创性方面
	政府积极行	政府积极引导
高校（科研院所）属性	知名度	院校的隶属关系及国内外知名度对吸引其他合作伙伴共同供给资源很重要
	隶属关系	
	优势学科	一些传统的行业院校，如地矿油高校等能够更容易与三大石油公司形成合作关系
企业属性	利润	企业利润
	研发意愿	企业研发意愿低
	规模	一些传统的行业院校，如地矿油高校等能够更容易与三大石油公司形成合作关系
	主要业务	
实验室属性	影响力	实验室影响力、实验室基础条件、实验室发展定位、实验室待遇和发展前景
	基础条件	
	定位	
	实验室级别	国家实验室具有较高级别，并不是依托于某一高校而建
供需关系	主体供给资源后产出满足预期需求的程度	实验室的产出如何服务和反哺这些主体不清楚，这些主体对实验室的期待和需求也不清楚
独立法人间关系	独立法人资格	目前实验室的身份迟迟得不到确认，试点了这么多年，应该到了给予一个结论的时候了
	独立法人间关系	如何界定国家实验室与独立法人单位的关系

续表

范畴	概念	原始语句（节选最具代表性陈述）
主体邻近性	研究领域邻近性	或者是否是同一研究领域的合作伙伴等
	地理邻近性	实验室通常会与所在地的高效进行紧密合作，实现人员、资金、设备等共享
	目标邻近性	政府、企业和高校等主体的目标不一致，尤其是当地政府，受GDP考核影响，以GDP为主；企业往往以追求利润为主；而高校考虑的是各种评估。这会使每个方面在投入时的目的和期待不同，严重影响相互间的协同供给行为
履职	切实履职	各主体切实履行各自供给责任程度
沟通	沟通广度	政府、企业、高校之间，以及与实验室之间，沟通交流不足
	沟通深度	
	沟通顺畅度	科研机构与企业的沟通不够，很多时候科研成果难以转化成生产力
财力支持	专项资金	是否有专项资金或经费用于各主体间进行协商
协商机制	产出协商机制	促进实验室高效运行与成果产出协同机制的建立
	投入协商机制	如何明晰资源投入机制
长效机制	长期支持机制	资源协同供给不是一时兴起，而应该建立相应的机制以支持长期、可持续地进行
互动机制	互动机制	逐步形成政府、企业和高校间的互动机制，让不同主体间优势互补，形成合力
管理机制	审批机制	审批程序
	评估机制	完善的协同评估可以有效降低协同失败的风险。绩效考核的推动
人文环境	人文环境	人文环境的培养
需求环境	国家需求	聚集国家需求
	行业需求	行业科技发展需求
国际环境	国际化人才	国际化人才引进政策
	外交	外交形势对协同供给影响较大
	国际合作	每年国会要重新审批一次，资金有时不到位，会影响项目进度，特别是国际ITER项目
战略规划	战略规划	政府的长远规划，高效长远规划，国家战略规划。大科学装置规划、建设阶段，最重要因素是美国能源部制定的科技战略

续表

范畴	概念	原始语句（节选最具代表性陈述）
政策	国家政策	政府政策引导。国家科研政策导向
	优先政策	影响各主体协同供给资源的因素主要是政府的优先发展政策
顶层设计	顶层设计	顶层设计和规划必须是一个时期政府导向、企业需求和高校蓬勃发展的缩影
管理人员	知名度	实验室负责人在本领域的知名度
	任职情况	长期稳定的负责人在国家实验室任职
科研人员	知名度	团队成员在本领域的知名度
	首席科学家	首席科学家的作用
人员流动	组织间流动	增强政府、企业和高校间的人员流动性，让各个主体的实际工作者互相了解和学习，为合作发展提供良好的基础
	跨国流动	国际化人才引进政策
人际关系	人际关系	实验室的著名研究人员拥有的人脉
领导人支持	政府领导人关注和支持	国家和政府领导关注和支持
	非政府部门领导人关注和支持	企业和高校等相关单位领导的意见
协同程序	评估	成果的归属和业绩评价方式
	供给	各主体切实履行各自供给责任程度
	筛选	或者是否是同一研究领域的合作伙伴等

资料来源：笔者根据调研资料整理所得。

参考文献

［美］安纳利·萨克森宁：《地区优势：硅谷和128公路地区的文化与竞争》，曹蓬等译，上海远东出版社1999年版。

毕克新等：《创新资源投入对绿色创新系统绿色创新能力的影响——基于制造业FDI流入视角的实证研究》，《中国软科学》2014年第3期。

卞松保、柳卸林：《国家实验室的模式、分类和比较——基于美国、德国和中国的创新发展实践研究》，《管理学报》2011年第4期。

［美］伯特：《结构洞：竞争的社会结构》，任敏等译，格致出版社2008年版。

蔡文娟、陈莉平：《社会资本视角下产学研协同创新网络的联接机制及效应》，《科技管理研究》2007年第1期。

柴坚：《美国MIT辐射实验室和政府的互动关系》，《中国科技论坛》2017年第1期。

陈艾华、邹晓东：《英国研究型大学提升跨学科科研生产力的实践创新——基于剑桥大学卡文迪什实验室的分析》，《自然辩证法研究》2012年第8期。

陈畴镛等：《企业同质化对产业集群技术创新的影响与对策》，《科技进步与对策》2010年第3期。

陈芳、眭纪刚：《新兴产业协同创新与演化研究：新能源汽车为例》，《科研管理》2015年第1期。

陈光：《企业内部协同创新研究》，博士学位论文，西南交通大学，2005年。

陈劲、王方瑞：《突破全面创新：技术和市场协同创新管理研究》，

《科学学研究》2005 年第 S1 期。

陈劲、王方瑞：《再论企业技术和市场的协同创新——基于协同学序参量概念的创新管理理论研究》，《大连理工大学学报》（社会科学版）2005 年第 2 期。

陈劲、阳银娟：《协同创新的理论基础与内涵》，《科学学研究》2012 年第 2 期。

陈劲等：《企业集团内部协同创新机理研究》，《管理学报》2006 年第 6 期。

陈珂：《青岛海洋国家实验室：力争 5—10 年跻身世界前五》，《青岛早报》2016 年 3 月 12 日第 A10 版。

陈民：《美国国会着手对国家实验室进行调整改革》，《世界研究与发展》1993 年第 6 期。

陈晓红、解海涛：《基于"四主体动态模型"的中小企业协同创新体系研究》，《科学学与科学技术管理》2006 年第 8 期。

陈正洪：《卡文迪什发展战略调整的成败得失》，《科技管理研究》2007 年第 9 期。

成素梅：《科技革命是科学社会主义理论的重要基础》，《毛泽东邓小平理论研究》2014 年第 10 期。

崔文静：《18 载国家海洋实验室初长成》，2018 年 12 月 23 日，http：// news. qingdaonews. com/wap/2018 - 12/23/content _ 20263472. htm，2020 年 6 月 16 日。

党兴华、郑登攀：《对〈创新网络 17 年研究文献述评〉的进一步述评——技术创新网络的定义、形成与分类》，《研究与发展管理》2011 年第 3 期。

邓小平：《邓小平文选》（第三卷），人民出版社 1993 年版。

邓永权：《国家实验室基本理念的发展性思考》，《中国高校科技》2017 年第 S2 期。

丁厚德：《科技资源配置的新问题和对策分析》，《科学学研究》2005 年第 4 期。

丁云龙、黄振羽：《制度吸纳资源：国家实验室与大学关系治理走向》，《公共管理学报》2015 年第 3 期。

董诚等:《美国联邦实验室的绩效评价及其改革》,《实验技术与管理》2006 年第 11 期。

董静:《什么是国家实验室》,《现代交际》2010 年第 8 期。

豆士婷等:《科技政策组合的技术创新协同效应研究——供给侧—需求侧视角》,《科技进步与对策》2019 年第 22 期。

樊治平等:《知识协同的发展及研究展望》,《科学学与科学技术管理》2007 年第 11 期。

范旭等:《美国劳伦斯伯克利国家实验室协同创新及其对我国大学的启示》,《实验室研究与探索》2015 年第 10 期。

方炜、王莉丽:《协同创新网络演化模型及仿真研究——基于类DNA 翻译过程》,《科学学研究》2018 年第 7 期。

方湘陵等:《国家实验室设备公共管理信息平台的开发》,《中南民族大学学报》(人文社会科学版)2007 年第 S1 期。

冯锋等:《长三角区域技术转移合作网络治理机制研究》,《科学学与科学技术管理》2011 年第 2 期。

冯伟波等:《美国国家实验室大型科研设施建设对中国的启示——以国家高磁场实验室为例》,《科技管理研究》2019 年第 16 期。

高霞等:《产学研合作创新网络开放度对企业创新绩效的影响》,《科研管理》2019 年第 9 期。

龚克:《从组建国家实验室看高校科技沛制改革》,《中国高等教育》2006 年第 8 期。

谷峻战等:《美国国家实验室推动地方经济发展的经验与启示》,《全球科技经济瞭望》2018 年第 7 期。

顾伟男等:《国外创新网络演化机制研究》,《地理科学进展》2019 年第 12 期。

郭碧坚:《英国当前的科学研究管理》,《科研管理》1994 年第 5 期。

郭金明:《实验室的演化历史及其对我国组建国家实验室的启示》,《自然辩证法研究》2019 年第 3 期。

郭伟:《美国国家实验室技术转让情况调研》,《世界研究与发展》1993 年第 2 期。

郝君超、李哲：《国家实验室人员管理的国际经验及启示》，《科技中国》2018 年第 4 期。

何郁冰：《产学研协同创新的理论模式》，《科学学研究》2012 年第 2 期。

和育东：《国有专利的收益私人化与权益私有化——美国联邦实验室技术转移法律激励体系的启示》，《科技进步与对策》2014 年第 9 期。

贺俊、毛科君：《市场开放、组织变迁与产业绩效——以中国家用电器业的发展为例》，《经济评论》2002 年第 6 期。

洪林等：《产学研协同创新的政策体系与保障机制——基于“中国制造 2025”的思考》，《中国高校科技》2019 年第 4 期。

［德］H. 哈肯：《协同学——自然成功的奥秘》，戴鸣钟译，上海科学普及出版社 1988 年版。

［德］H. 哈肯：《协同学引论——物理学、化学和生物学中的非平衡相变和自组织》，徐锡申等译，原子能出版社 1984 年版。

胡恩华、刘洪：《基于协同创新的集群创新企业与群外环境关系研究》，《科学管理研究》2007 年第 3 期。

胡倩：《美国国家实验室》，《中外科技信息》1991 年第 5 期。

胡刃锋、刘国亮：《移动互联网环境下产学研协同创新隐性知识共享影响因素实证研究》，《图书情报工作》2015 年第 7 期。

胡源：《产业集群中大小企业协同创新的合作博弈分析》，《科技进步与对策》2012 年第 22 期。

华中一等：《赴联邦德国、英、美实验室管理考察报告》，《实验技术与管理》1986 年第 3 期。

黄传慧等：《美国科技成果转化机制研究》，《湖北社会科学》2011 年第 10 期。

黄海华、俞陶然：《国家实验室建设：要大科学装置，更要大科研队伍》，《解放日报》2017 年 2 月 4 日第 1 版。

黄继红等：《英德法国家级实验室和研究基地体制机制探析》，《实验室研究与探索》2008 年第 4 期。

黄菁菁：《R&D 投入与产学研协同创新——人力资本投入的门槛检验》，《软科学》2019 年第 11 期。

黄菁菁：《产学研协同创新效率及其影响因素研究》，《软科学》2017 年第 5 期。

黄旭、程林林：《西方资源基础理论评析》，《财经科学》2005 年第 3 期。

黄缨等：《我们要建设什么样的国家实验室》，《科学学与科学技术管理》2004 年第 6 期。

黄振羽、丁云龙：《美国大学与国家实验室关系的演化研究——从一体化到混合的治理结构变迁与启示》，《科学学研究》2015 年第 6 期。

贾根良：《第三次工业革命与工业智能化》，《中国社会科学》2016 年第 6 期。

贾根良：《第三次工业革命与新型工业化道路的新思维——来自演化经济学和经济史的视角》，《中国人民大学学报》2013 年第 2 期。

姜启军：《中国纺织服装企业协同创新的动因和形成过程》，《企业经济》2007 年第 6 期。

姜照华、李桂霞：《产学研联合：科技向生产力的直接转化》，《科学学研究》1994 年第 1 期。

蒋景华：《英、美实验室建设和管理考察报告》，《清华大学教育研究》1986 年第 1 期。

蒋兴华等：《基于合作博弈的跨组织技术创新利益分配机制》，《科技管理研究》2021 年第 16 期。

蒋玉宏等：《美国部分国家实验室大型科研基础设施运行管理模式及启示》，《全球科技经济瞭望》2015 年第 6 期。

解学梅：《中小企业协同创新与创新绩效的实证研究》，《管理科学学报》2010 年第 8 期。

解学梅、徐茂元：《协同创新机制、协同创新氛围与创新绩效——以协同网络为中介变量》，《科研管理》2014 年第 12 期。

科技部等：《科技部　财政部　国家发展改革委关于印发〈国家科技创新基地优化整合方案〉的通知》，2018 年 8 月 18 日，http：//www.gov.cn/xinwen/2017-08/24/content_5220163.htm，2020 年 3 月 16 日。

科学技术部等：《关于印发进一步加强基础研究若干意见的通知》，2011 年 9 月 19 日，http：//www.most.gov.cn/fggw/zfwj/zfwj2011/2011

09/t20110920_89720. htm，2020 年 3 月 16 日。

寇明婷等：《国家实验室经费配置与管理机制研究——美国的经验与启示》，《科研管理》2020 年第 6 期。

黎侨丽：《国家实验室知识产权管理评价指标体系研究》，博士学位论文，中国科学技术大学，2018。

李斌、廖镇：《国内外大型实验室经费问题现状分析》，《科技与管理》2009 年第 2 期。

李冬梅等：《加强国家级科研基地建设的若干思考与建议》，《中国高等教育》2007 年第 8 期。

李逢焕、孙胜祥：《企业技术创新网络及其治理研究》，《科技进步与对策》2003 年第 7 期。

李高扬、刘明广：《产学研协同创新的演化博弈模型及策略分析》，《科技管理研究》2014 年第 3 期。

李工真：《纳粹德国流亡科学家的洲际转移》，《历史研究》2005 年第 4 期。

李金华、孙东川：《创新网络的演化模型》，《科学学研究》2006 年第 1 期。

李强：《美国能源部国家实验室的绩效合同管理与启示》，《中国科技论坛》2009 年第 4 期。

李强、李晓轩：《美国能源部联邦实验室的绩效管理与启示》，《中国科学院院刊》2008 年第 5 期。

李瑞等：《地方智库协同创新的要素协同、知识服务创新与价值共创——基于服务主导逻辑的视角》，《情报杂志》2020 年第 1 期。

李顺才等：《知识存量与流量：内涵、特征及其相关性分析》，《自然辩证法研究》2001 年第 4 期。

李星宇等：《长株潭地区新兴技术企业间协同创新影响因素与机制研究》，《经济地理》2017 年第 6 期。

李杏谱：《美国国家实验室》，《国际科技交流》1987 年第 8 期。

李研：《加拿大发挥国家实验室功能的代表性机构及启示》，《科技中国》2018 年第 8 期。

李艳红、赵万里：《发达国家的国家实验室在创新体系中的地位和作用》，《科技管理研究》2009 年第 5 期。

廖建锋等：《美国联邦政府依托高校运营管理的国家实验室特点及其发展经验》，《科技管理研究》2005 年第 1 期。

林耕、傅正华：《美国国家实验室技术转移管理及启示》，《科学管理研究》2008 年第 5 期。

刘刚：《政府主导的协同创新陷阱及其演化——基于中国电动汽车产业发展的经验研究》，《南开学报》（哲学社会科学版）2013 年第 2 期。

刘皓：《对美国国家实验室基于数据的素描》，《科技管理研究》2015 年第 11 期。

刘兰剑、司春林：《创新网络 17 年研究文献述评》，《研究与发展管理》2009 年第 4 期。

刘兰剑、项丽琳：《创新网络研究的演化规律及热点领域可视化分析》，《研究与发展管理》2019 年第 3 期。

刘玲利：《科技资源要素的内涵、分类及特征研究》，《情报杂志》2008 年第 8 期。

刘晓燕等：《基于专利的技术创新网络演化动力挖掘》，《中国科技论坛》2014 年第 3 期。

刘学之等：《劳伦斯·伯克利国家实验室技术转移制度及效益分析》，《科技管理研究》2014 年第 21 期。

刘英基：《高技术产业技术创新、制度创新与产业高端化协同发展研究——基于复合系统协同度模型的实证分析》，《科技进步与对策》2015 年第 2 期。

［美］Michael Crow、Barry Bozeman：《美国国家创新体系中的研究与开发实验室——设计带来的局限》，高云鹏译，科学技术文献出版社 2005 年版。

马场靖憲等：《从网络的观点看技术创新和企业家精神——盒式磁带录象机制式演变的案例》，《国际社会科学杂志（中文版）》1994 年第 1 期。

穆荣平：《国家实验室建设要瞄准核心竞争力》，《中国战略新兴产业》2016 年第 9 期。

聂继凯：《国家重点实验室创新资源捕获过程研究》，中国社会科学出版社 2021 年版。

聂继凯：《基于联合研究实体的国家实验室网络化规律研究》，《科技进步与对策》2018 年第 1 期。

聂继凯、石雨：《中美国家实验室的发展历程比较与启示》，《实验室研究与探索》2021 年第 5 期。

聂继凯、危怀安：《国家实验室建设过程及关键因子作用机理研究——以美国能源部 17 所国家实验室为例》，《科学学与科学技术管理》2015 年第 10 期。

牛树海等：《科技资源配置的区域差异》，《资源科学》2004 年第 1 期。

彭纪生、吴林海：《论技术协同创新模式及建构》，《研究与发展管理》2000 年第 5 期。

彭利军：《发展特色　整合资源　提升海洋科技创新能力——青岛海洋科学与技术国家实验室建设回顾与展望》，《中国高校科技与产业化》2007 年第 9 期。

彭新敏等：《基于二次创新动态过程的企业网络与组织学习平衡模式演化——海天 1971—2010 年纵向案例研究》，《管理世界》2011 年第 4 期。

乔灵爱：《论麦克斯韦对卡文迪什实验室的创建与贡献》，《科学技术与辩证法》2006 年第 4 期。

曲然、张少杰：《区域创新资源配置模式研究》，《林业经济》2008 年第 8 期。

冉从敬等：《合作什么，去哪合作，与谁合作？——专利视角下的校企合作对象选择系统构建》，《图书馆论坛》2020 年第 8 期。

任波、侯鲁川：《世界一流科研机构的特点与发展研究——美国国家实验室的发展模式》，《科技管理研究》2008 年第 11 期。

任重：《论创新网络的结构及治理》，《情报杂志》2009 年第 11 期。

任宗强等：《中小企业内外创新网络协同演化与能力提升》，《科研管理》2011 年第 9 期。

尚智丛:《基础研究与国家目标——以北京正负电子对撞机为例》,中国科学技术出版社 2014 年版。

邵景峰等:《基于数据的产学研协同创新关键动力优化》,《中国管理科学》2013 年第 S2 期。

师萍、李垣:《科技资源体系内涵与制度因素》,《中国软科学》2000 年第 11 期。

施云燕、李政:《简析美国国家实验室的布局和管理》,《全球科技经济瞭望》2016 年第 4 期。

石乘齐、党兴华:《创新网络演化动力研究》,《中国科技论坛》2013 年第 1 期。

史烽等:《技术距离、地理距离对大学—企业协同创新的影响研究》,《管理学报》2016 年第 11 期。

宋伟等:《美国阿拉莫斯国家实验室的管理模式》,《科技进步与对策》2006 年第 4 期。

孙长青:《长江三角洲制药产业集群协同创新研究》,博士学位论文,华东师范大学,2009 年。

孙锋、刘彦:《英国公共科研机构私有化改革后管理运行模式探析——以英国物理、化学、洛桑实验室为例》,《科技管理研究》2011 年第 4 期。

孙凯等:《创新网络成员异质性研究的回顾与展望》,《学习与实践》2016 年第 4 期。

孙杨等:《研发资金投入渠道的差异对科技创新的影响分析——基于偏最小二乘法的实证研究》,《金融研究》2009 年第 9 期。

孙云潭:《国家海洋科学研究中心落户青岛》,《海洋信息》2005 年第 3 期。

孙泽宇等:《资本市场开放与高管在职消费——基于沪深港通交易制度的准自然实验》,《会计研究》2021 年第 4 期。

涂振洲、顾新:《基于知识流动的产学研协同创新过程研究》,《科学学研究》2013 年第 9 期。

汪秀婷:《战略性新兴产业协同创新网络模型及能力动态演化研究》,《中国科技论坛》2012 年第 11 期。

王大洲：《企业创新网络的进化与治理：一个文献综述》，《科研管理》2001 年第 5 期。

王国红等：《区域产业集成创新系统的协同演化研究》，《科学学与科学技术管理》2012 年第 2 期。

王海花等：《多维邻近性对我国跨区域产学协同创新的影响：静态与动态双重作用》，《科技进步与对策》2019 年第 2 期。

王灏：《光电子产业区域创新网络构建与演化机理研究》，《科研管理》2013 年第 1 期。

王建高：《专家建议尽快启动“透明海洋”计划》，《科技日报》2016 年 7 月 20 日第 3 版。

王开明、万君康：《企业战略理论的新发展：资源基础理论》，《科技进步与对策》2001 年第 1 期。

王立新：《试论美国外交史上的对外干预——兼论自由主义意识形态对美国对外干预的影响》，《美国研究》2005 年第 2 期。

王丽丽等：《超网络知识系统定义、内涵及运行机制》，《南京航空航天大学学报（社会科学版）》2019 年第 1 期。

王娉：《海洋试点国家实验室：打造世界级蓝色高地》，《青岛日报》2020 年 6 月 9 日第 21 版。

王姝等：《网络众包模式的协同自组织创新效应分析》，《科研管理》2014 年第 4 期。

王晓飞、郑晓齐：《美国研究型大学国家实验室经费来源及构成》，《中国高教研究》2012 年第 12 期。

王雪莹：《美国国家实验室技术转移联盟的经验与启示》，《科技中国》2018 年第 11 期。

王耀德、艾志红：《基于信号博弈的产学研协同创新的技术转移模型分析》，《科技管理研究》2015 年第 12 期。

王耀德、林良：《协同创新网络成员多样性如何影响企业探索式创新——技术多元化的中介效应》，《科技进步与对策》2021 年第 22 期。

王益苓：《美国国家实验室的技术转移机制》，《中外科技信息》1992 年第 6 期。

王英才：《美国阿贡实验室的技术转移》，《国际科技交流》1990

年第 4 期。

王颖：《美国国家实验室的教育计划及对我们的启示》，《黑龙江高教研究》2007 年第 8 期。

危怀安、胡艳辉：《卡文迪什实验室发展中的室主任作用机理》，《科研管理》2013 年第 4 期。

危怀安、聂继凯：《协同创新的内涵及机制研究述评》，《中共贵州省委党校学报》2013 年第 1 期。

卫之奇：《美国能源部国家实验室绩效评估体系浅探》，《全球科技经济瞭望》2008 年第 1 期。

文少保、杨连生：《美国大学代管的国家实验室：委托代理、控制能力与治理机制选择》，《社会科学管理与评论》2010 年第 2 期。

巫英坚：《布鲁克海文国家实验室的管理和成果转让》，《国际科技交流》1993 年第 11 期。

吴建国：《美国国立科研机构经费配置管理模式研究》，《科学对社会的影响》2009 年第 1 期。

吴金南、刘林：《国外企业资源基础理论研究综述》，《安徽工业大学学报》（社会科学版）2011 年第 6 期。

吴卫红等：《“政产学研用资”多元主体协同创新三三螺旋模式及机理》，《中国科技论坛》2018 年第 5 期。

吴悦、顾新：《产学研协同创新的知识协同过程研究》，《中国科技论坛》2012 年第 10 期。

吴忠超：《试论罗斯福新政与二战前美国外交政策走向》，《历史教学问题》2001 年第 3 期。

武学超：《美国大学国家实验室技术转移治理与模式》，《高教探索》2011 年第 6 期。

夏松、张金隆：《关于国家实验室建设的若干思考》，《研究与发展管理》2004 年第 5 期。

谢永平等：《核心企业与创新网络治理》，《经济管理》2012 年第 3 期。

谢雨桐：《给美国国家实验室更多自由》，《世界科学》2015 年第 12 期。

徐梦丹等：《产学研协同创新动力机制分析——基于自组织特征视角》，《技术经济与管理研究》2017 年第 6 期。

徐少同、孟玺：《知识协同的内涵、要素与机制研究》，《科学学研究》2013 年第 7 期。

许庆瑞、谢章澍：《企业创新协同及其演化模型研究》，《科学学研究》2004 年第 3 期。

许庆瑞等：《从研发—营销的整合到技术创新—市场创新的协同》，《科研管理》2006 年第 2 期。

薛培元：《国外典型国家实验室知识产权管理模式与启示》，《中国航天》2017 年第 8 期。

闫宏等：《美国政府实验室测度与保证高水平科研的做法》，《科学学与科学技术管理》2003 年第 12 期。

阎康年：《卡文迪什实验室成功经验的启示》，《中国社会科学》1995 年第 4 期。

阎康年：《卡文迪什实验室科研与教学结合的经验和启示》，《科学学研究》1995 年第 3 期。

阎康年：《英国卡文迪什实验室的传统与学风》，《科研管理》1980 年第 1 期。

杨静萍、孟川：《第二次工业革命的完成对美国政治传统的影响》，《黑龙江教育学院学报》2006 年第 1 期。

杨连生、文少保：《跨学科研究偏好、契约设计与运行机制——以美国大学代管的国家实验室为例》，《河北科技师范学院学报》（社会科学版）2010 年第 1 期。

杨少飞、许为民：《我国国家重点实验室与美国的国家实验室管理模式比较研究》，《自然辩证法研究》2005 年第 5 期。

杨晓斐、武学超：《“四重螺旋”创新生态系统构建研究》，《中国高校科技》2019 年第 10 期。

杨子江：《科技资源内涵与外延探讨》，《科技管理研究》2007 年第 2 期。

姚艳虹等：《协同网络中知识域耦合对企业二元创新的影响》，《华东经济管理》2019 年第 7 期。

叶琴、曾刚:《经济地理学视角下创新网络研究进展》,《人文地理》2019 年第 3 期。

叶伟巍等:《协同创新的动态机制与激励政策——基于复杂系统理论视角》,《管理世界》2014 年第 6 期。

易高峰、赵文华:《关于国家实验室管理体制与运行机制若干问题的思考》,《高等工程教育研究》2009 年第 2 期。

尹怀仙等:《青岛海洋科学与技术国家实验室的特色创新机制探讨》,《实验室研究与探索》2019 年第 5 期。

游光荣等:《美国国家实验室服务国防需求的方法及启示》,《科技导报》2019 年第 12 期。

于冰、时勘:《基于目标管理的国家实验室评价体系研究》,《科技管理研究》2012 年第 4 期。

余晓、王小飞:《英国对国家实验室研究理事会管理模式探讨》,《全球科技经济瞭望》2001 年第 11 期。

袁宝伦等:《煤炭行业全要素协同创新模式类型选择方法的研究》,《煤炭工程》2017 年第 9 期。

袁珩:《美智库提醒重视国家实验室改革五大挑战》,《科技中国》2018 年第 4 期。

曾卫明、吴雷:《国家实验室管理体制与运行机制探讨》,《中国科技论坛》2008 年第 3 期。

曾祥炎、刘友金:《基于价值创新链的协同创新:三阶段演化及其作用》,《科技进步与对策》2013 年第 20 期。

扎西达娃等:《美国能源部国家实验室未来十年战略要点启示》,《实验室研究与探索》2014 年第 10 期。

张帆:《企业创新网络生成与构建成因及条件分析》,《科学管理研究》2005 年第 4 期。

张钢等:《技术—组织与文化的协同创新模式研究》,《科学学研究》1997 年第 2 期。

张华:《协同创新、知识溢出的演化博弈机制研究》,《中国管理科学》2016 年第 2 期。

张怀英等:《正式关系网络、企业家精神对中小企业绩效的影响机制研究》,《管理学报》2021 年第 3 期。

张换兆、秦媛:《美国国家技术转移体系建设经验及对我国的启示》,《全球科技经济瞭望》2017 年第 8 期。

张敏、邓胜利:《面向协同创新的公共信息服务平台构建》,《情报理论与实践》2008 年第 3 期。

张平淡、王奋:《关于科技人力资源状况统计指标体系的探讨》,《科技进步与对策》2002 年第 8 期。

张伟峰、万威武:《企业创新网络的构建动因与模式研究》,《研究与发展管理》2004 年第 3 期。

张旭梅等:《供应链企业间的协同创新及其实施策略研究》,《现代管理科学》2008 年第 5 期。

张轩:《谈谈美国国家实验室的技术转让》,《中国科技论坛》1992 年第 3 期。

张亚明等:《电子信息制造业产业链演化与创新研究——基于耗散理论与协同学视角》,《中国科技论坛》2009 年第 12 期。

张妍、魏江:《战略导向、研发伙伴多样性与创新绩效》,《科学学研究》2016 年第 3 期。

张义芳:《美国联邦实验室科研人员职位设置及对我国的启示》,《中国科技论坛》2007 年第 12 期。

张哲:《基于产业集群理论的企业协同创新系统研究》,博士学位论文,天津大学,2009 年。

章文娟:《英国国家物理实验室的运行和管理模式》,《世界教育信息》2018 年第 3 期。

赵凡等:《“国际空间站”美国国家实验室的项目管理实践》,《国际太空》2017 年第 6 期。

赵伟等:《科技资源的价值及其价值表现分析》,《科学学研究》2008 年第 3 期。

赵文华等:《美国在研究型大学中建立国家实验室的启示》,《清华大学教育研究》2004 年第 2 期。

郑刚:《基于 TIM 视角的企业技术创新过程中各要素全面协同机制研究》,博士学位论文,浙江大学,2004 年。

郑刚等:《全面协同创新:一个五阶段全面协同过程模型——基于海尔集团的案例研究》,《管理工程学报》2008 年第 2 期。

中华人民共和国国务院:《国家中长期科学和技术发展规划纲要(2006—2020 年)》,2006 年 2 月 7 日,http://www.gov.cn/gongbao/content/2006/conten t_240246.htm,2020 年 3 月 12 日。

中华人民共和国科技部:《科技部召开启动 10 个国家实验室建设工作通气会》,2006 年 12 月 14 日,http://www.gov.cn/gzdt/2006-12/14/content_468 975.htm,2019 年 10 月 3 日。

中华人民共和国科技部:《青岛海洋国家实验室正式启用》,2015 年 12 月 15 日,http://www.most.gov.cn/dfkj/sd/zxdt/201512/t201 512 14_122893.htm,2019 年 10 月 3 日。

中华人民共和国全国人民代表大会:《关于第六个五年计划的报告——一九八二年十一月三十日在第五届全国人民代表大会第五次会议上》,2008 年 3 月 11 日,http://www.gov.cn/test/2008-03/11/content_916744.htm,2020 年 3 月 4 日。

中华人民共和国全国人民代表大会:《中华人民共和国国民经济和社会发展第十二个五年计划纲要》,2011 年 3 月 16 日,http://www.gov.cn/2011lh/c ontent_1825838.htm,2021 年 4 月 12 日。

中华人民共和国全国人民代表大会:《中华人民共和国国民经济和社会发展第十个五年计划纲要》,2001 年 3 月 15 日,https://www.ndrc.gov.cn/fggz/f zzlgh/gjfzgh/200709/P020191029595691 974319.pdf,2020 年 3 月 12 日。

中华人民共和国全国人民代表大会:《中华人民共和国国民经济和社会发展第十四个五年规划和 2035 年远景目标纲要》,2021 年 3 月 13 日,http://www.gov.cn/xinwen/2021 - 03/13/content _ 5592681.htm,2022 年 3 月 16 日。

钟少颖:《美国国家实验室管理模式的主要特征》,《理论导报》2017 年第 5 期。

周灿等:《演化经济地理学视角下创新网络研究进展与展望》,《经济地理》2019 年第 5 期。

周岱等:《美国国家实验室的管理体制和运行机制剖析》,《科研管理》2007 年第 6 期。

周华东、李哲:《国家实验室的建设运营及治理模式》,《科技中国》2018 年第 8 期。

周寄中:《科技资源论》,陕西人民教育出版社 1999 年版。

周寄中等:《GOCO 模式及其对我国国家科研院所体制改革的启示》,《中国软科学》2003 年第 10 期。

周开宇:《意大利格兰·萨索国家实验室》,《国际科技交流》1991 年第 12 期。

周密:《首批筹建已十多年仍难去“筹”谁拖了国家实验室的后腿》,《经济参考报》2016 年 3 月 3 日第 A07 版。

周朴:《美国“国家实验室”的属性辨识》,《国防科技》2018 年第 6 期。

周晓东、项保华:《企业知识内部转移:模式、影响因素与机制分析》,《南开管理评论》2003 年第 5 期。

朱大玮、雷良海:《我国财政科技支出结构优化探讨——基于科技金融视角》,《科学管理研究》2012 年第 2 期。

朱付元:《我国目前科技资源配置的基本特征》,《中国科技论坛》2000 年第 2 期。

庄越、程世琪:《国家实验室科技创新能力审计体系的构建》,《武汉理工大学学报·信息与管理工程版》2004 年第 6 期。

左闵闵:《国家实验室为美国科技插上腾飞的翅膀》,《广东科技》2012 年第 22 期。

Adam B. Jaffe, et al., “Evidence from Patents and Patent Citations on the Impaci of NASA and Other Federal Labs on Commercial Innovation”, *Journal of Industrial Economics*, Vol. 46, No. 2, 1998.

Adam B. Jaffe, Josh Lerner, “Reinventing Public R&D: Patent Policy and the Commercialization of National Laboratory Technologies”, *RAND Journal of Economics*, Vol. 32, No. 1, 2001.

Adrienne Kolb, Lillian Hoddeson, “A New Frontier in the Chicago Suburbs: Settling Fermilab, 1963-1972”, *Journal of the Illinois State Historical Society*, Vol. 88, 1995.

Albert H. Teich, W. Henry Lambright, "The Redirection of a Large National Laboratory", *Minerva*, Vol. 14, No. 4, 1976.

Albert N. Link, "Public Science and Public Innovation: Assessing the Relationship between Patenting at U. S. National Laboratories and the Bayh-Dole Act", *Research Policy*, Vol. 40, No. 8, 2011.

Alice Buck, *A History of the Energy Research and Development Administration*, 1982. 3, https://www.energy.gov/sites/prod/files/ERDA%20History.pdf, 2020. 3. 30.

Amitai Bin-Nun, et al., *The Department of Energy National Laboratories: Organizational Design and Management Strategies to Improve Federal Energy Innovation and Technology Transfer to the Private Sector*, Boston: Harvard University, 2017.

Amrit Tiwana, "Do Bridging Ties Complement Strong Ties? An Empirical Examination of Alliance Ambidexterity", *Strategic Management*, Vol. 29, No. 3, 2008.

Andrew Lawler, "Changes at Brookhaven Shock National Lab System", *Science*, Vol. 276, No. 5314, 1997.

Anne Van Arsdall, *Pulsed Power at Sandia National Laboratories: The First 40 Years*, 2007, https://www.sandia.gov/about/history/_assets/documents/VanArsdallPulsedPower072984p.pdf, 2020. 5. 23.

Antonio Capaldo, "Network Structure and Innovation: The Leveraging of a Dual Network as a Distinctive Relational Capability", *Strategic Management Journal*, Vol. 28, No. 6, 2007.

Avraham Shama, "Guns to Butter: Technology-transfer Strategies in the National Laboratories", *The Journal of Technology Transfer*, Vol. 17, No. 1, 1992.

Barry Bozeman, et al., *Contractor Change at the Department of Energy's Multi-program Laboratories: Three Case Studies*, 2001. 3. 31, http://rvm.pp.gatech.edu/goco, 2021. 5. 6.

Barry Bozeman, Maria Papadakis, "Company Interactions with Federal Laboratories: What They Do and Why They Do It", *The Journal of Technol-*

ogy Transfer, Vol. 20, No. 3/4, 1995.

Barry Bozeman, Maureen Fellows, "Technology Transfer at the U. S. National laboratories: A Framework for Evaluation", *Evaluation and Program Planning*, Vol. 11, No. 1, 1988.

Barry Bozeman, Michael Crow, "Technology Transfer from U. S. Government and University R&D Laboratories", *Technovation*, Vol. 11, No. 4, 1991.

Barry Bozeman, Michael Crow, "The Environments of U. S. R & D Laboratories: Political and Market Influences", *Policy Sciences*, Vol. 23, No. 1, 1990.

Besiki Stvilia, et al., "Composition of Scientific Teams and Publication Productivity at a National Science Lab", *Journal of the American Society for Information Science and Technology*, Vol. 62, No. 2, 2011.

Bill Fowler, et al., "The Rundown on the Main Injector", *Fermi News*, Vol. 22, No. 11, 1999.

Birger Wernerfelt, "A Resource-Based View of the Firm", *Strategic Management Journal*, Vol. 5, No. 2, 1984.

Bowon Kim, "Coordinating an Innovation in Supply Chain Management", *European Journal of Operational Research*, Vol. 123, No. 5, 2000.

Bruce C. Dale, Timothy D. Moy, *The Rise of Federally Funded Research and Development Centers*, Albuquerque: Sandia National Laboratories, 2000.

Candace Jones, et al., "A General Theory of Network Governance: Exchange Conditions and Social Mechanisms", *The Academy of Management Review*, Vol. 22, No. 4, 1997.

Carl J. Mora, *Sandia and the Waste Isolation Pilot Plant* 1974-1999, Albuquerque: Sandia National Laboratories, 1999.

Carolyn Krause, et al., "A Culture of Commercialization", *Oak Ridge National Laboratory Review*, Vol. 39, No. 3, 2006.

Carolyn Krause, et al., "Breaking the Mold to a New Laboratory", *Oak Ridge National Laboratory Review*, Vol. 36, No. 2, 2003.

Carolyn Krause, et al., "Oak Ridge National Laboratory: The First Fifty Years", *Oak Ridge National Laboratory Review*, Vol. 25, No. 3/4, 1992.

Catherine Westfall, Lillian Hoddeson, "Thinking Small in Big Science: The Founding of Fermilab, 1960-1972", *Technology and Culture*, Vol. 37, No. 3, 1996.

Catherine Westfall, "From Desire to Data: How JLab's Experimental Program Evolved Part 1: From Vision to Dream Equipment, to the Mid-1980s", *Physics in Perspective*, Vol. 18, No. 3, 2016.

Catherine Westfall, "From Desire to Data: How JLab's Experimental Program Evolved Part 2: The Painstaking Transition to Concrete Plans, Mid-1980s to 1990", *Physics in Perspective*, Vol. 20, No. 1, 2018.

Catherine Westfall, "From Desire to Data: How JLab's Experimental Program Evolved Part 3: From Experimental Plans to Concrete Reality, JLab Gears Up for Research, Mid-1990 through 1997", *Physics in Perspective*, Vol. 21, No. 2, 2019.

Catherine Westfall, "Institutional Persistence and the Material Transformation of the US National Labs: The Curious Story of the Advent of the Advanced Photon Source", *Science and Public Policy*, Vol. 39, No. 4, 2012.

Catherine Westfall, "Retooling for the Future: Launching the Advanced Light Source at Lawrence's Laboratory, 1980-1986", *Historical Studies in the Natural Sciences*, Vol. 38, No. 4, 2008.

Catherine Westfall, "Surviving to Tell the Tale: Argonne's Intense Pulsed Neutron Source from an Ecosystem Perspective", *Historical Studies in the Natural Sciences*, Vol. 40, No. 3, 2010.

Center for Education Statistics, 120 *Years of American Education: A Statistical Portrait*, 1993. 1. 19, https: //nces. ed. gov/pubsearch/pubsinfo. asp? pubid=93442, 2020. 3. 9.

Charles Dhanarag, Arvind Parkhe, "Orchestrating Innovation Networks", *The Academy of Management Review*, Vol. 31, No. 3, 2006.

Charles Gehrke, *Chromatography—A Century of Discovery* 1900-2000: *The Bridge to The Sciences/Technology*, Amsterdam: Elsevier Science, 2001.

Charles Nelson Yood, *Argonne National Laboratory and the Emergence of Computer and Computational Science, 1946–1992*, Ph. D., The Pennsylvania State University, 2005.

Chuchu Chen, et al., "U. S. Federal Laboratories and Their Research Partners: A Quantitative Case Study", *Scientometrics*, Vol. 115, No. 1, 2018.

Claudine A. Soosay, et al., "Supply Chain Collaboration: Capabilities for Continuous Innovation", *Supply Chain Management*, Vol. 13, No. 2, 2008.

Constance E. Helfat, Margaret A. Peteraf, "The Dynamic Resource–Based View: Capability Lifecycles", *Strategic Management Journal*, Vol. 24, No. 10, 2003.

Corey Phelps, et al., "Knowledge, Networks, and Knowledge Networks: A Review and Research Agenda", *Journal of Management*, Vol. 38, No. 4, 2012.

C. Bruce Tarter, *The American Lab: An Insider's History of the Lawrence Livermore National Laboratory*, Baltimore: Johns Hopkins University Press, 2018.

C. Freeman, "Networks of Innovators: A Synthesis of Research Issues", *Research Policy*, Vol. 20, No. 6, 1991.

C. K. Prahalad, Gary Hamel, "The Core Competence of the Corporation", *Harvard Business Review*, Vol. 68, No. 3, 1990.

David Appell, *The Supercollider That Never Was*, 2013. 10. 15, https://www.scientificamerican.com/article/the–supercollider–that–never–was/, 2020. 5. 7.

David Dickson, *UK National Laboratories Face New Threat of Privatization*, 1993. 5. 20, https://link.springer.com/content/pdf/10.1038/363196a0.pdf, 2019. 11. 18.

David Farrell and Eric Vettel, *Breaking Through: A Century of Physics at Berkeley*, 2004. 11, https://bancroft.berkeley.edu/Exhibits/physics/, 2020. 3. 13.

David J. Ketchen, et al., "Strategic Entrepreneurship, Collaborative

Innovation, and Wealth Creation", *Strategic Entrepreneurship Journal*, Vol. 1, No. 3/4, 2007.

David J. Teece, et al., "Dynamic Capabilities and Strategic Management", *Strategic Management Journal*, Vol. 18, No. 7, 1997.

David Malakoff, "As Budgets Tighten, Washington Talks of Shaking Up DOE Labs", *Science*, Vol. 341, No. 6142, 2013.

Dennis Overbye, "Recalling a Fallen Star's Legacy in U.S. Particle Physics Quest", *The New York Times*, January 18, 2011.

Department of Defense, *Operation Sandstone*, 1984. 3. 20, https://apps.dtic.mil/dtic/tr/fulltext/u2/a139151.pdf, 2020. 5. 18.

Department of Energy National Nuclear Security Administration, *United States Nuclear Tests: July* 1945 *through September* 1992, 2015. 9, https://www.nnss.gov/docs/docs_LibraryPublications/DOE_NV-209_Rev16.pdf, 2020. 5. 18.

Department of Energy, 75 *Breakthroughs by America's National Laboratories*, 2017, https://www.energy.gov/downloads/75-breakthroughs-a mericas-national-laboratories, 2019. 10. 2.

Department of Energy, *Manhattan District History* (*Book* Ⅳ *Pile Project X*-10, *Volume* 2—*Research Part* Ⅱ—*Clinton Laboratories*), 2013, https://www.osti.gov/includes/opennet/includes/MED_scans/Book%20IV%20-%20%20Pile%20Project%20X-10%20-%20Volume%202%20-%20Research%20-%20Part%20II.pdf, 2020. 5. 27.

Diane Rahm, et al., "Domestic Technology Transfer and Competitiveness: An Empirical Assessment of Roles Univercity and Governmental R&D Laboratories", *Public Administration Review*, Vol. 48, No. 6, 1988.

Dimitri Kusnezov, *The Department of Energy's National Laboratory Complex*, 2014. 7. 18, https://www.energy.gov/sites/prod/files/2014/08/f18/July%2018%20Kusnezov%20FINAL.pdf, 2019. 10. 3.

DOE, *DOE O* 413. 3*B Chg* 5 (*MinChg*), *Program and Project Management for the Acquisition of Capital Assets*, 2018. 4. 12, https://www.direct ives.doe.gov/directives-documents/400-series/0413.3-BOrder-Bchg5-minchg, 2020. 5. 9.

D. Hartlev, *The Future of the National Laboratories*, 1997. 12. 31, https://www.osti.gov/servlets/purl/622547, 2019. 11. 15.

Edith Tilton Penrose, *The Theory of the Growth of the Firm*, New York: John Wiley, 1959.

Edward Chamberlin, *The Theory of Monopolistic Competition (Sixth Edition)*, London: Oxford University Press, 1949.

Elias G. Carayannis, et al., "High-Technology Spin-Offs from Government R&D Laboratories and Research Universities", *Technovation*, Vol. 18, No. 1, 1998.

Energy Research Advisory Board, *The Department of Energy Multiprogram Laboratories: A Report of the Energy Research Advisory Board to the United States Department of Energy*, Washington, 1982.

Eric Gedenk, et al., *Twenty-five Years of Leadership Science at the Oak Ridge Leadership Computing Facility*, 2018. 1, https://www.olcf.ornl.gov/wp-content/uploads/2018/01/OLCF_25th_9-27-173.pdf, 2020. 6. 9.

Eric von Hippel, "Horizontal Innovation Networks-by and for Users", *Industrial and Corporate Change*, Vol. 16, No. 2, 2007.

Erkko Autio, et al., "A Framework of Industrial Knowledge Spillovers in Big-Science Centers", *Research Policy*, Vol. 33, No. 1, 2004.

Fabrizio Cesaroni, et al., "New Strategic Goals and Organizational Solutions in Large R&D Labs: Lessons from Centro Ricerche Fiat and Telecom Italia Lab", *R&D Management*, Vol. 34, No. 1, 2004.

Fermi National Accelerator Laboratory, *Fermilab Steering Group Report*, 2007, https://www.fnal.gov/directorate/steering/pdfs/SG R _ 2007.pdf, 2020. 5. 16.

Fermi National Accelerator Laboratory, *Fermilab: A Plan for Discovery*, 2011. 12. 1, https://www.fnal.gov/directorate/plan_for_discovery/pdfs/P lan_for_Discovery_20111201.pdf, 2020. 5. 16.

Fermi National Accelerator Laboratory, *Fermilab's 500-mile Neutrino Experiment Up and Running*, 2014. 10. 6, https://news.fnal.gov/2014/

10/fermilabs－500－mile－neutrino－experiment－up－and－running/，2020. 5. 16.

Fermi National Accelerator Laboratory，*Muon Magnet's Moment Has Arrived*，2017. 5. 31，https：//news. fnal. gov/2017/05/muon－magnets－mom nt－arrived/，2020. 5. 16.

F. A. March，et al.，*Sandia National Laboratories/New Mexico Facilities and Safety Information Document*（*NOTE*：*Volume* Ⅰ，*Chapter* 1），1999. 9. 1，https：//digital. library. unt. edu/ark：/67531/metadc718110/，2020. 5. 21.

George C. Dacey，"The U. S. Needs a National Technology Policy"，*Research Technology Management*，Vol. 38，No. 1，1995.

Gina K. Walejko，et al.，"Federal Laboratory－Business Commercialization Partnerships"，*Science*，Vol. 337，No. 6100，2012.

Giselle Rampersad，et al.，"Managing Innovation Networks：Exploratory Evidence from ICT，Biotechnology and Nanotechnology Networks"，*Industrial Marketing Management*，Vol. 39，No. 5，2010.

Giuliano Bianchi，"Requiem for the Third Italy? Rise and Fall of a Too Successful Concept"，*Entrepreneurship & Regional Development*，Vol. 10，No. 2，1998.

Greg Wilson，Carl G. Herndl，"Boundary Objects as Rhetoric Exigence－Knowledge Mapping and Interdisciplinary Cooperation at Los Alamos National Laboratory"，*Journal of Business and Technical Communication*，Vol. 21，No. 2，2007.

Gretchen B. Jordan，"Assessing and Improving the Effectiveness of National Research Laboratories"，*IEEE Transactions on Engineering Management*，Vol. 50，No. 2，2003.

Haihong Zhang，et al.，"A Study of Knowledge Supernetworks and Network Robustness in Different Business Incubators"，*Physica A*：*Statistical Mechanics and its Applications*，Vol. 447，No. 1，2016.

Hal G. Rainey，et al.，"Privatized Administration of the National Laboratory：Developments in the Government－Owned，Contractor－Operated Approach", *Public Performance & Management Review*, Vol. 28, No. 2, 2004.

Hans Georg Gemünden, et al., "Network Configuration and Innovation Success: An Empirical Analysis in German High-tech Industries", *International Journal of Research in Marketing*, Vol. 13, No. 5, 1996.

Harold Metcalf, "Lessons from History: Origins of the Federal Laboratory Consortium for Technology Transfer", *The Journal of Technology Transfer*, Vol. 19, No. 3/4, 1994.

Henry Chesbrough, *Open Innovation: The New Imperative for Creating and Profiting from Technology*, Boston: Harvard Business School Press, 2003.

Henry Chesbrough, "The Era of Open Innovation", *MIT Sloan Management Review*, Vol. 44, No. 3, 2003.

Henry Etzkowitz, Loet Leydesdorff, "The Dynamics of Innovation: From National Systems and 'Mode 2' to a Triple Helix of University-Industry-Government Relations", *Research Policy*, Vol. 29, No. 2, 2000.

Hermann Haken, "Basic Concepts of Synergetics", *Applied Physics A*, Vol. 57, No. 2, 1993.

Hermann Haken, "Slaving Principle Revisited", *Applied Physics D*, Vol. 97, No. 1/3, 1996.

Hermann Haken, "Synergetics", *Naturwissenschaften*, Vol. 67, 1980.

Hugh Gusterson, "The Assault on Los Alamos National Laboratory: A Drama in Three Acts", *Bulletin of the Atomic Scientists*, Vol. 67, No. 7, 2011.

Ivan Savin, Abiodun Egbetokun, "Emergence of Innovation Networks from R&D Cooperation with Endogenous Absorptive Capacity", *Journal of Economic Dynamics and Control*, Vol. 64, 2016.

Jacky Swan, et al., "Why don't (or do) Organizations Learn from Projects?", *Management Learning*, Vol. 41, No. 3, 2010.

James D. Adams, et al., "The Influence of Federal Laboratory R&D on Industrial Research", *Review of Economics and Statistics*, Vol. 85, No. 4, 2003.

James M. Wyckoff, "Meeting State and Local Government Needs by

Transfer of Federal Laboratory Technolgy", *Journal of Technology Transfer*, Vol. 5, No. 2, 1981.

James Samuel Coleman, "Social Capital in the Creation of Human Capital", *American Journal of Sociology*, Vol. 94, 1988.

Jay B. Barney, Celwyn N. Clark, *Resource - Based Theory: Creating and Sustaining Competitive Advantage*, New York: Oxford University Press Inc., 2007.

Jay B. Barney, "Firm Resources and Sustained Competitive Advantage", *Journal of Management*, Vol. 17, No. 1, 1991.

Jay B. Barney, "Types of Competition and the Theory of Strategy: Toward an Integrative Framework", *Academy of Management Review*, Vol. 11, No. 4, 1986.

Jeffrey H. Dyer, Kentaro Nobeoka, "Creating and Managing a High - performance Knowledge - sharing Network: The Toyota Case", *Strategic Management Journal*, Vol. 21, No. 3, 2000.

Jennifer Huber, Kathryn Jepsen, *The Dawn of DUNE*, https://www.symmetrymagazine.org/article/march - 2015/the - dawn - of - dune, 2020. 5. 4.

Jerald Hage, et al., "Designing and Facilitating Collaboration in R&D: A Case Study", *Journal of Engineering & Technology Management*, Vol. 25, No. 4, 2008.

Jeroen Kraaijenbrink, "The Resource-based View: A Review and Assessment of Its Critiques", *Journal of Management*, Vol. 36, No. 1, 2010.

Jill M. Hruby, et al., "The Evolution of Federally Funded Research & Development Centers", *Public Interest Report*, Vol. 64, No. 1, 2011.

Joan Robinson, *The Economics of Imperfect Competition (First Edition)*, London: MacMillan, 1942.

Johannes Landsperger, et al., "How Network Managers Contribute to Innovation Network Performance", *International Journal of Innovation Management*, Vol. 16, No. 6, 2012.

John Rush, "US Neutron Facility Development in the Last Half-Century: A Cautionary Tale", *Physics in Perspective*, Vol. 17, No. 2, 2015.

Joint Committee on Atomic Energy, *The Future Role of the Atomic Energy Commission Laboratories*, Washington: Congress of the United State, 1960.

Jon Soderstrom, et al., "Improving Technological Innovation through Laboratory/Industry Gooperative R&D", *Policy Studies Review*, Vol. 5, No. 1, 1985.

Jonathan D. Linton, "Accelerating Technology Transfer from Federal Laboratories to the Private Sector-The Business Development Wheel", *Engineering Management Journal*, Vol. 13, No. 3, 2001.

Julie M. Hite, William S. Hesterly, "The Evolution of Firm Networks: From Emergence to Early Growth of the Firm", *Strategic Management Journal*, Vol. 22, No. 3, 2001.

J. David Roessner, Alden S. Bean, "Industry Interactions with Federal Laboratories", *The Journal of Technology Transfer*, Vol. 15, No. 4, 1990.

J. David Roessner, "What Companies Want from the Federal Labs", *Issues in Science and Technology*, Vol. 10, No. 1, 1993.

J. Samuel Walker, Thomas R. Wellock, *A Short History of Nuclear Regulation, 1946 - 2009*, 2010. 10, https: //www. nrc. gov/docs/ML10 29/ML102980443. pdf, 2020. 3. 30.

Karl Eric Sveiby, "A Knowledge-Based Theory of the Firm to Guide in Strategic Formulation", *Journal of Intellectual Capital*, Vol. 2, No. 4, 2001.

Kathleen G. McCaughey, Maria E. Galaviz, "Strategy Alignment Boosts Business Results and Employee Satisfaction at Sandia National Laboratories", *Global Business and Organizational Excellence*, Vol. 30, No. 5, 2011.

Keith G. Provan, Patrick Kenis, "Model of Network Governance: Structure, Management, and Effectiveness", *Journal of Public Administration Research and Theory*, Vol. 18, No. 2, 2008.

Khalid Hafeez, et al., "Core Competence for Sustainable Competitive Advantage: A Structured Methodology for Identifying Core Competence", *IEEE Transactions on Engineering Management*, Vol. 49, No. 1, 2002.

Lee Fleming, et al., "Collaborative Brokerage, Generative Creativity, and Creative Success", *Administrative Science Quarterly*, Vol. 52, No. 3, 2007.

Leland Johnson, *Sandia National Laboratories: A History of Exceptional Service in the National Interest*, Albuquerque: Sandia National Laboratories, 1997.

Lillian Hoddeson, Adrienne Kolb, "Vision to Reality: From Robert R. Wilson's Frontier to Leon M. Lederman's Fermilab", *Physics in Perspective*, Vol. 5, No. 1, 2003.

Lillian Hoddeson, "Establishing KEK in Japan and Fermilab in the US: Internationalism, Nationalism and High Energy Accelerators", *Social Studies of Science*, Vol. 13, No. 1, 1983.

Lillian Hoddeson, "The First Large-Scale Application of Superconductivity: The Fermilab Energy Doubler, 1972-1983", *Historical Studies in the Physical and Biological Sciences*, Vol. 18, No. 1, 1987.

Linda R. Cohen, Roger G. Noll, "The Future of the National Laboratories", *PNAS*, Vol. 93, No. 23, 1996.

Maha Shaikh, Natalia Levina, "Selecting an Open Innovation Community as an Alliance Partner: Looking for Healthy Communities and Ecosystems", *Research Policy*, Vol. 48, No. 8, 2019.

Marcy E. Gallo, *Federally Funded Research and Development Centers (FFRDCs): Background and Issues for Congress*, 2017. 11, https://sgp.fas.org/crs/misc/R44629.pdf, 2019. 10. 3.

Maria Papadakis, "Federal Laboratory Missions, Products, and Competitiveness", *The Journal of Technology Transfer*, Vol. 20, No. 1, 1995.

Mark Bodnarczuk, Lillian Hoddeson, "Megascience in Particle Physics: The Birth of an Experiment String at Fermilab", *Historical Studies in the Natural Sciences*, Vol. 38, No. 4, 2008.

Mark Bodnarczuk, *The Social Structure of "Experimental" Strings at Fermilab: A Physics and Detector Driven Model*, Batavia: Fermi National Accelerator Laboratory, 1990.

Mark Dodgson, "The Evolving Nature of Taiwan's National Innovation

System: The Case of Biotechnology Innovation Networks", *Research Policy*, Vol. 37, No. 3, 2008.

Martin Loosemore, "Construction Innovation: Fifth Generation Perspective", *Journal of Management in Engineering*, Vol. 31, No. 6, 2015.

Martin Ruef, "Strong Ties, Weak Ties and Islands: Structural and Cultural Predictors of Organizational Innovation", *Industrial and Corporate Change*, Vol. 11, No. 3, 2002.

Maurizio Sobrero, Edward B. Roberts, "Strategic Management of Supplier-manufacturer Relations in New Product Development", *Research Policy*, Vol. 31, No. 1, 2002.

Metzger N., "Discussion of Evaluation of Federal Laboratories", *Proceeding of the National Academy of Sciences of the United States of America*, Vol. 94, No. 17, 1997.

Michael Crow, Barry Bozeman, "R&D Laboratories in the USA: Structure, Capacity and Context", *Science and Public Policy*, Vol. 18, No. 3, 1991.

Michael Crow, Barry Bozeman, "R&D Laboratory Classification and Public Policy: The Effects of Environmental Context on Laboratory Behavior", *Research Policy*, Vol. 16, No. 5, 1987.

Michael E. Porter, "How Competitive Forces Shape Strategy", *Harvard Business Review*, Vol. 57, No. 2, 1979.

Mike Perricone, Kurt Riesselmann, *Collider Run II Begins at Fermilab*, 2001. 3. 1, https://news.fnal.gov/2001/03/collider-run-ii-begins-fermilab/, 2020. 5. 15.

Mike Perricone, "A Banner Day for the Main Injector", *Fermi News*, Vol. 22, No. 12, 1999.

Mike Wright, et al., "Mid-range Universities' Linkages with Industry: Knowledge Types and the Role of Intermediaries", *Research Policy*, Vol. 37, No. 8, 2008.

Morten T. Hansen, "Knowledge Networks: Explaining Effective Knowledge Sharing in Multiunit Companies", *Organization Science*, Vol. 13,

No. 3, 2002.

Murray W. Rosenthal, *An Account of Oak Ridge National Laboratory's Thirteen Nuclear Reactors*, Oak Ridge National Laboratory ORNL/TM-2009/181, August 2009.

Namatié Traoré, "Networks and Rapid Technological Change: Novel Evidence from the Canadian Biotech Industry", *Industry and Innovation*, Vol. 13, No. 1, 2006.

National Science Foundation, *Master Government List of Federally Funded R&D Centers*, 2019. 5. 3, https://www.nsf.gov/statistics/ffrd clist/#archive, 2019. 10. 3.

Necah S. Furman, *Contracting in the National Interest: Establishing the Legal Framework for the Interaction of Science, Government, and Industry at a Nuclear Weapons Laboratory*, 1988. 4, https://www.sandia.gov/about/history/_ assets/documents/FurmanContractingInTheNationalInterest871651.pdf, 2020. 5. 23.

Necah S. Furman, *Sandia National Laboratories: A Product of Postwar Readiness* 1945-1950, 1988. 4, https://www.sandia.gov/about/history/_assets/documents/FurmanProductofPostwarReadiness880984.pdf, 2020. 5. 25.

Niemeyer J. Michelle, *Economic Impact of Pacific Northwest National Laboratory on the State of Washington in Fiscal Year* 2018, 2019. 8, https://www.pnnl.gov/sites/default/files/media/file/EIR% 20PNNL% 20 FY2018%20Final%208-13-19.pdf, 2020. 10. 7.

Oak Ridge National Laboratory, *Metals and Ceramics Division History* 1946-1996, 1999. 9. 30, https://technicalreports.ornl.gov/cppr/ y2001/rpt/99295.pdf, 2020. 6. 9.

Office of Science, *The U. S. Department of Energy's Ten-Year-Plans for the Office of Science National Laboratories* (*FY*2019), 2019, https://science.osti.gov/-/media/lp/pdf/laboratory-planning-process/SC_Consolidated_Laboratory_Plans.pdf? la=en&hash=EF3FBC03F0 D11DC2F9AD6 1EFCC8714614E34158C, 2020. 6. 11.

Office of Technology Assessment, *A History of the Department of Defense*

Federally Funded Research and Development Centers, 1995.6, https: //www.princeton.edu/~ota/disk1/19 95/9501/9501.PDF, 2019.10.3.

Office of the Federal Register, "Federal Acquisition Regulation (FAR)", *Federal Register*, Vol.55, No.24, 1990.

Office of the Federal Register, "Federally Funded Research and Development Centers (Policy Letter 84-1)", *Federal Register*, Vol.49, No.71, 1984.

Olof Hallonsten, Thomas Heinze, "Institutional Persistence through Gradual Organizational Adaptation: Analysis of National Laboratories in the USA and Germany", *Science and Public Policy*, Vol.39, No.4, 2012.

Paras N. Mishra, "Citation Analysis and Research Impact of National Metallurgical Laboratory, India During 1972-2007: A Case Study", *Malaysian Journal of Library & Information Science*, Vol.15, No.1, 2010.

Paul L. Robertson, Richard N. Langlois, "Innovation, Networks, and Vertical Integration", *Research Policy*, Vol.24, No.4, 1995.

Pek-Hooi Soh, Edward B. Roberts, "Networks of Innovators: A Longitudinal Perspective", *Research Policy*, Vol.32, No.9, 2003.

Per F. Dahl, "The Physical Tourist Berkeley and Its Physics Heritage", *Physics in Perspective*, Vol.8, No.1, 2006.

Peter J. Westwick, "Secret Science: A Classified Community in the National Laboratories", *Minerva*, Vol.38, No.4, 2000.

Philip Selznick, *Leadership in Administration: A Sociological Interpretation*, New York: Harper & Row, 1957.

Prashant Kale, Harbir Singh, "Building Firm Capabilities through Learning: The Tole of the Alliance Learning Process in Alliance Capability and Firm-Level Alliance Success", *Strategic Management Journal*, Vol.28, No.10, 2007.

Raphael Amit, Paul J. H. Schoemaker, "Strategic Assets and Organizational Rent", *Strategic Management Journal*, Vol.14, No.1, 1993.

Rebecca Ullrich, *A History of Building* 828, *Sandia National Laboratories*, Sandia National Laboratories, 1999.

Rebecca Ullrich, *Tech AreaII: A History*, Sandia National Laboratories 98-1617, July, 1998.

Reed E. Nelson, "The Strength of Strong Ties: Social Networks and Intergroup Conflict in Organizations", *The Academy of Management Journal*, Vol. 32, No. 2, 1989.

Richard M. Franza, "Technology Transfer Contracts between R&D Labs and Commercial Partners: Choose Your Words Wisely", *The Journal of Technology Transfer*, Vol. 37, No. 4, 2012.

Robert M. Grant, "The Resource-Based Theory of Competitive Advantage: Implications for Strategy Formulation", *California Management Review*, Vol. 33, No. 3, 1991.

Robert M. Grant, "Toward a Knowledge-Based Theory of the Firm", *Strategic Management Journal*, Vol. 17, Special Issue, 1996.

Robert P. Crease, "Anxious History: The High Flux Beam Reactor and Brookhaven National Laboratory", *Historical Studies in the Physical and Biological Sciences*, Vol. 32, No. 1, 2001.

Robert P. Crease, "Recombinant Science: The Birth of the Relativistic Heavy Ion Collider (RHIC)", *Historical Studies in the Natural Sciences*, Vol. 38, No. 4, 2008.

Robert W. Galvin, "Forging a World-Class Future for the National Laboratories", *Issues in Science & Technolog*, Vol. 11, No. 1, 1995.

Ron Boschma, "Proximity and Innovation: A Critical Assessment", *Regional Studies*, Vol. 39, No. 1, 2005.

Ron Lutha, Dan Lehman, "ON Time, ON Budget", *Fermi News*, Vol. 22, No. 11, 1999.

Rose Marie Ham, David C. Mowery, "Improving the Effectiveness of Public-private R&D Collaboration: Case Studies at a US Weapons Laboratory", *Research Policy*, Vol. 26, No. 6, 1998.

Roy Rothwell, "Towards the Fifth-generation Innovation Process", *International Marketing Review*, Vol. 11, No. 1, 1994.

R. Dalpe, "International Activities of Public Laboratories in Canada",

Technology in Society, Vol. 19, No. 2, 1997.

R. Kephart, et al., *The U. S. LHC Accelerator Research Program: A Proposal*, 2003. 5, http: //www. uslarp. org/LARP _ Proposal. pdf, 2020. 3. 18.

Sandia National Laboratories, *Sandia National Laboratories FY14-FY18 Strategic Plan*, 2014. 8. 26, https: //www. sandia. gov/news/publications/strategic_ plan/_ assets/documents/FY14 - FY18 _ Strategic _ Plan _ 8 - 26 - 14. pdf, 2020. 5. 22.

Sandia National Laboratories, *Sandia National Laboratories FY16-FY20 Strategic Plan*, 2015. 8. 3, https: //www. sandia. gov/news/publicat ions/strategic _ plan/_ assets/documents/StrategicPlan _ FY16 - 20 _ 2015 - 6199. pdf, 2020. 5. 22.

Santanu Roy, Parthasarathi Banerjee, "Developing Regional Clusters in India: The Role of National Laboratories", *International Journal of Technology Management and Sustainable Development*, Vol. 6, No. 3, 2007.

Sazali Abdul Wahab, et al., "Exploring the Technology Transfer Mechanisms by the Multinational Corporations: A Literature Review", *Asian Social Science*, Vol. 8, No. 3, 2012.

Shaker Habis Nawafleh, Suleiman Al-Khattab, "The Impact of Marketing Innovation on Customer Satisfaction in Aqaba Special Economic Zone Authority", *Journal of Social Sciences*, Vol. 8, No. 3, 2019.

Stephen D. Holmes, "Building the Main Injector", *Fermi News*, Vol. 22, No. 11, 1999.

Stephen T. Walsh, Bruce A. Kirchoff, "Technology Transfer from Government Labs to Entrepreneurs", *Journal of Enterprise Culture*, Vol. 10, No. 2, 2002.

Steve Ritz, et al., *Building for Discovery: Strategic Plan for U S Particle Physics in the Global Context*, Washington: Department of Energy, National Science Foundation, 2014.

Steven H. Schiff, "Future Mission for the National Laboratories", *Issues in Science & Technology*, Vol. 11, No. 1, 1995.

Sven Heidenreich, et al., "Are Innovation Networks in Need of a Conductor? Examining the Contribution of Network Managers in Low and High Complexity Settings", *Long Range Planning*, Vol. 49, No. 1, 2016.

Sybil Wyatt, et al., "Swords to Plowshares: A Short History of Oak Ridge National Laboratory (1943-1993)", Oak Ridge National Laboratory, 1993.

S. A. Gourlay, et al., "Magnet R&D for the U S LHC Accelerator Research Program (LARP)", *IEEE Transactions on Applied Superconductivity*, Vol. 16, No. 2, 2006.

T G. Tzanakos, et al., *MINOS* +, 2011. 5. 13, http://www.hep.ucl.ac.uk/~jthomas/MINOSPLUS2.pdf, 2020. 5. 16.

Thien Tran, et al., "Comparison of Technology Transfer from Government Labs in the US and Vietnam", *Technology in Society*, Vol. 33, No. 1/2, 2011.

Thomas A. Finholt, Gary M. Olson, "From Laboratories to Collaboratories: A New Organizational Form for Scientific Collaboration", *Psychological Science*, Vol. 8, No. 1, 1997.

Thomas Heinze, Olof Hallonsten, "The Reinvention of the SLAC National Accelerator Laboratory, 1992 - 2012", *History and Technology*, Vol. 33, No. 3, 2017.

Thomas Snyder, 120 *Years of American Education: A Statistical Portrait*, 1993. 1, https://nces.ed.gov/pubsearch/pubsinfo.asp? pubid = 93442, 2020. 3. 9.

Tim Stud, "Government Labs Seek New Ways to Improve R&D", *R&D Magazine*, Vol. 46, No. 11, 2004.

Tobias Buchmann, Andreas Pyka, "The Evolution of Innovation Networks: The Case of a Publicly Funded German Automotive Network", *Economics of Innovation and New Technology*, Vol. 24, No. 1/2, 2015.

Walter W. Powell, et al., "Network Dynamics and Field Evolution: The Growth of Interorganizational Collaboration in the Life Sciences", *American Journal of Sociology*, Vol. 110, No. 4, 2005.

Wei Liu, et al., "The Customer-Dominated Innovation Process: Involving Customers as Designers and Decision-Makers in Developing New Product", *The Design Journal*, Vol. 22, No. 3, 2019.

White House Science Council, R*eport of the White House Science Council' Federal Laboratory Review Panel*, 2007. 10. 19, https://www.c ia.gov/library/readingroom/docs/CIA-RDP85M00363R001002240006-1. pdf, 2019. 10. 15.

William C. Priedhorsky, Thomas R. Hill, "Identifying Strategic Technology Directions in a National Laboratory Setting: A Case Study", *Journal of Engineering and Technology Management*, Vol. 23, No. 3, 2006.

William E. Sounder, "Disharmony Between R&D and Marketing", *Industrial Marketing Management*, Vol. 10, No. 1, 1981.

Wim Vanhaverbeke, et al., *Explorative and Exploitative Learning Strategies in Technology-Based Alliance Networks*, 2004. 8. 1, https://search. ebscohost. com/login. aspx? direct=true&db=bsu&AN=13857567&lang=zh-cn&site=ehost-live, 2021. 5. 3.

X. Michael Song, Barbara Dyer, "Innovation Strategy and the R&D-marketing Interface in Japanese Firms: A Contingency Perspective", *IEEE Transactions on Engineering Management*, Vol. 42, No. 4, 1995.

Young-Hoon Choi, *Partnering Government Laboratories with Industry: A Comparison of the United States and Japan from a Government Laboratory View*, Ph. D., Syracuse University, 1996.